经济管理类

数学分析（下册）

张倩伟　张伦传　编著

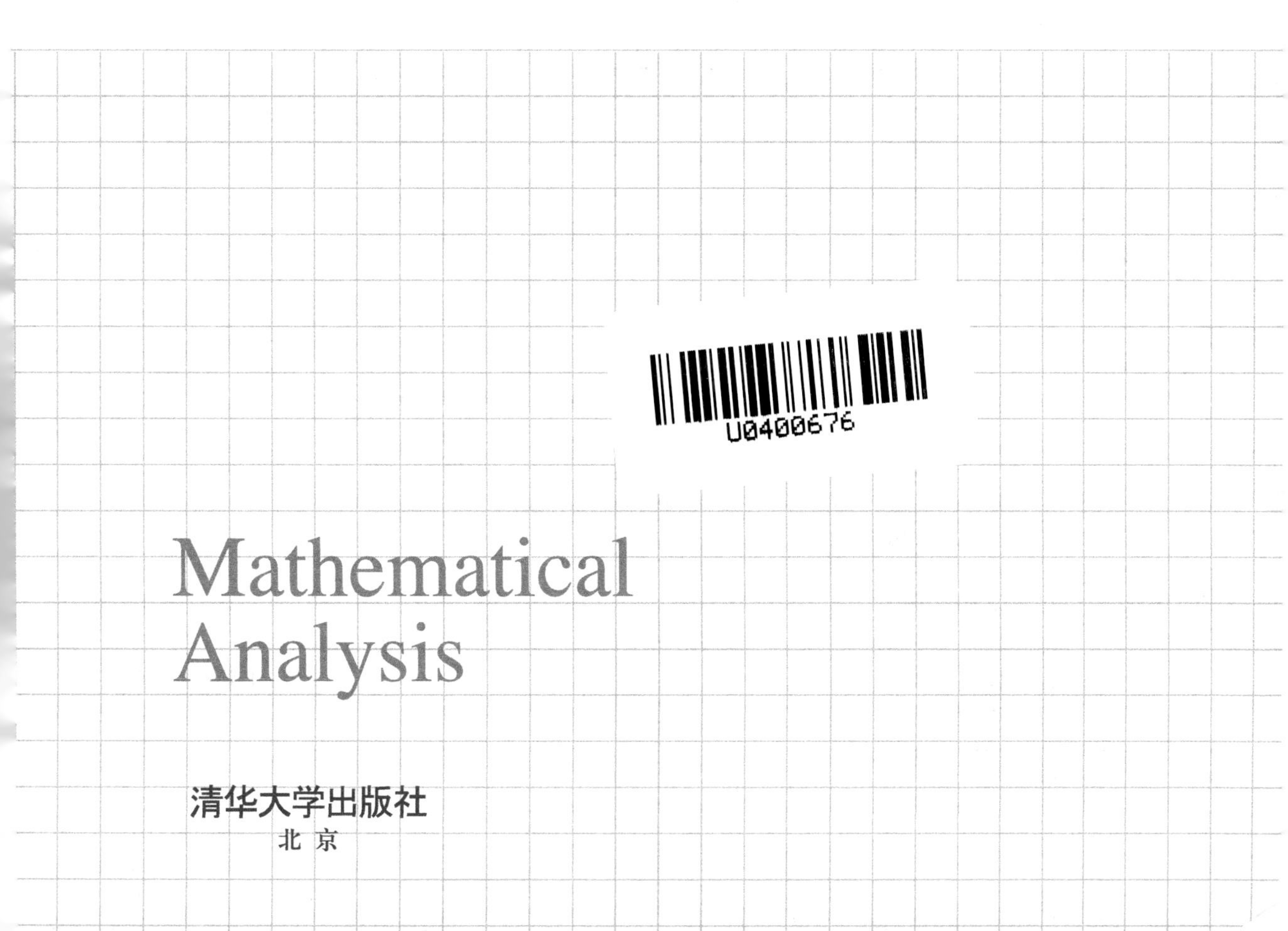

清华大学出版社
北　京

内容简介

本书根据作者多年来的教学实践，基于当前经济管理等相关专业对数学需求不断提升的现状编写而成.全书分为上、下两册，本册为下册.内容包括：级数、多元函数的极限与连续、多元函数微分学、隐函数理论及其应用、多元函数积分学及曲线积分与曲面积分等.

本书可供经济类院校数学专业以及综合类院校经济管理专业对数学要求较高的学生使用，也可供这些专业中学习过高等数学课程的学生自学提高之用.

图书在版编目(CIP)数据

经济管理类数学分析.下册/张倩伟，张伦传编著.—北京：清华大学出版社，2017(2022.1重印)
ISBN 978-7-302-48370-0

Ⅰ.①经… Ⅱ.①张… ②张… Ⅲ.①数学分析－高等学校－教学参考资料 Ⅳ.①O17

中国版本图书馆CIP数据核字(2017)第216722号

责任编辑：陈　明
封面设计：傅瑞学
责任校对：赵丽敏
责任印制：曹婉颖

出版发行：清华大学出版社
　网　址：http://www.tup.com.cn，http://www.wqbook.com
　地　址：北京清华大学学研大厦A座　**邮　编**：100084
　社 总 机：010-62770175　**邮　购**：010-62786544
　投稿与读者服务：010-62776969，c-service@tup.tsinghua.edu.cn
　质量反馈：010-62772015，zhiliang@tup.tsinghua.edu.cn
印 装 者：涿州市京南印刷厂
经　销：全国新华书店
开　本：185mm×230mm　**印　张**：16　**字　数**：350千字
版　次：2017年9月第1版　**印　次**：2022年1月第4次印刷
定　价：48.00元

产品编号：062938-02

前言

FOREWORD

本书是在作者长期以来讲授经济管理类专业数学分析、微积分课程的经验基础上，结合经济管理类专业特点和需求而编写的主要面向综合类院校经济管理类专业(特别是对数学要求相对较高的专业，如金融工程、管理科学与工程、统计学等)本科生的数学分析教材，也可作为理工科等其他有关专业的教学参考书.

全书分上、下两册，适合三个学期的讲授. 上册共 7 章内容，以一元函数为研究对象，分别讨论了极限、连续函数与实数连续性定理、导数与微分、微分中值定理与导数的应用、不定积分及定积分等内容. 下册分为 6 章，主要研究多元函数的相关性质，包括级数、多元函数的极限与连续、多元函数微分学、隐函数理论及其应用、多元函数积分学以及曲线积分与曲面积分. 书中着重讲解基本概念、基本理论与方法以及理论方法在经济管理相关领域的应用举例.

经济管理类专业的数学分析不同于数学专业的数学分析，书中略去了不太常用的一些内容和某些定理的严格证明，尽量以通俗易懂的语言描述具体问题，重视理论方法在经济管理领域的应用，注重与经管类相关专业内容的接轨，体现“有所为，有所不为”. 此外，经济管理类专业的数学分析又比现有经管类的微积分教材覆盖面更广、理论层次更深，可以满足学生在专业领域进一步发展提升的需求.

本书力求在内容设置上逻辑严谨、详略得当，难度适宜，深入浅出，融会贯通；在结构编排上形式紧凑、脉络清晰，有助于学生的自主学习和教师的教学使用. 当然，由于作者水平有限，书中难免有不尽如人意之处，殷切期望读者予以批评指正.

作　者

2015 年 1 月于中国人民大学

目录

CONTENTS

第 8 章

级　数

无穷级数是一种特殊数列的极限形式,它分为数项级数和函数项级数两种情形.数项级数是函数项级数的基础,又可视为函数项级数的特殊情况.函数项级数是表示函数,特别是非初等函数,研究函数性质以及进行数值计算的重要数学工具,在自然科学、工程技术、经济管理领域都有着广泛的应用.本章首先讨论数项级数的基本理论,进而分析函数项级数,特别是幂级数的性质及应用.

8.1　数项级数

在实际中,当人们研究数值计算问题时,往往会遇到无限多个量相加的情形,这类情形的解决方法通常是通过一个由近似到精确的逼近来完成.

引例 1　如图 8.1 所示,从点 $P_1(1,0)$ 作 x 轴的垂线,交抛物线 $y=x^2$ 于点 $M_1(1,1)$.再从 M_1 作这条抛物线的切线与 x 轴交于点 P_2,然后又从 P_2 作 x 轴的垂线,交抛物线于 M_2.依次重复上述过程得到一系列点

$$P_1,M_1;P_2,M_2;\cdots;P_n,M_n;\cdots.$$

如何求解 $\overline{P_1M_1}+\overline{P_2M_2}+\cdots+\overline{P_nM_n}+\cdots$ 的和?(其中 $n(n\geqslant1)$ 为自然数,$\overline{P_iM_i}$ 表示点 P_i 与 M_i 之间的距离.)

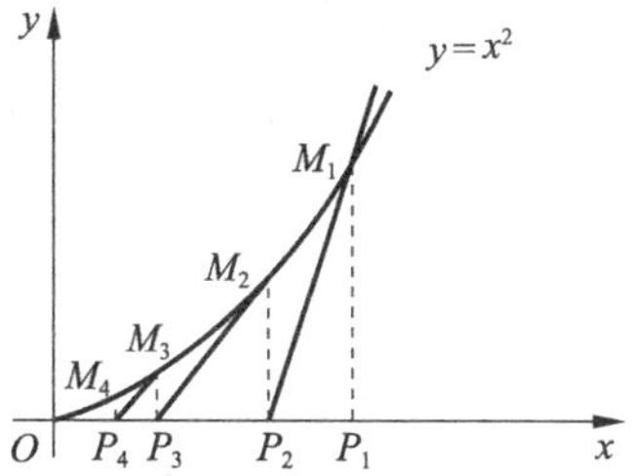

图　8.1

解　由抛物线 $y=x^2$ 知 $y'=2x$.对任意 $a(0<a\leqslant1)$,抛物线在点 (a,a^2) 处的切线方程为

$$y-a^2=2a(x-a),$$

切线与 x 轴的交点为 $\left(\frac{a}{2},0\right)$.由 $\overline{OP_1}=1$ 知

$$\overline{OP_2}=\frac{1}{2}\overline{OP_1}=\frac{1}{2},$$

$$\overline{OP_3}=\frac{1}{2}\overline{OP_2}=\frac{1}{2^2},$$

$$\vdots$$

$$\overline{OP_n}=\frac{1}{2}\overline{OP_{n-1}}=\frac{1}{2^{n-1}}.$$

由于$\overline{P_nM_n}=(\overline{OP_n})^2=\left(\frac{1}{2}\right)^{2n-2}$，从而

$$S_\infty=\overline{P_1M_1}+\overline{P_2M_2}+\cdots+\overline{P_nM_n}+\cdots=1+\left(\frac{1}{2}\right)^2+\left(\frac{1}{2}\right)^4+\cdots+\left(\frac{1}{2}\right)^{2n-2}+\cdots.$$

因为

$$S_n=\overline{P_1M_1}+\cdots+\overline{P_nM_n}=1+\left(\frac{1}{2}\right)^2+\cdots+\left(\frac{1}{2}\right)^{2n-2}=\frac{1-\left(\frac{1}{2}\right)^{2n}}{1-\left(\frac{1}{2}\right)^2},$$

所以当 $n\to\infty$ 时，$S_\infty=\lim\limits_{n\to\infty}S_n$，即

$$\overline{P_1M_1}+\overline{P_2M_2}+\cdots+\overline{P_nM_n}+\cdots=\lim_{n\to\infty}\frac{1-\left(\frac{1}{2}\right)^{2n}}{1-\left(\frac{1}{2}\right)^2}=\frac{1}{1-\frac{1}{4}}=\frac{4}{3}.$$

引例 2 为消除湖泊中的有害污染物，采用上游引入清水稀释污染物，并逐渐从下游排出的方法. 若湖泊中现有污染物的总量为 Q，按照该方法一周可排出污染物残留量的$\frac{1}{3}$. 若时间可以无限推移，按该种方法，可排出的污染物为多少？

解 按照题意，第 n 周的排污量为

$$u_n=\frac{1}{3}\left(\frac{2}{3}\right)^{n-1}Q,\quad n=1,2,\cdots.$$

前 n 周的累计排污量为

$$\begin{aligned}Q_n&=u_1+u_2+\cdots+u_n=\frac{1}{3}Q+\frac{1}{3}\left(\frac{2}{3}\right)Q+\cdots+\frac{1}{3}\left(\frac{2}{3}\right)^{n-1}Q\\&=\frac{1}{3}\cdot\frac{1-\left(\frac{2}{3}\right)^n}{1-\frac{2}{3}}Q.\end{aligned}$$

若时间可以无限推移，即 $n\to\infty$，则总排污量 $\hat{Q}_\infty$ 为无穷个数量之和，于是

$$\begin{aligned}\hat{Q}_\infty&=\frac{1}{3}Q+\frac{1}{3}\left(\frac{2}{3}\right)Q+\cdots+\frac{1}{3}\left(\frac{2}{3}\right)^{n-1}Q+\cdots\\&=\lim_{n\to\infty}Q_n=\frac{1}{3}\cdot 3Q=Q.\end{aligned}$$

即按此种方法，长此以往可以排出全部污染物.

上述两个引例的共同点在于，它们都是计算无穷多个数量的“和”，在计算过程中都是从前 n 项相加出发，讨论当 $n\to\infty$时前 n 项和的极限值. 那么，是否所有的无穷多个数量的和都有一个极限值？接下来，我们通过数项级数的定义以及收敛和发散的概念来分析无穷个

数量和的存在性问题.

1. **数项级数收敛与发散的概念**

定义 8.1　设有数列$\{u_n\}$,即

$$u_1, u_2, \cdots, u_n, \cdots, \tag{8.1}$$

将数列(8.1)的项依次相加,即

$$u_1 + u_2 + \cdots + u_n + \cdots \quad \text{或} \quad \sum_{n=1}^{\infty} u_n, \tag{8.2}$$

则称 $\sum\limits_{n=1}^{\infty} u_n$ 为数项级数,简称级数,其中 u_n 称为级数(8.2)的第 n 项或通项.

设级数(8.2)的前 n 项的和为 S_n,即

$$S_n = u_1 + u_2 + \cdots + u_n \quad \text{或} \quad S_n = \sum_{k=1}^{n} u_k,$$

称 S_n 为级数(8.2)的前 n 项部分和.

显然,对于给定的级数(8.2),其任意前 n 项部分和 S_n 都是已知的.从而,级数(8.2)有一个已知的部分和数列$\{S_n\}$.

定义 8.2　对于给定的级数 $\sum\limits_{n=1}^{\infty} u_n$, 如果其部分和数列$\{S_n\}$有极限 S,即

$$\lim_{n\to\infty} S_n = S \quad \text{或} \quad \lim_{n\to\infty}\sum_{k=1}^{n} u_k = S,$$

则称级数 $\sum\limits_{n=1}^{\infty} u_n$ 收敛,S 是该级数的和,记作

$$S = \sum_{n=1}^{\infty} u_n = u_1 + u_2 + \cdots + u_n + \cdots.$$

若部分和数列$\{S_n\}$没有极限(发散),则称级数 $\sum\limits_{n=1}^{\infty} u_n$ 发散.

定义 8.3　若级数 $\sum\limits_{n=1}^{\infty} u_n$ 收敛,其和为 S,记 $r_n = S - S_n$,即

$$r_n = S - S_n = \sum_{n=1}^{\infty} u_n - \sum_{k=1}^{n} u_k = u_{n+1} + u_{n+2} + \cdots,$$

称为收敛级数 $\sum\limits_{n=1}^{\infty} u_n$ 的 n 项余和,简称余和.

显然,若级数 $\sum\limits_{n=1}^{\infty} u_n$ 收敛,总有下式成立:

$$\lim_{n\to\infty} r_n = \lim_{n\to\infty}(S - S_n) = S - \lim_{n\to\infty} S_n = S - S = 0.$$

从级数的收敛定义可知,级数 $\sum\limits_{n=1}^{\infty} u_n$ 的敛散性可归结为部分和数列$\{S_n\}$的敛散性,两者

之间可以相互转化.级数作为有限和的推广,有鲜明的直观性,而不是收敛数列及其极限的简单重复.

例 1 无穷级数

$$\sum_{n=1}^{\infty} aq^{n-1} = a + aq + \cdots + aq^{n-1} + \cdots \tag{8.3}$$

称为几何级数(或等比级数),其中 $a \neq 0$,q 是公比,讨论该级数的敛散性.

解 (1) 当 $|q| \neq 1$ 时,该级数的前 n 项部分和为

$$S_n = a + aq + \cdots + aq^{n-1} = \frac{a(1-q^n)}{1-q}.$$

① 当 $|q| < 1$ 时,

$$\lim_{n\to\infty} S_n = \lim_{n\to\infty} \frac{a(1-q^n)}{1-q} = \frac{a}{1-q}.$$

因此,当 $|q| < 1$ 时,几何级数收敛,其和为 $\frac{a}{1-q}$,即

$$\sum_{n=1}^{\infty} aq^{n-1} = \frac{a}{1-q}.$$

② 当 $|q| > 1$ 时,

$$\lim_{n\to\infty} S_n = \lim_{n\to\infty} \frac{a(1-q^n)}{1-q} = \infty.$$

因此,当 $|q| > 1$ 时,几何级数发散.

(2) 当 $|q| = 1$ 时,有两种情况.

① 当 $q = 1$ 时,$S_n = na$,$\lim\limits_{n\to\infty} S_n = \infty$.

② 当 $q = -1$ 时,$S_n = \begin{cases} 0, & n\text{ 为偶数}, \\ a, & n\text{ 为奇数}, \end{cases}$ 即部分和数列 $\{S_n\}$ 发散.

因此,当 $|q| = 1$ 时,几何级数发散.

综上所述,几何级数 $\sum\limits_{n=1}^{\infty} aq^{n-1}$ 当 $|q| < 1$ 时收敛于 $\frac{a}{1-q}$,当 $|q| \geqslant 1$ 时发散.

例 2 判别级数 $\sum\limits_{n=1}^{\infty} \frac{1}{(5n-4)(5n+1)}$ 的敛散性.

解 通项 $u_n = \frac{1}{(5n-4)(5n+1)} = \frac{1}{5}\left(\frac{1}{5n-4} - \frac{1}{5n+1}\right)$,则级数的前 n 项和为

$$\begin{aligned} S_n &= \frac{1}{1\times 6} + \frac{1}{6\times 11} + \cdots + \frac{1}{(5n-4)(5n+1)} \\ &= \frac{1}{5}\left[\left(1-\frac{1}{6}\right) + \left(\frac{1}{6} - \frac{1}{11}\right) + \cdots + \left(\frac{1}{5n-4} - \frac{1}{5n+1}\right)\right] \\ &= \frac{1}{5}\left(1 - \frac{1}{5n+1}\right). \end{aligned}$$

因为$\lim\limits_{n\to\infty}S_n=\lim\limits_{n\to\infty}\frac{1}{5}\left(1-\frac{1}{5n+1}\right)=\frac{1}{5}$，所以级数收敛，其和为$\frac{1}{5}$，即

$$\sum_{n=1}^{\infty}\frac{1}{(5n-4)(5n+1)}=\frac{1}{5}.$$

例 3　证明调和级数$\sum\limits_{n=1}^{\infty}\frac{1}{n}$发散.

证明(反证法)　记$\sum\limits_{n=1}^{\infty}\frac{1}{n}$的前$n$项和、前$2n$项和分别为$S_n$，$S_{2n}$. 假设调和级数收敛，即$\lim\limits_{n\to\infty}S_n=\lim\limits_{n\to\infty}S_{2n}=S$，则$\lim\limits_{n\to\infty}(S_{2n}-S_n)=0$. 又

$$S_{2n}-S_n=\frac{1}{n+1}+\frac{1}{n+2}+\cdots+\frac{1}{n+n}>\underbrace{\frac{1}{n+n}+\cdots+\frac{1}{n+n}}_{n个}=n\cdot\frac{1}{2n}=\frac{1}{2},$$

此与$\lim\limits_{n\to\infty}(S_{2n}-S_n)=0$矛盾. 故调和级数$\sum\limits_{n=1}^{\infty}\frac{1}{n}$发散.

例 4　判断下面的推导是否正确，并说明理由.

对于级数$\sum\limits_{n=0}^{\infty}3^n$，设$S=\sum\limits_{n=0}^{\infty}3^n$，于是有

$$S=1+3+9+27+\cdots=1+3(1+3+9+\cdots)=1+3S,$$

从而$S=-\frac{1}{2}$.

解　上述推导错误，级数$\sum\limits_{n=0}^{\infty}3^n$是无穷多个正数相加，不可能为负值. 错误的原因在于当$q=3$时，几何级数$\sum\limits_{n=0}^{\infty}3^n$发散，级数的和$S$不存在.

例 4 表明，级数在参与运算时，首先要对级数的敛散性进行判定. 只有在级数收敛的情况下才能按极限的四则运算性质进行计算，否则会出现谬论. 接下来，我们对收敛级数的性质进行讨论.

2. 收敛级数的性质

由于级数$\sum\limits_{n=1}^{\infty}u_n$的敛散性与它的前$n$项和数列$\{S_n\}$的敛散性等价，根据数列$\{S_n\}$的柯西收敛准则：

数列$\{S_n\}$收敛$\Leftrightarrow\forall\varepsilon>0$，存在正整数$N$，$\forall n>N$及任意正整数$p$，有$|S_{n+p}-S_n|<\varepsilon$，可以得到级数的柯西收敛准则.

定理 8.1(柯西收敛准则)　级数$\sum\limits_{n=1}^{\infty}u_n$收敛的充分必要条件是：

$\forall\varepsilon>0$，存在正整数N，$\forall n>N$及任意正整数p，有$|u_{n+1}+u_{n+2}+\cdots+u_{n+p}|<\varepsilon$.

柯西收敛准则在理论上十分重要，但用它来判别级数的敛散性问题却往往比较麻烦.基于柯西收敛准则，可以得出级数的如下几个基本性质，以便判别敛散性.

性质 8.1（级数收敛的必要条件） 若级数 $\sum_{n=1}^{\infty} u_n$ 收敛，则 $\lim_{n\to\infty} u_n = 0$.

证明 根据定理 8.1 的必要性，若级数 $\sum_{n=1}^{\infty} u_n$ 收敛，则 $\forall \varepsilon > 0$，存在正整数 N，$\forall n > N$ 及任意正整数 p，有 $|u_{n+1} + u_{n+2} + \cdots + u_{n+p}| < \varepsilon$. 特别地，取 $p = 1$，有 $|u_{n+1}| < \varepsilon$，即 $\lim_{n\to\infty} u_n = 0$.

在判别级数是否收敛时，通常利用性质 8.1 的逆否命题，即若 $\lim_{n\to\infty} u_n \neq 0$，则级数 $\sum_{n=1}^{\infty} u_n$ 必发散.

例如，对于级数

$$\frac{1}{2} + \frac{2}{3} + \frac{3}{4} + \frac{4}{5} + \cdots + \frac{n}{n+1} + \cdots,$$

因为 $\lim_{n\to\infty} \frac{n}{n+1} = 1 \neq 0$，所以级数 $\sum_{n=1}^{\infty} \frac{n}{n+1}$ 发散.

注意，性质 8.1 仅为级数收敛的必要条件，而不是充分条件. 也就是说，即使级数的通项满足 $\lim_{n\to\infty} u_n = 0$，也不能确定 $\sum_{n=1}^{\infty} u_n$ 收敛.

例如，几何级数 $\sum_{n=1}^{\infty} \frac{1}{2^n}$，满足 $\lim_{n\to\infty} \frac{1}{2^n} = 0$，它是收敛的；调和级数 $\sum_{n=1}^{\infty} \frac{1}{n}$，满足 $\lim_{n\to\infty} \frac{1}{n} = 0$，它却是发散的.

性质 8.2 去掉、增加或改变级数 $\sum_{n=1}^{\infty} u_n$ 的有限项，不改变级数 $\sum_{n=1}^{\infty} u_n$ 的敛散性.

根据级数的柯西收敛准则，级数 $\sum_{n=1}^{\infty} u_n$ 收敛仅与第 N 项之后的任意有限项之和 $(u_{n+1} + \cdots + u_{n+p})$ 有关，而与第 N 项之前的有限项无关. 因此，对于 $\sum_{n=1}^{\infty} u_n$，去掉、增加或改变有限项均不改变级数的敛散性，但有限项的变动，对于收敛级数而言，其和将有所改变.

根据数列极限的运算法则，可以得到收敛级数的运算性质.

性质 8.3 设 c 是非零常数，若级数 $\sum_{n=1}^{\infty} u_n$ 收敛，则级数 $\sum_{n=1}^{\infty} cu_n$ 也收敛，且有

$$\sum_{n=1}^{\infty} cu_n = c\sum_{n=1}^{\infty} u_n.$$

证明 设级数 $\sum_{n=1}^{\infty} u_n$ 与级数 $\sum_{n=1}^{\infty} cu_n$ 的前 n 项部分和分别为 S_n 和 σ_n，则有

$$\sigma_n = cu_1 + cu_2 + \cdots + cu_n = c(u_1 + u_2 + \cdots + u_n) = cS_n.$$

由数列极限的性质知,若 $\sum_{n=1}^{\infty} u_n$ 收敛,即$\lim_{n\to\infty} S_n$ 存在,则$\lim_{n\to\infty} cS_n$ 也存在,且有

$$\lim_{n\to\infty}\sigma_n=\lim_{n\to\infty}cS_n=c\lim_{n\to\infty}S_n,\quad 即\quad \sum_{n=1}^{\infty}cu_n=c\sum_{n=1}^{\infty}u_n.$$

性质 8.4　若级数 $\sum_{n=1}^{\infty} u_n$ 收敛,不改变每项的位置,按原有顺序将某些项加括号,形成的新级数仍然收敛,且收敛于原级数的和.

证明　设级数 $\sum_{n=1}^{\infty} u_n$ 的前 n 项部分和为 S_n,加括号后新的级数前 k 项部分和为 σ_k,则有

$$\begin{aligned}\sigma_k &= (u_1+u_2+\cdots+u_{n_1})+(u_{n_1+1}+\cdots+u_{n_2})+\cdots+(u_{n_{k-1}+1}+\cdots+u_{n_k})\\ &= u_1+u_2+\cdots+u_{n_k}=S_{n_k}.\end{aligned}$$

可见,新级数的部分和数列$\{\sigma_k\}$是原级数 $\sum_{n=1}^{\infty} u_n$ 的部分和数列$\{S_n\}$的子列. 显然,若$\lim_{n\to\infty} S_n=S$,则必有$\lim_{k\to\infty}\sigma_k=S$,性质得证.

此性质表明,收敛级数满足结合律.

注　(1) 与上册中无穷限积分类似,级数也有绝对收敛与条件收敛的概念,此处从略. 对于条件收敛的级数 $\sum_{n=1}^{\infty} u_n$,如果交换级数的项,则交换后的新级数可收敛于任意数 a(或发散到$\pm\infty$). 只有绝对收敛的级数,任意交换级数的项,得到的新级数依然收敛且收敛的和保持不变. 也就是说,收敛的级数不一定满足交换律,这是有限和与无限和的区别.

(2) 对有限和而言,可以随意加括号或去括号. 但是,对于级数这种无穷和来讲,不能随意去括号. 例如,级数

$$(1-1)+(1-1)+\cdots+(1-1)+\cdots$$

收敛于 0,但去括号之后的级数为 $\sum_{n=1}^{\infty}(-1)^{n-1}$ 却是发散的.

因此,收敛的级数在各项相对位置不变的情况下可以随意加括号,但不能任意去括号.

性质 8.5　若级数 $\sum_{n=1}^{\infty} u_n$ 与 $\sum_{n=1}^{\infty} v_n$ 都收敛,则级数 $\sum_{n=1}^{\infty}(u_n\pm v_n)$ 收敛,且有

$$\sum_{n=1}^{\infty}(u_n\pm v_n)=\sum_{n=1}^{\infty}u_n\pm\sum_{n=1}^{\infty}v_n.$$

证明　设级数 $\sum_{n=1}^{\infty}(u_n\pm v_n)$,$\sum_{n=1}^{\infty} u_n$ 和$\sum_{n=1}^{\infty} v_n$ 的前 n 项部分和分别为 σ_n,S_n 和 T_n,有

$$\sigma_n=\sum_{k=1}^{n}(u_k\pm v_k)=(u_1\pm v_1)+(u_2\pm v_2)+\cdots+(u_n\pm v_n)$$

$$= (u_1 + u_2 + \cdots + u_n) \pm (v_1 + v_2 + \cdots + v_n)$$
$$= S_n \pm T_n.$$

因为 $\sum_{n=1}^{\infty} u_n$ 与 $\sum_{n=1}^{\infty} v_n$ 都收敛,不妨设 $\lim_{n\to\infty} S_n = S$, $\lim_{n\to\infty} T_n = T$,则

$$\lim_{n\to\infty}\sigma_n = \lim_{n\to\infty}(S_n \pm T_n) = \lim_{n\to\infty} S_n \pm \lim_{n\to\infty} T_n = S \pm T,$$

即级数 $\sum_{n=1}^{\infty}(u_n \pm v_n)$ 收敛,其和为 $S \pm T$.

注 (1) 若级数 $\sum_{n=1}^{\infty} u_n$ 发散, $\sum_{n=1}^{\infty} v_n$ 收敛,则必有 $\sum_{n=1}^{\infty}(u_n \pm v_n)$ 发散.

否则,若 $\sum_{n=1}^{\infty}(u_n \pm v_n)$ 收敛,由性质 8.5 知, $\sum_{n=1}^{\infty}[(u_n \pm v_n) \mp v_n] = \sum_{n=1}^{\infty} u_n$ 收敛. 此与已知矛盾.

(2) 若级数 $\sum_{n=1}^{\infty} u_n$ 与 $\sum_{n=1}^{\infty} v_n$ 均发散,则 $\sum_{n=1}^{\infty}(u_n \pm v_n)$ 可能收敛也可能发散. 例如, $\sum_{n=1}^{\infty}\frac{1}{n}$ 与 $\sum_{n=1}^{\infty}\frac{2}{n}$ 均发散, $\sum_{n=1}^{\infty}\left(\frac{1}{n}+\frac{2}{n}\right) = \sum_{n=1}^{\infty}\frac{3}{n} = 3\sum_{n=1}^{\infty}\frac{1}{n}$ 发散; $\sum_{n=1}^{\infty}\frac{1}{n}$ 与 $\sum_{n=1}^{\infty}\left(-\frac{1}{n}\right)$ 均发散, $\sum_{n=1}^{\infty}\left[\frac{1}{n}+\left(-\frac{1}{n}\right)\right] = 0$ 收敛.

习题 8.1

1. 判断下列级数是否收敛,若收敛,求其和:

(1) $\sum_{n=1}^{\infty}(\sqrt{n+1}-\sqrt{n})$; (2) $\sum_{n=1}^{\infty}\frac{1}{n(n+1)}$;

(3) $\sum_{n=1}^{\infty}\frac{n}{(n+1)(n+2)(n+3)}$; (4) $\sum_{n=1}^{\infty}\frac{2n-1}{2^n}$;

(5) $\sum_{n=1}^{\infty}\ln\frac{n+1}{n+4}$; (6) $\sum_{n=1}^{\infty}\frac{n}{(n+1)!}$.

2. 证明:若级数 $\sum_{n=1}^{\infty} u_{2n-1}$ 与 $\sum_{n=1}^{\infty} u_{2n}$ 都收敛,则级数 $\sum_{n=1}^{\infty} u_n$ 收敛.

3. 证明:若级数 $\sum_{n=1}^{\infty} u_n$ 满足 $\lim_{n\to\infty} u_n = 0$ 以及 $\sum_{n=1}^{\infty}(u_{2n-1}+u_{2n})$ 收敛,则 $\sum_{n=1}^{\infty} u_n$ 必定收敛.

4. 证明:若级数 $\sum_{n=1}^{\infty} a_n$ 与 $\sum_{n=1}^{\infty} b_n$ 收敛,且 $a_n \leqslant c_n \leqslant b_n$, $n = 1, 2, \cdots$,则级数 $\sum_{n=1}^{\infty} c_n$ 也收敛.(提示:应用级数的柯西收敛准则)

5. 证明:若级数 $\sum_{n=1}^{\infty} a_n (a_n \geqslant 0)$ 收敛,则 $\sum_{n=1}^{\infty} a_n^2$ 也收敛. 反之是否成立?

6. 判别下列级数的敛散性：

(1) $\sum_{n=1}^{\infty}(\sin 1)^n$；　　(2) $\sum_{n=1}^{\infty}\frac{2^n+(-1)^n}{5}$；

(3) $\sum_{n=1}^{\infty}\cos\frac{\pi}{3^n}$；　　(4) $\sum_{n=1}^{\infty}\left[\frac{\cos a}{n(n+2)}+\frac{2}{n}\right]$.

8.2　正项级数

8.1节，我们讨论了一般的数项级数的概念及其相关性质．一般的数项级数中，各项的符号可以是任意的，即每一项可以是正数，也可以是负数或零．本节讨论级数中各项符号一致的情形，这种级数，通常称为**保号级数**．

1. 正项级数的概念

定义 8.4　如果级数

$$u_1+u_2+\cdots+u_n+\cdots$$

的每一项 u_n 都是非负或者非正，那么这类级数称为保号级数．特别地，若 $u_n\geqslant 0(n=1,2,\cdots)$，称级数 $\sum_{n=1}^{\infty}u_n$ 是**正项级数**；若 $u_n\leqslant 0(n=1,2,\cdots)$，称级数 $\sum_{n=1}^{\infty}u_n$ 是**负项级数**．

负项级数每项乘以 -1 就成为了正项级数，根据8.1节性质8.3知负项级数与该正项级数具有相同的敛散性．因此，对于负项级数敛散性的分析可以归结为对正项级数敛散性的讨论．下面我们讨论正项级数敛散性的判别问题．

2. 正项级数敛散性的判别方法

首先，根据正项级数的特点，可以得到正项级数收敛原理．

定理 8.2（正项级数收敛原理）　正项级数 $\sum_{n=1}^{\infty}u_n$ 收敛的充分必要条件是它的部分和数列 $\{S_n\}$ 有上界．

证明　若级数 $\sum_{n=1}^{\infty}u_n$ 为正项级数，则它的部分和数列 $\{S_n\}$ 单调递增，即

$$S_1\leqslant S_2\leqslant\cdots\leqslant S_n\leqslant\cdots.$$

根据“单调有界数列必有极限”可知，$\lim_{n\to\infty}S_n$ 存在当且仅当数列 $\{S_n\}$ 有上界，定理得证．

例 1　级数 $\sum_{n=1}^{\infty}\frac{1}{n^p}=1+\frac{1}{2^p}+\frac{1}{3^p}+\cdots+\frac{1}{n^p}+\cdots$（其中 $p>0$）称为 p-级数或广义调和级数，讨论该级数的敛散性．

解 当 $p\leqslant 1$ 时，因为$\frac{1}{n^p}\geqslant\frac{1}{n}$，对于正项级数 $\sum\limits_{n=1}^{\infty}\frac{1}{n^p}$ 的前 n 项和 S_n，有

$$S_n=1+\frac{1}{2^p}+\frac{1}{3^p}+\cdots+\frac{1}{n^p}\geqslant 1+\frac{1}{2}+\frac{1}{3}+\cdots+\frac{1}{n}.$$

不等式右端是调和级数的前 n 项和，它发散为 $+\infty$，因此 $\{S_n\}$ 无界，从而 $p\leqslant 1$ 时级数发散.

当 $p>1$ 时，如图 8.2 所示，p-级数从第 2 项到第 n 项的和为阶梯形阴影部分的面积之和，而每个小矩形的面积都小于与它同底的曲边梯形的面积，即 $\frac{1}{n^p}<\int_{n-1}^{n}\frac{1}{x^p}\mathrm{d}x(n\geqslant 2)$，从而

$$\begin{aligned}S_n&=1+\frac{1}{2^p}+\cdots+\frac{1}{n^p}<1+\sum_{k=2}^{n}\int_{k-1}^{k}\frac{1}{x^p}\mathrm{d}x\\&=1+\int_1^n\frac{1}{x^p}\mathrm{d}x=1+\frac{1}{p-1}\left(1-\frac{1}{n^{p-1}}\right)<1+\frac{1}{p-1}\\&=\frac{p}{p-1}.\end{aligned}$$

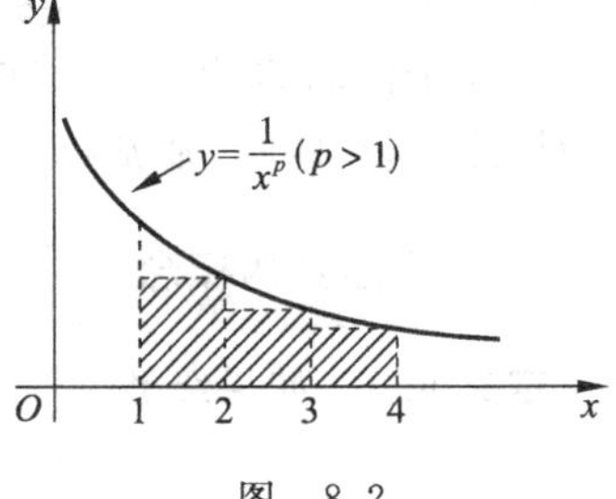

图 8.2

由定理 8.2 知，当 $p>1$ 时，p-级数 $\sum\limits_{n=1}^{\infty}\frac{1}{n^p}$收敛.

综上所述，p-级数 $\sum\limits_{n=1}^{\infty}\frac{1}{n^p}$ 当 $p\leqslant 1$ 时发散，当 $p>1$ 时收敛.

由例 1 可以看出，具体判定部分和数列是否有界，往往比较困难，因此正项级数收敛原理很少直接用于判定正项级数的敛散性. 但是我们可以另取一个敛散性已知的正项级数与它作比较，从而确定它的部分和数列是否有界(如例 1 中 $p\leqslant 1$ 时的判别思路). 按照这种思路，可由正项级数收敛原理进一步推得正项级数以下几种常用的敛散性判别法.

定理 8.3(比较判别法) 设 $\sum\limits_{n=1}^{\infty}u_n$ 与 $\sum\limits_{n=1}^{\infty}v_n$ 都是正项级数，且存在正整数 N，$\forall n\geqslant N$，有 $u_n\leqslant cv_n$，c 为正常数.

(1) 若 $\sum\limits_{n=1}^{\infty}v_n$ 收敛，则 $\sum\limits_{n=1}^{\infty}u_n$ 收敛；

(2) 若 $\sum\limits_{n=1}^{\infty}u_n$ 发散，则 $\sum\limits_{n=1}^{\infty}v_n$ 发散.

证明 由 8.1 节数项级数的性质 8.2 可知，改变级数前面有限项并不改变级数的敛散性. 因此，不妨设 $\forall n$(正整数)，有

$$u_n\leqslant cv_n.$$

设 $\sum\limits_{n=1}^{\infty}u_n$ 和 $\sum\limits_{n=1}^{\infty}v_n$ 的前 n 项部分和分别为 S_n 和 T_n，则有

$$S_n=u_1+u_2+\cdots+u_n\leqslant cv_1+cv_2+\cdots+cv_n=c(v_1+v_2+\cdots+v_n)=cT_n.$$

(1) 若级数 $\sum_{n=1}^{\infty} v_n$ 收敛，根据定理 8.2，数列$\{T_n\}$有上界，从而数列$\{S_n\}$有上界，因此级数 $\sum_{n=1}^{\infty} u_n$ 收敛；

(2) 若级数 $\sum_{n=1}^{\infty} u_n$ 发散，则数列$\{S_n\}$无上界，从而数列$\{T_n\}$也无上界，因此级数 $\sum_{n=1}^{\infty} v_n$ 发散.

例 2　判断下列级数的敛散性：

(1) $\sum_{n=2}^{\infty} \frac{1}{\sqrt[3]{n^2-2}}$；　(2) $\sum_{n=1}^{\infty} 3^n \ln\left(1+\frac{1}{4^n}\right)$；　(3) $\sum_{n=1}^{\infty} 2^n \sin\frac{\pi}{3^n}$.

解　(1) 因为 $\frac{1}{\sqrt[3]{n^2-2}} > \frac{1}{\sqrt[3]{n^2}} = \frac{1}{n^{\frac{2}{3}}}$. 根据 p-级数的敛散性，$p=\frac{2}{3}<1$，从而级数 $\sum_{n=2}^{\infty} \frac{1}{n^{\frac{2}{3}}}$ 发散，由比较判别法知，级数 $\sum_{n=2}^{\infty} \frac{1}{\sqrt[3]{n^2-2}}$ 发散.

(2) 因为当 $x>0$ 时，$0<\ln(1+x)<x$，所以有

$$0<3^n \ln\left(1+\frac{1}{4^n}\right)<\left(\frac{3}{4}\right)^n.$$

由几何级数的敛散性知，公比 $q=\frac{3}{4}<1$ 时，级数 $\sum_{n=2}^{\infty}\left(\frac{3}{4}\right)^n$ 收敛，根据比较判别法，级数 $\sum_{n=1}^{\infty} 3^n \ln\left(1+\frac{1}{4^n}\right)$ 收敛.

(3) 因为 $|\sin x|<|x|$，所以 $\left|2^n \sin\frac{\pi}{3^n}\right|<\pi\left(\frac{2}{3}\right)^2$. 而 $\pi\sum_{n=1}^{\infty}\left(\frac{2}{3}\right)^n$ 收敛，则 $\sum_{n=1}^{\infty} 2^n \sin\frac{\pi}{3^n}$ 收敛.

在使用比较判别法时，常常需要将通项放大或缩小，使之成为敛散性已知的级数的通项形式，这种方法使用时需要对被判别的级数做出“预判断”，即如果认为该级数收敛，应放大通项，并保证放大后的级数收敛；如果认为该级数发散，则应缩小通项，并使缩小后的级数发散. 因此，比较判别法有时用起来并不方便，在应用中我们经常运用更为简便的比较判别法的极限形式.

定理 8.4(比较判别法的极限形式)　设 $\sum_{n=1}^{\infty} u_n$ 与 $\sum_{n=1}^{\infty} v_n$ $(v_n\neq 0)$都是正项级数，且

$$\lim_{n\to\infty}\frac{u_n}{v_n}=A\quad(0\leqslant A\leqslant+\infty),$$

则有

(1) 若 $0\leqslant A<+\infty$，$\sum_{n=1}^{\infty} v_n$ 收敛，则 $\sum_{n=1}^{\infty} u_n$ 也收敛；

(2) 若 $0<A\leqslant+\infty$，$\sum\limits_{n=1}^{\infty}v_n$ 发散，则 $\sum\limits_{n=1}^{\infty}u_n$ 也发散.

证明 (1) $0\leqslant A<+\infty$，且 $\sum\limits_{n=1}^{\infty}v_n$ 收敛，则存在 $\varepsilon_0>0$ 及正整数 N，$\forall n>N$，有

$$\left|\frac{u_n}{v_n}-A\right|<\varepsilon_0,\quad 即\quad \frac{u_n}{v_n}<A+\varepsilon_0,\quad u_n<(A+\varepsilon_0)v_n.$$

由比较判别法知 $\sum\limits_{n=1}^{\infty}u_n$ 收敛.

(2) 若 $0<A<+\infty$，且 $\sum\limits_{n=1}^{\infty}v_n$ 发散，则存在 ε_0，使得 $0<\varepsilon_0<A$，存在正整数 N，$\forall n>N$，有 $\left|\dfrac{u_n}{v_n}-A\right|<\varepsilon_0$，即 $0<A-\varepsilon_0<\dfrac{u_n}{v_n}$，从而 $v_n\leqslant\dfrac{1}{A-\varepsilon_0}u_n$. 由比较判别法知，$\sum\limits_{n=1}^{\infty}u_n$ 发散.

若 $A=+\infty$，且 $\sum\limits_{n=1}^{\infty}v_n$ 发散，则 $\exists M>0$，存在正整数 N，$\forall n>N$，有 $\dfrac{u_n}{v_n}>M$，即 $v_n<\dfrac{1}{M}u_n$，由比较判别法知，$\sum\limits_{n=1}^{\infty}u_n$ 发散.

注 利用等价量(无穷小量或无穷大量)可以得到一个判定正项级数 $\sum\limits_{n=1}^{\infty}u_n$ 敛散性的便利方法. 若当 $n\to\infty$ 时，u_n 与 v_n 等价，即 $\lim\limits_{n\to\infty}\dfrac{u_n}{v_n}=1$，那么由定理 8.4 知：$\sum\limits_{n=1}^{\infty}u_n$ 与 $\sum\limits_{n=1}^{\infty}v_n$ 有相同的敛散性. 因此，可以利用等价关系，简化 $\sum\limits_{n=1}^{\infty}u_n$ 的通项形式，进而利用已知级数的敛散性(如几何级数、p-级数)来判断 $\sum\limits_{n=1}^{\infty}u_n$ 的敛散性.

例 3 判断下列正项级数的敛散性：

(1) $\sum\limits_{n=1}^{\infty}\left(\sin\dfrac{1}{2n}\right)^2$； (2) $\sum\limits_{n=1}^{\infty}\ln\left(1+\dfrac{1}{n^2}\right)$；

(3) $\sum\limits_{n=1}^{\infty}\left(1-\cos\dfrac{1}{n}\right)$； (4) $\sum\limits_{n=1}^{\infty}\dfrac{1}{n}\ln\left(1+\dfrac{1}{\sqrt{n}}\right)$.

解 (1) 由于当 $n\to\infty$ 时，$\left(\sin\dfrac{1}{2n}\right)^2$ 与 $\left(\dfrac{1}{2n}\right)^2$ 等价，而 $\sum\limits_{n=1}^{\infty}\dfrac{1}{4n^2}$ 收敛，故 $\sum\limits_{n=1}^{\infty}\left(\sin\dfrac{1}{2n}\right)^2$ 收敛.

(2) 由于当 $n\to\infty$ 时，$\ln\left(1+\dfrac{1}{n^2}\right)$ 等价于 $\dfrac{1}{n^2}$，而级数 $\sum\limits_{n=1}^{\infty}\dfrac{1}{n^2}$ 收敛，所以 $\sum\limits_{n=1}^{\infty}\ln\left(1+\dfrac{1}{n^2}\right)$ 收敛.

(3) 由于当 $n\to\infty$ 时，$1-\cos\dfrac{1}{n}$ 等价于 $\dfrac{1}{2n^2}$，又级数 $\sum\limits_{n=1}^{\infty}\dfrac{1}{2n^2}$ 收敛，所以 $\sum\limits_{n=1}^{\infty}\left(1-\cos\dfrac{1}{n}\right)$ 收敛.

(4) 由于当 $n\to\infty$ 时，$\ln\left(1+\frac{1}{\sqrt{n}}\right)$ 等价于 $\frac{1}{n^{\frac{1}{2}}}$，从而 $\frac{1}{n}\ln\left(1+\frac{1}{\sqrt{n}}\right)$ 等价于 $\frac{1}{n^{\frac{3}{2}}}$，又级数 $\sum\limits_{n=1}^{\infty}\frac{1}{n^{\frac{3}{2}}}$ 收敛，所以 $\sum\limits_{n=1}^{\infty}\frac{1}{n}\ln\left(1+\frac{1}{\sqrt{n}}\right)$ 收敛.

例 4 讨论级数 $\sum\limits_{n=2}^{\infty}\frac{\sqrt{n+2}-\sqrt{n-2}}{n^{\alpha}}$ 的敛散性.

解 由于 $\frac{\sqrt{n+2}-\sqrt{n-2}}{n^{\alpha}}=\frac{(\sqrt{n+2}-\sqrt{n-2})(\sqrt{n+2}+\sqrt{n-2})}{n^{\alpha}(\sqrt{n+2}+\sqrt{n-2})}=\frac{4}{n^{\alpha}(\sqrt{n+2}+\sqrt{n-2})}$，当 $n\to\infty$ 时，$\frac{4}{n^{\alpha}(\sqrt{n+2}+\sqrt{n-2})}$ 与 $\frac{4}{n^{\alpha}(\sqrt{n}+\sqrt{n})}=\frac{2}{n^{\alpha}\sqrt{n}}=\frac{2}{n^{\alpha+\frac{1}{2}}}$ 等价.

当 $\alpha+\frac{1}{2}>1$ 即 $\alpha>\frac{1}{2}$ 时，$\sum\limits_{n=2}^{\infty}\frac{2}{n^{\alpha+\frac{1}{2}}}$ 收敛；当 $\alpha+\frac{1}{2}\leqslant 1$ 即 $\alpha\leqslant\frac{1}{2}$ 时，$\sum\limits_{n=2}^{\infty}\frac{2}{n^{\alpha+\frac{1}{2}}}$ 发散. 故级数 $\sum\limits_{n=2}^{\infty}\frac{\sqrt{n+2}-\sqrt{n-2}}{n^{\alpha}}$ 在 $\alpha>\frac{1}{2}$ 时收敛，在 $\alpha\leqslant\frac{1}{2}$ 时发散.

例 5 判断级数 $\sum\limits_{n=1}^{\infty}\left[\frac{1}{n}-\ln\left(1+\frac{1}{n}\right)\right]$ 的敛散性.

解 由于 $\ln(1+x)=x-\frac{x^2}{2}+o(x^2)$，$x\to 0$，故 $\ln\left(1+\frac{1}{n}\right)=\frac{1}{n}-\frac{1}{2n^2}+o\left(\frac{1}{n^2}\right)$，$n\to\infty$. 从而 $\frac{1}{n}-\ln\left(1+\frac{1}{n}\right)=\frac{1}{2n^2}+o\left(\frac{1}{n^2}\right)$，$n\to\infty$，即 $\lim\limits_{n\to\infty}\frac{\frac{1}{n}-\ln\left(1+\frac{1}{n}\right)}{\frac{1}{2n^2}}=1$.

因此，当 $n\to\infty$ 时，$\frac{1}{n}-\ln\left(1+\frac{1}{n}\right)$ 与 $\frac{1}{2n^2}$ 等价，而 $\sum\limits_{n=1}^{\infty}\frac{1}{2n^2}$ 收敛，故级数 $\sum\limits_{n=1}^{\infty}\left[\frac{1}{n}-\ln\left(1+\frac{1}{n}\right)\right]$ 收敛.

例 6 判断级数 $\sum\limits_{n=1}^{\infty}\left(e^{\frac{1}{n^2}}-\cos\frac{\pi}{n}\right)$ 的敛散性.

解 由于当 $n\to\infty$ 时，$e^{\frac{1}{n^2}}=1+\frac{1}{n^2}+o\left(\frac{1}{n^2}\right)$；$\cos\frac{\pi}{n}=1-\frac{1}{2}\left(\frac{\pi}{n}\right)^2+o\left(\frac{1}{n^2}\right)$，因此

$$e^{\frac{1}{n^2}}-\cos\frac{\pi}{n}=1+\frac{1}{n^2}+o\left(\frac{1}{n^2}\right)-1+\frac{1}{2}\left(\frac{\pi}{n}\right)^2-o\left(\frac{1}{n^2}\right)=\left(1+\frac{1}{2}\pi^2\right)\frac{1}{n^2}+o\left(\frac{1}{n^2}\right),$$

从而

$$\lim_{n\to\infty}\frac{e^{\frac{1}{n^2}}-\cos\frac{\pi}{n}}{\frac{1}{n^2}}=1+\frac{1}{2}\pi^2.$$

由于 $\sum\limits_{n=1}^{\infty}\frac{1}{n^2}$ 收敛，故 $\sum\limits_{n=1}^{\infty}\left(e^{\frac{1}{n^2}}-\cos\frac{\pi}{n}\right)$ 收敛.

正项级数的比较判别法不仅能够直接判别某些正项级数的敛散性，而且还可以推导出下面比较简便有效的判别方法.

定理 8.5（比值判别法，又称达朗贝尔[①]判别法） 设 $\sum_{n=1}^{\infty} u_n$ 为正项级数（$u_n>0$）.

（1）若存在正整数 N，$\forall n\geqslant N$，有 $\frac{u_{n+1}}{u_n}\leqslant q<1$，其中 q 为常数，则级数 $\sum_{n=1}^{\infty} u_n$ 收敛；

（2）若存在正整数 N，$\forall n\geqslant N$，有 $\frac{u_{n+1}}{u_n}\geqslant 1$，则级数 $\sum_{n=1}^{\infty} u_n$ 发散.

证明 （1）不妨设对任意正整数 n，有

$$\frac{u_{n+1}}{u_n}\leqslant q,\quad 即\quad u_{n+1}\leqslant qu_n.$$

当 $n=1$ 时，$u_2\leqslant qu_1$；

当 $n=2$ 时，$u_3\leqslant qu_2\leqslant q^2u_1$；

⋮

当 $n=k$ 时，$u_{k+1}\leqslant qu_k\leqslant q^ku_1$；

⋮

因为几何级数 $\sum_{k=1}^{\infty} u_1q^k(0<q<1)$ 收敛，由比较判别法知，$\sum_{n=1}^{\infty} u_n$ 收敛.

（2）由于存在正整数 N，$\forall n\geqslant N$，有 $u_{n+1}\geqslant u_n$，即正数列$\{u_n\}$从第 N 项之后单调递增. 因此，必有 $u_n\nrightarrow 0(n\to\infty)$. 由级数收敛的必要条件知，$\sum_{n=1}^{\infty} u_n$ 发散.

推论 8.1 设 $\sum_{n=1}^{\infty} u_n$ 为正项级数（$u_n>0$），且

$$\lim_{n\to\infty}\frac{u_{n+1}}{u_n}=r.$$

（1）当 $r<1$ 时，$\sum_{n=1}^{\infty} u_n$ 收敛；（2）当 $r>1$ 时，$\sum_{n=1}^{\infty} u_n$ 发散；（3）当 $r=1$ 时，$\sum_{n=1}^{\infty} u_n$ 的敛散性需要进一步判定.

证明 （1）当 $r<1$ 时，$\exists k$ 使得 $r<k<1$，由数列极限的定义，$\exists \varepsilon_0=k-r>0$，存在正整数 N，$\forall n>N$，有 $\left|\frac{u_{n+1}}{u_n}-r\right|<k-r$，即 $\frac{u_{n+1}}{u_n}<k<1$，由定理 8.5 知，级数 $\sum_{n=1}^{\infty} u_n$ 收敛.

（2）当 $r>1$ 时，根据数列极限的保号性，存在正整数 N，$\forall n\geqslant N$，有 $\frac{u_{n+1}}{u_n}>1$. 由定理 8.5 知，$\lim_{n\to\infty}u_n\neq 0$，级数 $\sum_{n=1}^{\infty} u_n$ 发散.

---

① 达朗贝尔(d'Alembert，1717—1783)，法国数学家.

(3) 当 $r=1$ 时,级数 $\sum\limits_{n=1}^{\infty} u_n$ 可能收敛也可能发散. 例如 p-级数 $\sum\limits_{n=1}^{\infty} \frac{1}{n^p}$,对于 p 的任意给定值,都有 $\lim\limits_{n\to\infty}\frac{u_{n+1}}{u_n}=\lim\limits_{n\to\infty}\frac{\frac{1}{(n+1)^p}}{\frac{1}{n^p}}=1$.

但是,当 $p>1$ 时,级数收敛,当 $p\leqslant 1$ 时,级数发散. 因此,当 $r=1$ 时,不能判定级数的敛散性.

注 由于推论使用起来比定理 8.5 更为方便,故在判别级数敛散性时常用此推论.

例 7 判定下列级数的敛散性.

(1) $\sum\limits_{n=1}^{\infty} \frac{1000^n}{n!}$;　　(2) $\sum\limits_{n=1}^{\infty} n!\left(\frac{3}{n}\right)^n$;

(3) $\sum\limits_{n=1}^{\infty} \left(\frac{x+1}{2}\right)^n n^2$,其中 $x>-1$;　　(4) $\sum\limits_{n=1}^{\infty} \frac{2^n}{2n-1}$.

解 (1) 因为 $\lim\limits_{n\to\infty}\frac{u_{n+1}}{u_n}=\lim\limits_{n\to\infty}\frac{1000^{n+1}}{(n+1)!}\cdot\frac{n!}{1000^n}=\lim\limits_{n\to\infty}\frac{1000}{n+1}=0<1$,所以级数收敛.

(2) 因为 $\lim\limits_{n\to\infty}\frac{u_{n+1}}{u_n}=\lim\limits_{n\to\infty}\frac{(n+1)!\ \left(\frac{3}{n+1}\right)^{n+1}}{n!\ \left(\frac{3}{n}\right)^n}=\lim\limits_{n\to\infty}\frac{(n+1)\frac{3^{n+1}}{(n+1)^{n+1}}}{\frac{3^n}{n^n}}=\lim\limits_{n\to\infty}3\left(\frac{n}{n+1}\right)^n=$ $3\lim\limits_{n\to\infty}\left(1-\frac{1}{n+1}\right)^n=3\mathrm{e}^{-1}>1$,所以级数发散.

(3) 因为 $\lim\limits_{n\to\infty}\frac{u_{n+1}}{u_n}=\lim\limits_{n\to\infty}\frac{(n+1)^2\left(\frac{x+1}{2}\right)^{n+1}}{n^2\left(\frac{x+1}{2}\right)^n}=\frac{x+1}{2}$,所以

① 当 $\frac{x+1}{2}<1$,即 $-1<x<1$ 时,级数收敛;

② 当 $\frac{x+1}{2}>1$,即 $x>1$ 时,级数发散;

③ 当 $\frac{x+1}{2}=1$,即 $x=1$ 时,级数 $\sum\limits_{n=1}^{\infty}\left(\frac{x+1}{2}\right)^2\cdot n^2=\sum\limits_{n=1}^{\infty} n^2$ 发散.

综上可知,该级数当 $-1<x<1$ 时收敛,当 $x\geqslant 1$ 时发散.

(4) 因为 $\lim\limits_{n\to\infty}\frac{u_{n+1}}{u_n}=\lim\limits_{n\to\infty}\frac{2^{n+1}}{2(n+1)-1}\cdot\frac{2n-1}{2^n}=2\lim\limits_{n\to\infty}\frac{2n-1}{2n+1}=2>1$,所以级数发散.

例 8 求极限 $\lim\limits_{n\to\infty}\frac{5^n}{(n!)^5}$.

解 考虑级数 $\sum\limits_{n=1}^{\infty} \frac{5^n}{(n!)^5}$,其通项 $u_n=\frac{5^n}{(n!)^5}$.

$$\lim_{n\to\infty}\frac{u_{n+1}}{u_n}=\lim_{n\to\infty}\frac{5^{n+1}}{[(n+1)!]^5}\cdot\frac{(n!)^5}{5^n}=\lim_{n\to\infty}\frac{5}{(n+1)^5}=0<1,$$

因此，级数 $\sum\limits_{n=1}^{\infty}\frac{5^n}{(n!)^5}$ 收敛. 由级数收敛的必要条件可知，必有 $\lim\limits_{n\to\infty}\frac{5^n}{(n!)^5}=0$. ①

定理 8.6（根值判别法，又称柯西判别法） 设 $\sum\limits_{n=1}^{\infty}u_n$ 为正项级数.

（1）若存在正整数 N，$\forall n\geqslant N$，有 $\sqrt[n]{u_n}\leqslant q<1$，$q$ 为常数，则级数 $\sum\limits_{n=1}^{\infty}u_n$ 收敛；

（2）若存在无穷多个 n，有 $\sqrt[n]{u_n}\geqslant 1$，则级数 $\sum\limits_{n=1}^{\infty}u_n$ 发散.

证明 （1）由于存在正整数 N，$\forall n\geqslant N$，有 $\sqrt[n]{u_n}\leqslant q<1$，即 $u_n\leqslant q^n<1$，而几何级数 $\sum\limits_{n=1}^{\infty}q^n$ 当 $0<q<1$ 时收敛，由比较判别法知级数 $\sum\limits_{n=1}^{\infty}u_n$ 收敛.

（2）由于存在无穷多个 n，有 $\sqrt[n]{u_n}\geqslant 1$，即 $u_n\geqslant 1$. 因此 $\lim\limits_{n\to\infty}u_n\neq 0$. 由级数收敛的必要条件知，级数 $\sum\limits_{n=1}^{\infty}u_n$ 发散.

推论 8.2 设 $\sum\limits_{n=1}^{\infty}u_n$ 为正项级数，若

$$\lim_{n\to\infty}\sqrt[n]{u_n}=r,$$

则（1）当 $r<1$ 时，$\sum\limits_{n=1}^{\infty}u_n$ 收敛；（2）当 $r>1$ 时，$\sum\limits_{n=1}^{\infty}u_n$ 发散；（3）当 $r=1$ 时，$\sum\limits_{n=1}^{\infty}u_n$ 的敛散性需要进一步判定.

证明 （1）当 $r<1$ 时，存在 q，使得 $r<q<1$，由数列极限的定义，$\exists\varepsilon_0=q-r>0$，存在正整数 N，$\forall n\geqslant N$，有 $\left|\sqrt[n]{u_n}-r\right|<q-r$，即 $\sqrt[n]{u_n}<q<1$. 根据定理 8.6，级数 $\sum\limits_{n=1}^{\infty}u_n$ 收敛.

（2）当 $r>1$ 时，根据数列极限的保号性，存在正整数 N，$\forall n\geqslant N$，有 $\sqrt[n]{u_n}>1$. 由定理 8.6 知，级数 $\sum\limits_{n=1}^{\infty}u_n$ 发散.

（3）当 $r=1$ 时，级数 $\sum\limits_{n=1}^{\infty}u_n$ 可能收敛也可能发散. 例如，对于级数 $\sum\limits_{n=1}^{\infty}\frac{1}{n^2}$ 和 $\sum\limits_{n=1}^{\infty}\frac{1}{n}$，两者均有

$$\lim_{n\to\infty}\sqrt[n]{\frac{1}{n^2}}=1,\quad \lim_{n\to\infty}\sqrt[n]{\frac{1}{n}}=1.$$

---

① 这里实际上给出了求极限的一种思路.

但级数 $\sum\limits_{n=1}^{\infty}\frac{1}{n^2}$收敛,而级数 $\sum\limits_{n=1}^{\infty}\frac{1}{n}$发散.因此,$r=1$ 时,不能判定级数的敛散性.

例 9　判定下列级数的敛散性:

(1) $\sum\limits_{n=1}^{\infty}\frac{(3n^2+1)^n}{(2n)^{2n}}$;　　(2) $\sum\limits_{n=1}^{\infty}\left(\frac{an}{2n+1}\right)^n, a>0$;

(3) $\sum\limits_{n=1}^{\infty}\frac{x^n}{n^2}, x>0$;　　(4) $\sum\limits_{n=1}^{\infty}\frac{2^n}{3^{\ln n}}$.

解　(1) 由于

$$\lim_{n\to\infty}\sqrt[n]{u_n}=\lim_{n\to\infty}\sqrt[n]{\frac{(3n^2+1)^n}{(2n)^{2n}}}=\lim_{n\to\infty}\frac{3n^2+1}{(2n)^2}=\frac{3}{4}<1,$$

因此级数 $\sum\limits_{n=1}^{\infty}\frac{(3n^2+1)^n}{(2n)^{2n}}$ 收敛.

(2) 由于

$$\lim_{n\to\infty}\sqrt[n]{u_n}=\lim_{n\to\infty}\sqrt[n]{\left(\frac{an}{2n+1}\right)^n}=\lim_{n\to\infty}\frac{an}{2n+1}=\frac{a}{2},$$

因此① 当$\frac{a}{2}<1$,即 $0<a<2$ 时,级数收敛;

② 当$\frac{a}{2}>1$,即 $a>2$ 时,级数发散;

③ 当$\frac{a}{2}=1$,即 $a=2$ 时,原级数 $\sum\limits_{n=1}^{\infty}\left(\frac{an}{2n+1}\right)^n=\sum\limits_{n=1}^{\infty}\left(\frac{2n}{2n+1}\right)^n$. 由 $\lim\limits_{n\to\infty}\left(\frac{2n}{2n+1}\right)^n=\lim\limits_{n\to\infty}e^{n\ln\frac{2n}{2n+1}}=\lim\limits_{n\to\infty}e^{n\ln\left(1-\frac{1}{2n+1}\right)}=e^{-\frac{1}{2}}\neq 0$,故级数发散.

综上可知,当 $0<a<2$ 时,级数收敛;当 $a\geqslant 2$ 时,级数发散.

(3) 由于$\lim\limits_{n\to\infty}\sqrt[n]{u_n}=\lim\limits_{n\to\infty}\sqrt[n]{\frac{x^n}{n^2}}=x$,因此

① 当 $0<x<1$ 时,级数收敛;

② 当 $x>1$ 时, 级数发散;

③ 当 $x=1$ 时,原级数 $\sum\limits_{n=1}^{\infty}\frac{x^n}{n^2}=\sum\limits_{n=1}^{\infty}\frac{1}{n^2}$,收敛.

综上可知,当 $0<x\leqslant 1$ 时,级数收敛;当 $x>1$ 时,级数发散.

(4) 由于$\lim\limits_{n\to\infty}\sqrt[n]{u_n}=\lim\limits_{n\to\infty}\sqrt[n]{\frac{2^n}{3^{\ln n}}}=\lim\limits_{n\to\infty}\frac{2}{3^{\frac{\ln n}{n}}}=\frac{2}{3^0}=2>1$,因此,级数发散.

比值判别法和根值判别法都是以比较判别法为基础,通过与几何级数相比较来判断级数敛散性的方法. 当$\lim\limits_{n\to\infty}\frac{u_{n+1}}{u_n}=1$ 或$\lim\limits_{n\to\infty}\sqrt[n]{u_n}>1$ 时,都意味着 $u_n\nrightarrow 0(n\to\infty)$,这个结论将在 8.3 节用到.

通过上述对级数判别法的讨论,我们不难发现级数的判别方法与上册第7章中无穷限积分的判别方法十分相似.事实上,这是因为无穷限积分与级数之间存在着内在关联.

定理8.7(积分判别法) 对于任意数列$\{A_n\}$,$A_n\in[a,+\infty)$,n为正整数,且满足$A_1=a$,$\lim\limits_{n\to\infty}A_n=+\infty$,则级数$\sum\limits_{n=1}^{\infty}\int_{A_n}^{A_{n+1}}f(x)\mathrm{d}x$收敛的充要条件是无穷限积分$\int_a^{+\infty}f(x)\mathrm{d}x$收敛,并且有$\sum\limits_{n=1}^{\infty}\int_{A_n}^{A_{n+1}}f(x)\mathrm{d}x=\int_a^{+\infty}f(x)\mathrm{d}x$.

证明 必要性.由于对任意数列$\{A_n\}$,$A_1=a$,$\lim\limits_{n\to\infty}A_n=+\infty$,级数$\sum\limits_{n=1}^{\infty}\int_{A_n}^{A_{n+1}}f(x)\mathrm{d}x$收敛,从而有该级数的部分和数列$\left\{\int_a^{A_{n+1}}f(x)\mathrm{d}x\right\}$也收敛且与该级数收敛于同一值.因此

$$\int_a^{+\infty}f(x)\mathrm{d}x=\lim_{n\to\infty}\int_a^{A_{n+1}}f(x)\mathrm{d}x=\sum_{n=1}^{\infty}\int_{A_n}^{A_{n+1}}f(x)\mathrm{d}x.$$

充分性.由于无穷限积分$\int_a^{+\infty}f(x)\mathrm{d}x$收敛,即

$$\int_a^{+\infty}f(x)\mathrm{d}x=\lim_{n\to\infty}\int_a^{A_{n+1}}f(x)\mathrm{d}x=\lim_{n\to\infty}\sum_{k=1}^{n}\int_{A_k}^{A_{k+1}}f(x)\mathrm{d}x=\sum_{n=1}^{\infty}\int_{A_n}^{A_{n+1}}f(x)\mathrm{d}x.$$

定理得证.

例10 判断级数$\sum\limits_{n=2}^{\infty}\frac{1}{n(\ln n)^p}$的敛散性.

解 因为对于无穷限积分$\int_2^{+\infty}\frac{1}{x(\ln x)^p}\mathrm{d}x$有以下结论:

$$\int_2^{+\infty}\frac{\mathrm{d}x}{x(\ln x)^p}=\int_2^{+\infty}\frac{1}{(\ln x)^p}\mathrm{d}\ln x=\begin{cases}+\infty, & p\leqslant 1,\\ \frac{(\ln 2)^{1-p}}{p-1}, & p>1.\end{cases}$$

由定理8.7知,当$p\leqslant 1$时级数发散;当$p>1$时级数收敛.

习题8.2

1. 判定下列正项级数的敛散性:

(1) $\sum\limits_{n=1}^{\infty}\frac{n+1}{2n+1}$;

(2) $\sum\limits_{n=1}^{\infty}\frac{2n-1}{(\sqrt{2})^n}$;

(3) $\sum\limits_{n=1}^{\infty}\frac{1}{\sqrt{n+1}}\sin\frac{1}{n}$;

(4) $\sum\limits_{n=1}^{\infty}\left(\sqrt[3]{1+\frac{1}{n^2}}-1\right)$;

(5) $\sum\limits_{n=1}^{\infty}\frac{1}{1+a^n}(a>0)$;

(6) $\sum\limits_{n=1}^{\infty}\frac{n^2}{(a+n)^b(b+n)^a}$($a,b$为正常数);

(7) $\sum_{n=1}^{\infty} \frac{2^n n!}{n^n}$；　　(8) $\sum_{n=1}^{\infty} \frac{2+(-1)^n}{2^n}$；

(9) $\sum_{n=1}^{\infty} \frac{(n!)^2}{(2n)!}$；　　(10) $\sum_{n=1}^{\infty} \frac{2^n}{n+3} x^{2n}$；

(11) $\sum_{n=1}^{\infty} \frac{1 \cdot 3 \cdot 5 \cdot \cdots \cdot (2n-1)}{3^n n!}$；　　(12) $\sum_{n=1}^{\infty} \frac{2 \cdot 5 \cdot 8 \cdot \cdots \cdot (3n-1)}{1 \cdot 5 \cdot 9 \cdot \cdots \cdot (4n-3)}$.

2. 设级数 $\sum_{n=1}^{\infty} u_n$ 收敛，下列级数是否收敛？为什么？

(1) $\sum_{n=1}^{\infty} \frac{u_n + u_{n+1}}{2}$；　　(2) $\sum_{n=1}^{\infty} \sqrt{u_n} (u_n > 0)$；　　(3) $\sum_{n=1}^{\infty} \sqrt{u_n u_{n+1}} (u_n > 0)$.

3. 设级数 $\sum_{n=1}^{\infty} u_n^2$ 收敛，且常数 $c>0$，求证 $\sum_{n=1}^{\infty} \frac{|u_n|}{\sqrt{n^2+c}}$ 收敛.

4. 证明：若级数 $\sum_{n=1}^{\infty} a_n^2$ 与 $\sum_{n=1}^{\infty} b_n^2$ 收敛，则下列级数也收敛：

(1) $\sum_{n=1}^{\infty} |a_n b_n|$；　　(2) $\sum_{n=1}^{\infty} (a_n + b_n)^2$；　　(3) $\sum_{n=1}^{\infty} \frac{|a_n|}{n}$.

5. 设数列$\{a_n\}$，其中 $a_n \neq 0 (n=1,2,\cdots)$，且 $\lim\limits_{n\to\infty} a_n = a (a \neq 0)$. 试证明：级数 $\sum_{n=1}^{\infty} |a_{n+1} - a_n|$ 与 $\sum_{n=1}^{\infty} \left| \frac{1}{a_{n+1}} - \frac{1}{a_n} \right|$ 有相同的敛散性.

8.3 任意项级数

1. 任意项级数的概念

定义 8.5 对于级数 $\sum_{n=1}^{\infty} u_n$，若既有无限多项是正数，又有无限多项是负数，则称级数 $\sum_{n=1}^{\infty} u_n$ 为任意项级数，又称变号级数.

例如，$u_1 - u_2 - u_3 + u_4 - u_5 - u_6 + u_7 - u_8 - u_9 + \cdots (u_n > 0)$ 为任意项级数.

特别地，如果级数是正、负相间的，则为交错级数.

定义 8.6 设 $u_n > 0, n=1,2,\cdots$，形如

$$\sum_{n=1}^{\infty} (-1)^{n-1} u_n = u_1 - u_2 + u_3 - u_4 + \cdots$$

或

$$\sum_{n=1}^{\infty} (-1)^n u_n = -u_1 + u_2 - u_3 + u_4 - \cdots$$

的级数,称为交错级数.

任意项级数的收敛与正项级数的收敛相比,较为复杂,需要区分绝对收敛和条件收敛.

定义 8.7 对于任意项级数 $\sum_{n=1}^{\infty}u_n$,若 $\sum_{n=1}^{\infty}|u_n|$ 收敛,则称级数 $\sum_{n=1}^{\infty}u_n$ 绝对收敛;如果级数 $\sum_{n=1}^{\infty}u_n$ 收敛,而级数 $\sum_{n=1}^{\infty}|u_n|$ 发散,则称级数 $\sum_{n=1}^{\infty}u_n$ 为条件收敛.

对于任意项级数 $\sum_{n=1}^{\infty}u_n$ 敛散性的判别,主要是转化为正项级数 $\sum_{n=1}^{\infty}|u_n|$ 后进行的.级数 $\sum_{n=1}^{\infty}u_n$ 与 $\sum_{n=1}^{\infty}|u_n|$ 之间敛散性的关系可由定理表述如下:

定理 8.8 如果级数 $\sum_{n=1}^{\infty}|u_n|$ 收敛,则任意项级数 $\sum_{n=1}^{\infty}u_n$ 收敛,即绝对收敛必收敛.

证明 令 $v_n=\frac{1}{2}(u_n+|u_n|)$,则 $0\leqslant v_n\leqslant|u_n|$.由于级数 $\sum_{n=1}^{\infty}|u_n|$ 收敛,根据比较判别法知 $\sum_{n=1}^{\infty}v_n$ 收敛.又 $u_n=2v_n-|u_n|$,由性质 8.5 知,级数 $\sum_{n=1}^{\infty}u_n$ 收敛.因此,对于任意项级数,绝对收敛必收敛.

接下来,我们讨论任意项级数敛散性的判别问题.

2. 任意项级数敛散性判别法

首先,对特殊的任意项级数——交错级数,有如下收敛性的判别方法:

定理 8.9(莱布尼茨判别法) 设交错级数 $\sum_{n=1}^{\infty}(-1)^{n-1}u_n(u_n>0)$ 满足

(1) $\forall n\in\mathbb{N}^+,u_n\geqslant u_{n+1}$;

(2) $\lim\limits_{n\to\infty}u_n=0$,

则交错级数 $\sum_{n=1}^{\infty}(-1)^{n-1}u_n$ 收敛.

证明 首先考虑交错级数的前 $2n$ 项和

$$S_{2n}=u_1-u_2+u_3-u_4+\cdots+u_{2n-1}-u_{2n}.$$

根据条件(1)知

$$S_{2n}=u_1-(u_2-u_3)-\cdots-(u_{2n-2}-u_{2n-1})-u_{2n}\leqslant u_1,$$

并且

$$S_{2n}=(u_1-u_2)+(u_3-u_4)+\cdots+(u_{2n-1}-u_{2n})\geqslant S_{2n-2}\geqslant 0.$$

因此,前 $2n$ 项部分和数列 $\{S_{2n}\}$ 为非负单调递增有上界的数列,即 $\lim\limits_{n\to\infty}S_{2n}$ 存在.

由条件(2)知 $\lim\limits_{n\to\infty}u_{2n+1}=0$,因此 $\lim\limits_{n\to\infty}S_{2n+1}=\lim\limits_{n\to\infty}(S_{2n}+u_{2n+1})=\lim\limits_{n\to\infty}S_{2n}$,即极限 $\lim\limits_{n\to\infty}S_n$ 存在,

从而 $\sum_{n=1}^{\infty}(-1)^{n-1}u_n$ 收敛.

例 1　证明级数 $1-\frac{1}{2}+\frac{1}{3}-\frac{1}{4}+\cdots$收敛.

证明　由于

$$u_n=\frac{1}{n}>\frac{1}{n+1}=u_{n+1}\quad(n=1,2,\cdots),$$

且

$$\lim_{n\to\infty}u_n=0,$$

根据莱布尼茨判别法知,级数 $\sum_{n=1}^{\infty}\frac{(-1)^{n-1}}{n}$ 收敛.

例 2　判别级数 $\sum_{n=2}^{\infty}\frac{(-1)^n\sqrt{n}}{n-1}$ 的收敛性.

解　$u_n=\frac{\sqrt{n}}{n-1}$,首先 $\lim\limits_{n\to\infty}u_n=\lim\limits_{n\to\infty}\frac{\sqrt{n}}{n-1}=0$. 其次,令 $f(x)=\frac{\sqrt{x}}{x-1}(x\geqslant 2)$,有 $f'(x)=\frac{-(1+x)}{2(x-1)^{2\sqrt{x}}}<0(x\geqslant 2)$,即函数 $f(x)$单调递减,从而 $u_n\geqslant u_{n+1}$. 根据莱布尼茨判别法知,级数收敛.

下面讨论一般的任意项级数 $\sum_{n=1}^{\infty}u_n$ 的敛散性问题.

对于任意项级数 $\sum_{n=1}^{\infty}u_n$ 的敛散性判别,有下面两种判别方法. 这两种判别方法都要用到以下引理.

引理 8.1(阿贝尔[①]变换)　设 a_k 与 $b_k(k=1,2,\cdots,n)$是两组数,令

$$B_i=\sum_{k=1}^{i}b_k\quad(i=1,2,\cdots,n).$$

若　(1) $a_1\geqslant a_2\geqslant\cdots\geqslant a_n\geqslant 0$;

(2) $\exists M>0,\ |B_i|=\left|\sum_{k=1}^{i}b_k\right|\leqslant M,i=1,2,\cdots,n$,

则

$$|a_1b_1+a_2b_2+\cdots+a_nb_n|=\left|\sum_{k=1}^{n}a_kb_k\right|\leqslant a_1M.$$

证明　由题设知 $b_1=B_1,b_2=B_2-B_1,\cdots,b_n=B_n-B_{n-1}$,则

$$|a_1b_1+a_2b_2+\cdots+a_nb_n|=\left|\sum_{k=1}^{n}a_kb_k\right|=\left|\sum_{k=1}^{n}a_k(B_k-B_{k-1})\right|\quad(\text{记 }B_0=0)$$

---

① 阿贝尔(Abel, 1802—1829),挪威数学家.

$$\begin{aligned}&=|a_1(B_1-B_0)+a_2(B_2-B_1)+\cdots+a_n(B_n-B_{n-1})|\\&=|B_1(a_1-a_2)+B_2(a_2-a_3)+\cdots+B_{n-1}(a_{n-1}-a_n)+a_nB_n|\\&\leqslant|B_1|(a_1-a_2)+|B_2|(a_2-a_3)+\cdots\\&\quad+|B_{n-1}|(a_{n-1}-a_n)+|B_n|a_n\\&\leqslant M(a_1-a_2+a_2-a_3+\cdots+a_{n-1}-a_n+a_n)=a_1M.\end{aligned}$$

定理 8.10（狄利克雷(Dirichlet)判别法） 若级数 $\sum_{n=1}^{\infty}a_nb_n$ 满足

(1) 数列$\{a_n\}$单调递减，且$\lim\limits_{n\to\infty}a_n=0$；

(2) 级数 $\sum_{n=1}^{\infty}b_n$ 的部分和数列$\{B_n\}$有界，即$\exists M>0$，$\forall n\in\mathbb{N}^+$，有

$$|B_n|=|b_1+b_2+\cdots+b_n|\leqslant M,$$

则级数 $\sum_{n=1}^{\infty}a_nb_n$ 收敛.

证明 $\forall n,p\in\mathbb{N}^+$，有

$$|b_{n+1}+b_{n+2}+\cdots+b_{n+p}|=|B_{n+p}-B_n|\leqslant|B_{n+p}|+|B_n|\leqslant 2M,$$

由引理 8.1 知

$$|a_{n+1}b_{n+1}+a_{n+2}b_{n+2}+\cdots+a_{n+p}b_{n+p}|\leqslant a_{n+1}\cdot 2M.$$

由于$\lim\limits_{n\to\infty}a_n=0$，即$\forall\varepsilon>0$，$\exists N\in\mathbb{N}^+$，$\forall n>N$，有$|a_{n+1}|<\varepsilon$，从而$\forall\varepsilon>0$，$\exists N\in\mathbb{N}^+$，$\forall n>N$，$\forall p\in\mathbb{N}^+$，有

$$|a_{n+1}b_{n+1}+a_{n+2}b_{n+2}+\cdots+a_{n+p}b_{n+p}|\leqslant 2M\cdot a_{n+1}<2M\cdot\varepsilon.$$

根据柯西收敛准则，级数 $\sum_{n=1}^{\infty}a_nb_n$ 收敛.

定理 8.11（阿贝尔判别法） 若级数 $\sum_{n=1}^{\infty}a_nb_n$ 满足

(1) 数列$\{a_n\}$单调有界；

(2) 级数 $\sum_{n=1}^{\infty}b_n$ 收敛，

则级数 $\sum_{n=1}^{\infty}a_nb_n$ 收敛.

证明 数列$\{a_n\}$单调有界分为单调递减有下界或单调递增有上界.

(1) 若数列$\{a_n\}$单调递减有下界，则数列$\{a_n\}$收敛，不妨设$\lim\limits_{n\to\infty}a_n=a$. 则有数列$\{a_n-a\}$单调递减且$\lim\limits_{n\to\infty}(a_n-a)=0$. 又级数 $\sum_{n=1}^{\infty}b_n$ 收敛，则$\exists M>0$，对任意正整数 n，使得

$$|B_n|=|b_1+b_2+\cdots+b_n|\leqslant M.$$

根据定理 8.10，有 $\sum_{n=1}^{\infty}(a_n-a)b_n$ 收敛. 又两个收敛的级数的和必收敛，即

$$\sum_{n=1}^{\infty} a_n b_n = \sum_{n=1}^{\infty} (a_n - a) b_n + \sum_{n=1}^{\infty} a b_n$$

收敛.

(2) 若数列$\{a_n\}$单调递增有上界,则$\{-a_n\}$单调递减有下界,由(1)知,级数$\sum\limits_{n=1}^{\infty}(-a_n)b_n$收敛,从而$\sum\limits_{n=1}^{\infty}a_n b_n$也收敛.

注 1 判别交错级数$\sum\limits_{n=1}^{\infty}(-1)^{n-1}u_n(u_n>0)$的莱布尼茨判别法是狄利克雷判别法的特殊情况.对于莱布尼茨判别法,数列$\{u_n\}$单调递减,且$\lim\limits_{n\to\infty}u_n=0$,而级数$\sum\limits_{n=1}^{\infty}(-1)^{n-1}$的部分和数列$\{B_n\}$有界,即

$$B_n = \begin{cases} 1, & n\text{ 为奇数}, \\ 0, & n\text{ 为偶数}, \end{cases}$$

于是$|B_n|\leqslant 1$,则由狄利克雷判别法,交错级数$\sum\limits_{n=1}^{\infty}(-1)^{n-1}u_n$收敛.

注 2 狄利克雷判别法和阿贝尔判别法的成立条件各有强弱:狄利克雷判别法中条件"$\{a_n\}$单调递减且$\lim\limits_{n\to\infty}a_n=0$"比阿贝尔判别法中条件"$\{a_n\}$单调有界"要强;而前者的条件"部分和数列$\{B_n\}$有界"比后者的条件"$\sum\limits_{n=1}^{\infty}b_n$收敛"要弱.因此,在实际应用中,要视具体问题选择合适的判别方法.

例 3 设级数$\sum\limits_{n=1}^{\infty}u_n$收敛,则级数$\sum\limits_{n=1}^{\infty}\dfrac{u_n}{n}$,$\sum\limits_{n=1}^{\infty}\dfrac{u_n}{\sqrt{n}}$,$\sum\limits_{n=1}^{\infty}\dfrac{n}{n+1}u_n$都收敛.

证明 令$b_n=u_n$,$a_n=\dfrac{1}{n}\left(\text{或}\dfrac{1}{\sqrt{n}}\text{或}\dfrac{n}{n+1}\right)$,$n=1,2,\cdots$.数列$\{a_n\}$单调有界,由阿贝尔判别法知结论成立.

例 4 设数列$\{a_n\}$单调递减,且$\lim\limits_{n\to\infty}a_n=0$,则对于任意$x$,级数$\sum\limits_{n=1}^{\infty}a_n\sin nx$收敛.

证明 当$x=2k\pi(k=0,\pm1,\pm2,\cdots)$时,$\sin nx=0$,级数$\sum\limits_{n=1}^{\infty}a_n\sin nx$显然收敛.

当$x\neq 2k\pi(k=0,\pm1,\pm2,\cdots)$时,令$B_n=\sum\limits_{k=1}^{n}\sin kx\,(n=1,2,\cdots)$.由于

$$\begin{aligned} 2\sin\frac{x}{2}B_n &= \sum_{k=1}^{n}2\sin\frac{x}{2}\sin kx = \sum_{k=1}^{n}\left[\cos\left(k-\frac{1}{2}\right)x-\cos\left(k+\frac{1}{2}\right)x\right] \\ &= \cos\frac{1}{2}x-\cos\left(n+\frac{1}{2}\right)x, \end{aligned}$$

因此

$$|B_n|=\left|\frac{\cos\frac{1}{2}x-\cos\left(n+\frac{1}{2}\right)x}{2\sin\frac{1}{2}x}\right|\leqslant\frac{1}{\left|\sin\frac{1}{2}x\right|}(n=1,2,\cdots).$$

又因为$\{a_n\}$单调递减且$\lim\limits_{n\to\infty}a_n=0$，由狄利克雷判别法知级数$\sum\limits_{n=1}^{\infty}a_n\sin nx$收敛.

注 用同样方法可以证明：如果$\{a_n\}$单调递减且$\lim\limits_{n\to\infty}a_n=0$，当$x\neq 2k\pi(k=0,\pm1,\pm2,\cdots)$时，级数$\sum\limits_{n=1}^{\infty}a_n\cos nx$收敛.

例 5 判别下列级数的敛散性：

(1) $\sum\limits_{n=1}^{\infty}(-1)^{n-1}\cdot\dfrac{n^3}{2^n}$；(2) $\sum\limits_{n=1}^{\infty}\dfrac{1}{n2^n}(a+1)^n$（$a$为常数）；

(3) $\sum\limits_{n=1}^{\infty}\dfrac{\sin nx}{n^p}$，$p$是参数，且$p>0,0<x<\pi$.

解 (1) 该级数为交错级数. 因为

$$\lim_{n\to\infty}\left|\frac{u_{n+1}}{u_n}\right|=\lim_{n\to\infty}\left|\frac{(n+1)^3}{2^{n+1}}\cdot\frac{2^n}{n^3}\right|=\frac{1}{2}\lim_{n\to\infty}\left|\frac{(n+1)^3}{n^3}\right|=\frac{1}{2}<1,$$

所以由正项级数的比值判别法知，该级数绝对收敛.

(2) 因为

$$\lim_{n\to\infty}\left|\frac{u_{n+1}}{u_n}\right|=\lim_{n\to\infty}\left|\frac{(a+1)^{n+1}}{(n+1)2^{n+1}}\cdot\frac{n2^n}{(a+1)^n}\right|=\lim_{n\to\infty}\frac{n|a+1|}{2(n+1)}=\frac{|a+1|}{2},$$

所以由正项级数的比值判别法知，当$\dfrac{|a+1|}{2}<1$，即$-3<a<1$时，$\sum\limits_{n=1}^{\infty}\dfrac{|a+1|^n}{n2^n}$收敛，从而原级数绝对收敛；当$\left|\dfrac{a+1}{2}\right|>1$，即$a<-3$或$a>1$时，$\sum\limits_{n=1}^{\infty}\dfrac{|a+1|^n}{n2^n}$发散，且$\lim\limits_{n\to\infty}\dfrac{(a+1)^n}{n2^n}=\infty$，则原级数发散；当$\left|\dfrac{a+1}{2}\right|=1$，即$a=-3$或$a=1$时，若$a=-3$，则$\sum\limits_{n=1}^{\infty}\dfrac{1}{n2^n}(a+1)^n=\sum\limits_{n=1}^{\infty}\dfrac{(-1)^n}{n}$，由莱布尼茨判别法知，原级数为条件收敛，若$a=1$，则$\sum\limits_{n=1}^{\infty}\dfrac{1}{n2^n}(a+1)^n=\sum\limits_{n=1}^{\infty}\dfrac{1}{n}$，由于级数$\sum\limits_{n=1}^{\infty}\dfrac{1}{n}$发散，从而原级数发散.

综上可知，当$-3<a<1$时，级数绝对收敛；当$a=-3$时，级数条件收敛；当$a<-3$或$a\geqslant1$时，级数发散.

(3) 当$p>1$时，由于$\left|\dfrac{\sin nx}{n^p}\right|\leqslant\dfrac{1}{n^p}$，根据$p$-级数的敛散性知，$p>1$，$\sum\limits_{n=1}^{\infty}\dfrac{1}{n^p}$收敛，由比较

判别法知，级数 $\sum_{n=1}^{\infty}\frac{\sin nx}{n^p}$ 绝对收敛.

当 $0<p\leqslant 1$ 时，数列 $\left\{\frac{1}{n^p}\right\}$ 单调递减且 $\lim_{n\to\infty}\frac{1}{n^p}=0$，由例4知，级数 $\sum_{n=1}^{\infty}\frac{\sin nx}{n^p}$ 收敛.

进一步地，$\left|\frac{\sin nx}{n^p}\right|\geqslant\frac{\sin^2 nx}{n^p}=\frac{1}{n^p}\left(\frac{1-\cos 2nx}{2}\right)=\frac{1}{2n^p}-\frac{\cos 2nx}{2n^p}$.

由于当 $0<p\leqslant 1$ 时，$\sum_{n=1}^{\infty}\frac{1}{2n^p}$ 发散，$\sum_{n=1}^{\infty}\frac{\cos 2nx}{2n^p}$ 收敛(由例4的注可知). 由性质8.5知，级数 $\sum_{n=1}^{\infty}\left(\frac{1}{2n^p}-\frac{\cos 2nx}{2n^p}\right)$ 发散. 因此，当 $0<p\leqslant 1$ 时，级数 $\sum_{n=1}^{\infty}\frac{\sin nx}{n^p}$ 条件收敛.

对于任意项级数 $\sum_{n=1}^{\infty}u_n$ 敛散性的判别过程如下：

(1) 用正项级数判别法判别 $\sum_{n=1}^{\infty}|u_n|$ 的敛散性，如果 $\sum_{n=1}^{\infty}|u_n|$ 收敛，则 $\sum_{n=1}^{\infty}u_n$ 绝对收敛；

(2) 如果 $\sum_{n=1}^{\infty}|u_n|$ 发散，用莱布尼茨判别法(仅限于交错级数)、狄利克雷判别法、阿贝尔判别法判别 $\sum_{n=1}^{\infty}u_n$ 的敛散性，若 $\sum_{n=1}^{\infty}u_n$ 收敛，则为条件收敛；

(3) $\sum_{n=1}^{\infty}u_n$ 不收敛，即 $\sum_{n=1}^{\infty}u_n$ 发散.

注　如果用正项级数的比值判别法或根值判别法得到 $\sum_{n=1}^{\infty}|u_n|$ 发散，则必有 $\lim_{n\to\infty}|u_n|=+\infty$，即 $u_n\nrightarrow 0(n\to\infty)$，因此可直接得出 $\sum_{n=1}^{\infty}u_n$ 发散. 也就是用正项级数的比值或根值判别法得到 $\sum_{n=1}^{\infty}|u_n|$ 发散，则 $\sum_{n=1}^{\infty}u_n$ 必发散.

习题 8.3

1. 判别下列级数是绝对收敛，条件收敛，还是发散.

(1) $\sum_{n=1}^{\infty}\frac{\sin na}{(\ln 3)^n}$；　(2) $\sum_{n=1}^{\infty}\frac{(-1)^{n-1}}{\sqrt[3]{n}}$；

(3) $\sum_{n=1}^{\infty}(-1)^{n-1}(\sqrt[n]{n}-1)$；　(4) $\sum_{n=1}^{\infty}(-1)^n\left(\cos\frac{1}{n}\right)n^3$；

(5) $\sum_{n=1}^{\infty}\frac{3^n}{n}x^n$；　(6) $\sum_{n=2}^{\infty}\frac{\sin\frac{n\pi}{12}}{\ln n}$；

(7) $\sum_{n=1}^{\infty}(-1)^n\sin\frac{1}{n}$.

2. 证明：若级数 $\sum_{n=1}^{\infty}u_n$ 条件收敛，$\sum_{n=1}^{\infty}v_n$ 绝对收敛，则 $\sum_{n=1}^{\infty}(u_n\pm v_n)$ 为条件收敛.（提示：反证法）

3. 证明：若级数 $\sum_{n=1}^{\infty}a_n$ 绝对收敛，数列 $\{b_n\}$ 有界，则级数 $\sum_{n=1}^{\infty}a_nb_n$ 绝对收敛.

4. 证明：若级数 $\sum_{n=1}^{\infty}a_n$ 收敛，且级数 $\sum_{n=1}^{\infty}(b_n-b_{n-1})$ 绝对收敛，则级数 $\sum_{n=1}^{\infty}a_nb_n$ 也收敛.（提示：设 $S_n=a_1+\cdots+a_n$，则 $a_n=S_n-S_{n-1}$，应用柯西收敛准则）

5. 对于级数 $\sum_{n=1}^{\infty}a_n$，设 $a_n^+=\frac{|a_n|+a_n}{2}$；$a_n^-=\frac{|a_n|-a_n}{2}$. 证明：级数 $\sum_{n=1}^{\infty}a_n$ 绝对收敛 $\Leftrightarrow$ 正项级数 $\sum_{n=1}^{\infty}a_n^+$ 与 $\sum_{n=1}^{\infty}a_n^-$ 都收敛. 并且当级数 $\sum_{n=1}^{\infty}a_n$ 绝对收敛时，有 $\sum_{n=1}^{\infty}a_n=\sum_{n=1}^{\infty}a_n^+-\sum_{n=1}^{\infty}a_n^-$.

6. 判别下列结论是否正确：

(1) 若 $\sum_{n=1}^{\infty}u_n$ 收敛，则 $\sum_{n=1}^{\infty}(-1)^nu_n$ 条件收敛；

(2) 若 $\sum_{n=1}^{\infty}u_n^2$ 发散，则 $\sum_{n=1}^{\infty}u_n$ 也发散；

(3) 若 $\lim_{n\to\infty}\left|\frac{u_{n+1}}{u_n}\right|=r>1$，则 $\sum_{n=1}^{\infty}u_n$ 必发散.

8.4 函数项级数

在前面三节中，我们讨论的都是数项级数，即每一项都是常数的级数. 本节我们考虑无穷多个函数的和，即每一项都是函数的级数，称为函数项级数.

1. 函数项级数及其收敛域

定义 8.8 设函数 $u_n(x)(n=1,2,\cdots)$ 为定义在实数集 D 上的函数列，将它们依次用加号连结起来，即

$$\sum_{n=1}^{\infty}u_n(x)=u_1(x)+u_2(x)+\cdots+u_n(x)+\cdots,\tag{8.4}$$

则称级数 $\sum_{n=1}^{\infty}u_n(x)$ 为定义在集合 D 上的**函数项级数**.

与数项级数类似，函数项级数(8.4)的前 n 项和

$$S_n(x)=u_1(x)+u_2(x)+\cdots+u_n(x)$$

称为函数项级数的 **n 项部分和函数**，简称**部分和**.

对于函数项级数 $\sum_{n=1}^{\infty}u_n(x)$，对 $\forall x_0\in D$，则相应地有一个数项级数 $\sum_{n=1}^{\infty}u_n(x_0)$，它的敛散性可由前面几节的方法进行判定. 如果 $\sum_{n=1}^{\infty}u_n(x_0)$ 收敛，则称点 x_0 为函数项级数(8.4)的**收敛点**；如果 $\sum_{n=1}^{\infty}u_n(x_0)$ 发散，则称点 x_0 为函数项级数(8.4)的**发散点**.

定义 8.9　函数项级数 $\sum_{n=1}^{\infty}u_n(x)$ 的全体收敛点的集合称为 $\sum_{n=1}^{\infty}u_n(x)$ 的**收敛域**；所有发散点组成的集合称为它的**发散域**.

例如几何级数 $\sum_{n=1}^{\infty}x^n$ 的收敛域为 $(-1,1)$，发散域为 $(-\infty,-1]\cup[1,+\infty)$.

显然，对于收敛域中的每一个点 x，函数项级数 $\sum_{n=1}^{\infty}u_n(x)$ 都对应唯一确定的值.

定义 8.10　对于收敛域中每个 x，函数项级数 $\sum_{n=1}^{\infty}u_n(x)$ 都对应一个唯一确定的和，记为 $S(x)$，即

$$\sum_{n=1}^{\infty}u_n(x)=S(x)\quad 或\quad \lim_{n\to\infty}S_n(x)=S(x).$$

称 $S(x)$ 为函数项级数 $\sum_{n=1}^{\infty}u_n(x)$ 在收敛域上的**和函数**.

若记 $R_n(x)=S(x)-S_n(x)=u_{n+1}(x)+u_{n+2}(x)+\cdots$，则 $R_n(x)$ 称为函数项级数 $\sum_{n=1}^{\infty}u_n(x)$ 的**余和**，并且对收敛域中的任意 x，都有

$$\lim_{n\to\infty}R_n(x)=\lim_{n\to\infty}[S(x)-S_n(x)]=0.$$

例 1　讨论公比为 x 的几何级数 $\sum_{n=1}^{\infty}3x^n$ 的收敛域及和函数.

解　$S_n(x)=\sum_{k=1}^{n}3x^k=3x+3x^2+\cdots+3x^n=\dfrac{3x(1-x^n)}{1-x}$.

显然，当 $|x|<1$ 时级数收敛，当 $|x|\geqslant 1$ 时级数发散. 因此，收敛域为 $(-1,1)$. 又 $\lim_{n\to\infty}S_n(x)=\dfrac{3x}{1-x}$，$x\in(-1,1)$，故和函数为 $\dfrac{3x}{1-x}$，$x\in(-1,1)$.

注　和函数 $\dfrac{3x}{1-x}$ 的定义域是 $(-\infty,1)\cup(1,+\infty)$，但是仅在 $(-1,1)$ 内它才是函数项级数 $\sum_{n=1}^{\infty}3x^n$ 的和函数.

例 2 讨论函数项级数 $\sum_{n=1}^{\infty}\frac{\sin^n x}{n^2}$ 的收敛域.

解 因为 $\forall x\in\mathbb{R}$，$\left|\frac{\sin^n x}{n^2}\right|\leqslant\frac{1}{n^2}$，由正项级数的比较判别法知，函数项级数的收敛域为实数集 $\mathbb{R}$.

2. **一致收敛的概念**

我们知道，有限个连续函数的和仍为连续函数，有限个可导函数的和仍可导，并且导函数等于每个函数的导数之和，对于积分也有类似性质. 那么，当有限个函数相加扩展为无穷多个函数相加时，上述这些性质是否依然成立呢？也就是说，假设在区间 I 上，有 $\sum_{n=1}^{\infty}u_n(x)=S(x)$，那么

(1) 如果 $u_n(x)(n=1,2,\cdots)$ 在 I 上连续，那么 $S(x)$ 是否在 I 上也连续？

(2) 如果 $u_n(x)(n=1,2,\cdots)$ 在 I 上可导，那么 $S(x)$ 在 I 上是否可导？并且 $S'(x)=\sum_{n=1}^{\infty}u_n'(x)$ 是否成立？

(3) 如果 $u_n(x)(n=1,2,\cdots)$ 在 $[a,b]\subset I$ 上可积，那么 $S(x)$ 在 $[a,b]$ 上是否可积？并且是否有 $\int_a^b S(x)\mathrm{d}x=\sum_{n=1}^{\infty}\int_a^b u_n(x)\mathrm{d}x$ 成立？

对于上述问题，如果答案是肯定的，那么将对研究函数项级数带来极大的方便. 但遗憾的是，上述问题的答案都是不一定. 我们可以通过下面的例子来说明.

例如，令 $u_1(x)=x,u_n(x)=x^n-x^{n-1}(n>1)$，那么 $S_n(x)=\sum_{k=1}^{n}u_k(x)=x^n$. 从而函数项级数 $\sum_{n=1}^{\infty}u_n(x)$ 的收敛域为 $(-1,1]$，其和函数为

$$S(x)=\lim_{n\to\infty}S_n(x)=\begin{cases}0, & x\in(-1,1),\\ 1, & x=1.\end{cases}$$

显然，$u_n(x)(n=1,2,\cdots)$ 在收敛域 $(-1,1]$ 上收敛，并可导，但是其和函数 $S(x)$ 在 $x=1$ 处不连续，不可导.

再例如，令 $u_1(x)=2x\mathrm{e}^{-x^2}$，$u_n(x)=2n^2x\mathrm{e}^{-n^2x^2}-2(n-1)^2x\mathrm{e}^{-(n-1)^2x^2}\ (n>1)$. 那么

$$S_n(x)=\sum_{k=1}^{n}u_k(x)=2n^2x\mathrm{e}^{-n^2x^2},$$

其和函数

$$S(x)=\lim_{n\to\infty}S_n(x)=0,x\in(-\infty,+\infty).$$

因此 $S(x)$ 在 $[0,1]$ 上可积，且有 $\int_0^1 S(x)\mathrm{d}x=0$. 然而，$\lim_{n\to\infty}\int_0^1 S_n(x)\mathrm{d}x=\lim_{n\to\infty}(1-\mathrm{e}^{-n^2})=1$.

这说明，虽然$\lim\limits_{n\to\infty}S_n(x)=S(x)$，但是

$$0=\int_0^1 S(x)\mathrm{d}x\neq\sum_{n=1}^{\infty}\int_0^1 u_n(x)\mathrm{d}x=\lim_{n\to\infty}\int_0^1 S_n(x)\mathrm{d}x=1.$$

由上述例子可知，和函数$S(x)$要具有与函数$u_n(x)$相似的分析性质(连续性、可导性、可积性)需要更强的条件. 为此，引入一致收敛的概念.

定义 8.11 设函数项级数$\sum\limits_{n=1}^{\infty}u_n(x)$在区间$I$上收敛于和函数$S(x)$. 若$\forall\varepsilon>0$，存在正整数$N$，对于$\forall n>N$以及$\forall x\in I$，都有

$$|S_n(x)-S(x)|=|R_n(x)|<\varepsilon, \tag{8.5}$$

则称函数项级数$\sum\limits_{n=1}^{\infty}u_n(x)$在区间$I$上一致收敛于和函数$S(x)$. 记作$S_n(x)\rightrightarrows S(x), x\in I$.

注 一致收敛是一个比收敛更强的概念，这体现在对于自然数N的取法.

对收敛而言，给定$\alpha\in I$，数项级数$\sum\limits_{n=1}^{\infty}u_n(\alpha)$收敛于$S(\alpha)$意味着：$\forall\varepsilon>0$，存在正整数$N_\alpha$，$\forall n>N_\alpha$，有$|u_n(\alpha)-S(\alpha)|<\varepsilon$. 即项数$N_\alpha$是一个与收敛域中的取点相关的自然数，随着收敛域$I$中取点的不同，项数$N_\alpha$也不同.

一致收敛的概念则将项数N相对固定下来(仅与ε相关)，即对$\forall x\in I$，都存在着通用的项数N，使N项之后的所有项满足$|S_n(x)-S(x)|<\varepsilon$.

例 3 对于函数项级数$\sum\limits_{n=1}^{\infty}u_n(x)$，设

$$u_1(x)=\frac{x}{1+x^2}, u_n(x)=\frac{x}{1+n^2x^2}-\frac{x}{1+(n-1)^2x^2}(n>1),$$

证明该函数项级数在$(-\infty,+\infty)$上一致收敛于和函数$S(x)$.

证明 由题设知函数项级数的前n项和为

$$S_n(x)=\sum_{k=1}^{n}u_k(x)=\frac{x}{1+n^2x^2},$$

又

$$\lim_{n\to\infty}S_n(x)=\lim_{n\to\infty}\frac{x}{1+n^2x^2}=0,\quad x\in(-\infty,+\infty),$$

因此和函数$S(x)=0, x\in(-\infty,+\infty)$. 下面证明$S_n(x)\rightrightarrows 0, x\in(-\infty,+\infty)$.

$\forall\varepsilon>0$，及$\forall x\in(-\infty,+\infty)$有

$$|S_n(x)-S(x)|=|S_n(x)|=\frac{|x|}{1+n^2x^2}=\frac{1}{2n}\cdot\frac{2n|x|}{1+n^2x^2}\leqslant\frac{1}{2n}<\frac{1}{n}.$$

取$N=\left[\frac{1}{\varepsilon}\right]$(取整函数)，则当$n>N$时，$\forall x\in(-\infty,+\infty)$，都有

$$|S_n(x)-S(x)|<\frac{1}{n}<\varepsilon,$$

因此该函数项级数在$(-\infty,+\infty)$上一致收敛于和函数$S(x)$.

有关一致收敛有以下几个问题需要说明:

(1) 由一致收敛的定义可知,一致收敛必收敛,但反之不一定成立.

例如,设函数项级数为:$u_1(x)=x,u_n(x)=x^n-x^{n-1}(n>1)$.级数的前$n$项和$S_n(x)=x^n$,显然$\lim\limits_{n\to\infty}S_n(x)=0,x\in[0,1)$.

但是,$\exists\varepsilon_0=\frac{1}{4},\forall N,\exists n_0>N$及$x_0=\sqrt[n_0]{\frac{1}{2}}\in[0,1)$,有$|S_{n_0}(x_0)-S(x_0)|=x_0^{n_0}=\frac{1}{2}>\frac{1}{4}$,即该函数项级数收敛于0,但不一致收敛于0.

(2) 一致收敛的否命题非一致收敛可表示如下:

$\exists\varepsilon_0$,对$\forall N,\exists n_0>N$及$\exists x_0\in I$,有$|S_{n_0}(x_0)-S(x_0)|\geqslant\varepsilon_0$,记作

$$S_n(x)\not\rightrightarrows S(x),\quad x\in I.$$

(3) 一致收敛的几何意义如图8.3所示.

由定义8.11可知$S_n(x)\rightrightarrows S(x),x\in I$意味着任给以曲线$y=S(x)$为中心,宽为$2\varepsilon$的曲边带状区域(其上、下边界分别为$y=S(x)+\varepsilon,y=S(x)-\varepsilon$),必存在$N$,当$n>N$时,曲线$y=S_n(x)$均位于这个曲边带状区域内.

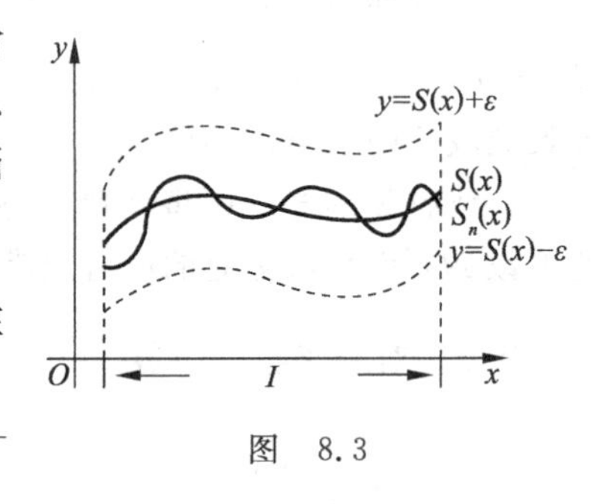

图 8.3

例4 证明:若函数项级数$\sum\limits_{n=1}^{\infty}a_n(x)$与$\sum\limits_{n=1}^{\infty}b_n(x)$在区间$I$上都一致收敛,则函数项级数$\sum\limits_{n=1}^{\infty}[k_1a_n(x)+k_2b_n(x)]$在区间$I$上也一致收敛,其中$k_1,k_2$是常数.

证明 设$\sum\limits_{n=1}^{\infty}a_n(x)$一致收敛于$a(x)$,$\sum\limits_{n=1}^{\infty}b_n(x)$一致收敛于$b(x)$,$\forall x\in I$. $\sum\limits_{n=1}^{\infty}a_n(x)$前$n$项和记为$A_n(x)$,$\sum\limits_{n=1}^{\infty}b_n(x)$前$n$项和记为$B_n(x)$.

由于$\sum\limits_{n=1}^{\infty}a_n(x)$一致收敛,即$\forall\varepsilon>0$,存在正整数$N_1$,$\forall n>N_1,x\in I$,有$|A_n(x)-a(x)|<\varepsilon$.对于常数$k_1$,有$\forall\varepsilon>0$,存在正整数$N_1$,$\forall n>N_1,x\in I$,$|k_1A_n(x)-k_1a(x)|<k_1\varepsilon$.

因此$\sum\limits_{n=1}^{\infty}k_1a_n(x)$一致收敛于$k_1a(x)$.同理可知$\sum\limits_{n=1}^{\infty}k_2b_n(x)$一致收敛于$k_2b(x)$,即$\forall\varepsilon>0$,存在正整数$N_2$,$\forall n>N_2,x\in I$,有$|k_2B_n(x)-k_2b(x)|<\varepsilon$.

进一步地,$\forall\varepsilon>0,\exists N=\max\{N_1,N_2\},\forall n>N,x\in I$,有

$$|k_1A_n(x)-k_1a(x)+k_2B_n(x)-k_2b(x)|\leqslant|k_1A_n(x)-k_1a(x)|+|k_2B_n(x)-k_2b(x)|<2\varepsilon.$$

因此,$\sum\limits_{n=1}^{\infty}[k_1a_n(x)+k_2b_n(x)]$在区间$I$上也一致收敛.

3. 一致收敛判别法

在分析函数项级数的和函数性质时，经常要判别函数项级数的一致收敛性. 对于易求前 n 项和的函数项级数而言，可以通过一致收敛的定义进行判别，但对于难以求得前 n 项和的函数项级数，则需要根据函数项级数自身结构来判别其是否一致收敛.

定理 8.12（柯西（Cauchy）一致收敛准则） 函数项级数 $\sum\limits_{n=1}^{\infty}u_n(x)$ 在区间 I 上一致收敛的充分必要条件是：任取 $\varepsilon>0$，存在正整数 N，任取 $n>N$ 及任意正整数 p，$x\in I$，有

$$|u_{n+1}(x)+u_{n+2}(x)+\cdots+u_{n+p}(x)|<\varepsilon.$$

证明 必要性. 设函数项级数的和函数为 $S(x)$，由于 $\sum\limits_{n=1}^{\infty}u_n(x)$ 在 I 上一致收敛，即 $\forall\varepsilon>0$，存在正整数 N，$\forall n>N$，$x\in I$，有 $|S_n(x)-S(x)|<\varepsilon$.

从而对任意正整数 p，有 $|S_{n+p}(x)-S(x)|<\varepsilon$. 进而

$$\begin{aligned}|u_{n+1}(x)+u_{n+2}(x)+\cdots+u_{n+p}(x)|&=|S_{n+p}(x)-S_n(x)|\\&=|S_{n+p}-S(x)+S(x)-S_n(x)|\\&\leqslant|S_{n+p}-S(x)|+|S_n(x)-S(x)|<2\varepsilon.\end{aligned}$$

必要性得证.

充分性. 由于任取 $\varepsilon>0$，存在正整数 N，任取 $n>N$ 及任意正整数 p，$x\in I$，有

$$|u_{n+1}(x)+u_{n+2}(x)+\cdots+u_{n+p}(x)|=|S_{n+p}(x)-S_n(x)|<\varepsilon.$$

因此，函数项级数 $\sum\limits_{n=1}^{\infty}u_n(x)$ 收敛. 设和函数为 $S(x)$，当 $p\to\infty$ 时，上述不等式为 $|S(x)-S_n(x)|\leqslant\varepsilon$，即 $\sum\limits_{n=1}^{\infty}u_n(x)$ 在 I 上一致收敛于 $S(x)$. 充分性得证.

推论 8.3 函数列 $\{S_n(x)\}$ 在区间 I 上一致收敛的充分必要条件是：$\forall\varepsilon>0$，$\exists N\in\mathbb{N}^+$，$\forall n>N$，$\forall p\in\mathbb{N}^+$ 及 $\forall x\in I$，有 $|S_{n+p}(x)-S_n(x)|<\varepsilon$.

证明 由柯西一致收敛准则即可得证.

定理 8.13（魏尔斯特拉斯（Weierstrass）判别法，又称优级数判别法或 M 判别法） 对于函数项级数 $\sum\limits_{n=1}^{\infty}u_n(x)$，在区间 I 上，存在收敛的正项级数 $\sum\limits_{n=1}^{\infty}a_n$，满足 $\forall n\in\mathbb{N}^+$，$\forall x\in I$，有 $|u_n(x)|\leqslant a_n$，则函数项级数 $\sum\limits_{n=1}^{\infty}u_n(x)$ 在区间 I 上一致收敛.

证明 由于正项级数 $\sum\limits_{n=1}^{\infty}a_n$ 收敛，由柯西收敛准则知：$\forall\varepsilon>0$，存在正整数 N，$\forall n>N$，$\forall p\in\mathbb{N}^+$，有 $|a_{n+1}+a_{n+2}+\cdots+a_{n+p}|<\varepsilon$. 进一步地，$\forall x\in I$，有

$$|u_{n+1}(x)+u_{n+2}(x)+\cdots+u_{n+p}(x)|\leqslant|u_{n+1}(x)|+|u_{n+2}(x)|+\cdots+|u_{n+p}(x)|$$

$$\leqslant a_{n+1}+a_{n+2}+\cdots+a_{n+p}<\varepsilon.$$

由一致收敛定义知，$\sum\limits_{n=1}^{\infty}u_n(x)$ 在区间 I 上一致收敛.

注 由上述证明过程可知，满足定理 8.13 条件的函数项级数 $\sum\limits_{n=1}^{\infty}u_n(x)$ 在区间 I 上绝对收敛，即对 $\forall x\in I$，数项级数 $\sum\limits_{n=1}^{\infty}|u_n(x)|$ 收敛.

例 5 证明下列问题：

(1) 若 $\sum\limits_{n=1}^{\infty}a_n$ 绝对收敛，则函数项级数 $\sum\limits_{n=1}^{\infty}a_n\sin nx$ 和 $\sum\limits_{n=1}^{\infty}a_n\cos nx$ 在 $(-\infty,+\infty)$ 上一致收敛且绝对收敛；

(2) 函数项级数 $\sum\limits_{n=1}^{\infty}\dfrac{x^n}{n!}$ 在 $[-a,a](a>0)$ 上一致收敛且绝对收敛；

(3) 函数项级数 $\sum\limits_{n=1}^{\infty}\dfrac{x}{1+n^4x^2}$ 在 $(-\infty,+\infty)$ 上一致收敛且绝对收敛.

证明 (1) 由于 $\forall x\in(-\infty,+\infty)$，$|a_n\sin nx|\leqslant|a_n|$，$|a_n\cos nx|\leqslant|a_n|$，由定理 8.13 知，结论成立.

(2) 由于 $\forall x\in[-a,a]$，$\left|\dfrac{x^n}{n!}\right|=\dfrac{|x|^n}{n!}\leqslant\dfrac{a^n}{n!}$，又 $\sum\limits_{n=1}^{\infty}\dfrac{a^n}{n!}$ 收敛，由定理 8.13 知，结论成立.

(3) 由于 $\forall x\in(-\infty,+\infty)$，$\left|\dfrac{x}{1+n^4x^2}\right|=\left|\dfrac{2n^2x}{1+n^4x^2}\cdot\dfrac{1}{2n^2}\right|$，又 $1+n^4x^2\geqslant 2n^2|x|$，即 $\dfrac{2n^2|x|}{1+n^4x^2}\leqslant 1$，因此 $\left|\dfrac{x}{1+n^4x^2}\right|=\dfrac{2n^2\cdot|x|}{1+n^4x^2}\cdot\dfrac{1}{2n^2}\leqslant\dfrac{1}{2n^2}$. 已知 $\sum\limits_{n=1}^{\infty}\dfrac{1}{2n^2}$ 收敛，由定理 8.13 知，结论成立.

由上述例子可见，满足定理 8.13 的函数项级数一致收敛，必然绝对收敛. 但是对于一致收敛而非绝对收敛(即条件收敛)的函数项级数而言，定理 8.13 就无法使用. 为此，我们介绍另外两种判别方法.

首先给出下面几个概念：

定义 8.12 设函数列 $\{u_n(x)\}$ 中每个函数 $u_n(x)(n=1,2,\cdots)$ 在集合 I 上有定义. 若 $\forall x\in I$，数列 $\{u_n(x)\}$ 单调递增(或单调递减)，则称函数列 $\{u_n(x)\}$ 在 I 上**单调递增**(或**单调递减**). 单调递增或递减统称为**单调**；若 $\exists M>0$，对任意正整数 n，$\forall x\in I$，有 $|u_n(x)|\leqslant M$，则称函数列 $\{u_n(x)\}$ 在 I 上**一致有界**；若 $\forall\varepsilon>0$，存在正整数 N，$\forall n>N$ 及 $\forall x\in I$，有 $|u_n(x)-a|<\varepsilon$(a 为实数)，则称函数列 $\{u_n(x)\}$ 在 I 上**一致收敛于 a**.

定理 8.14(狄利克雷判别法) 若函数项级数 $\sum\limits_{n=1}^{\infty}a_n(x)b_n(x)$ 满足

(1) $\forall x\in I$，函数列 $\{a_n(x)\}$ 单调，并且 $a_n(x)\rightrightarrows 0$，$x\in I$；

(2) $\exists M>0$,对任意正整数 n 及 $\forall x\in I$,有 $\left|\sum\limits_{k=1}^{n}b_k(x)\right|\leqslant M$,即 $\sum\limits_{n=1}^{\infty}b_n(x)$ 的前 n 项和

$B_n(x)=\sum\limits_{k=1}^{n}b_k(x)$ 在 I 上一致有界,

则函数项级数 $\sum\limits_{n=1}^{n}a_n(x)b_n(x)$ 在 I 上一致收敛.

证明 由于函数列$\{a_n(x)\}$满足 $a_n(x)\rightrightarrows 0,x\in I$,即 $\forall\varepsilon>0$,存在正整数 N,$\forall n>N$ 及 $\forall x\in I$,有$|a_{n+1}(x)|<\varepsilon$.

又 $\exists M>0$,对任意正整数 n,$\forall x\in I$,有$|B_n(x)|=\left|\sum\limits_{k=1}^{n}b_k(x)\right|\leqslant M$. 从而

$$|b_{n+1}(x)+b_{n+2}(x)+\cdots+b_{n+p}(x)|=|B_{n+p}(x)-B_n(x)|\leqslant|B_{n+p}(x)|+|B_n(x)|\leqslant 2M.$$

因为$\{a_n(x)\}$单调,$\forall x\in I$,由阿贝尔变换(引理8.1)知,$\forall p\in\mathbb{N}^+$,有

$$|a_{n+1}(x)b_{n+1}(x)+a_{n+2}(x)b_{n+2}(x)+\cdots+a_{n+p}(x)b_{n+p}(x)|\leqslant 2M\cdot|a_{n+1}(x)|,$$

即$\left|\sum\limits_{k=1}^{n}a_{n+k}(x)b_{n+k}(x)\right|\leqslant 2M\varepsilon$. 由柯西一致收敛准则知,函数项级数 $\sum\limits_{n=1}^{\infty}a_n(x)b_n(x)$ 一致收敛.

定理 8.15(阿贝尔判别法) 若级数 $\sum\limits_{n=1}^{\infty}a_n(x)b_n(x)$ 满足

(1) $\forall x\in I$,函数列$\{a_n(x)\}$是单调数列,并且在区间 I 上一致有界;

(2) $\sum\limits_{n=1}^{\infty}b_n(x)$ 在区间 I 上一致收敛,

则函数项级数 $\sum\limits_{n=1}^{\infty}a_n(x)b_n(x)$ 在区间 I 上一致收敛.

证明 因为$\{a_n(x)\}$在 I 上一致有界,则存在 $M>0$,对任意正整数 n 及 $\forall x\in I$,有$|a_n(x)|\leqslant M$.

又 $\sum\limits_{n=1}^{\infty}b_n(x)$ 在 I 上一致收敛,则 $\forall\frac{\varepsilon}{2M}>0$,$\exists N\in\mathbb{N}^+$,任取 $n>N$,任意正整数 p 及 $x\in I$,有

$$|b_{n+1}(x)+b_{n+2}(x)+\cdots+b_{n+p}(x)|<\frac{\varepsilon}{2M}.$$

由于$\{a_n(x)\}$对 $\forall x\in I$ 单调,不妨设$\{a_n(x)\}$单调递减,则有

$$M\geqslant a_1(x)\geqslant a_2(x)\geqslant\cdots\geqslant a_n(x)\geqslant -M,$$

即

$$a_1(x)+M\geqslant a_2(x)+M\geqslant\cdots\geqslant a_n(x)+M\geqslant 0.$$

由阿贝尔变换知

$$|[a_{n+1}(x)+M]b_{n+1}(x)+[a_{n+2}(x)+M]b_{n+2}(x)+\cdots+[a_{n+p}(x)+M]b_{n+p}(x)|$$

$\leqslant [a_{n+1}(x)+M]\cdot \varepsilon \leqslant 2M\varepsilon$，

即 $\sum\limits_{n=1}^{\infty}[a_n(x)+M]b_n(x)$ 在 I 上一致收敛.

由本节例 4 知，$\sum\limits_{n=1}^{\infty}b_n(x)$ 一致收敛，从而 $\sum\limits_{n=1}^{\infty}Mb_n(x)$ 一致收敛，进而 $\sum\limits_{n=1}^{\infty}\{[a_n(x)+M]b_n(x)-Mb_n(x)\}$ 一致收敛. 因此，$\sum\limits_{n=1}^{\infty}a_nb_n(x)$ 在区间 I 上一致收敛.

例 6 试证函数项级数 $\sum\limits_{n=1}^{\infty}\dfrac{x^n}{n^p}(p>1)$ 在$[0,1]$上一致收敛.

证明 令 $a_n(x)=x^n, b_n(x)=\dfrac{1}{n^p}(p>1)$. 则 $\sum\limits_{n=1}^{\infty}b_n(x)$ 为收敛的数项级数.

又对 $\forall x\in[0,1]$，$\{a_n(x)\}$为单调数列，且 $\forall x\in[0,1]$及 $\forall n\in\mathbb{N}^+$，有$|a_n(x)|=|x^n|\leqslant 1$，即函数列$\{a_n(x)\}$单调且一致有界.

由阿贝尔判别法知，$\sum\limits_{n=1}^{\infty}\dfrac{x^n}{n^p}(p>1)$ 在$[0,1]$上一致收敛.

例 7 试证函数项级数 $\sum\limits_{n=1}^{\infty}(-1)^{n-1}\dfrac{(1-x)x^n}{1-x^{2n}}$ 在$(0,1)$上一致收敛.

证明 令 $a_n(x)=\dfrac{(1-x)x^n}{1-x^{2n}}, b_n(x)=(-1)^{n-1}$. 显然，$\forall n\in\mathbb{N}^+$，有 $\left|\sum\limits_{k=1}^{n}b_k(x)\right|=\left|\sum\limits_{k=1}^{n}(-1)^{k-1}\right|\leqslant 1$，即 $\sum\limits_{n=1}^{\infty}b_n(x)$ 的前 n 项和在$(0,1)$上一致有界.

又 $\forall x\in(0,1)$，函数列$\{a_n(x)\}$单调递减，并且有

$$0<a_n(x)=\frac{(1-x)x^n}{1-x^{2n}}=\frac{x^n}{1+x+\cdots+x^n+x^{n+1}+\cdots+x^{2n-1}}<\frac{x^n}{nx^n}=\frac{1}{n},$$

即 $a_n(x)\rightrightarrows 0, x\in(0,1)$.

由狄利克雷判别法知，级数 $\sum\limits_{n=1}^{\infty}(-1)^{n-1}\dfrac{(1-x)x^n}{1-x^{2n}}$ 在$(0,1)$上一致收敛.

4. 和函数的分析性质

本部分将在函数项级数 $\sum\limits_{n=1}^{\infty}u_n(x)$ 一致收敛的情况下，讨论其和函数 $S(x)$的连续性、可积性及可微性问题.

定理 8.16（和函数的连续性，即逐项取极限问题） 若函数项级数 $\sum\limits_{n=1}^{\infty}u_n(x)$ 在区间 I 上一致收敛于其和函数 $S(x)$，且对于 $\forall n\in\mathbb{N}^+$，通项 $u_n(x)$在区间 I 上连续，则和函数$S(x)$也在区间 I 上连续.

证明 由于 $\sum\limits_{n=1}^{\infty}u_n(x)$ 一致收敛于 $S(x)$，即 $\forall \varepsilon>0, \exists N\in\mathbb{N}^+, \forall n>N, \forall x\in I$，有 $|S_n(x)-S(x)|<\frac{\varepsilon}{3}$.

因此，取 $N+1>N$ 及 $\forall x_0\in I$，有 $|S_{N+1}(x_0)-S(x_0)|<\frac{\varepsilon}{3}$.

由于 $u_n(x)$ 在 I 上连续，所以其部分和 $S_{N+1}(x)$ 也在 I 上连续. 即 $\forall x_0\in I, \exists \delta>0$，当 $|x-x_0|<\delta$ 时，有 $|S_{N+1}(x)-S_{N+1}(x_0)|<\frac{\varepsilon}{3}$.

于是，当 $|x-x_0|<\delta$ 时，有

$$
\begin{aligned}
|S(x)-S(x_0)| &= |S(x)-S_{N+1}(x)+S_{N+1}(x)-S_{N+1}(x_0)+S_{N+1}(x_0)-S(x_0)| \\
&\leqslant |S(x)-S_{N+1}(x)|+|S_{N+1}(x)-S_{N+1}(x_0)|+|S_{N+1}(x_0)-S(x_0)| \\
&< \frac{\varepsilon}{3}+\frac{\varepsilon}{3}+\frac{\varepsilon}{3}=\varepsilon,
\end{aligned}
$$

即和函数 $S(x)$ 在 x_0 点连续，由 x_0 在 I 上取点的任意性，$S(x)$ 在区间 I 上连续.

注 (1) 定理 8.16 还可以写成：对于函数列 $\{S_n(x)\}$，如果每一项 $S_n(x)$ 在区间 I 上都连续，且 $S_n(x)\rightrightarrows S(x)(n\to\infty)$，则函数 $S(x)$ 在 I 上连续. 即 $\forall x_0\in I$，有

$$\lim_{x\to x_0}\lim_{n\to\infty}S_n(x)=\lim_{n\to\infty}\lim_{x\to x_0}S_n(x)=\lim_{n\to\infty}S_n(x_0)=S(x_0),$$

或者

$$\lim_{x\to x_0}\sum_{n=1}^{\infty}u_n(x) = \lim_{x\to x_0}S(x) = \sum_{n=1}^{\infty}u_n(x_0) = \sum_{n=1}^{\infty}\lim_{n\to\infty}u_n(x_0).$$

(2) 定理 8.16 表明：在 $\sum\limits_{n=1}^{\infty}u_n(x)$ 一致收敛的条件下，极限运算与无穷加和运算可以交换次序.

(3) 定理 8.16 中一致收敛的条件是充分非必要的. 例如，记 $S_n(x)=\frac{nx}{1+n^2x^2}(n=1,2,\cdots)$，有 $S_n(x)$ 在 $[0,1]$ 上连续. $\forall x\in[0,1]$，有 $\lim\limits_{n\to\infty}S_n(x)=S(x)=0$，即 $S(x)$ 在 $[0,1]$ 上连续，但 $S_n(x)$ 不一致收敛于 $S(x)$，$\forall x\in[0,1]$. 因为，取 $\varepsilon_0=\frac{1}{3}$，对 $\forall N\in\mathbb{N}^+$，取 $n_0>N$ 及 $x_0=\frac{1}{n_0}(x_0\in(0,1))$，有 $|S_{n_0}(x_0)-S(x_0)|=\frac{1}{2}>\frac{1}{3}$. 即 $S_n(x)\not\rightrightarrows S(x), x\in[0,1]$.

(4) 由定理 8.16 知，若 $u_n(x)$ 在 I 上连续$(n=1,2,\cdots)$ 且 $S(x)$ 在 I 上不连续，那么一定有 $\sum\limits_{n=1}^{\infty}u_n(x)$ 不一致收敛于 $S(x), x\in I$. 以此来判断不一致收敛较为方便.

定理 8.17(和函数的可积性，即逐项积分问题) 若函数项级数 $\sum\limits_{n=1}^{\infty}u_n(x)$ 在区间 $[a,b]$ 上一致收敛于和函数 $S(x)$，且对于 $\forall n\in\mathbb{N}^+$，通项 $u_n(x)$ 在 $[a,b]$ 上连续，则和函数 $S(x)$ 在

$[a,b]$上可积,并且有

$$\int_a^b S(x)\mathrm{d}x=\int_a^b\sum_{n=1}^{\infty}u_n(x)\mathrm{d}x=\sum_{n=1}^{\infty}\int_a^b u_n(x)\mathrm{d}x.$$

证明 由定理8.16知,和函数$S(x)$在$[a,b]$上连续,从而$S(x)$在$[a,b]$上可积.

由于函数项级数$\sum\limits_{n=1}^{\infty}u_n(x)$在$[a,b]$上一致收敛于$S(x)$,即$\forall\varepsilon>0$,$\exists N\in\mathbb{N}^+$,$\forall n>N$及$\forall x\in[a,b]$,有$|S_n(x)-S(x)|<\frac{\varepsilon}{b-a}$.因此,当$n>N$时,有

$$\left|\int_a^b S_n(x)\mathrm{d}x-\int_a^b S(x)\mathrm{d}x\right|\leqslant\int_a^b|S_n(x)-S(x)|\mathrm{d}x<\frac{\varepsilon}{b-a}(b-a)=\varepsilon,$$

即

$$\lim_{n\to\infty}\int_a^b S_n(x)\mathrm{d}x=\int_a^b S(x)\mathrm{d}x=\int_a^b\sum_{n=1}^{\infty}u_n(x)\mathrm{d}x.$$

又$\lim\limits_{n\to\infty}\int_a^b S_n(x)\mathrm{d}x=\sum\limits_{n=1}^{\infty}\int_a^b u_n(x)\mathrm{d}x$,因此$\int_a^b S(x)\mathrm{d}x=\sum\limits_{n=1}^{\infty}\int_a^b u_n(x)\mathrm{d}x$.

注 (1) 定理8.17还可以写成:$\lim\limits_{n\to\infty}\int_a^b S_n(x)\mathrm{d}x=\int_a^b\lim\limits_{n\to\infty}S_n(x)\mathrm{d}x$或者$\sum\limits_{n=1}^{\infty}\int_a^b u_n(x)\mathrm{d}x=\int_a^b\sum\limits_{n=1}^{\infty}u_n(x)\mathrm{d}x$.

(2) 定理8.17表明,在一致收敛的条件下,积分运算与无穷加和运算可以交换次序,即函数项级数的积分为逐项积分的无穷和.

(3) 定理8.17中一致收敛条件是充分非必要的.例如,令$u_1(x)=x$,$u_n(x)=x^n-x^{n-1}$ $(n>1)$,$x\in[0,1]$. $S(x)=\sum\limits_{n=1}^{\infty}u_n(x)$,$x\in[0,1]$,则$S(x)=\begin{cases}0, & 0\leqslant x<1,\\1, & x=1.\end{cases}$易知$\sum\limits_{n=1}^{\infty}u_n(x)$在$[0,1]$上不一致收敛,但是,有$\int_0^1 S(x)\mathrm{d}x=0=\sum\limits_{n=1}^{\infty}\int_0^1 u_n(x)\mathrm{d}x$.

定理8.18(和函数的可微性,即逐项微分问题) 若函数项级数$\sum\limits_{n=1}^{\infty}u_n(x)$在区间$I$上满足

(1) $\forall n\in\mathbb{N}^+$,$u_n(x)$具有连续导函数;

(2) $\forall x\in I$,有$\sum\limits_{n=1}^{\infty}u_n(x)=S(x)$(或者$\lim\limits_{n\to\infty}S_n(x)=S(x)$,$x\in I$);

(3) $\sum\limits_{n=1}^{\infty}u_n'(x)$一致收敛于$\sigma(x)$,

则和函数$S(x)$在区间I上有连续导函数,且$S'(x)=\sum\limits_{n=1}^{\infty}u_n'(x)=\sigma(x)$.

证明 由条件(1)及定理 8.16 知，$\sigma(x)=\sum\limits_{n=1}^{\infty}u_n'(x)$ 在区间 I 上连续. 对 $\forall a\in I,\forall x\in I$ 及定理 8.17 得 $\int_a^x\sigma(t)\mathrm{d}t=\sum\limits_{n=1}^{\infty}\int_a^x u'_n(t)\mathrm{d}t=\sum\limits_{n=1}^{\infty}[u_n(x)-u_n(a)]$. 由条件(2)，$\forall x\in I$，$\sum\limits_{n=1}^{\infty}u_n(x)=S(x)$，则 $\int_a^x\sigma(t)\mathrm{d}t=\sum\limits_{n=1}^{\infty}[u_n(x)-u_n(a)]=S(x)-S(a)$.

对上式左右两边关于 x 求导，有 $\sigma(x)=S'(x)$，即和函数 $S(x)$ 在区间 I 上有连续导函数. 并且

$$S'(x)=\sum_{n=1}^{\infty}u_n'(x)=\sigma(x).$$

注 (1) 定理 8.18 还可以写成：$\dfrac{\mathrm{d}}{\mathrm{d}x}\left[\sum\limits_{n=1}^{\infty}u_n(x)\right]=\sum\limits_{n=1}^{\infty}\left[\dfrac{\mathrm{d}}{\mathrm{d}x}u_n(x)\right]$ 或者 $\dfrac{\mathrm{d}}{\mathrm{d}x}\left[\lim\limits_{n\to\infty}S_n(x)\right]=\lim\limits_{n\to\infty}\left[\dfrac{\mathrm{d}}{\mathrm{d}x}S_n(x)\right]$.

(2) 定理 8.18 说明，在导函数一致收敛的条件下，求导运算与无穷加和运算可以交换次序.

(3) 定理 8.18 中一致收敛的条件是充分非必要的. 例如，令 $u_1(x)=\dfrac{\ln(1+x^2)}{2}$，$u_n(x)=\dfrac{\ln(1+n^2x^2)}{2n}-\dfrac{\ln(1+(n-1)^2x^2)}{2(n-1)}(n>1)$，$x\in[0,1]$. 易知 $S(x)=\sum\limits_{n=1}^{\infty}u_n(x)=0$，$x\in[0,1]$；$\sigma(x)=\sum\limits_{n=1}^{\infty}u'_n(x)=0$，$x\in[0,1]$. 故 $\forall x\in[0,1]$，有 $S'(x)=\sigma(x)$. 但是，$\sum\limits_{n=1}^{\infty}u'_n(x)$ 在 $[0,1]$ 上不一致收敛于 $\sigma(x)$.

习题 8.4

1. 判断下列函数项级数的一致收敛性.

(1) $\sum\limits_{n=1}^{\infty}\dfrac{1}{x^2+n^2}$，$x\in(-\infty,+\infty)$；

(2) $\sum\limits_{n=1}^{\infty}\dfrac{nx}{1+n^5x^2}$，$x\in(-\infty,+\infty)$；

(3) $\sum\limits_{n=1}^{\infty}2^n\sin\dfrac{1}{3^nx}$，$x\in(0,+\infty)$；

(4) $\sum\limits_{n=1}^{\infty}\dfrac{x}{1+n^4x^2}$，$x\in(-\infty,+\infty)$；

(5) $\sum\limits_{n=1}^{\infty}\dfrac{\sin nx}{\sqrt[3]{n^4+x^4}}$，$x\in(-\infty,+\infty)$；

(6) $\sum\limits_{n=1}^{\infty}\dfrac{\sin nx\sin x}{\sqrt{n+x}}$，$x\in[0,2\pi]$；

(7) $\sum\limits_{n=1}^{\infty}x^2\mathrm{e}^{-nx}$，$x\in[0,+\infty)$；

(8) $\sum\limits_{n=1}^{\infty}\dfrac{x^n\ln^nx}{n!}$，$x\in(0,1]$.

2. 证明:若$|u_n(x)|\leqslant C_n(x)$,$n=1,2,\cdots$,$x\in I$,且$\sum\limits_{n=1}^{\infty}C_n(x)$在区间$I$上一致收敛,则$\sum\limits_{n=1}^{\infty}u_n(x)$在$I$上也一致收敛且绝对收敛.

3. 证明:如果$\sum\limits_{n=1}^{\infty}|u_n(x)|$在$[a,b]$上一致收敛,那么$\sum\limits_{n=1}^{\infty}u_n(x)$在$[a,b]$上一致收敛.但反之不一定成立.(提示:考虑$\sum\limits_{n=1}^{\infty}(-1)^n(x^n-x^{n+1})$,$x\in[0,1]$)

4. 证明:若函数项级数$\sum\limits_{n=1}^{\infty}a_n(x)$在区间$[a,b]$上一致收敛,且函数$b(x)$在$[a,b]$上有界,则函数项级数$\sum\limits_{n=1}^{\infty}b(x)a_n(x)$在$[a,b]$上一致收敛.

5. 设数项级数$\sum\limits_{n=1}^{\infty}a_n$收敛,试证:函数项级数$\sum\limits_{n=1}^{\infty}a_n\mathrm{e}^{-nx}$在区间$[0,+\infty)$上一致收敛.

6. 证明:函数项级数$\sum\limits_{n=1}^{\infty}(-1)^{n-1}\dfrac{1}{n+x^2}$在$(-\infty,+\infty)$上一致收敛,但对任意$x\in(-\infty,+\infty)$非绝对收敛;函数项级数$\sum\limits_{n=1}^{\infty}\dfrac{x^2}{(1+x^2)^n}$在$(-\infty,+\infty)$上绝对收敛但非一致收敛.

7. 证明:若函数列$\{S_n(x)\}$在区间$I_i(i=1,2,\cdots,m)$上都一致收敛,那么它在集合$\bigcup\limits_{i=1}^{m}I_i$上也一致收敛.

8. 设函数$f(x)=\sum\limits_{n=1}^{\infty}\dfrac{x^n}{3^n}\cos n\pi x^2$,求$\lim\limits_{x\to1}f(x)$.

9. 设函数$g(x)=\sum\limits_{n=1}^{\infty}\dfrac{1}{n^3+n^4x^2}$,求$g'(x)$.

10. 设函数$h(x)=\sum\limits_{n=1}^{\infty}\dfrac{\cos nx}{n^2}$,求积分$\int_0^{\pi}h(x)\mathrm{d}x$.

11. 试证:$f(x)=\sum\limits_{n=1}^{\infty}\dfrac{\sin nx}{n^3}$在$(-\infty,+\infty)$内连续,并且有连续的导函数.

12. 证明:设函数$f_n(x)$在$(-\infty,+\infty)$上一致连续$(n=1,2,\cdots)$,并且函数列$\{f_n(x)\}$在$(-\infty,+\infty)$上一致收敛于$f(x)$,则$f(x)$在$(-\infty,+\infty)$上也一致连续.

13. 证明函数项级数$\sum\limits_{n=1}^{\infty}\dfrac{\sin(2^n\pi x)}{2^n}$在$(-\infty,+\infty)$上一致收敛,但在任何区间上都不能逐项求微分.

8.5 幂级数

本节讨论函数项级数中，一类结构简单且有着广泛应用的特殊函数项级数——幂级数.

1. 幂级数的收敛域

定义 8.13 形如

$$\sum_{n=0}^{\infty} a_n(x-x_0)^n = a_0 + a_1(x-x_0) + \cdots + a_n(x-x_0)^n + \cdots \tag{8.6}$$

的函数项级数，称为在 x_0 点的**幂级数**，其中 $a_n(n=0,1,2,\cdots)$ 是常数，称为幂级数(8.6)的**系数**.

$$\sum_{n=0}^{\infty} a_n x^n = a_0 + a_1 x + a_2 x^2 + \cdots + a_n x^n + \cdots \tag{8.7}$$

称为在 $x_0=0$ 点的幂级数.

由于在任何点 x_0 处的幂级数 $\sum\limits_{n=0}^{\infty} a_n(x-x_0)^n$ 都可以通过变换令 $t=x-x_0$，化为最简单的幂级数 $\sum\limits_{n=0}^{\infty} a_n t^n$，因此，下面主要讨论幂级数(8.7).

幂级数(8.7)可以看作是按自变量 x 的升幂排列的“无穷次多项式”. 尽管幂级数的和函数可能很复杂，但是在幂级数(8.7)的收敛域上，其和函数可以用幂级数(8.7)的前 n 项部分和这种多项式来逼近，并且逼近误差可以通过次数 n 的取值达到某种精确程度.

幂级数(8.7)不仅形式简单，而且具有一些特殊的性质，这些性质使得幂级数在理论和实际中有着广泛的应用. 首先我们讨论幂级数的收敛域具有怎样的性质.

显然，幂级数 $\sum\limits_{n=0}^{\infty} a_n(x-x_0)^n$ 在 $x=x_0$ 点是收敛的. 类似地，$\sum\limits_{n=0}^{\infty} a_n x^n$ 在 $x=0$ 点也收敛. 因此，对于幂级数收敛域的求解主要讨论幂级数在 $x\neq x_0$ 或 $x\neq 0$ 点的收敛性问题.

例 1 求幂级数 $\sum\limits_{n=0}^{\infty} 3x^n$ 的收敛域及和函数.

解 这是一个公比为 x 的几何级数. 当 $|x|<1$ 时级数收敛，当 $|x|\geqslant 1$ 时级数发散. 因此，该级数的收敛域为 $(-1,1)$. $\forall x\in(-1,1)$ 有 $\sum\limits_{n=0}^{\infty} 3x^n = \dfrac{3}{1-x}$，即在收敛域内该级数的和函数为 $\dfrac{3}{1-x}$.

例 2 求幂级数 $\sum\limits_{n=0}^{\infty} \dfrac{x^n}{n^2+1}$ 的收敛域.

解 当 $x\neq 0$ 时，有 $\lim\limits_{n\to\infty}\dfrac{|u_{n+1}(x)|}{|u_n(x)|}=\lim\limits_{n\to\infty}\dfrac{\left|\dfrac{x^{n+1}}{(n+1)^2+1}\right|}{\left|\dfrac{x^n}{n^2+1}\right|}=\lim\limits_{n\to\infty}\dfrac{n^2+1}{(n+1)^2+1}|x|=|x|$.

因此，当 $|x|>1$ 时，$\sum\limits_{n=0}^{\infty}\dfrac{x^n}{n^2+1}$ 发散；当 $|x|<1$ 时，$\sum\limits_{n=0}^{\infty}\dfrac{x^n}{n^2+1}$ 收敛；当 $|x|=1$ 时，$\left|\dfrac{x^n}{n^2+1}\right|\leqslant\dfrac{1}{n^2}$，由 $\sum\limits_{n=1}^{\infty}\dfrac{1}{n^2}$ 收敛，知 $\sum\limits_{n=0}^{\infty}\dfrac{x^n}{n^2+1}$ 收敛. 所以，该幂级数的收敛域为 $[-1,1]$.

从上面两个例子可以看出，这两个幂级数的收敛域都是一个以原点为中心的对称区间. 这种结论可以推广到一般情形，即形如 $\sum\limits_{n=0}^{\infty}a_nx^n$ 的幂级数的收敛域都是一个以原点为中心的对称区间，并有如下定理.

定理 8.19（阿贝尔第一定理） (1) 如果幂级数 $\sum\limits_{n=0}^{\infty}a_nx^n$ 在 $x_0\neq 0$ 处收敛，则 $\sum\limits_{n=0}^{\infty}a_nx^n$ 在满足 $|x|<|x_0|$ 的一切点 x 处都绝对收敛；(2) 如果幂级数 $\sum\limits_{n=0}^{\infty}a_nx^n$ 在 x_1 处发散，则 $\sum\limits_{n=0}^{\infty}a_nx^n$ 在满足 $|x|>|x_1|$ 的一切点 x 处都发散.

证明 (1) 已知 $\sum\limits_{n=0}^{\infty}a_nx_0^n$ 收敛，由收敛的必要条件知 $\lim\limits_{n\to\infty}a_nx_0^n=0$. 从而，数列 $\{a_nx_0^n\}$ 有界，即 $\exists M>0$，有 $|a_nx_0^n|\leqslant M(n=0,1,2,\cdots)$.

对于满足 $|x|<|x_0|$，即 $\left|\dfrac{x}{x_0}\right|<1$ 的所有 x，有

$$|a_nx^n|=|a_nx_0^n|\cdot\left|\frac{x}{x_0}\right|^n\leqslant M\cdot\left|\frac{x}{x_0}\right|^n.$$

由于几何级数 $\sum\limits_{n=0}^{\infty}M\left|\dfrac{x}{x_0}\right|^n$ $\left(公比为\left|\dfrac{x}{x_0}\right|<1\right)$ 收敛，所以级数 $\sum\limits_{n=0}^{\infty}a_nx^n$ 绝对收敛.

(2) 反证法. 若不然，即 $\exists x'$，使得 $|x'|>|x_1|$ 并且幂级数 $\sum\limits_{n=0}^{\infty}a_nx^n$ 在 x' 处收敛. 则由(1)知 $\sum\limits_{n=0}^{\infty}a_nx_1^n$ 必绝对收敛，与已知矛盾，从而幂级数 $\sum\limits_{n=0}^{\infty}a_nx^n$ 在 $|x|>|x_1|$ 的一切点 x 处都发散.

定理 8.19 的几何意义可由图 8.4 表示，即幂级数 $\sum\limits_{n=0}^{\infty}a_nx^n$ 的收敛点与发散点在数轴上不能交错出现，并且收敛范围关于原点对称.

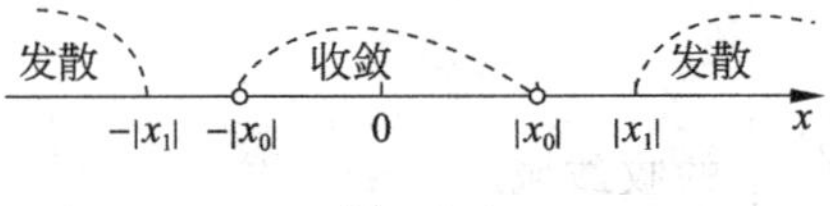

图 8.4

由图 8.4 可以看出，如果幂级数 $\sum_{n=0}^{\infty} a_n x^n$ 既有非 0 的收敛点又有发散点，在数轴上必存在一个含在收敛域内的最大开区间 $(-R,R)$，$R>0$，其中点 R 与 $-R$ 恰是收敛点集与发散点集的分界点. R 可以表示为

$$R=\sup\left\{x \mid x \text{ 是幂级数} \sum_{n=0}^{\infty} a_n x^n \text{ 的收敛点}\right\},$$

即 R 是 $\sum_{n=0}^{\infty} a_n x^n$ 收敛点集的上确界，称 R 为幂级数 $\sum_{n=0}^{\infty} a_n x^n$ 的**收敛半径**，相应的开区间 $(-R,R)$ 则称为幂级数 $\sum_{n=0}^{\infty} a_n x^n$ 的**收敛区间**.

显然，幂级数 $\sum_{n=0}^{\infty} a_n x^n$ 在 $(-R,R)$ 内绝对收敛，在 $(-\infty,-R)$ 和 $(R,+\infty)$ 上发散.

对于特殊的情况，我们作如下规定：

(1) 若幂级数 $\sum_{n=0}^{\infty} a_n x^n$ 仅在 $x=0$ 点收敛，则它的收敛半径 $R=0$；

(2) 若幂级数 $\sum_{n=0}^{\infty} a_n x^n$ 在全体实数集 $(-\infty,+\infty)$ 上收敛，则它的收敛半径 $R=+\infty$.

幂级数 $\sum_{n=0}^{\infty} a_n x^n$ 的收敛半径 R 由它的系数列 $\{a_n\}$ 唯一确定，可以利用正项级数的比值或根值判别法求解 $\sum_{n=0}^{\infty} a_n x^n$ 的收敛半径 R. 具体方法由下面的定理给出.

定理 8.20　对于幂级数 $\sum_{n=0}^{\infty} a_n x^n$，若

$$\lim_{n\to\infty}\left|\frac{a_{n+1}}{a_n}\right|=l \quad \left(\text{或} \quad \overline{\lim_{n\to\infty}}\sqrt[n]{|a_n|}=l\right),$$

那么幂级数 $\sum_{n=0}^{\infty} a_n x^n$ 的收敛半径为

$$R=\begin{cases}\dfrac{1}{l}, & 0<l<+\infty,\\ 0, & l=+\infty,\\ +\infty, & l=0.\end{cases}$$

证明　对于正项级数 $\sum_{n=0}^{\infty} |a_n x^n|$，根据比值判别法(或根值判别法)，有

$$\lim_{n\to\infty}\frac{|u_{n+1}(x)|}{|u_n(x)|}=\lim_{n\to\infty}\frac{|a_{n+1}|}{|a_n|}\cdot|x|=l|x| \quad \left(\text{或者} \overline{\lim_{n\to\infty}}\sqrt[n]{|u_n(x)|}=\overline{\lim_{n\to\infty}}\sqrt[n]{|a_n|}\cdot|x|=l|x|\right).$$

于是，当 $0<l<+\infty$ 时，由判别法知 $l|x|<1$，即 $|x|<\dfrac{1}{l}$，幂级数 $\sum_{n=0}^{\infty} a_n x^n$ 绝对收敛；而

$l|x|>1$,即$|x|>\frac{1}{l}$,幂级数$\sum_{n=0}^{\infty}a_nx^n$发散.因此,$R=\frac{1}{l}$.

当$l=+\infty$时,除点$x=0$外的所有x,有$\lim_{n\to\infty}\frac{|u_{n+1}(x)|}{|u_n(x)|}=+\infty$,幂级数$\sum_{n=0}^{\infty}a_nx^n$发散.因此,$R=0$.

当$l=0$时,对任意$x\in R$,有$l|x|=0<1$,幂级数$\sum_{n=0}^{\infty}a_nx^n$收敛.因此,$R=+\infty$.

例3 求幂级数$\sum_{n=0}^{\infty}\frac{x^n}{n!}$的收敛区间.

解 $l=\lim_{n\to\infty}\frac{|a_{n+1}|}{|a_n|}=\lim_{n\to\infty}\frac{\frac{1}{(n+1)!}}{\frac{1}{n!}}=\lim_{n\to\infty}\frac{1}{n+1}=0$,所以该级数的收敛半径为$R=+\infty$,从而收敛区间为$(-\infty,+\infty)$.

例4 求幂级数$\sum_{n=1}^{\infty}\frac{(-1)^n}{n\cdot 2^n}x^n$的收敛半径、收敛区间及收敛域.

解 由$l=\lim_{n\to\infty}\frac{|a_{n+1}|}{|a_n|}=\lim_{n\to\infty}\left|\frac{(-1)^{n+1}}{(n+1)2^{n+1}}\right|\Big/\left|\frac{(-1)^n}{n2^n}\right|=\frac{1}{2}$,得收敛半径$R=\frac{1}{l}=2$.收敛区间为$(-2,2)$.

当$x=2$时,$\sum_{n=1}^{\infty}\frac{(-1)^n}{n\cdot 2^n}\cdot 2^n=\sum_{n=1}^{\infty}\frac{(-1)^n}{n}$,该数项级数为收敛的交错级数;

当$x=-2$时,$\sum_{n=1}^{\infty}\frac{(-1)^n}{n\cdot 2^n}(-2)^n=\sum_{n=1}^{\infty}\frac{1}{n}$,该数项级数为发散的调和级数.

因此,幂级数$\sum_{n=1}^{\infty}\frac{(-1)^n}{n\cdot 2^n}x^n$的收敛域为$(-2,2]$.

例5 求幂级数$\sum_{n=1}^{\infty}n^nx^n$的收敛半径.

解 $l=\lim_{n\to\infty}\sqrt[n]{n^n}=\lim_{n\to\infty}n=+\infty$,所以收敛半径$R=0$.即幂级数$\sum_{n=1}^{\infty}n^nx^n$仅在$x=0$点收敛.

例6 求幂级数$\sum_{n=1}^{\infty}[4+(-1)^n]^nx^n$的收敛半径、收敛区间及收敛域.

解 由$l=\overline{\lim_{n\to\infty}}\sqrt[n]{|[4+(-1)^n]^n|}=\overline{\lim_{n\to\infty}}[4+(-1)^n]=5$,得收敛半径$R=\frac{1}{l}=\frac{1}{5}$.因此收敛区间为$\left(-\frac{1}{5},\frac{1}{5}\right)$.进一步地,当$x=\pm\frac{1}{5}$时,级数的通项不趋于零,所以幂级数$\sum_{n=1}^{\infty}[4+(-1)^n]^nx^n$的收敛域为$\left(-\frac{1}{5},\frac{1}{5}\right)$.

例 7　求幂级数 $\sum_{n=1}^{\infty}\frac{1}{2^n}x^{2n}$ 的收敛区间和收敛域.

解　由 $l=\lim_{n\to\infty}\sqrt[2n]{\frac{1}{2^n}}=\frac{1}{\sqrt{2}}$ 知，收敛半径 $R=\sqrt{2}$. 因此收敛区间为 $(-\sqrt{2},\sqrt{2})$.

进一步地，当 $x=\sqrt{2}$ 时，$\sum_{n=1}^{\infty}\frac{1}{2^n}x^{2n}=\sum_{n=1}^{\infty}\frac{1}{2^n}\cdot 2^n=\sum_{n=1}^{\infty}1$，该级数发散；当 $x=-\sqrt{2}$ 时，$\sum_{n=1}^{\infty}\frac{1}{2^n}x^{2n}=\sum_{n=1}^{\infty}\frac{1}{2^n}\cdot 2^n=\sum_{n=1}^{\infty}1$，该级数发散. 故幂级数 $\sum_{n=1}^{\infty}\frac{1}{2^n}x^{2n}$ 的收敛域为 $(-\sqrt{2},\sqrt{2})$.

例 8　求幂级数 $\sum_{n=0}^{\infty}\frac{(-1)^n}{n+1}(3x-2)^n$ 的收敛区间和收敛域.

解　令 $t=3x-2$，则 $\sum_{n=0}^{\infty}\frac{(-1)^n}{n+1}(3x-2)^n=\sum_{n=0}^{\infty}\frac{(-1)^n}{n+1}t^n$.

由于 $l=\lim_{n\to\infty}\frac{|(-1)^{n+1}/n+2|}{|(-1)^n/n+1|}=1$. 因此，当 $|t|<1$，即 $|3x-2|<1$ 时，原幂级数收敛，当 $|t|>1$，即 $|3x-2|>1$ 时，原幂级数发散. 所以，收敛区间为 $\left(\frac{1}{3},1\right)$. 进一步地，当 $x=\frac{1}{3}$ 时，$\sum_{n=0}^{\infty}\frac{(-1)^n}{n+1}(3x-2)^n=\sum_{n=0}^{\infty}\frac{1}{n+1}$，此级数为调和级数，故发散；当 $x=1$ 时，$\sum_{n=0}^{\infty}\frac{(-1)^n}{n+1}(3x-2)^n=\sum_{n=0}^{\infty}\frac{(-1)^n}{n+1}$，此级数为收敛的交错级数. 从而，幂级数 $\sum_{n=0}^{\infty}\frac{(-1)^n}{n+1}(3x-2)^n$ 的收敛域为 $\left(\frac{1}{3},1\right]$.

注　从上述例子可以看出，利用定理 8.20 求解幂级数的收敛半径时，适用于形如 $\sum_{n=0}^{\infty}a_nx^n$ 的幂级数的标准形式. 对于非标准形式的幂级数，如例 7 和例 8，则需要先作变量替换(如令 $t=x^2$(例 7)或 $t=3x-2$(例 8))，再利用定理 8.20 求解收敛半径.

2. 幂级数的和函数

幂级数 $\sum_{n=0}^{\infty}a_nx^n$ 在其收敛域内确定了一个和函数 $S(x)$. 接下来，我们讨论在收敛区间 $(-R,R)$ 内，和函数 $S(x)$ 的连续性、可积性、可微性问题. 为了讨论和函数 $S(x)$ 的这些分析性质，我们首先讨论幂级数 $\sum_{n=0}^{\infty}a_nx^n$ 的一致收敛性.

定理 8.21(阿贝尔第二定理)　设幂级数 $\sum_{n=0}^{\infty}a_nx^n$ 的收敛半径为 R，则 $\sum_{n=0}^{\infty}a_nx^n$ 在 $(-R,R)$ 上的任意闭子区间 $[a,b]\subset(-R,R)$ 都一致收敛. 特别地，若 $\sum_{n=0}^{\infty}a_nx^n$ 在 $x=R$ 处收敛，那

么 $\sum_{n=0}^{\infty}a_nx^n$ 在闭区间$[a,R]$上一致收敛($\forall a\in(-R,R)$);若 $\sum_{n=0}^{\infty}a_nx^n$ 在 $x=-R$ 处收敛,那么 $\sum_{n=0}^{\infty}a_nx^n$ 在闭区间$[-R,b]$上一致收敛($\forall b\in(-R,R)$).

证明 取 $m=\max\{|a|,|b|\}$,则 $\forall x\in[a,b]$及 $\forall n\in\mathbb{N}^+$,有 $|a_nx^n|=|a_n|\cdot|x|^n\leqslant|a_n|\cdot m^n$. 因为幂级数 $\sum_{n=0}^{\infty}a_nx^n$ 在点 $x=m$ 处收敛,由魏尔斯特拉斯判别法知幂级数 $\sum_{n=0}^{\infty}a_nx^n$ 在$[a,b]$上一致收敛.

进一步地,由幂级数 $\sum_{n=0}^{\infty}a_nx^n$ 在 $x=R$ 处收敛,知数项级数 $\sum_{n=0}^{\infty}a_nR^n$ 收敛. 又 $a_nx^n=a_nR^n\cdot\left(\frac{x}{R}\right)^n$,那么 $\forall a\in(-R,R)$, $\forall x\in[a,R]$及 $\forall n\in\mathbb{N}^+$,有 $\left(\frac{x}{R}\right)^n\geqslant\left(\frac{x}{R}\right)^{n+1}$,且 $\left|\left(\frac{x}{R}\right)^n\right|\leqslant 1$,由阿贝尔判别法知幂级数 $\sum_{n=0}^{\infty}a_nx^n$ 在$[a,R]$上一致收敛. 类似地,可以证明 $\forall b\in(-R,R)$,当 $\sum_{n=0}^{\infty}a_nx^n$ 在 $x=-R$ 处收敛时, $\sum_{n=0}^{\infty}a_nx^n$ 在$[-R,b]$上一致收敛.

由定理 8.21 可知,虽然幂级数在收敛区间内不一定一致收敛,但它在收敛区间的任意闭子区间上都一致收敛,这种收敛又称为**内闭一致收敛**.

定理 8.22 幂级数 $\sum_{n=0}^{\infty}a_nx^n$, $\sum_{n=1}^{\infty}na_nx^{n-1}$ 及 $\sum_{n=0}^{\infty}\frac{a_n}{n+1}x^{n+1}$ 有相同的收敛半径和收敛区间.

证明 对于幂级数 $\sum_{n=1}^{\infty}na_nx^{n-1}$,有 $\sum_{n=1}^{\infty}na_nx^{n-1}=\sum_{n=0}^{\infty}(n+1)a_{n+1}x^n$. 由定理 8.20 知 $\overline{\lim_{n\to\infty}}\sqrt[n]{|(n+1)a_{n+1}|}=\lim_{n\to\infty}\sqrt[n]{n+1}\cdot\overline{\lim_{n\to\infty}}\sqrt[n]{|a_{n+1}|}=\overline{\lim_{n\to\infty}}\sqrt[n]{|a_n|}$. 同理,对于幂级数 $\sum_{n=0}^{\infty}\frac{a_n}{n+1}x^{n+1}$,有 $\overline{\lim_{n\to\infty}}\sqrt[n+1]{\left|\frac{a_n}{n+1}\right|}=\lim_{n\to\infty}\sqrt[n+1]{\frac{1}{n+1}}\cdot\overline{\lim_{n\to\infty}}\sqrt[n+1]{|a_n|}=\overline{\lim_{n\to\infty}}\sqrt[n]{|a_n|}$.

因此,幂级数 $\sum_{n=1}^{\infty}na_nx^{n-1}$, $\sum_{n=0}^{\infty}\frac{a_n}{n+1}x^{n+1}$ 与 $\sum_{n=0}^{\infty}a_nx^n$ 有相同的收敛半径和收敛区间.

定理 8.22 表明幂级数 $\sum_{n=0}^{\infty}a_nx^n$, $\sum_{n=0}^{\infty}(a_nx^n)'$ 及 $\sum_{n=0}^{\infty}\int_0^x a_nt^n\mathrm{d}t$ 有相同的收敛半径和收敛区间,但它们的收敛域不一定相同. 例如,考虑幂级数 $\sum_{n=1}^{\infty}\frac{x^n}{n^2}$,它的收敛域为闭区间$[-1,1]$,而 $\sum_{n=1}^{\infty}\left(\frac{x^n}{n^2}\right)'=\sum_{n=1}^{\infty}\frac{x^{n-1}}{n}$,它的收敛域为$[-1,1)$.

有关幂级数 $\sum_{n=0}^{\infty}a_nx^n$ 的和函数 $S(x)$ 的连续性、可积性及可微性由下列定理给出.

定理 8.23 设幂级数 $\sum\limits_{n=0}^{\infty}a_nx^n$ 的收敛半径为 $R>0$，则它的和函数 $S(x)$ 在其收敛区间 $(-R,R)$ 上连续；如果 $\sum\limits_{n=0}^{\infty}a_nx^n$ 在收敛区间右(左)端点收敛，那么 $S(x)$ 在右(左)端点左(右)连续，且有 $\lim\limits_{x\to R^-}\sum\limits_{n=0}^{\infty}a_nx^n=\sum\limits_{n=0}^{\infty}a_nR^n$，$\lim\limits_{x\to -R^+}\sum\limits_{n=0}^{\infty}a_nx^n=\sum\limits_{n=0}^{\infty}a_n(-R)^n$.

证明 对 $\forall x\in(-R,R)$，存在闭区间 $[a,b]$，使得 $x\in[a,b]\subset(-R,R)$. 由定理 8.21 知幂级数 $\sum\limits_{n=0}^{\infty}a_nx^n$ 在 $(-R,R)$ 上内闭一致收敛于其和函数 $S(x)$. 又 $\forall n\in\mathbb{N}^+$，$u_n(x)=a_nx^n$ 为连续函数，根据定理 8.16 知和函数 $S(x)$ 在 $[a,b]$ 上连续，从而在 x 点连续. 由 x 点的任意性知 $S(x)$ 在 $(-R,R)$ 上连续.

进一步地，若幂级数 $\sum\limits_{n=0}^{\infty}a_nx^n$ 在 $x=R$ 处收敛，那么由定理 8.21 知，$\forall a\in(-R,R)$，$\sum\limits_{n=0}^{\infty}a_nx^n$ 在 $[a,R]$ 上一致收敛，由定理 8.16 知，和函数 $S(x)$ 在 $[a,R]$ 上连续，即 $S(x)$ 在收敛区间右端点 $x=R$ 处左连续. 同理可知，若 $\sum\limits_{n=0}^{\infty}a_nx^n$ 在 $x=-R$ 处收敛，那么 $S(x)$ 在 $x=-R$ 处必右连续，并且有

$$\lim_{x\to R^-}\sum_{n=0}^{\infty}a_nx^n=\sum_{n=0}^{\infty}a_nR^n=S(R),\quad \lim_{x\to -R^+}\sum_{n=0}^{\infty}a_nx^n=\sum_{n=0}^{\infty}a_n(-R)^n=S(-R).$$

定理 8.24 设幂级数 $\sum\limits_{n=0}^{\infty}a_nx^n$ 的收敛半径 $R>0$，则它的和函数 $S(x)$ 在收敛区间 $(-R,R)$ 内可积，并且可逐项积分，即 $\forall x\in(-R,R)$，$\int_0^x S(t)\mathrm{d}t=\int_0^x\Big(\sum\limits_{n=0}^{\infty}a_nt^n\Big)\mathrm{d}t=\sum\limits_{n=0}^{\infty}\int_0^x a_nt^n\mathrm{d}t=\sum\limits_{n=0}^{\infty}\dfrac{a_n}{n+1}x^{n+1}$.

证明 $\forall x\in(-R,R)$，存在闭区间 $[-a,a]$ 使得 $x\in[-a,a]\subset(-R,R)$. 由定理 8.21 知，幂级数 $\sum\limits_{n=0}^{\infty}a_nx^n$ 在 $(-R,R)$ 上内闭一致收敛于其和函数 $S(x)$. $\forall n\in\mathbb{N}^+$，$u_n(x)=a_nx^n$ 为连续函数，根据 8.4 节中定理 8.17 知 $S(x)$ 在 0 到 x 上可积，且可以逐项积分，即

$$\int_0^x S(t)\mathrm{d}t=\int_0^x\Big(\sum_{n=0}^{\infty}a_nt^n\Big)\mathrm{d}t=\sum_{n=0}^{\infty}\int_0^x a_nt^n\mathrm{d}t=\sum_{n=0}^{\infty}\frac{a_n}{n+1}x^{n+1}.$$

定理 8.25 设幂级数 $\sum\limits_{n=0}^{\infty}a_nx^n$ 的收敛半径 $R>0$，则它的和函数 $S(x)$ 在收敛区间 $(-R,R)$ 内可导，并且可以逐项求导，即 $\forall x\in(-R,R)$，都有

$$S'(x)=\Big(\sum_{n=0}^{\infty}a_nx^n\Big)'=\sum_{n=0}^{\infty}(a_nx^n)'=\sum_{n=1}^{\infty}na_nx^{n-1}.$$

证明 $\forall x\in(-R,R)$，存在闭区间$[a,b]$使得 $x\in[a,b]\subset(-R,R)$. 由定理 8.21 知，幂级数 $\sum_{n=0}^{\infty}a_nx^n$ 在$(-R,R)$上内闭一致收敛于其和函数 $S(x)$. 又 $\forall n\in\mathbb{N}^+$，$u_n(x)=a_nx^n$ 具有连续导函数. 由定理 8.18 知 $S(x)$在$(-R,R)$内可导，并且可以逐项求导，即 $\forall x\in(-R,R)$，都有

$$S'(x)=\Big(\sum_{n=0}^{\infty}a_nx^n\Big)'=\sum_{n=0}^{\infty}(a_nx^n)'=\sum_{n=1}^{\infty}na_nx^{n-1}.$$

推论 8.4 设幂级数 $\sum_{n=0}^{\infty}a_n(x-x_0)^n$ 的收敛半径$R>0$，其和函数为 $S(x)$，那么 $S(x)$在区间(x_0-R,x_0+R)上连续、可积、可微，并且可以逐项取极限、逐项积分和逐项求导.

推论 8.5 设幂级数 $\sum_{n=0}^{\infty}a_n(x-x_0)^n$ 的收敛半径$R>0$，其和函数为 $S(x)$，那么 $S(x)$在区间(x_0-R,x_0+R)内各阶导数 $S^{(k)}(x)(k=1,2,\cdots)$存在，且 $\forall x\in(x_0-R,x_0+R)$，有

$$S^{(k)}(x)=\sum_{n=0}^{\infty}[a_n(x-x_0)^n]^{(k)}=\sum_{n=k}^{\infty}\frac{n!}{(n-k)!}a_n(x-x_0)^{n-k},$$

并且幂级数 $\sum_{n=1}^{\infty}\frac{n!}{(n-k)!}a_n(x-x_0)^{n-k}$ 的收敛半径仍为R.

上述两个推论的证明显然，在此从略.

对幂级数的和函数性质的研究十分重要，有利于和函数的求解.

例 9 求幂级数 $\sum_{n=1}^{\infty}(-1)^{n+1}\frac{x^{n+1}}{n(n+1)}$ 的和函数.

解 幂级数 $\sum_{n=1}^{\infty}(-1)^{n+1}\frac{x^{n+1}}{n(n+1)}$ 的收敛半径 $R=1$. 设该幂级数的和函数为 $f(x)$，即 $\forall x\in(-1,1)$，有 $f(x)=\sum_{n=1}^{\infty}(-1)^{n+1}\frac{x^{n+1}}{n(n+1)}$. 那么，$f'(x)=\sum_{n=1}^{\infty}(-1)^{n+1}\frac{x^n}{n}$. 进一步地，$f''(x)=\sum_{n=1}^{\infty}(-1)^{n+1}x^{n-1}$. 由于$\sum_{n=1}^{\infty}(-1)^{n+1}x^{n-1}=\sum_{n=1}^{\infty}(-x)^{n-1}$ 是几何级数. 所以 $f''(x)=\lim_{n\to\infty}\frac{1-(-x)^n}{1+x}=\frac{1}{1+x}$. 从而 $f'(x)=\int_0^x f''(t)\mathrm{d}t+f'(0)=\int_0^x\frac{1}{1+t}\mathrm{d}t=\ln(1+x)$，$f(x)=\int_0^x f'(t)\mathrm{d}t+f(0)=\int_0^x\ln(1+t)\mathrm{d}t=x\ln(1+x)+\ln(1+x)-x$. 当 $x=-1$ 时，$\sum_{n=1}^{\infty}\frac{(-1)^{n+1}x^{n+1}}{n(n+1)}=\sum_{n=1}^{\infty}\frac{1}{n(n+1)}$ 收敛；当 $x=1$ 时，$\sum_{n=1}^{\infty}\frac{(-1)^{n+1}x^{n+1}}{n(n+1)}=\sum_{n=1}^{\infty}\frac{(-1)^{n+1}}{n(n+1)}$ 条件收敛.

所以得到 $\sum_{n=1}^{\infty}(-1)^{n+1}\frac{x^{n+1}}{n(n+1)}=(x+1)\ln(x+1)-x$，$x\in[-1,1]$.

例 10 求幂级数 $\sum\limits_{n=1}^{\infty}\frac{(-1)^n}{n}x^{n-1}$ 的和函数.

解 幂级数 $\sum\limits_{n=1}^{\infty}\frac{(-1)^n}{n}x^{n-1}$ 的收敛半径为 $R=1$,收敛区间为 $(-1,1)$. 设该幂级数的和函数为 $f(x)$,即 $\forall x\in(-1,1)$,有 $f(x)=\sum\limits_{n=1}^{\infty}\frac{(-1)^n}{n}x^{n-1}$. 当 $x\neq 0$ 时,有 $f(x)=\frac{1}{x}\sum\limits_{n=1}^{\infty}\frac{(-1)^n}{n}x^n$. 若记 $A(x)=\sum\limits_{n=1}^{\infty}\frac{(-1)^n}{n}x^n,x\in(-1,1)$,有 $A'(x)=\sum\limits_{n=1}^{\infty}(-1)^n\cdot x^{n-1}=-\sum\limits_{n=1}^{\infty}(-x)^{n-1}=-\lim\limits_{n\to\infty}\frac{1-(-x)^n}{1+x}=-\frac{1}{1+x}$. 所以 $A(x)=\int_0^x A'(t)\mathrm{d}t+A(0)=-\ln(1+x)$.

那么,当 $x\neq 0$ 时,有 $f(x)=\frac{1}{x}A(x)=-\frac{\ln(1+x)}{x}$. 进一步地,当 $x=0$ 时,$\lim\limits_{x\to 0}\frac{-\ln(1+x)}{x}=-1$. 当 $x=-1$ 时,$\sum\limits_{n=1}^{\infty}\frac{(-1)^n}{n}x^{n-1}=\sum\limits_{n=1}^{\infty}\frac{-1}{n}$ 发散;当 $x=1$ 时,$\sum\limits_{n=1}^{\infty}\frac{(-1)^n}{n}x^{n-1}=\sum\limits_{n=1}^{\infty}\frac{(-1)^n}{n}$ 条件收敛.

因此,和函数 $f(x)=\begin{cases}-\frac{\ln(1+x)}{x}, & x\in(-1,1]\text{且 }x\neq 0,\\ -1, & x=0.\end{cases}$

例 11 求数项级数 $\sum\limits_{n=1}^{\infty}\frac{n(n+1)}{2^n}$ 的和.

解 考虑幂级数 $\sum\limits_{n=1}^{\infty}n(n+1)x^n$. 该幂级数的收敛半径 $R=1$,设其和函数为 $f(x)$,即 $\forall x\in(-1,1)$,有 $f(x)=\sum\limits_{n=1}^{\infty}n(n+1)x^n$. 那么,$f(x)=x\sum\limits_{n=1}^{\infty}n(n+1)x^{n-1}=x\left(\sum\limits_{n=1}^{\infty}x^{n+1}\right)''$.
又令 $g(x)=\sum\limits_{n=1}^{\infty}x^{n+1},x\in(-1,1)$,则 $g(x)=\lim\limits_{n\to\infty}\frac{x^2(1-x^n)}{1-x}=\frac{x^2}{1-x},x\in(-1,1)$.

从而,$f(x)=x\left(\sum\limits_{n=1}^{\infty}x^{n+1}\right)''=x\cdot g''(x)=\frac{2x}{(1-x)^3}$. 因此,取 $x=\frac{1}{2}$,有 $\sum\limits_{n=1}^{\infty}\frac{n(n+1)}{2^n}=f\left(\frac{1}{2}\right)=8$.

例 12 求幂级数 $\sum\limits_{n=1}^{\infty}n(x-1)^{n-1}$ 的和函数,并由此计算级数 $\sum\limits_{n=1}^{\infty}\frac{n}{2^{n-1}}$ 的和.

解 令 $t=x-1$,则幂级数变为 $\sum\limits_{n=1}^{\infty}nt^{n-1}$,显然 $\sum\limits_{n=1}^{\infty}nt^{n-1}$ 的收敛半径 $R=-1$,收敛区间为 $(-1,1)$. 设幂级数 $\sum\limits_{n=1}^{\infty}nt^{n-1}$ 的和函数为 $f(t)$,即 $\forall t\in(-1,1)$,有 $f(t)=\sum\limits_{n=1}^{\infty}nt^{n-1}$. 因为

$\int_0^t f(u)\mathrm{d}u = \int_0^t \sum_{n=1}^{\infty} nu^{n-1}\mathrm{d}u = \sum_{n=1}^{\infty}\int_0^t nu^{n-1}\mathrm{d}u = \sum_{n=1}^{\infty} t^n = \frac{t}{1-t}, t \in (-1,1)$. 对上式两边求导,有 $f(t) = \frac{1}{(1-t)^2}, t \in (-1,1)$,从而幂级数 $\sum_{n=1}^{\infty} n(x-1)^{n-1}$ 的和函数为 $f(x-1) = \frac{1}{[1-(x-1)]^2} = \frac{1}{(2-x)^2}, x \in (0,2)$.

当 $x=0$ 时,$\sum_{n=1}^{\infty} n(x-1)^{n-1} = \sum_{n=1}^{\infty}(-1)^{n-1}\cdot n$ 发散;当 $x=2$ 时,$\sum_{n=1}^{\infty} n(x-1)^{n-1} = \sum_{n=1}^{\infty} n$ 发散.

因此幂级数 $\sum_{n=1}^{\infty} n(x-1)^{n-1}$ 的和函数为 $\frac{1}{(2-x)^2}, x \in (0,2)$.

进一步地,取 $t=\frac{1}{2}$,即 $x=\frac{3}{2}$,有数项级数 $\sum_{n=1}^{\infty}\frac{n}{2^{n-1}} = \frac{1}{\left(2-\frac{3}{2}\right)^2} = 4$.

3. 泰勒级数及其应用

幂级数不仅形式简单,而且具有许多特殊的分析性质. 前面讲述了如何利用这些性质求解和函数. 反之,如果对于某个函数,它能够在一定条件下表示成幂级数,那么就可以通过幂级数来研究这个函数. 这种分析思路对实际问题具有重要指导意义.

下面,我们讨论对于给定的函数,在什么条件下可以展开成幂级数,如果可以展开,那么幂级数的系数如何确定,以及展开式是否唯一等问题.

定义 8.14 如果函数 $f(x)$ 在 x_0 点的某个邻域内可以表示成

$$f(x) = \sum_{n=0}^{\infty} a_n (x-x_0)^n,$$

则称 $f(x)$ 在 x_0 点**能展成幂级数**,并称上式为 $f(x)$ 在 x_0 点的**幂级数展开式**.

对于定义 8.14 中幂级数展开式的系数 $a_n(n=0,1,2,\cdots)$ 可由下述定理确定.

定理 8.26 设函数 $f(x)$ 在区间 (x_0-R, x_0+R) 上能展成幂级数,即 $\forall x \in (x_0-R, x_0+R)$,有

$$f(x) = \sum_{n=0}^{\infty} a_n (x-x_0)^n,$$

则函数 $f(x)$ 在区间 (x_0-R, x_0+R) 具有任意阶导数,且有唯一的系数

$$a_n = \frac{f^{(n)}(x_0)}{n!}, \quad n=0,1,2,\cdots.$$

证明 由推论 8.5 知,如果 $f(x)$ 在 (x_0-R, x_0+R) 上能写成 $f(x) = \sum_{n=0}^{\infty} a_n (x-x_0)^n$,即 $f(x)$ 为幂级数 $\sum_{n=0}^{\infty} a_n (x-x_0)^n$ 的和函数,那么 $f(x)$ 在 (x_0-R, x_0+R) 上存在任意阶导

数，且 $f^{(k)}(x)=\sum_{n=k}^{\infty}\frac{n!}{(n-k)!}a_n(x-x_0)^{n-k}$.

从而 $f^{(k)}(x)=k!a_k+(k+1)!a_{k+1}(x-x_0)+\cdots$，令 $x=x_0$，有 $f^{(k)}(x_0)=k!a_k$，于是 $a_k=\frac{f^{(k)}(x_0)}{k!}$，即 $a_n=\frac{f^{(n)}(x_0)}{n!}$，$n=0,1,2,\cdots$，此系数是唯一确定的.

上述定理表明，若 $f(x)$能展成幂级数，则 $f(x)$具有任意阶导数，且幂级数形式是唯一确定的. 反之，若 $f(x)$在 x_0 点的邻域内存在任意阶导数，那么总能够写出其相应的幂级数(请读者回顾上册书 5.3 节中定理 5.5).

定义 8.15 如果函数 $f(x)$在 x_0 点的某个邻域内存在任意阶导数，那么幂级数

$$f(x_0)+\frac{f'(x_0)}{1!}(x-x_0)+\frac{f''(x_0)}{2!}(x-x_0)^2+\cdots+\frac{f^{(n)}(x_0)}{n!}(x-x_0)^n+\cdots$$

称为函数 $f(x)$在 x_0 点的**泰勒级数**，其系数称为 $f(x)$在 x_0 点的**泰勒系数**. 当 $x_0=0$ 时，

$$f(0)+\frac{f'(0)}{1!}x+\frac{f''(0)}{2!}x^2+\cdots+\frac{f^{(n)}(0)}{n!}x^n+\cdots$$

称为函数 $f(x)$的**麦克劳林级数**.

函数 $f(x)$如果在 x_0 点某邻域内具有任意阶导数，那么 $f(x)$与其相应的泰勒级数之间是否相等? 答案是不一定.

例如，考虑函数 $f(x)=\begin{cases}e^{-\frac{1}{x^2}}, & x\neq 0,\\ 0, & x=0.\end{cases}$ 我们已知 $f(x)$在点 $x=0$ 的任意邻域内有任意阶导数，并且 $f^{(n)}(0)=0(n=1,2,\cdots)$. 那么$f(x)$在 $x=0$ 点的麦克劳林级数为

$$f(0)+f'(0)x+\frac{f''(0)}{2!}x^2+\cdots+\frac{f^{(n)}(0)}{n!}x^n+\cdots.$$

显然该麦克劳林级数在全体实数轴上均收敛于 0. 但是 $\forall x\neq 0$，$f(x)=e^{-\frac{1}{x^2}}\neq 0$，从而

$$f(x)\neq\sum_{n=0}^{\infty}\frac{f^{(n)}(0)}{n!}x^n \quad (\forall x\neq 0),$$

即 $f(x)$在 $x=0$ 点不能展开成幂级数.

那么，在什么条件下，$f(x)$可以与其相应的幂级数之间取“=”呢?

定理 8.27 若函数 $f(x)$在区间(x_0-R,x_0+R)存在任意阶导数，则 $f(x)$在该区间能展成泰勒级数的充分必要条件是 $f(x)$的泰勒公式中的余项 $R_n(x)\to 0(n\to\infty)$.

证明 泰勒级数 $f(x_0)+f'(x_0)(x-x_0)+\frac{f''(x_0)}{2!}(x-x_0)^2+\cdots+\frac{f^{(n)}(x_0)}{n!}(x-x_0)^n+\cdots$ 的前 $n+1$ 项和为 $P_n(x)=f(x_0)+f'(x_0)(x-x_0)+\frac{f''(x_0)}{2!}(x-x_0)^2+\cdots+\frac{f^{(n)}(x_0)}{n!}(x-x_0)^n$.

由 $f(x)$的泰勒公式知，$\forall x\in(x_0-R,x_0+R)$，$f(x)-P_n(x)=R_n(x)$，因此

$\lim\limits_{n\to\infty}R_n(x)=0\Leftrightarrow\lim\limits_{n\to\infty}[f(x)-P_n(x)]=0\Leftrightarrow\lim\limits_{n\to\infty}P_n(x)=f(x)$

$$\Leftrightarrow f(x)=f(x_0)+f'(x_0)(x-x_0)+\cdots+\frac{f^{(n)}(x_0)}{n!}(x-x_0)^n+\cdots.$$

推论 8.6 若函数 $f(x)$ 在区间 (x_0-R,x_0+R) 存在任意阶导数，并且 $\exists M>0$，对 $\forall x\in(x_0-R,x_0+R)$，恒有 $|f^{(n)}(x)|\leqslant M(n=0,1,2,\cdots)$，则 $f(x)$ 在该区间内可展成泰勒级数，即有

$$f(x)=\sum_{n=0}^{\infty}\frac{f^{(n)}(x_0)}{n!}(x-x_0)^n,\quad x\in(x_0-R,x_0+R).$$

证明 由 $f(x)$ 的带有拉格朗日余项的泰勒公式知

$$|R_n(x)|=\left|\frac{f^{(n+1)}(\xi)}{(n+1)!}(x-x_0)^{n+1}\right|\leqslant M\cdot\frac{|x-x_0|^{n+1}}{(n+1)!}\quad(\xi\text{ 介于 }x\text{ 与 }x_0\text{ 之间}).$$

因为级数 $\sum\limits_{n=0}^{\infty}\frac{|x-x_0|^{n+1}}{(n+1)!}$ 在 $(-\infty,+\infty)$ 内收敛，所以 $\lim\limits_{n\to\infty}\frac{|x-x_0|^{n+1}}{(n+1)!}=0$，故 $\lim\limits_{n\to\infty}R_n(x)=0$. 由定理 8.27 知，$f(x)$ 可以在 x_0 点展开成幂级数，即

$$f(x)=\sum_{n=0}^{\infty}\frac{f^{(n)}(x_0)}{n!}(x-x_0)^n,\quad x\in(x_0-R,x_0+R).$$

接下来，我们通过几个例子说明函数展开成幂级数的直接展开法和间接展开法以及幂级数的应用.

(1) 直接展开法

例 13 将函数 $f(x)=\mathrm{e}^x$ 展开成 x 的幂级数.

解 由于 $f^{(n)}(x)=\mathrm{e}^x,n=1,2,\cdots$，故 $f^{(n)}(0)=1,n=1,2,\cdots$. $f(x)$ 的 n 阶泰勒公式中的余项

$$R_n(x)=\frac{f^{(n+1)}(\theta x)}{(n+1)!}x^{n+1}=\frac{\mathrm{e}^{\theta x}}{(n+1)!}x^{n+1},\quad 0<\theta<1.$$

对 $\forall x\in(-\infty,+\infty)$，$|R_n(x)|=\left|\frac{\mathrm{e}^{\theta x}}{(n+1)!}x^{n+1}\right|<\mathrm{e}^{|x|}\cdot\frac{|x|^{n+1}}{(n+1)!},0<\theta<1.$

由于级数 $\sum\limits_{n=0}^{\infty}\mathrm{e}^{|x|}\cdot\frac{|x|^{n+1}}{(n+1)!}$ 收敛，因此 $\lim\limits_{n\to\infty}\mathrm{e}^{|x|}\cdot\frac{|x|^{n+1}}{(n+1)!}=0$，从而 $\lim\limits_{n\to\infty}R_n(x)=0$. 由定理 8.27 知，$\forall x\in(-\infty,+\infty)$，$f(x)$ 可以展开成幂级数，有

$$f(x)=\mathrm{e}^x=f(0)+f'(0)x+\frac{f''(0)}{2!}x^2+\cdots+\frac{f^{(n)}(0)}{n!}x^n+\cdots,$$

即

$$\mathrm{e}^x=1+x+\frac{1}{2!}x^2+\cdots+\frac{1}{n!}x^n+\cdots=\sum_{n=0}^{\infty}\frac{x^n}{n!},\quad x\in(-\infty,+\infty).$$

例 14 将函数 $f(x)=\sin x$ 展开成 x 的幂级数.

解 由于 $f^{(n)}(x)=\sin\left(x+n\cdot\frac{\pi}{2}\right)$，故 $f^{(n)}(0)=\sin\left(n\cdot\frac{\pi}{2}\right),n=1,2,\cdots$.

$$f^{(2k)}(0)=\sin(k\pi)=0,\quad k=1,2,\cdots;$$

$$f^{(2k+1)}(0)=\sin\left[(2k+1)\cdot\frac{\pi}{2}\right]=(-1)^k,\quad k=0,1,2,\cdots.$$

$f(x)$的 n 阶泰勒公式中的余项

$$R_n(x)=\frac{f^{(n+1)}(\theta x)}{(n+1)!}x^{n+1}=\frac{\sin\left[\theta x+\frac{(n+1)}{2}\pi\right]}{(n+1)!}x^{n+1},\quad 0<\theta<1.$$

对 $\forall x\in(-\infty,+\infty)$，$|R_n(x)|=\left|\frac{\sin\left[\theta x+\frac{(n+1)}{2}\pi\right]}{(n+1)!}x^{n+1}\right|<\frac{|x|^{n+1}}{(n+1)!}$，$0<\theta<1$.

由于级数 $\sum\limits_{n=0}^{\infty}\frac{|x|^{n+1}}{(n+1)!}$ 收敛，因此 $\lim\limits_{n\to\infty}\frac{|x|^{n+1}}{(n+1)!}=0$，从而 $\lim\limits_{n\to\infty}R_n(x)=0$. 由定理 8.27 知，$\forall x\in(-\infty,+\infty)$，$f(x)$可以展开成幂级数，有

$$f(x)=\sin x=f(0)+f'(0)x+\frac{f''(0)}{2!}x^2+\cdots+\frac{f^{(n)}(0)}{n!}x^n+\cdots,$$

即

$$\sin x=x-\frac{x^3}{3!}+\frac{x^5}{5!}+\cdots+\frac{(-1)^{n-1}}{(2n-1)!}x^{2n-1}+\cdots=\sum_{n=0}^{\infty}\frac{(-1)^n x^{2n+1}}{(2n+1)!},\quad x\in(-\infty,+\infty).$$

上述两个将函数展开成幂级数的方法，称为直接展开法. 由于直接展开法计算量较大，并且余项也不易研究，因此在应用中常通过已知函数的幂级数展开式和幂级数的运算公式来推导要求解的问题，这种方法称为间接展开法.

(2) 间接展开法

例 15 将函数 $f(x)=\ln(1+x)$展开成 x 的幂级数.

解 由于 $\frac{1}{1+x}=\sum\limits_{n=0}^{\infty}(-x)^n=1-x+x^2+\cdots+(-x)^n+\cdots$，$x\in(-1,1)$，那么

$$\ln(1+x)=\int_0^x\frac{1}{1+t}\mathrm{d}t=\int_0^x\left[\sum_{n=0}^{\infty}(-t)^n\right]\mathrm{d}t=\sum_{n=0}^{\infty}\int_0^x(-t)^n\mathrm{d}t$$

$$=\sum_{n=0}^{\infty}\frac{(-1)^n x^{n+1}}{n+1}=x-\frac{x^2}{2}+\frac{x^3}{3}-\frac{x^4}{4}+\cdots+\frac{(-1)^n x^{n+1}}{n+1}+\cdots,\quad x\in(-1,1).$$

由于当 $x=1$ 时，$\sum\limits_{n=0}^{\infty}\frac{(-1)^n x^{n+1}}{n+1}=\sum\limits_{n=0}^{\infty}\frac{(-1)^n}{n+1}$ 条件收敛；当 $x=-1$ 时，$\sum\limits_{n=0}^{\infty}\frac{(-1)^n x^{n+1}}{n+1}=\sum\limits_{n=0}^{\infty}\frac{-1}{n+1}$ 发散. 故

$$\ln(1+x)=\sum_{n=0}^{\infty}\frac{(-1)^n x^{n+1}}{n+1}=x-\frac{x^2}{2}+\frac{x^3}{3}-\cdots+\frac{(-1)^n x^{n+1}}{n+1}+\cdots,\quad x\in(-1,1].$$

例 16 将函数 $f(x)=\arctan x$ 展开成 x 的幂级数.

解 由于 $\frac{1}{1+x^2}=\sum\limits_{n=0}^{\infty}(-x^2)^n=\sum\limits_{n=0}^{\infty}(-1)^n x^{2n}=1-x^2+x^4+\cdots+(-1)^n x^{2n}+\cdots$，

$x\in(-1,1)$，那么

$$\arctan x=\int_0^x\frac{1}{1+t^2}\mathrm{d}t=\int_0^x\Big[\sum_{n=0}^{\infty}(-1)^n t^{2n}\Big]\mathrm{d}t=\sum_{n=0}^{\infty}\int_0^x[(-1)^n t^{2n}]\mathrm{d}t$$
$$=\sum_{n=0}^{\infty}\frac{(-1)^n x^{2n+1}}{2n+1}=x-\frac{x^3}{3}+\frac{x^5}{5}+\cdots+\frac{(-1)^n x^{2n+1}}{2n+1}+\cdots,\quad x\in(-1,1).$$

由于当 $x=1$ 时，$\sum\limits_{n=0}^{\infty}\frac{(-1)^n x^{2n+1}}{2n+1}=\sum\limits_{n=0}^{\infty}\frac{(-1)^n}{2n+1}$ 条件收敛；当 $x=-1$ 时，$\sum\limits_{n=0}^{\infty}\frac{(-1)^n x^{2n+1}}{2n+1}=\sum\limits_{n=0}^{\infty}\frac{(-1)^{n+1}}{2n+1}$ 条件收敛. 故

$$\arctan x=\sum_{n=0}^{\infty}\frac{(-1)^n x^{2n+1}}{2n+1}=x-\frac{x^3}{3}+\frac{x^5}{5}+\cdots+\frac{(-1)^n x^{2n+1}}{2n+1},\quad x\in[-1,1].$$

现将几个常用函数的幂级数展开式列举如下：

$$\mathrm{e}^x=\sum_{n=0}^{\infty}\frac{x^n}{n!}=1+x+\frac{x^2}{2!}+\cdots+\frac{x^n}{n!}+\cdots,\quad x\in(-\infty,+\infty);$$

$$\sin x=\sum_{n=0}^{\infty}\frac{(-1)^n x^{2n+1}}{(2n+1)!}=x-\frac{x^3}{3!}+\frac{x^5}{5!}-\cdots+\frac{(-1)^n x^{2n+1}}{(2n+1)!}+\cdots,\quad x\in(-\infty,+\infty);$$

$$\cos x=\sum_{n=0}^{\infty}\frac{(-1)^n x^{2n}}{(2n)!}=1-\frac{x^2}{2!}+\frac{x^4}{4!}-\cdots+\frac{(-1)^n x^{2n}}{(2n)!}+\cdots,\quad x\in(-\infty,+\infty);$$

$$\ln(1+x)=\sum_{n=0}^{\infty}\frac{(-1)^n x^{n+1}}{n+1}=x-\frac{x^2}{2}+\frac{x^3}{3}-\cdots+\frac{(-1)^n x^{n+1}}{n+1}+\cdots,\quad x\in(-1,1];$$

$$\arctan x=\sum_{n=0}^{\infty}\frac{(-1)^n x^{2n+1}}{2n+1}=x-\frac{x^3}{3}+\frac{x^5}{5}-\cdots+\frac{(-1)^n x^{2n+1}}{2n+1}+\cdots,\quad x\in[-1,1];$$

$$\frac{1}{1-x}=\sum_{n=0}^{\infty}x^n=1+x+x^2+\cdots+x^n+\cdots,\quad x\in(-1,1);$$

$$\frac{1}{1+x}=\sum_{n=0}^{\infty}(-x)^n=1-x+x^2+\cdots+(-x)^n+\cdots,\quad x\in(-1,1).$$

例 17 将函数 $f(x)=\frac{x+4}{2x^2-5x-3}$ 展开成 $x-1$ 的幂级数，并利用展开式计算 $f^{(100)}(1)$.

解 令 $t=x-1$，则 $x=t+1$，从而

$$\frac{x+4}{2x^2-5x-3}=\frac{t+1+4}{2(t+1)^2-5(t+1)-3}=\frac{t+5}{(t-2)(2t+3)}$$
$$=\frac{1}{t-2}-\frac{1}{2t+3}=-\frac{1}{2}\cdot\frac{1}{1-\frac{t}{2}}-\frac{1}{3}\cdot\frac{1}{1+\frac{2}{3}t}.$$

由于

$$\frac{1}{1-\frac{t}{2}}=\sum_{n=0}^{\infty}\left(\frac{t}{2}\right)^n,-2<t<2;\quad \frac{1}{1+\frac{2}{3}t}=\sum_{n=0}^{\infty}\left(-\frac{2}{3}t\right)^n,-\frac{3}{2}<t<\frac{3}{2},$$

从而

$$-\frac{1}{2}\cdot\frac{1}{1-\frac{t}{2}}-\frac{1}{3}\cdot\frac{1}{1+\frac{2}{3}t}=-\frac{1}{2}\cdot\sum_{n=0}^{\infty}\left(\frac{t}{2}\right)^n-\frac{1}{3}\sum_{n=0}^{\infty}\left(-\frac{2}{3}t\right)^n$$

$$=-\sum_{n=0}^{\infty}\left[\frac{1}{2^{n+1}}+\frac{(-2)^n}{3^{n+1}}\right]t^n,\quad -\frac{3}{2}<t<\frac{3}{2}.$$

因此 $f(x)=\dfrac{x+4}{2x^2-5x-3}=-\displaystyle\sum_{n=0}^{\infty}\left[\frac{1}{2^{n+1}}+\frac{(-2)^n}{3^{n+1}}\right](x-1)^n,-\frac{1}{2}<x<\frac{5}{2}.$

由于 $f(x)=\displaystyle\sum_{n=0}^{\infty}\frac{f^{(n)}(1)}{n!}(x-1)^n=-\sum_{n=0}^{\infty}\left[\frac{1}{2^{n+1}}+\frac{(-2)^n}{3^{n+1}}\right](x-1)^n$，通过比较可知，$\dfrac{f^{(100)}(1)}{100!}=-\left[\dfrac{1}{2^{101}}+\dfrac{(-2)^{100}}{3^{101}}\right]$. 所以 $f^{(100)}(1)=-100!\left[\dfrac{1}{2^{101}}+\dfrac{(-2)^{100}}{3^{101}}\right]$.

例 18 求 $f(x)=\mathrm{e}^{-x^2}$ 的一个原函数.

解 $F(x)=\int_0^x f(t)\mathrm{d}t=\int_0^x \mathrm{e}^{-t^2}\mathrm{d}t$ 为 $f(x)$ 的一个原函数. 设

$$f(t)=\mathrm{e}^{-t^2}=\sum_{n=0}^{\infty}\frac{(-t^2)^n}{n!}=\sum_{n=0}^{\infty}\frac{(-1)^n t^{2n}}{n!},\quad t\in(-\infty,+\infty),$$

则

$$F(x)=\int_0^x f(t)\mathrm{d}t=\int_0^x\left[\sum_{n=0}^{\infty}\frac{(-1)^n t^{2n}}{n!}\right]\mathrm{d}t=\sum_{n=0}^{\infty}\int_0^x\frac{(-1)^n t^{2n}}{n!}\mathrm{d}t$$

$$=\sum_{n=0}^{\infty}\frac{(-1)^n}{n!}\frac{1}{2n+1}x^{2n+1},\quad x\in(-\infty,+\infty).$$

接下来，我们通过举例，说明幂级数的应用.

(3) 幂级数的应用

例 19 求级数

$$\frac{1}{2\cdot 3}-\frac{2}{3\cdot 4}+\cdots+(-1)^{n+1}\frac{n}{(n+1)(n+2)}+\cdots$$

的和 S.

解 令 $f(x)=\displaystyle\sum_{n=1}^{\infty}(-1)^{n+1}\cdot\frac{n}{(n+1)(n+2)}x^{n+2}$，由幂级数的性质知，当 $x\in(-1,1)$ 时，有

$$f'(x)=\sum_{n=1}^{\infty}(-1)^{n+1}\cdot\frac{n}{n+1}x^{n+1},\quad f''(x)=\sum_{n=1}^{\infty}(-1)^{n+1}\cdot nx^n=\frac{x}{(1+x)^2}.$$

因此，当 $x\in(-1,1)$ 时，有

$$f'(x)=f'(0)+\int_0^x f''(t)\mathrm{d}t=\int_0^x\frac{t}{(1+t)^2}\mathrm{d}t=\ln(1+x)-\frac{1}{1+x}+1,$$

$$f(x)=f(0)+\int_0^x f'(t)\mathrm{d}t=\int_0^x\left[\ln(1+t)-\frac{1}{1+t}+1\right]\mathrm{d}t=x\ln(1+x),$$

从而 $S=\lim\limits_{x\to 1^-}f(x)=\ln 2$.

例 20 计算 e 的近似值，使其误差不超过 10^{-5}.

解 由于 $e^x=1+x+\frac{1}{2!}x^2+\cdots+\frac{1}{n!}x^n+\cdots, x\in(-\infty,+\infty)$，令 $x=1$，则 $e=1+\frac{1}{1!}+\frac{1}{2!}+\cdots+\frac{1}{n!}+\cdots$.

若取 $e\approx 2+\frac{1}{2!}+\cdots+\frac{1}{n!}$，则其误差

$$|R_n|=\frac{1}{(n+1)!}+\frac{1}{(n+2)!}+\cdots=\frac{1}{(n+1)!}\left[1+\frac{1}{n+2}+\frac{1}{(n+2)(n+3)}+\cdots\right]$$
$$<\frac{1}{(n+1)!}\left[1+\frac{1}{n+1}+\frac{1}{(n+1)^2}+\cdots\right]=\frac{1}{n\cdot n!}.$$

要误差不超过 10^{-5}，即 $\frac{1}{n\cdot n!}<\frac{1}{10^5}$，即 $n\cdot n!>10^5$. 取 $n=8$ 即可，这时误差

$$|R_8|<\frac{1}{8\times 8!}=\frac{1}{322\ 560}<10^{-5},$$

因此

$$e\approx 2+\frac{1}{2!}+\cdots+\frac{1}{8!}\approx 2.71828.$$

习题 8.5

1. 求下列级数的收敛半径和收敛域：

(1) $\sum\limits_{n=0}^{\infty}\frac{n!}{5^{3n}}x^n$； (2) $\sum\limits_{n=0}^{\infty}\frac{2^n}{n+3}x^n$； (3) $\sum\limits_{n=0}^{\infty}\frac{1}{n^2+1}(2x+1)^n$；

(4) $\sum\limits_{n=1}^{\infty}\frac{2^n}{n+1}x^{3n}$； (5) $\sum\limits_{n=0}^{\infty}\frac{(-1)^n}{n^2}x^{2n+1}$； (6) $\sum\limits_{n=1}^{\infty}\frac{3^n+(-2)^n}{n}x^n$；

(7) $\sum\limits_{n=1}^{\infty}\frac{1}{3^n}(\ln x)^n$； (8) $\sum\limits_{n=1}^{\infty}\left(1+\frac{1}{2}+\frac{1}{3}+\cdots+\frac{1}{n}\right)x^n$.

2. 若级数 $\sum\limits_{n=0}^{\infty}a_nx^n$ 的收敛半径为 R_1，级数 $\sum\limits_{n=0}^{\infty}b_nx^n$ 的收敛半径为 R_2，证明：级数 $\sum\limits_{n=0}^{\infty}(a_n+b_n)x^n$ 的收敛半径满足 $R\geqslant\min\{R_1,R_2\}$.

3. 假设对于充分大的 n，有 $|a_n|\leqslant|b_n|$，证明：级数 $\sum\limits_{n=0}^{\infty}a_nx^n$ 的收敛半径不小于 $\sum\limits_{n=0}^{\infty}b_nx^n$ 的收敛半径.

4. 求下列级数的和函数：

(1) $\sum\limits_{n=1}^{\infty}\frac{5^n x^n}{n}$； (2) $\sum\limits_{n=1}^{\infty}\frac{n}{2^n}x^n$； (3) $\sum\limits_{n=1}^{\infty}\frac{9^n}{2n}x^{2n+1}$；

(4) $\sum\limits_{n=1}^{\infty}\frac{x^{n+1}}{n(n+1)}$； (5) $\sum\limits_{n=1}^{\infty}n(n+1)x^n$； (6) $\sum\limits_{n=1}^{\infty}n^2x^{n-1}$.

5. 求幂级数 $\sum\limits_{n=0}^{\infty}\frac{x^n}{2^n(n+1)!}$ 的收敛域、和函数，并求 $\sum\limits_{n=0}^{\infty}\frac{2^n}{(n+1)!}$ 的和.

6. 将下列函数在指定点展开成幂级数，并求其收敛域.

(1) $f(x)=\frac{x-1}{4-x}, x_0=1$； (2) $f(x)=\mathrm{e}^x, x_0=2$；

(3) $f(x)=\frac{2}{x^2-8x+15}, x_0=1$； (4) $f(x)=a^x, x_0=3(a>0$ 且 $a\neq1)$；

(5) $f(x)=\ln(1+x-2x^2), x_0=0$； (6) $f(x)=\sin x, x_0=\frac{\pi}{4}$.

7. 将函数 $\int_0^x\frac{\sin t}{t}\mathrm{d}t$ 展开成 x 的幂级数，求其收敛域，并计算级数 $\sum\limits_{n=0}^{\infty}\frac{(-1)^n}{(2n+1)!}$ 的和.

8. 设 $f(x)=x\ln(1-x^2)$.

(1) 将 $f(x)$ 展开成 x 的幂级数，并求收敛域；

(2) 利用展开式计算 $f^{(101)}(0)$；

(3) 利用逐项积分计算 $\int_0^1 f(x)\mathrm{d}x$.

9. 证明：若 $f(x)=\sum\limits_{n=0}^{\infty}a_nx^n, a_n\geqslant0$，收敛半径 $R=1$，并且 $\lim\limits_{x\to1^-}f(x)=A$，那么 $\sum\limits_{n=0}^{\infty}a_n$ 收敛，且有 $\sum\limits_{n=0}^{\infty}a_n=A$.

10. 证明：若 $f(x)=\sum\limits_{n=0}^{\infty}a_nx^n, x\in(-R,R)$，并且 $\sum\limits_{n=0}^{\infty}\frac{a_n}{n+1}R^{n+1}$ 收敛，则有

$$\int_0^R f(x)\mathrm{d}x=\sum_{n=0}^{\infty}\frac{a_n}{n+1}R^{n+1}.$$

第 9 章

多元函数的极限与连续

在前面各章中我们以函数的极限为研究工具，讨论了函数的连续性、可微性及可积性等内容，这些函数自变量仅有一个，称为一元函数. 在实际问题中，对于一种变化过程的描述经常面临需要用多个自变量来表示的情形，这便是所谓的多元函数. 比如，在经济学的生产理论中，产量 Q 通常与劳动的投入量 L 和资本的投入量 K 有关，也就是随着 L 和 K 的变动，产量 Q 有相应的变化，这样就形成了一种多元函数关系，即 $Q=f(L,K)$.

在今后的各章中，我们将陆续对多元函数的相关性质进行讨论. 本章先介绍多元函数的极限概念进而分析多元函数的连续性问题. 在研究多元函数时，我们着重以二元函数为研究对象，这是因为从二元函数到一般的 n 元函数，在函数性质方面并没有本质差异，仅是一些形式或处理技术上的略微改变. 但是，由一元函数到二元函数的转变，在性质方面会产生一些本质上的新内容. 在系统研究多元函数之前，我们先以二元函数为例，介绍一些关于多元函数的基本知识.

9.1 预备知识

首先，我们对于一般多元函数的定义域所在的 n 维欧氏空间进行简单探讨，进而，介绍平面点集的几个基本定理.

1. n 维欧氏空间

定义 9.1 设有两个非空集合 A 与 B. 对于 $\forall a\in A$ 及 $\forall b\in B$，a 与 b 形成了有序组 (a,b)，将这样的有序组集合表示为

$$A\times B=\{(a,b)\mid a\in A,b\in B\},$$

称 $A\times B$ 为集合 A 与 B 的直积或笛卡儿积.

进一步地，对于实数集$\mathbb{R}$，$\forall x\in\mathbb{R}$ 及 $\forall y\in\mathbb{R}$，有序数组(x,y)形成的集合记为

$$\mathbb{R}^2=\mathbb{R}\times\mathbb{R}=\{(x,y)\mid x\in\mathbb{R},y\in\mathbb{R}\},$$

称$\mathbb{R}^2$为二维空间.

对于一般情况，$\mathbb{R}^n=\mathbb{R}\times\mathbb{R}\times\cdots\times\mathbb{R}=\{(x_1,x_2,\cdots,x_n)\mid x_i\in\mathbb{R},i=1,2,\cdots,n\}$. n 维有序数组$(x_1,x_2,\cdots,x_n)$形成的集合称为 n 维空间.

由解析几何知，二维空间$\mathbb{R}^2$中的有序数组与平面直角坐标系中的点一一对应. 进一步地，n 维空间$\mathbb{R}^n$中的有序数组$(x_1,x_2,\cdots,x_n)$与 n 维空间中的点一一对应，并且 $x_i(1\leqslant i\leqslant n)$为相应点的第 i 个坐标. 在 n 维空间$\mathbb{R}^n$中，任意两点 $P(x_1,x_2,\cdots,x_n)$与 $Q(y_1,y_2,\cdots,y_n)$间的距离$|PQ|$可以表示为

$$|PQ|=\sqrt{(x_1-y_1)^2+(x_2-y_2)^2+\cdots+(x_n-y_n)^2}=\sqrt{\sum_{i=1}^{n}(x_i-y_i)^2}.$$

$\mathbb{R}^n$中的距离具有以下三个性质：

(1) 正定性　$|PQ|\geqslant 0$，$|PQ|=0$ 当且仅当 $x_i=y_i(i=1,2,\cdots,n)$；

(2) 对称性　$|PQ|=|QP|$；

(3) 三角不等式　$|PQ|\leqslant|PR|+|RQ|$，其中 R 为$\mathbb{R}^n$中任意一点.

在 n 维空间$\mathbb{R}^n$中引入了上述距离，则$\mathbb{R}^n$称为 n 维欧几里得空间，简称为 n 维欧氏空间. 为了形象直观，以下我们重点讨论二维欧氏空间$\mathbb{R}^2$的子集——平面点集的结构特征.

定义 9.2　设平面上的一固定点 P，其坐标为(a,b)，即 $P(a,b)\in\mathbb{R}^2$，则所有到 P 点的距离小于 r 的点的集合，称为点 P 的 r(圆形)邻域，表示为 $O(P,r)$(见图 9.1(a))，即

$$O(P,r)=\{(x,y)\mid\sqrt{(x-a)^2+(y-b)^2}<r\}.$$

把满足不等式

$$|x-a|<r,\quad |y-b|<r$$

的点的集合，称为点 $P(a,b)$的 r(方形)邻域，以 $U(P,r)$表示(见图 9.1(b))，即

$$U(P,r)=\{(x,y)\mid |x-a|<r,|y-b|<r\}.$$

(a)

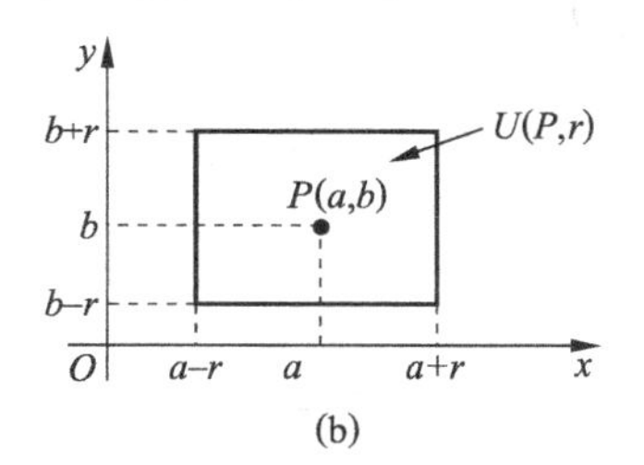

(b)

图　9.1

这两种邻域是相互包含的，它们只是形式不同，并没有本质区别. 今后除非特别声明，“点 P 的 r 邻域”既可以是圆形邻域也可以是方形邻域.

若在点 $P(a,b)$的 r 邻域中去掉点 P，则称为点 P 的 r 去心邻域，记为 $O_0(P,r)$，即

$$O_0(P,r)=O(P,r)-\{P\}=\{(x,y)\mid 0<\sqrt{(x-a)^2+(y-b)^2}<r\}$$

或

$$O_0(P,r)=\{(x,y)\mid |x-a|<r,|y-b|<r,(x,y)\neq(a,b)\}.$$

若不需要指明邻域半径 r,则称为 P 点的去心邻域,记为 $O_0(P)$.

定义 9.3(收敛点列) 对于平面上的一串点列

$$P_1(x_1,y_1),P_2(x_2,y_2),\cdots,P_n(x_n,y_n),\cdots.$$

如果存在一点 $P(a,b)$,使得当 $n\to\infty$ 时有 P_n 与 P 的距离 $|P_nP|\to 0$,则称点列 $\{P_n(x_n,y_n)\}$ 收敛于点 $P(a,b)$,记作 $\lim\limits_{n\to\infty}P_n=P$.

由两点间距离公式知:$\lim\limits_{n\to\infty}P_n=P$,即 $\lim\limits_{n\to\infty}\sqrt{(x_n-a)^2+(y_n-b)^2}=0$.

由于 $\sqrt{(x_n-a)^2+(y_n-b)^2}\leqslant|x_n-a|+|y_n-b|$,因此,当 $\lim\limits_{n\to\infty}x_n=a$,$\lim\limits_{n\to\infty}y_n=b$ 时,必有 $\lim\limits_{n\to\infty}P_n=P$.

反之,由于 $|x_n-a|\leqslant\sqrt{(x_n-a)^2+(y_n-b)^2}$,$|y_n-b|\leqslant\sqrt{(x_n-a)^2+(y_n-b)^2}$,从而当 $\lim\limits_{n\to\infty}|P_nP|=0$ 时,必有 $\lim\limits_{n\to\infty}x_n=a$,$\lim\limits_{n\to\infty}y_n=b$.

这说明,$\lim\limits_{n\to\infty}P_n=P$ 等价于 $\lim\limits_{n\to\infty}x_n=a$,$\lim\limits_{n\to\infty}y_n=b$,即 P_n 的坐标分别趋于 P 点的坐标.

定理 9.1(柯西收敛准则) 点列 $\{P_n\}$ 收敛的充要条件:$\forall\varepsilon>0$,存在正整数 N,$\forall n,m>N$,有 $|P_nP_m|<\varepsilon$.

根据一元函数的柯西收敛准则及定义 9.3 即可证明上述定理,请读者自己补充完成.

定义 9.4 设 $E\subset\mathbb{R}^2$,$P\in\mathbb{R}^2$.若 $\forall r>0$,邻域 $O(P,r)$ 内含有 E 中的无穷多个点,则称 P 为点集 E 的聚点;若 $\exists r>0$,使得 $O(P,r)\cap E=\{P\}$,则称 P 是点集 E 的孤立点.

显然,聚点 P 可以属于点集 E 也可以不属于点集 E,而孤立点必属于点集 E.

容易证明:P 是 E 的聚点的充要条件是:存在互异的点列 $\{P_n\}\subset E$,$P_n\neq P(n=1,2,\cdots)$ 使得 $\lim\limits_{n\to\infty}P_n=P$.

例如,对于点集 $E=\left\{\left(\frac{1}{n},\frac{1}{n}\right)\middle|n=1,2,\cdots\right\}$,则点$(0,0)$是 E 的聚点,有 $\lim\limits_{n\to\infty}\frac{1}{n}=0$,而点$(0,0)$不在点集 E 中.

又如 $E=\{(x,y)\mid x^2+y^2\leqslant\mathbb{R}^2\}$,则 E 中的每个点都是它的聚点,这些聚点属于 E.

定义 9.5 设 $E\subset\mathbb{R}^2$,$P\in\mathbb{R}^2$.若 $\exists r>0$,使得 $O(P,r)\subset E$,则称 P 为点集 E 的一个内点(见图 9.2(a));若 $\forall r>0$,邻域 $O(P,r)$ 中既有 E 中的点,又有不在 E 中的点,则称 P 为 E 的边界点(见图 9.2(b)),E 的所有边界点组成的集合称为 E 的边界;若 $\exists r>0$,使得 $O(P,r)\cap E=\varnothing$,则称 P 为 E 的外点(见图 9.2(c)).

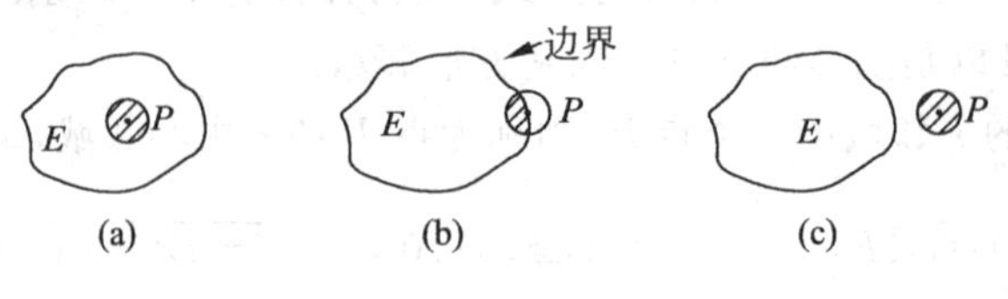

图 9.2

若点集 E 中的所有点都是它的内点，则称 E 为开集；若点集 E 包含它的所有聚点，或者 E 没有聚点，则称 E 为闭集；E 连同它的全部聚点组成的点集称为 E 的闭包，记作$\overline{E}$. 显然，E 为闭集的充要条件是 $E=\overline{E}$.

例如，$E_1=\{(x,y)\mid 0<x^2+y^2<1\}$为开集；$E_2=\{(x,y)\mid x^2+y^2\leqslant 1\}$为闭集. 需要注意的是，开集与闭集并非相互排斥，比如平面上所有点组成的集合既是开集又是闭集；又如，$E=\left\{\left(\frac{1}{m},\frac{1}{n}\right)\middle| m,n=1,2,\cdots\right\}$既非开集又非闭集，因为它的点都不是内点并且也不含有它的聚点.

若点集 E 中的任意两点都可以由完全属于 E 的折线连接，则称 E 为连通集(图 9.3)；连通的开集称为开区域；开区域及它的边界组成的集合称为闭区域. 显然，$\mathbb{R}^2$ 中开区域与闭区域是数轴上开区间与闭区间的推广.

例如，$E_3=\{(x,y)\mid x\in\mathbb{R},y>0\}$为开区域；$E_4=\{(x,y)\mid 1\leqslant x^2+y^2\leqslant 3\}$为闭区域.

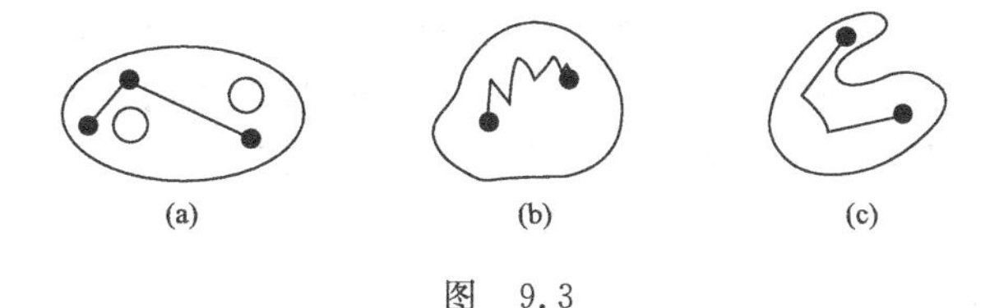

图 9.3

为了便于后面研究二元函数的二重积分问题，我们给出点集"直径"的概念.

定义 9.6 设 E 是一个平面上的点集，E 中的任意两点间距离的上确界称为 E 的直径，记作 $d(E)$，即

$$d(E)=\sup\{|PQ|\mid P,Q\in E\}.$$

这里 $d(E)$可以为有限数，也可以为无穷大. 若 $d(E)$为有限数，则称 E 为有界集；若 $d(E)$为无穷大，则称 E 为无界集.

显然，若 E 为有界集，则必存在一个以原点为中心的邻域包含 E；反之，若 E 为无界集，则对任意以原点为中心的邻域都无法将 E 含在其内(图 9.4).

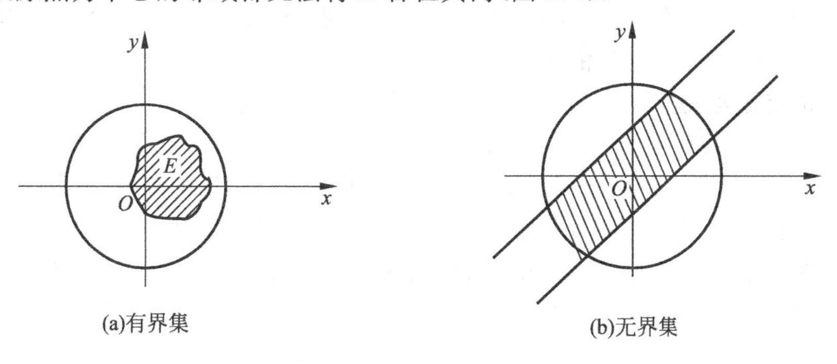

图 9.4

2. 平面点集的基本定理

在一元函数的极限与连续理论分析中,我们介绍了实数的连续性定理(如闭区间套定理、有限覆盖定理等).这些定理可以推广到平面点集,并且作为研究二元函数极限与连续性的理论基础.这些推广后的定理其结论对于 n 维欧氏空间 $\mathbb{R}^n$ 同样成立.

定理 9.2(闭矩形套定理) 设平面点集 $\mathbb{R}^2$ 中有闭矩形序列 $\{D_n\}$: $D_n=\{(x,y)\mid a_n\leqslant x\leqslant b_n, c_n\leqslant y\leqslant d_n\}(n=1,2,\cdots)$,若闭矩形序列满足

(1) $D_1\supset D_2\supset\cdots\supset D_n\supset\cdots$;

(2) $\lim\limits_{n\to\infty}d(D_n)=\lim\limits_{n\to\infty}\sqrt{(b_n-a_n)^2+(d_n-c_n)^2}=0$,

则存在唯一的点 $P_0(x_0,y_0)$,使得 $P_0(x_0,y_0)\in D_n(n=1,2,\cdots)$.

证明 由假设条件(1),(2)可知,对于闭区间序列 $\{[a_n,b_n]\}$ 和 $\{[c_n,d_n]\}(n=1,2,\cdots)$ 满足闭区间套定理的条件,从而分别存在唯一的实数 $x_0\in[a_n,b_n]$ 和 $y_0\in[c_n,d_n](n=1,2,\cdots)$(图 9.5).因此,存在唯一的点 $P_0(x_0,y_0)\in D_n(n=1,2,\cdots)$.定理得证.

这里需要注意的是,定理 9.2 中的 $D_n(n=1,2,\cdots)$ 都是闭的,若是开的,则结论不一定成立.如图 9.6 所示,当这些矩形都是闭矩形时,P 点是它们的公共点,而当矩形是开矩形时,则没有一个公共点.

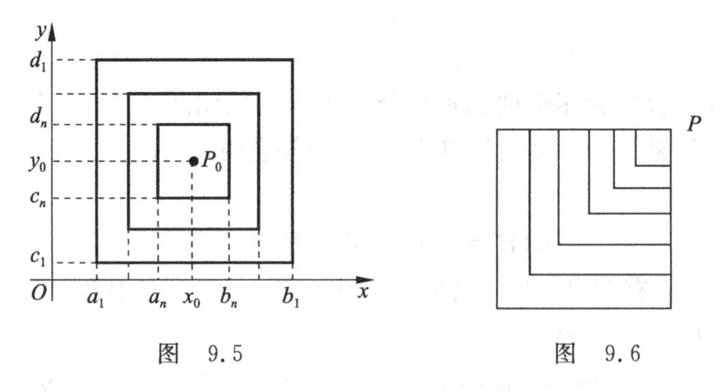

图 9.5　　　图 9.6

定义 9.7 设点集 $E\subset\mathbb{R}^2$,$\{S_n\}$ 为平面上的一个区域集合(n 为正整数).若对于 $\forall P\in E$,在 $\{S_n\}$ 中至少存在一个 n_0 使得 $P\in S_{n_0}$,则称区域集合 $\{S_n\}$ 为 E 的一个覆盖.若 $\{S_n\}$ 中每个 S_n 都为开集,则称 $\{S_n\}$ 为 E 的一个开覆盖.

定理 9.3(有限覆盖定理) 设 E 为平面上的一个有界闭区域,若 $\{S_n\}$ 是 E 的一个开覆盖,则在 $\{S_n\}$ 中必存在有限个开集覆盖 E.

证明 反证法.若 E 不能被 $\{S_n\}$ 中有限个开集所覆盖.由于 E 有界,所以必存在一个边长为 l 的闭正方形 D,使得 $E\subset D$(图 9.7).连接正方形 D 的对边中点,将 D 四等分,相应地 E 被分成四块:$E_{11},E_{12},E_{13},E_{14}$(其中可能有空集),它们都是闭集.由于 E 不被 $\{S_n\}$ 中有限个开集覆盖,则 $E_{11},E_{12},E_{13},E_{14}$ 中至少有一块不能被 $\{S_n\}$ 中有限个开集所覆盖,将它记为 E_1,并将包含它的相应的小正方形$\left(D\text{ 的}\dfrac{1}{4}\right)$记为 $D_1$$\left(\text{其边长为}\dfrac{1}{2}l\right)$.再重复上述分割方法,

连接 D_1 对边中心，将 D_1 四等分，相应地 E_1 被分为 $E_{21}, E_{22}, E_{23}, E_{24}$，其中至少有一块不能被 $\{S_n\}$ 中有限个开集所覆盖，将它记为 E_2. 这样的分割无限重复下去，可得一列闭集：$E_1, E_2, \cdots, E_n, \cdots$，它们具有如下性质：

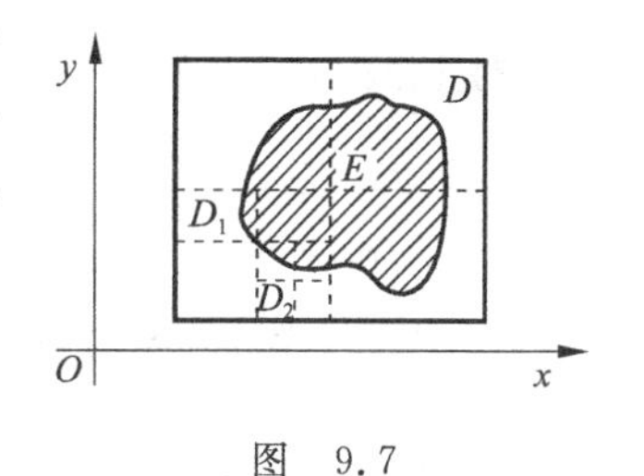

图　9.7

(1) 每个 E_n 都不能被 $\{S_n\}$ 中有限个开集所覆盖；

(2) $E_1 \supset E_2 \supset \cdots \supset E_n \supset \cdots$；

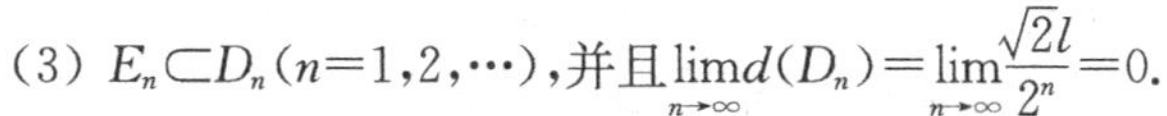

(3) $E_n \subset D_n (n=1,2,\cdots)$，并且 $\lim\limits_{n\to\infty} d(D_n) = \lim\limits_{n\to\infty} \frac{\sqrt{2}l}{2^n} = 0$.

根据定理 9.2 可知，存在唯一的点 $P_0 \in E_n \subset D_n (n=1,2,\cdots)$. 显然，$P_0 \in E$，从而存在 n_0 使得 $P_0 \in S_{n_0}$. 因为 S_{n_0} 是开集，故存在 P_0 点的 ε 邻域使得 $O(P_0, \varepsilon) \subset S_{n_0}$. 下证必存在正整数 N，使 E_N 被 $\{S_n\}$ 中的开集覆盖.

因为 $\lim\limits_{n\to\infty} d(D_n) = 0$，从而 $\forall \varepsilon > 0$，存在 N，使得 $d(D_N) < \varepsilon$. 对任意点 $Q \in E_N$，由于 $P_0 \in E_N \subset D_N$，故 $|QP_0| \leqslant d(D_N) < \varepsilon$，进而 $E_N \subset O(P_0, \varepsilon) \subset S_{n_0}$，即 $E_N \subset S_{n_0}$，此与(1)矛盾. 定理得证.

类似于数轴上的数列 $\{a_n\}$ 的子列 $\{a_{n_k}\}$，对于平面点集，也有子列的概念.

定义 9.8　对于平面上的点列 $\{P_n\}$，$\{n_k\}$ 为正整数集合的无穷子集，并且满足

$$n_1 < n_2 < \cdots < n_k < \cdots,$$

则称点列 $\{P_{n_k}\}$ 为点列 $\{P_n\}$ 的子点列，简称子列.

定理 9.4(致密性定理)　任意有界点列 $\{P_n(x_n, y_n)\}$ 必存在收敛的子点列.

证明　假设 $\{P_n(x_n, y_n)\}$ 是有界点列，则 $\exists M > 0$，对任意正整数 n，有 $P_n(x_n, y_n) \in O(0, M)$. 即点列 $\{P_n(x_n, y_n)\}$ 中的所有点属于以原点为中心，M 为半径的邻域. 显然，此时数列 $\{x_n\}$，$\{y_n\}$ 也是有界的. 由 3.4 节中定理 3.13 可知，数列 $\{x_n\}$，$\{y_n\}$ 均存在相应的收敛子列，即存在 $\{x_n\}$ 的收敛子列 $\{x_{n_k}\}$，使得 $\lim\limits_{k\to+\infty} x_{n_k} = x_0$；存在 $\{y_n\}$ 的收敛子列 $\{y_{n_{k'}}\}$，使得 $\lim\limits_{k'\to+\infty} y_{n_{k'}} = y_0$. 从而，对于有界点列 $\{P_n(x_n, y_n)\}$，存在收敛的子点列 $\{P_{n_{k''}}\}$，使得 $\lim\limits_{k''\to+\infty} P_{n_{k''}} = P_0$，其中 P_0 点坐标为 (x_0, y_0).

定理 9.5(聚点定理)　设 E 是平面点集中由无穷多个点组成的有界点集，则 E 至少存在一个聚点.

证明　由于 E 为有界点集，所以存在边长为 l 的闭正方形 D，使得 $E \subset D$. 通过将正方形 D 的对边中点相连接，将 D 等分为四个小的正方形，则其中至少有一个小正方形含有 E 中的无穷多个点，记此正方形为 D_1，显然 $d(D_1) = \frac{1}{2} d(D) = \frac{\sqrt{2}}{2} l$. 再把 D_1 按上述方法四等分，记其中含有 E 中无穷多个点的正方形为 D_2，则 $d(D_2) = \frac{1}{2} d(D_1) = \frac{1}{2^2} d(D) = \frac{\sqrt{2}}{2^2} l$(图 9.7). 此种分法无限继续下去得到闭正方形序列 $\{D_n\}(n=1,2,\cdots)$，它有以下性质：

(1) 每个 D_n 都含有 E 中的无穷多个点，即 $D_n \cap E$ 为无限集$(n=1,2,\cdots)$；

(2) $D_1 \supset D_2 \supset \cdots \supset D_n \supset \cdots$；

(3) $\lim\limits_{n\to\infty}d(D_n)=\lim\limits_{n\to\infty}\frac{\sqrt{2}}{2^n}l=0$.

根据(2),(3),由闭矩形套定理知,存在 $P_0\in D_n(n=1,2,\cdots)$. 下证 P_0 是 E 的聚点.

由于 $\lim\limits_{n\to+\infty}d(D)=0$,故 $\forall\varepsilon>0$, $\exists N$(正整数),当 $n>N$ 时, $d(D_n)<\varepsilon$. 又 $P_0\in D_n(n=1,2,\cdots)$,因此,当 $n>N$ 时, $D_n\subset O(P_0,\varepsilon)$,并且 D_n 中含有 E 中无穷多个点,从而 $O(P_0,\varepsilon)$ 中也含有 E 中的无穷多个点,即 P_0 为 E 的聚点. 定理得证.

在上册中,对于实数集$\mathbb{R}$的连续性进行分析时,除了上述定理外,还有确界定理. 由于确界定理是以实数集的有序性为基础的,而二维欧氏空间$\mathbb{R}^2$(及 n 维欧氏空间$\mathbb{R}^n$)中没有定义有序数组对集合的序,因此在$\mathbb{R}^2$中没有确界定理. 类似地,单调有界数列必有极限这一结论在$\mathbb{R}^2$(及$\mathbb{R}^n$)中也无法进行推广.

习题 9.1

1. 若平面上的点列$\{M_n\}$收敛到点 M_0,即 $\lim\limits_{n\to+\infty}M_n=M_0$,证明$\{M_n\}$的任何一个子列$\{M_{n_k}\}$满足 $\lim\limits_{k\to+\infty}M_{n_k}=M_0$.

2. 描绘下列平面区域,并指出是否为开区域、闭区域、有界区域、无界区域:

(1) $E=\{(x,y)\mid y<x^2\}$;　　(2) $E=\left\{(x,y)\mid 1\leqslant x^2+\frac{y^2}{4}<4\right\}$;

(3) $E=\{(x,y)\mid |x|+|y|\leqslant 1\}$;　　(4) $E=\{(x,y)\mid 0<x^2+y^2<1\}$;

(5) $E=\{(x,y)\mid x^2-y^2\leqslant 1\}$;　　(6) $E=\{(x,y)\mid |xy|\leqslant 1\}$.

3. 证明:若点 P 是集合 E 的聚点,但不是集合 E 的内点,则它一定是 E 的边界点.

4. 证明:区域 $E\subset\mathbb{R}^2$为有界区域的充要条件是区域 E 的直径 $d(E)=\sup\{|PQ|\mid\forall P,Q\in E\}$为有限数.

5. 指出下列各平面点集 E 的所有聚点组成的集合.

(1) $E=\{(x,y)\mid 0<x^2+y^2<1\}$;　　(2) $E=\left\{\left(\frac{1}{n},\frac{1}{n}\right)\middle| n \text{ 为正整数}\right\}$;

(3) $E=\{(m,n)\mid m、n \text{ 为整数}\}$.

6. 在平面上,分别举出符合下列要求的点集的例子.

(1) 不包含内点的闭集;　　(2) 不包含聚点的有界无穷点集;

(3) 开集而非区域.

7. 利用有限覆盖定理证明聚点定理.

9.2 多元函数的概念

在对多元函数的分析中,我们着重讨论二元函数. 本节将重点分析二元函数的概念及图像,对于一般的 n 元函数仅作简单介绍.

1. n 元函数的定义

定义 9.9　设 E 是 n 维欧氏空间 $\mathbb{R}^n$ 中的一个非空点集，若存在一个对应法则 f，使得对于 E 中的每一个点 $P(x_1,x_2,\cdots,x_n)\in E$，根据对应法则，有唯一的实数 y 与之对应，则称对应法则 f 为定义在 E 上的 n 元函数，记为

$$y=f(x_1,x_2,\cdots,x_n),\quad (x_1,x_2,\cdots,x_n)\in E$$

或

$$y=f(P),\quad P\in E,$$

其中 $(x_1,x_2,\cdots,x_n)$ 称为自变量，y 称为因变量，点集 E 称为 n 元函数 f 的定义域，一般记为 $D(f)$. $f(x_1,x_2,\cdots,x_n)$ 称为点 $(x_1,x_2,\cdots,x_n)$ 对应的函数值，全体函数值对应的集合称为函数 f 的值域，记为 $R(f)$，即 $R(f)=\{y\,|\,y=f(x_1,x_2,\cdots,x_n),(x_1,x_2,\cdots,x_n)\in D(f)\}$.

显然，当 $n=1$ 时，由定义 9.9 得一元函数，即 $y=f(x)$，$x\in E$；当 $n=2$ 时，即得二元函数，通常记为 $z=f(x,y)$，$(x,y)\in E$，$E\subset\mathbb{R}^2$. “元”指的是自变量，二元函数即指有两个自变量的函数. 二元及二元以上的函数统称为多元函数.

2. 二元函数的几何图形

对于一元函数 $y=f(x)(x\in D(f))$ 而言，它的图像是指由平面点集 $\{(x,y)\,|\,y=f(x),x\in D(f)\}$ 在 xOy 平面上描绘的图形. 与一元函数类似，二元函数 $z=f(x,y)$ 的图像是指三维空间上的点集 $\{(x,y,z)\,|\,z=f(x,y),(x,y)\in D(f)\}$ 在 $\mathbb{R}^3$ 中所描绘的图形. 通常，二元函数 $z=f(x,y)$ 的图像是空间中的一张曲面，其定义域为这张空间曲面在 xOy 平面上的投影区域(图 9.8).

在空间直角坐标系下，空间中的任意曲面都是点的几何轨迹，凡位于这一曲面上的点的坐标 (x,y,z) 都满足一个三元方程

$$F(x,y,z)=0,\tag{9.1}$$

而不在这个曲面上的点的坐标都不满足方程(9.1)，则称方程(9.1)为曲面方程，而曲面称为方程(9.1)的图像.

例 1　求以 $P_0(x_0,y_0,z_0)$ 为中心，R 为半径的球面方程.

解　设点 $P(x,y,z)$ 为球面上的任意一点，由题意知 $|PP_0|=R$. 根据两点间距离公式知 $\sqrt{(x-x_0)^2+(y-y_0)^2+(z-z_0)^2}=R$，即 $(x-x_0)^2+(y-y_0)^2+(z-z_0)^2=R^2$. 这便是所求的球面方程，其图像如图 9.9 所示.

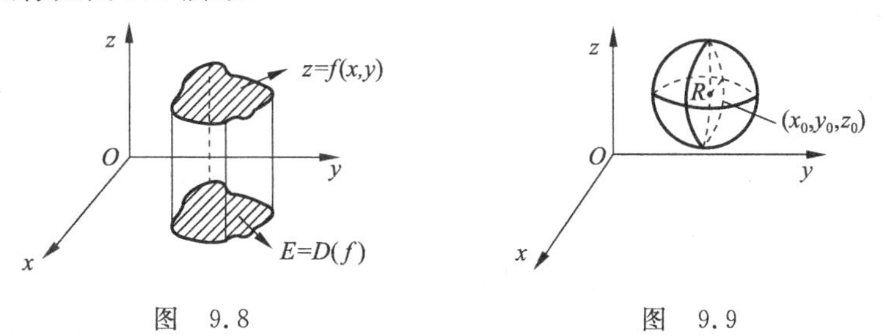

图　9.8　　　　图　9.9

常见的空间曲面有平面、柱面、旋转曲面以及二次曲面.对于平面我们已经非常熟悉.下面主要介绍后面三种空间曲面.

定义 9.10 与给定直线 L 平行的动直线 l 沿着给定的曲线 C 移动所得到的空间曲面,称为柱面.其中,动直线 l 称为柱面的母线,定曲线 C 称为柱面的准线.

例如,$x^2+y^2=R^2$ 在空间中表示母线平行于 z 轴,准线是 xOy 平面上的圆 $\begin{cases}x^2+y^2=R^2,\\ z=0\end{cases}$ 的圆柱面方程,简称圆柱面(图 9.10(a));方程 $x^2-y^2=1$ 在空间中表示母线平行于 z 轴,准线为双曲线 $\begin{cases}x^2-y^2=1,\\ z=0\end{cases}$ 的双曲柱面(图 9.10(b)).

定义 9.11 由一条平面曲线 C 绕着同一平面上的一条直线 L 旋转一周所产生的曲面称为旋转曲面,直线 L 称为旋转曲面的轴,曲线 C 称为旋转曲面的一条母线.

例 2 建立 yOz 平面上一条曲线 C:$\begin{cases}f(y,z)=0,\\ x=0\end{cases}$ 绕 z 轴旋转一周所形成的旋转曲面的方程.

解 设 $M(x,y,z)$ 为旋转曲面上任意一点,过 M 作平面垂直于 z 轴,交 z 轴于点 $P(0,0,z)$,交曲线 C 于点 $M_0(x_0,y_0,z_0)$,如图 9.11 所示,有 $|PM|=|PM_0|$,并且 $z=z_0$.由于 $|PM|=\sqrt{x^2+y^2}$,$|PM_0|=|y_0|$,所以 $|y_0|=\sqrt{x^2+y^2}$,即 $y_0=\pm\sqrt{x^2+y^2}$.又因为 M_0 在曲线 C 上,所以 $f(y_0,z_0)=0$.因此,旋转曲面方程为 $f(\pm\sqrt{x^2+y^2},z)=0$.

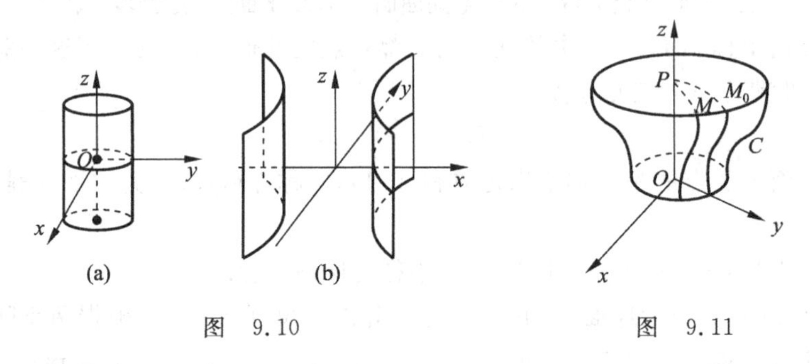

图 9.10　　　　图 9.11

类似地,yOz 平面上的曲线 C 绕 y 轴旋转一周所得的旋转曲面方程为 $f(y,\pm\sqrt{x^2+z^2})=0$.

例 3 将 yOz 平面上的直线 $\begin{cases}z=ay(a\neq 0),\\ x=0\end{cases}$ 绕 z 轴旋转一周,试求所得旋转曲面方程.

解 由例 2 知,将 z 保持不变,将 y 换成 $\pm\sqrt{x^2+y^2}$,得 $z=a(\pm\sqrt{x^2+y^2})$,即所求旋转曲面方程为 $z^2=a^2(x^2+y^2)$.

方程 $z^2=a^2(x^2+y^2)$ 表示的曲面称为圆锥面,坐标原点 O 称为圆锥顶点(图 9.12).

定义 9.12 在空间直角坐标系中,若方程 $F(x,y,z)=0$ 为二次方程,则该方程对应的曲面称为二次曲面.

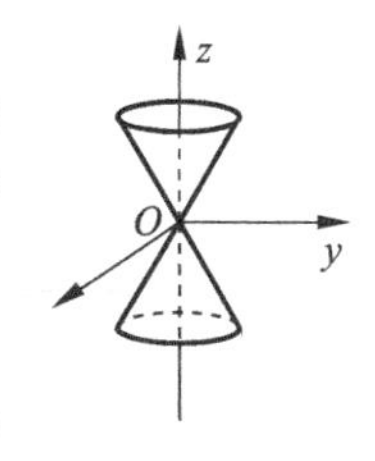

图　9.12

对于二次曲面形状的分析，通常用一系列平行于坐标面的平面去截曲面，求得一系列的交线，对这些交线进行分析，从而把握曲面的轮廓特征，这种方法称为截痕法.

常见的二次曲面除了前面提到的球面(例 1)，二次锥面(例 3)之外，还有椭球面、单叶双曲面、双叶双曲面、椭圆抛物面以及双曲抛物面. 下面我们给出这些常见二次曲面的方程及图像的大致形状.

(1) 椭球面：$\frac{x^2}{a^2}+\frac{y^2}{b^2}+\frac{z^2}{c^2}=1(a>0,b>0,c>0)$(图 9.13(a)).

用三个坐标面分别去截椭球面，交线为

$$\begin{cases}\frac{x^2}{a^2}+\frac{y^2}{b^2}=1,\\ z=0;\end{cases}\quad \begin{cases}\frac{x^2}{a^2}+\frac{z^2}{c^2}=1,\\ y=0;\end{cases}\quad \begin{cases}\frac{y^2}{b^2}+\frac{z^2}{c^2}=1,\\ x=0.\end{cases}$$

这些交线都为椭圆.

用平行于 xOy 面的平面 $z=h(|h|<c)$ 截椭球面，交线为 $\begin{cases}\frac{x^2}{a^2}+\frac{y^2}{b^2}=1-\frac{h^2}{c^2},\\ z=h,\end{cases}$ 是平面 $z=h$ 上的椭圆. 用平行于其他两个坐标面的平面去截椭球面，分析结果与上面类似.

(2) 单叶双曲面：$\frac{x^2}{a^2}+\frac{y^2}{b^2}-\frac{z^2}{c^2}=1(a>0,b>0,c>0)$(图 9.13(b)).

用三个坐标面分别去截单叶双曲面，所得交线分别为

$$\begin{cases}\frac{x^2}{a^2}+\frac{y^2}{b^2}=1,\\ z=0\end{cases}(\text{椭圆});\quad \begin{cases}\frac{y^2}{b^2}-\frac{z^2}{c^2}=1,\\ x=0\end{cases}(\text{双曲线});\quad \begin{cases}\frac{x^2}{a^2}-\frac{z^2}{c^2}=1,\\ y=0\end{cases}(\text{双曲线}).$$

(3) 双叶双曲面：$\frac{x^2}{a^2}+\frac{y^2}{b^2}-\frac{z^2}{c^2}=-1(a>0,b>0,c>0)$(图 9.13(c)).

用 yOz 坐标面和 xOz 坐标面截双叶双曲面，所得交线分别为

$$\begin{cases}-\frac{y^2}{b^2}+\frac{z^2}{c^2}=1,\\ x=0;\end{cases}\quad \begin{cases}-\frac{x^2}{a^2}+\frac{z^2}{c^2}=1,\\ y=0.\end{cases}$$

它们都是以 z 轴为实轴，虚轴分别为 y 轴和 x 轴的双曲线.

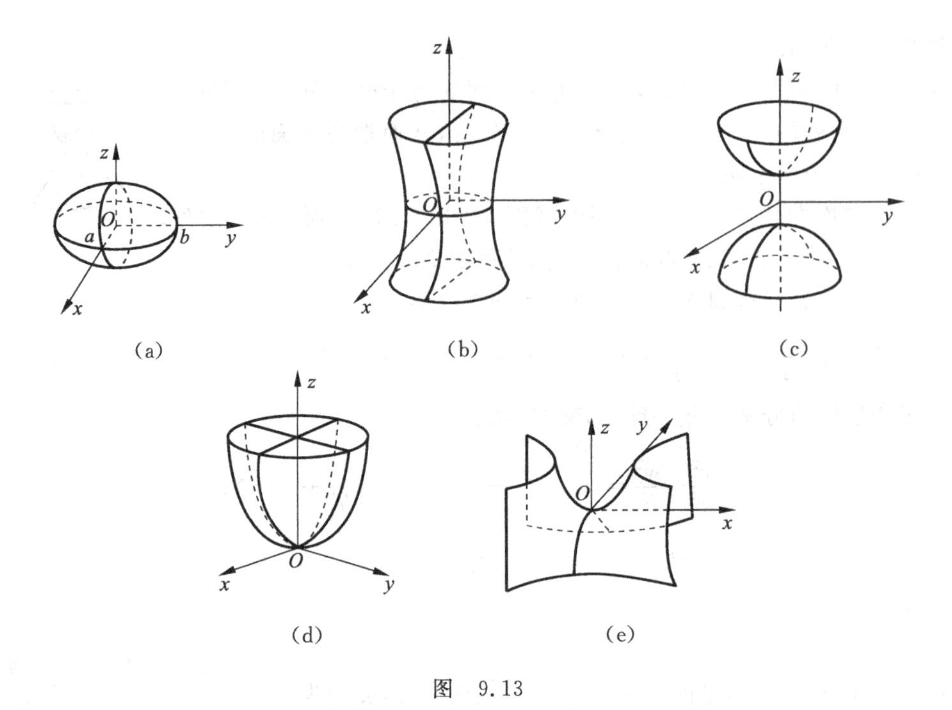

图 9.13

(4) 椭圆抛物面:$\frac{x^2}{a^2}+\frac{y^2}{b^2}=z(a>0,b>0)$(图 9.13(d)).

用 yOz 坐标面和 xOz 坐标面截椭圆抛物面,所得交线分别为

$$\begin{cases} z=\frac{y^2}{b^2}, \\ x=0; \end{cases} \quad \begin{cases} z=\frac{x^2}{a^2}, \\ y=0. \end{cases}$$

它们都是开口向上的抛物线.

(5) 双曲抛物面(又称马鞍面):$z=\frac{x^2}{a^2}-\frac{y^2}{b^2}(a>0,b>0)$(图 9.13(e)).

用三个坐标面截双曲抛物面,所得交线分别为

$$\begin{cases} \frac{x^2}{a^2}-\frac{y^2}{b^2}=0, \\ z=0; \end{cases} \quad \begin{cases} z=\frac{x^2}{a^2}, \\ y=0; \end{cases} \quad \begin{cases} z=-\frac{y^2}{b^2}, \\ x=0. \end{cases}$$

它们分别表示 xOy 平面上过原点的两条直线、开口向上的抛物线和开口向下的抛物线.

习题 9.2

1. 求下列函数的函数值:

(1) $f(x,y)=\left[\frac{\arctan(x+y)}{\arctan(x-y)}\right]^2$,求 $f\left(\frac{1+\sqrt{3}}{2},\frac{1-\sqrt{3}}{2}\right)$;

(2) $f(x,y)=\frac{2xy}{x^2+y^2}$,求 $f\left(1,\frac{y}{x}\right)$;

(3) $f(x,y)=xy+\frac{x}{y}$,求 $f(1,-1)$;

(4) $f(x,y)=\frac{x^2-y^2}{2xy}$,求 $f\left(\frac{1}{x},\frac{1}{y}\right)$.

2. 求下列函数的定义域:

(1) $z=\sqrt{x}-\sqrt{1-y}$;　(2) $z=\frac{1}{\sqrt{y-\sqrt{x}}}$;　(3) $z=\ln(4-xy)$;

(4) $z=\ln(y-x^2)+\sqrt{1-x^2-y^2}$;　(5) $z=\sqrt{\sin(x^2+y^2)}$;

(6) $z=\frac{1}{\sqrt{x^2+y^2}-4}$.

3. 设 $f\left(x+y,\frac{y}{x}\right)=x^2-y^2$,求 $f(x,y)$.

4. 设 $f\left(\frac{1}{x},\frac{1}{y}\right)=\frac{y^2-x^2}{2x+y}$,求 $f(x,y)$.

5. 描绘下列函数的图像:

(1) $z=1-x-y$;　(2) $z=1-x^2-y^2$;　(3) $z=xy$.

9.3 二元函数的极限

与一元函数类似,可以定义二元函数 $f(x,y)$ 的极限.

定义 9.13 设二元函数 $f(x,y)$ 在平面区域 $E\subset\mathbb{R}^2$ 上有定义,$P_0(x_0,y_0)$ 是 E 的一个聚点,A 为一个确定的常数.若对 $\forall\varepsilon>0$,$\exists\delta>0$,对任意点 $P(x,y)\in E$,只要 $0<|PP_0|=\sqrt{(x-x_0)^2+(y-y_0)^2}<\delta$,有

$$|f(x,y)-A|<\varepsilon,$$

则称 A 为函数 $f(x,y)$ 在点 $P_0(x_0,y_0)$ 处的极限,也称当点 $P(x,y)$ 趋向于点 $P_0(x_0,y_0)$ 时 $f(x,y)$ 趋向于 A,记作

$$\lim_{P\to P_0}f(P)=A \quad 或 \quad \lim_{(x,y)\to(x_0,y_0)}f(x,y)=A.$$

也可记为

$$\lim_{\substack{x\to x_0\\ y\to y_0}}f(x,y)=A.$$

后者称为函数的二重极限.

容易证明 $\lim\limits_{\substack{x\to x_0\\ y\to y_0}}f(x,y)=A$ 等价于:$\forall\varepsilon>0$,$\exists\delta>0$,使得 $|x-x_0|<\delta$,$|y-y_0|<\delta$,并且

对于任意 E 中的点 $P(x,y)$,$(x_0,y_0)\neq(x,y)$,有 $|f(x,y)-A|<\varepsilon$. 如果用邻域来叙述则写成:$\forall\varepsilon>0$,$\exists\delta>0$,对于 $\forall P(x,y)\in O_0(P_0,\delta)\cap E$,有 $f(P)\in O(A,\varepsilon)$. 以邻域描述的二元函数 $f(x,y)$ 以 A 为极限的形式可作为 n 元函数极限的一般形式,其中 E 和 $O_0(P_0,\delta)$ 为 n 维欧氏空间中的点集,$P_0\in\mathbb{R}^n$,$P\in\mathbb{R}^n$.

对于二重极限 $\lim\limits_{\substack{x\to x_0\\y\to y_0}}f(x,y)=A$,需要着重指出的是,平面点集 E 中的任意点 $P(x,y)$ 趋向于点 $P_0(x_0,y_0)$,指的是在 E 中沿着任意的路径(如曲线、直线等)和任意方式(连续或离散),从"四面八方"趋向于点 $P_0(x_0,y_0)$,二元函数 $f(x,y)$ 与 A 无限接近. 这与一元函数 $\lim\limits_{x\to x_0}f(x)=A$,$x$ 只沿 x 轴从 x_0 左、右两边趋向于 x_0 的方式是不相同的. 因此,切勿将二重极限中 $x\to x_0$,$y\to y_0$ 认为是点 $P(x,y)$ 仅沿 $x=x_0$ 和 $y=y_0$ 趋向于 $P_0(x_0,y_0)$(图 9.14).

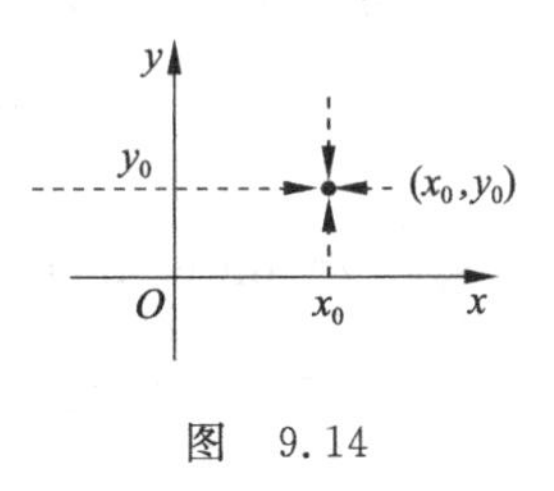

图 9.14

例 1 证明:函数 $f(x,y)=\dfrac{xy}{x^2+y^2}((x,y)\neq(0,0))$ 在原点的极限不存在.

证明 当动点 $P(x,y)$ 在 xOy 平面上沿着通过原点的直线 $y=kx$ 无限趋近于原点 $(0,0)$ 时,有

$$\lim_{\substack{x\to0\\y\to0}}f(x,y)=\lim_{\substack{x\to0\\y\to0}}\frac{xy}{x^2+y^2}=\lim_{x\to0}\frac{kx^2}{(1+k^2)x^2}=\frac{k}{1+k^2}.$$

显然随着直线 $y=kx$ 斜率 k 取值的不同,上述极限值将不固定,因此函数 $f(x,y)=\dfrac{xy}{x^2+y^2}$ 在 $(0,0)$ 点的极限不存在.

例 2 证明 $\lim\limits_{\substack{x\to0\\y\to0}}\dfrac{\sin xy}{x}=0$.

证明 由于 $\left|\dfrac{\sin xy}{x}\right|\leqslant\dfrac{|xy|}{|x|}=|y|$. 所以,$\forall\varepsilon>0$,取 $\delta=\varepsilon$,当 $0<|x|<\delta$,$|y|<\delta$ 时,有 $\left|\dfrac{\sin xy}{x}\right|\leqslant|y|<\delta=\varepsilon$. 从而 $\lim\limits_{\substack{x\to0\\y\to0}}\dfrac{\sin xy}{x}=0$.

类似于一元函数极限的海涅定理(上册书中定理 2.13),二元函数的极限与平面点列极限之间的关系由下述定理给出.

定理 9.6 设函数 $f(x,y)$ 在 $P_0(x_0,y_0)$ 点的极限为 A 的充要条件是:对于任何以 $P_0(x_0,y_0)$ 点为极限的点列 $\{P_n(x_n,y_n)\}(P_n\neq P_0,n=1,2,\cdots)$,都有 $\lim\limits_{n\to+\infty}f(P_n)=A$.

该定理的证明与海涅定理证明类似,请读者自己补充完成.

例 3 证明 $\lim\limits_{\substack{x\to a\\y\to b}}x^y=a^b(a>0)$.

证明 设 $\{P_n(x_n,y_n)\}(x_n>0)$ 是任意一串收敛于 (a,b) 的点列. 由于

$$\lim_{n\to+\infty}x_n^{y_n}=\lim_{n\to+\infty}\mathrm{e}^{y_n\ln x_n}=\mathrm{e}^{b\ln a}=a^b,$$

根据定理 9.6 可知$\lim\limits_{\substack{x\to a\\y\to b}}x^y=a^b(a>0)$. 问题得证.

例 4　证明$\lim\limits_{\substack{x\to 2\\y\to 1}}(3x^2+2y)=14$.

证明　取$\delta'=1$,则当$|x-2|<1,|y-1|<1$时,有$|x+2|=|x-2+4|\leqslant|x-2|+4<5$. 从而

$$\begin{aligned}|(3x^2+2y)-14|&=|3x^2-12+2y-2|\leqslant 3|x-2||x+2|+2|y-1|\\&<15|x-2|+2|y-1|<15(|x-2|+|y-1|).\end{aligned}$$

因此,$\forall\varepsilon>0$,要使$|(3x^2+2y)-14|<\varepsilon$只要$15(|x-2|+|y-1|)<\varepsilon$即可. 取$\delta=\min\left\{\dfrac{\varepsilon}{30},1\right\}$,则$\forall(x,y)\in\mathbb{R}^2$,当$|x-2|<\delta$, $|y-1|<\delta$,且$(x,y)\neq(2,1)$时,有$|(3x^2+2y)-14|<\varepsilon$,即有$\lim\limits_{\substack{x\to 2\\y\to 1}}(3x^2+2y)=14$.

以上所讨论的二元函数的极限无论自变量还是因变量都是趋于有限数的情形,当自变量或极限趋于无穷大时,可类似于一元函数的情形进行讨论. 下面我们仅就部分极限给出定义,对于其他极限的定义可仿照下面的形式,请读者自己补充完成.

$\lim\limits_{\substack{x\to+\infty\\y\to-\infty}}f(x,y)=A$的充要条件:$\forall\varepsilon>0$,存在$k>0$,$\forall(x,y)\in\mathbb{R}^2$,当$x>k,y<-k$时,有$|f(x,y)-A|<\varepsilon$.

$\lim\limits_{\substack{x\to a\\y\to\infty}}f(x,y)=+\infty$的充要条件:$\forall M>0$,存在$\delta>0$及$k>0$,对$\forall(x,y)\in\mathbb{R}^2$,当$|x-a|<\delta,|y|>k$时,有$f(x,y)>M$.

例 5　证明$\lim\limits_{\substack{x\to+\infty\\y\to+\infty}}\dfrac{x+y}{x^2-xy+y^2}=0$.

证明　由$(x-y)^2=x^2-2xy+y^2\geqslant 0$知$x^2-xy+y^2\geqslant xy$,从而

$$0<\frac{x+y}{x^2-xy+y^2}\leqslant\frac{x+y}{xy}=\frac{1}{x}+\frac{1}{y}\quad(x>0,y>0).$$

$\forall\varepsilon>0$,取$k=\dfrac{2}{\varepsilon}$,当$x>k,y>k$时,有$0<\dfrac{x+y}{x^2-xy+y^2}<\dfrac{1}{k}+\dfrac{1}{k}=\dfrac{2}{k}=\varepsilon$,即$\lim\limits_{\substack{x\to+\infty\\y\to+\infty}}\dfrac{x+y}{x^2-xy+y^2}=0$.

例 6　求下列极限:

(1) $\lim\limits_{\substack{x\to 1\\y\to 2}}(x^2+xy+y^2)$;　　(2) $\lim\limits_{\substack{x\to\infty\\y\to a}}\left(1+\dfrac{1}{x}\right)^{\frac{x^2}{x+y}}$;

(3) $\lim\limits_{\substack{x\to 0\\y\to 2}}\dfrac{\sin xy}{x}$;　　(4) $\lim\limits_{\substack{x\to+\infty\\y\to+\infty}}(x+y)^2\mathrm{e}^{-(x+y)}$.

解　(1) 类似于一元函数,当二元函数$f(x,y)$是关于x,y的多项式时,有$\lim\limits_{\substack{x\to x_0\\y\to y_0}}f(x,y)=$

$f(x_0,y_0)$，所以$\lim\limits_{\substack{x\to 1\\y\to 2}}(x^2+xy+y^2)=1^2+1\cdot 2+2^2=7$.

(2) $\lim\limits_{\substack{x\to\infty\\y\to a}}\left(1+\dfrac{1}{x}\right)^{\frac{x^2}{x+y}}=\lim\limits_{\substack{x\to\infty\\y\to a}}\left[\left(1+\dfrac{1}{x}\right)^{x}\right]^{\frac{x}{x+y}}$. 因为$\lim\limits_{x\to\infty}\left(1+\dfrac{1}{x}\right)^{x}=\mathrm{e}$，而$\lim\limits_{\substack{x\to\infty\\y\to a}}\dfrac{x}{x+y}=1$，所以$\lim\limits_{\substack{x\to\infty\\y\to a}}\left(1+\dfrac{1}{x}\right)^{\frac{x^2}{x+y}}=\mathrm{e}^1=\mathrm{e}$.

(3) 令 $xy=t$，当 $x\to 0$，$y\to 2$ 时，$t\to 0$. 从而$\lim\limits_{\substack{x\to 0\\y\to 2}}\dfrac{\sin xy}{x}=\lim\limits_{t\to 0}\dfrac{\sin t}{t}\cdot\lim\limits_{y\to 2}y=1\times 2=2$.

(4) 令 $x+y=t$，当 $x\to+\infty$，$y\to+\infty$时，$t\to+\infty$，从而 $\lim\limits_{\substack{x\to+\infty\\y\to+\infty}}(x+y)^2\mathrm{e}^{-(x+y)}=\lim\limits_{t\to+\infty}t^2\mathrm{e}^{-t}=\lim\limits_{t\to+\infty}\dfrac{t^2}{\mathrm{e}^t}$. 由一元函数洛必达法则知

$$\lim_{t\to+\infty}\frac{t^2}{\mathrm{e}^t}=\lim_{t\to+\infty}\frac{2t}{\mathrm{e}^t}=\lim_{t\to+\infty}\frac{2}{\mathrm{e}^t}=0,$$

所以 $\lim\limits_{\substack{x\to+\infty\\y\to+\infty}}(x+y)^2\mathrm{e}^{-(x+y)}=0$.

由上例可见，一元函数中极限的性质和运算法则在二元函数的极限求解中依旧适用.

对于二元函数的求解，有一种方法是(在一定条件下)将二元(多元)函数的极限转化为一元函数的极限来求解. 比如，在求二元函数极限$\lim\limits_{\substack{x\to x_0\\y\to y_0}}f(x,y)$时，对于任意点 $P(x,y)$在趋向于 $P_0(x_0,y_0)$中 x,y 是同时变化的，如果先让 $x\to x_0$(将 y 固定)，然后再让 $y\to y_0$；或者先让 $y\to y_0$，再让 $x\to x_0$. 这种方法求得的极限称为累次极限.

定义 9.14 对于函数 $f(x,y)$，若当 $x\to a$ 时(y 看作常数)，函数 $f(x,y)$存在极限，设$\lim\limits_{x\to a}f(x,y)=\varphi(y)$，而 $\varphi(y)$在 $y\to b$ 时也存在极限，设为 A，即$\lim\limits_{y\to b}\varphi(y)=A$，那么称 A 为 $f(x,y)$先对 x，后对 y 的累次极限，记为$\lim\limits_{y\to b}\lim\limits_{x\to a}f(x,y)=A$.

同样可定义先对 y、后对 x 的累次极限$\lim\limits_{x\to a}\lim\limits_{y\to b}f(x,y)=\lim\limits_{x\to a}\psi(x)=B$.

把上述两种次序不同的极限统称为累次极限. 那么，二重极限与累次极限之间有什么关系呢？一般来说，两者之间没有蕴涵关系，我们通过几个例子来说明.

(1) 两个累次极限都存在且相等，二重极限可能不存在.

例如，$\lim\limits_{x\to 0}\lim\limits_{y\to 0}\dfrac{xy}{x^2+y^2}=\lim\limits_{y\to 0}\lim\limits_{x\to 0}\dfrac{xy}{x^2+y^2}=0$，而由例 1 知二重极限$\lim\limits_{\substack{x\to 0\\y\to 0}}\dfrac{xy}{x^2+y^2}$不存在.

(2) 两个累次极限都不存在，二重极限可能存在.

例如，对于函数 $f(x,y)=x\sin\dfrac{1}{y}+y\sin\dfrac{1}{x}$. 因为 $0\leqslant\left|x\sin\dfrac{1}{y}\right|\leqslant|x|$，$0\leqslant\left|y\sin\dfrac{1}{x}\right|\leqslant|y|$. 类似于一元函数的两边夹定理，知$\lim\limits_{\substack{x\to 0\\y\to 0}}x\sin\dfrac{1}{y}=0$ 且$\lim\limits_{\substack{x\to 0\\y\to 0}}y\sin\dfrac{1}{x}=0$，从而二重极限

$\lim\limits_{\substack{x\to 0\\ y\to 0}}\left(x\sin\frac{1}{y}+y\sin\frac{1}{x}\right)=0$. 而累次极限$\lim\limits_{x\to 0}\lim\limits_{y\to 0}\left(x\sin\frac{1}{y}+y\sin\frac{1}{x}\right)$与$\lim\limits_{y\to 0}\lim\limits_{x\to 0}\left(x\sin\frac{1}{y}+y\sin\frac{1}{x}\right)$都不存在. 因为当 $x\to 0$(y 看作常数)时, $\sin\frac{1}{x}$极限不存在; 同理当 $y\to 0$(x 看作常数)时, $\sin\frac{1}{y}$不存在极限, 所以两个累次极限都不存在.

由此可见, 一般情况下不能用累次极限来计算二重极限. 那么, 两者之间在什么条件下可以相等呢?

定理 9.7 设二重极限$\lim\limits_{\substack{x\to x_0\\ y\to y_0}}f(x,y)$存在(可为无穷), 且对 $f(x,y)$定义域中的任意 y, $\lim\limits_{x\to x_0}f(x,y)$也存在, 则累次极限$\lim\limits_{y\to y_0}\lim\limits_{x\to x_0}f(x,y)$存在(可为无穷), 且有

$$\lim_{y\to y_0}\lim_{x\to x_0}f(x,y)=\lim_{\substack{x\to x_0\\ y\to y_0}}f(x,y).$$

证明 仅对极限存在且为有限数的情形加以证明, 对于极限为无穷的情况可类似验证. 设$\lim\limits_{\substack{x\to x_0\\ y\to y_0}}f(x,y)=A$, $\lim\limits_{y\to y_0}\lim\limits_{x\to x_0}f(x,y)=B$. 只需证明 $A=B$, 即 $\forall\varepsilon>0$ 有 $|B-A|\leqslant\varepsilon$. 由于 $\lim\limits_{\substack{x\to x_0\\ y\to y_0}}f(x,y)=A$, 由二重极限定义知 $\forall\varepsilon>0$, $\exists\delta>0$, 当 $|x-x_0|<\delta$, $|y-y_0|<\delta$ 且 $(x,y)\neq(x_0,y_0)$时, 有 $|f(x,y)-A|<\varepsilon$. 由 $\lim\limits_{y\to y_0}\lim\limits_{x\to x_0}f(x,y)=B$ 知, 当 $0<|y-y_0|<\delta$ 时, 极限 $\lim\limits_{x\to x_0}f(x,y)$存在. 设$\lim\limits_{x\to x_0}f(x,y)=\varphi(y)$, 从而有$\lim\limits_{y\to y_0}\lim\limits_{x\to x_0}f(x,y)=\lim\limits_{y\to y_0}\varphi(y)=B$. 又 $|f(x,y)-A|<\varepsilon$, 所以$\lim\limits_{x\to x_0}|f(x,y)-A|\leqslant\varepsilon$, 即 $|\varphi(y)-A|\leqslant\varepsilon$, 进而$\lim\limits_{y\to y_0}|\varphi(y)-A|\leqslant\varepsilon$, 即 $|B-A|\leqslant\varepsilon$.

定理得证.

类似地, 可以得到: 若$\lim\limits_{\substack{x\to x_0\\ y\to y_0}}f(x,y)$存在(可为无穷), 且对于 $f(x,y)$定义域中的任意 x, $\lim\limits_{y\to y_0}f(x,y)$也存在, 则累次极限$\lim\limits_{x\to x_0}\lim\limits_{y\to y_0}f(x,y)$存在(可为无穷), 且有$\lim\limits_{x\to x_0}\lim\limits_{y\to y_0}f(x,y)=\lim\limits_{\substack{x\to x_0\\ y\to y_0}}f(x,y)$.

推论 9.1 若二重极限和两个累次极限都存在, 则三者必相等.

这个推论的证明可由定理 9.7 直接得出. 此外, 这个推论给出了求累次极限顺序可以交换的一个充分条件.

推论 9.2 若两个累次极限都存在但不相等, 则二重极限一定不存在.

习题 9.3

1. 用二元函数极限定义证明下述极限成立:

(1) $\lim\limits_{\substack{x\to 0\\ y\to 0}}(x+y)\sin\frac{1}{x}\sin\frac{1}{y}=0$;　　(2) $\lim\limits_{\substack{x\to 3\\ y\to +\infty}}\frac{xy-1}{y+1}=3$;

(3) $\lim\limits_{\substack{x\to 0\\ y\to 0}}\dfrac{\sin xy}{y}=0$；

(4) $\lim\limits_{\substack{x\to 0\\ y\to 0}}\dfrac{x^2y}{x^2+y^2}=0$.

2. 求下列极限：

(1) $\lim\limits_{\substack{x\to 0\\ y\to 0}}\dfrac{x^2+y^2}{|x|+|y|}$；

(2) $\lim\limits_{\substack{x\to 0\\ y\to 0}}\dfrac{1+x^2+y^2}{x^2+y^2}$；

(3) $\lim\limits_{\substack{x\to \infty\\ y\to \infty}}\left(1+\dfrac{1}{xy}\right)^{x\sin y}$；

(4) $\lim\limits_{\substack{x\to +\infty\\ y\to +\infty}}(x^2+y^2)\mathrm{e}^{-(x+y)}$；

(5) $\lim\limits_{\substack{x\to 0\\ y\to 0}}\dfrac{xy}{\sqrt{xy+1}-1}$；

(6) $\lim\limits_{\substack{x\to \infty\\ y\to \infty}}(x^2+y^2)\sin\dfrac{3}{x^2+y^2}$.

3. 证明极限$\lim\limits_{\substack{x\to 0\\ y\to 0}}\dfrac{x^4y^4}{(x^4+y^2)^3}$不存在.

4. 证明：函数 $f(x,y)=\dfrac{x^2-y^2}{x^2+y^2}$在区域 $D=\{(x,y)\mid |y|<x^2\}$中极限$\lim\limits_{\substack{x\to 0\\ y\to 0}}f(x,y)$存在.

5. (1) 试举出两个累次极限存在但不相等的例子；

(2) 试举出只有一个累次极限存在的例子；

(3) 试举出二重极限存在，但累次极限不全存在的例子.

9.4 二元函数的连续性

本节我们以二元函数为例讨论多元函数连续的定义以及连续函数的性质.

1. 二元连续函数的概念

定义 9.15 设函数 $f(x,y)$在点 $P_0(x_0,y_0)$处及其邻域内有定义，若$\lim\limits_{\substack{x\to x_0\\ y\to y_0}}f(x,y)=f(x_0,y_0)$ $\left(\text{或}\lim\limits_{P\to P_0}f(P)=f(P_0)\right)$，则称函数 $f(x,y)$在点 $P_0(x_0,y_0)$处连续.

$f(x,y)$在 $P_0(x_0,y_0)$处连续也可等价地表述为：$\forall\varepsilon>0$，$\exists\delta>0$，当$|x-x_0|<\delta$，$|y-y_0|<\delta$时，有$|f(x,y)-f(x_0,y_0)|<\varepsilon$.

若二元函数 $f(x,y)$在 $P_0(x_0,y_0)$处不连续，则称点 P_0 为二元函数 $f(x,y)$的间断点. 若二元函数 $f(x,y)$在区域 D 中任意点都连续，则称二元函数 $f(x,y)$在区域 D 连续.

由定义 9.15 容易证明：若 $f(x,y)$在 $P_0(x_0,y_0)$处连续，则 $f(x,y_0)$与 $f(x_0,y)$分别是关于 x 和 y 的连续函数. 但是，反之不一定成立，请读者举出反例.

若记 $\Delta x=x-x_0$，$\Delta y=y-y_0$，它们分别表示变量 x 与 y 在 x_0 与 y_0 处的增量（或改变量），则 $f(x,y)$在 $P_0(x_0,y_0)$处连续也可以写成如下形式：

$$\lim_{\substack{x\to x_0\\ y\to y_0}} f(x,y)=\lim_{\substack{\Delta x\to 0\\ \Delta y\to 0}} f(x_0+\Delta x,y_0+\Delta y)=f(x_0,y_0).$$

称 $\Delta z=\Delta f(x_0,y_0)=f(x,y)-f(x_0,y_0)$ 为函数 $f(x,y)$ 在 $P_0(x_0,y_0)$ 处的全增量. 若在二元函数 $f(x,y)$ 中把其中一个自变量暂时固定,这时由另一个自变量的变动得到的函数值的增量称为二元函数 $f(x,y)$ 的偏增量. 具体来讲,若 $y=y_0$,则称

$$\Delta_x f(x_0,y_0)=f(x_0+\Delta x,y_0)-f(x_0,y_0)$$

为函数 $f(x,y)$ 在点 $P_0(x_0,y_0)$ 处对 x 的偏增量;若 $x=x_0$,则称

$$\Delta_y f(x_0,y_0)=f(x_0,y_0+\Delta y)-f(x_0,y_0)$$

为函数 $f(x,y)$ 在点 $P_0(x_0,y_0)$ 处对 y 的偏增量. 显然 $f(x,y)$ 在 $P_0(x_0,y_0)$ 连续等价于 $\lim\limits_{\substack{\Delta x\to 0\\ \Delta y\to 0}}\Delta z=0$.

定理 9.8 若二元函数 $f(P)$ 和 $g(P)$ 在同一个区域 D 内连续,则 $f(P)\pm g(P)$; $f(P)\cdot g(P)$ 和 $\dfrac{f(P)}{g(P)}$(其中 $g(P)\neq 0$)都在区域 D 内连续.

该定理应用极限的四则运算及连续的概念即可证明.

定理 9.9 设函数 $f(u,v)$ 在点 $Q_0(u_0,v_0)$ 处连续,函数 $u=\varphi(x,y)$, $v=\psi(x,y)$ 都在点 $P_0(x_0,y_0)$ 处连续,并且 $u_0=\varphi(x_0,y_0)$, $v_0=\psi(x_0,y_0)$,则复合函数 $f[\varphi(x,y),\psi(x,y)]$ 在点 $P_0(x_0,y_0)$ 处也连续.

证明 因为 $f(u,v)$ 在点 $Q_0(u_0,v_0)$ 处连续,故对 $\forall\varepsilon>0$, $\exists\eta>0$,当 $|u-u_0|<\eta$, $|v-v_0|<\eta$ 时,有 $|f(u,v)-f(u_0,v_0)|<\varepsilon$. 又因为 $\varphi(x,y)$ 和 $\psi(x,y)$ 在点 $P_0(x_0,y_0)$ 处连续,故对于上述 $\eta>0$, $\exists\delta>0$,当 $|x-x_0|<\delta$, $|y-y_0|<\delta$ 时,有 $|u-u_0|=|\varphi(x,y)-\varphi(x_0,y_0)|<\eta$, $|v-v_0|=|\psi(x,y)-\psi(x_0,y_0)|<\eta$,从而有 $|f(u,v)-f(u_0,v_0)|<\varepsilon$. 因此,复合函数 $f[\varphi(x,y),\psi(x,y)]$ 在 $P_0(x_0,y_0)$ 点连续.

推论 9.3 设 $\varphi(x)$ 与 $\psi(x)$ 都是一元初等函数,若对作为二元函数的 $f(x,y)=\varphi(x)$, $g(x,y)=\psi(y)$ 作有限次的四则运算及复合运算,则得到的二元函数均在其定义域内连续.

例如,$\mathrm{e}^{x+y}\sqrt{x^2+y^2}$, $\dfrac{x^2+y^2}{x^2y^2}$, $\dfrac{x^2+y^2\sin^2 x}{\tan(x^2+y^2)}$ 等均在定义域内连续.

定理 9.10 若二元函数 $f(x,y)$ 在 $P_0(x_0,y_0)$ 点连续且有 $f(x_0,y_0)>0$,则存在 P_0 点的 δ 邻域 $O(P_0,\delta)$,使得对任意 $(x,y)\in O(P_0,\delta)$,有 $f(x,y)>0$.

证明 因为 $f(x,y)$ 在 $P_0(x_0,y_0)$ 点连续,故对 $\forall\varepsilon>0$, $\exists\delta>0$,当 $|x-x_0|<\delta$, $|y-y_0|<\delta$ 时,有 $|f(x,y)-f(x_0,y_0)|<\varepsilon$. 若取 $\varepsilon_0=f(x_0,y_0)$,则 $|f(x,y)-f(x_0,y_0)|<\varepsilon_0=f(x_0,y_0)$,即 $f(x,y)>f(x_0,y_0)-f(x_0,y_0)=0$. 定理得证.

定理 9.10 体现了二元函数极限的保号性.

与连续的一元函数在闭区间上的性质类似,连续的二元函数在有界闭区域上也有相应的性质.

2. 有界闭区域上二元连续函数的性质

定理 9.11(有界性) 在有界闭区域 D 上连续的二元函数 $f(x,y)$ 一定在该区域 D 上有界,即存在 $M>0$,使得 $\forall(x,y)\in D$ 有 $|f(x,y)|\leqslant M$.

证明 反证法.若 $f(x,y)$ 在 D 上无界,则对于任意的正整数 n,存在点 $(x_n,y_n)\in D$,使得 $|f(x_n,y_n)|>n(n=1,2,\cdots)$.因为点列 $\{(x_n,y_n)\}\subset D$,又 D 为有界闭区域,由致密性定理知,$\{(x_n,y_n)\}$ 有收敛的子列 $\{(x_{n_k},y_{n_k})\}$.设该子列收敛到点 $P_0(x_0,y_0)$,显然 $P_0\in D$.由 $f(x,y)$ 在 D 上连续知 $\lim\limits_{k\to+\infty}f(x_{n_k},y_{n_k})=f(x_0,y_0)$.而由 $|f(x_n,y_n)|>n(n=1,2,\cdots)$ 知 $|f(x_{n_k},y_{n_k})|>n_k(k=1,2,\cdots)$,从而有 $\lim\limits_{k\to+\infty}f(x_{n_k},y_{n_k})=\infty$,此与 $\lim\limits_{k\to+\infty}f(x_{n_k},y_{n_k})=f(x_0,y_0)$ 矛盾.假设不成立.所以 $f(x,y)$ 在 D 上有界.

定理 9.12(最值性) 若函数 $f(x,y)$ 在有界闭区域 D 上连续,则 $f(x,y)$ 在 D 上必存在最大值和最小值,即存在 D 中的两点 (x_1,y_1) 和 (x_2,y_2),使得 $f(x_1,y_1)=m$(最小值),$f(x_2,y_2)=M$(最大值),并且对 $\forall(x,y)\in D$,有 $f(x_1,y_1)\leqslant f(x,y)\leqslant f(x_2,y_2)$.

证明 由定理 9.11 知,$f(x,y)$ 在有界闭区域 D 上有界,即数集 $\{z|z=f(x,y),(x,y)\in D\}$ 有界,因而存在上确界和下确界.设 $\sup\{z|z=f(x,y),(x,y)\in D\}=M$,只需证明存在点 $(x_2,y_2)\in D$ 使得 $f(x_2,y_2)=M$.

若不然,即对于 $\forall(x,y)\in D$,都有 $f(x,y)<M$.作辅助函数 $F(x,y)=\dfrac{1}{M-f(x,y)}$,显然 $F(x,y)$ 在 D 上也连续.由定理 9.11 知 $F(x,y)$ 在 D 上有界,即存在 $C>0$,使得对任意 $(x,y)\in D$,都有 $0<F(x,y)\leqslant C$,从而 $\dfrac{1}{F(x,y)}\geqslant\dfrac{1}{C}$,即 $f(x,y)\leqslant M-\dfrac{1}{C}$,$(x,y)\in D$.此与 M 为 $f(x,y)$ 在 D 的上确界矛盾.所以必存在点 $(x_2,y_2)\in D$,使得 $f(x_2,y_2)=M$.显然 M 为 $f(x,y)$ 在 D 上的最大值.

同理可证,存在 $(x_1,y_1)\in D$,使得 $f(x_1,y_1)=\inf\{z|z=f(x,y),(x,y)\in D\}=m$,$m$ 为 $f(x,y)$ 在 D 上的最小值.从而,最值性定理得证.

定理 9.13(介值性) 若函数 $f(x,y)$ 在连通集 D 上连续,对于 D 中的任意两点 $M_1(x_1,y_1)$ 和 $M_2(x_2,y_2)$,并且 $f(x_1,y_1)\neq f(x_2,y_2)$,则对 $f(x_1,y_1)$ 与 $f(x_2,y_2)$ 之间的任一实数 C,在 D 中至少存在一个点 $M_0(x_0,y_0)$,使得 $f(x_0,y_0)=C$.

证明 因为 D 为连通集,所以对于 D 中的任意两点 $M_1(x_1,y_1)$ 与 $M_2(x_2,y_2)$ 可用完全包含在 D 中的折线连接起来.设折线的参数方程为 $\begin{cases}x=x(t),\\y=y(t),\end{cases}\alpha\leqslant t\leqslant\beta$,并且 $(x_1,y_1)=(x(\alpha),y(\alpha))$,$(x_2,y_2)=(x(\beta),y(\beta))$,$x(t)$ 与 $y(t)$ 为 $[\alpha,\beta]$ 上的连续函数.由定理 9.9 知 $f[x(t),y(t)]$ 为闭区间 $[\alpha,\beta]$ 上的一元连续函数.又 $f[x(\alpha),y(\alpha)]=f(x_1,y_1)\neq f(x_2,y_2)=f[x(\beta),y(\beta)]$.由一元函数的介值定理知,在 (α,β) 内至少存在一点 t_0 使得 $f[x(t_0),y(t_0)]=C$.若记 $x_0=x(t_0)$,$y_0=y(t_0)$,则点 $M_0(x_0,y_0)$ 在上述折线上,从而 $M_0(x_0,y_0)\in D$,有

$f(x_0,y_0)=C$. 定理得证.

注意,对于介值性而言,连通性的条件很重要. 以一元函数 $f(x)$为例,如果 $f(x)$在一个不连通的闭集上连续,介值性不一定满足. 例如,$f(x)=\begin{cases}-1, & 1\leqslant x\leqslant 2,\\ 1, & 3\leqslant x\leqslant 4,\end{cases}$ $f(x)$为非连通闭集$[1,2]\cup[3,4]$上的连续函数. $f(1)=-1$,$f(4)=1$ 对于介于-1与 1 之间的数值 0,在闭集$[1,2]\cup[3,4]$上 $f(x)$没有零点,即介值性不满足.

对于二元函数也有一致连续的概念.

定义 9.16 设二元函数 $f(x,y)$定义在区域 D 上,若对于 $\forall\varepsilon>0$, $\exists\delta>0$,对 $\forall P_1(x_1,y_1)\in D$, $\forall P_2(x_2,y_2)\in D$,当 $|P_1P_2|=\sqrt{(x_1-x_2)^2+(y_1-y_2)^2}<\delta$ 时,有 $|f(x_1,y_1)-f(x_2,y_2)|<\varepsilon$,则称 $f(x,y)$在区域 D 上一致连续.

与一元函数类似,如果函数 $f(x,y)$在区域 D 上一致连续,则它必然在 D 上连续,但反之不成立,即 $f(x,y)$在区域 D 上连续不能保证它在 D 上的一致连续性. 然而,如果区域 D 为有界闭区域,则 $f(x,y)$的连续性能保证其一致连续性.

定理 9.14(一致连续性) 若 $f(x,y)$在有界闭区域 D 上连续,则 $f(x,y)$在 D 上必一致连续.

证明 由于 $f(x,y)$在 D 上连续,故对于 $\forall\varepsilon>0$,对于 $\forall P(x,y)\in D$, $\exists\delta_P>0$(δ_P 依赖于 ε 和点 P),使得对于任意 $Q(x',y')\in D$ 并且$|QP|<\delta_P$ 时,有$|f(Q)-f(P)|<\dfrac{\varepsilon}{2}$.

对于 D 中的任意点 P,邻域集合$\left\{U\left(P,\dfrac{\delta_P}{2}\right)\middle| P\in D\right\}$覆盖有界闭区域 D. 由有限覆盖定理知,存在有限个邻域$\left\{U\left(P_k,\dfrac{\delta_{P_k}}{2}\right)\middle| k=1,2,\cdots,m\right\}$覆盖区域 D. 取 $\delta=\min\left\{\dfrac{\delta_{P_1}}{2},\dfrac{\delta_{P_2}}{2},\cdots,\dfrac{\delta_{P_m}}{2}\right\}$对于有界闭区域 D 中的任意两点 $P_1(x_1,y_1)$,$P_2(x_2,y_2)$,当$|P_1P_2|<\delta$ 时,由于上述 m 个邻域覆盖了区域 D,所以 P_1 必属于某一个邻域,即 $P_1\in U\left(P_k,\dfrac{\delta_{P_k}}{2}\right)(1\leqslant k\leqslant m)$,从而 $|P_1P_k|<\dfrac{\delta_{P_k}}{2}$. 由三角不等式,有

$$|P_2P_k|\leqslant|P_1P_2|+|P_1P_k|<\delta+\frac{\delta_{P_k}}{2}<\delta_{P_k},$$

即 $P_2\in U(P_k,\delta_{P_k})$. 由此可知

$$\begin{aligned}|f(P_1)-f(P_2)|&=|f(x_1,y_1)-f(x_2,y_2)|\leqslant|f(P_1)-f(P_k)|+|f(P_k)-f(P_2)|\\&<\frac{\varepsilon}{2}+\frac{\varepsilon}{2}=\varepsilon,\end{aligned}$$

从而对于 $\forall P_1\in D,P_2\in D$,当$|P_1P_2|<\delta$ 时,有$|f(P_1)-f(P_2)|<\varepsilon$,所以 $f(x,y)$在有界闭区域 D 上一致连续.

习题 9.4

1. 证明函数 $f(x,y)=\begin{cases}\dfrac{2xy}{x^2+y^2}, & x^2+y^2\neq 0,\\ 0, & x^2+y^2=0\end{cases}$ 在原点(0,0)不连续，但在原点(0,0)分别对于每一个自变量 x 和 y(另一个自变量固定)都连续.

2. 若二元函数 $f(x,y)$在某一区域 D 内对于自变量 x 连续，对于自变量 y 满足不等式 $|f(x,y')-f(x,y'')|\leqslant L(y'-y'')$，其中$(x,y')$，$(x,y'')$为 D 中任意点，L 为常数，则二元函数 $f(x,y)$在 D 内连续.

3. 证明函数 $f(x,y)=\begin{cases}\dfrac{\ln(1+xy)}{x}, & x\neq 0,\\ y, & x=0\end{cases}$ 在其定义域上为连续函数.

4. 证明二元函数 $\cos(xy)$在平面点集$\mathbb{R}^2$上不一致连续.

5. 证明：若函数 $f(x,y)$在$\mathbb{R}^2$中连续，并且 $\lim\limits_{\substack{x\to\infty\\ y\to\infty}}f(x,y)=A$，则函数 $f(x,y)$在$\mathbb{R}^2$上一致连续.

6. 试用有限覆盖定理证明有界闭区域上连续函数 $f(x,y)$的有界性.

第 10 章

多元函数微分学

本章讨论多元函数的可微性问题.在一元函数中,为了研究函数的变化率,人们引入了导数与微分的概念.与之相似,为了分析多元函数的变化状况,我们将引入与导数和微分类似的概念(方向导数、偏导数、全微分等).由于多元函数的自变量有多个(至少有两个),以二元函数为例,其自变量(x,y)可以在定义域内沿任意方向变动,而沿不同方向一般将对应不同的函数变化率.因此,多元函数的可微性问题将比较复杂.

10.1 方向导数、偏导数与全微分

1. 方向导数

我们以二元函数为研究对象,分析二元函数的导数问题.由于二元函数的图像为空间中的曲面,曲面上的点可以沿任意方向移动,从而研究二元函数的变化率时应该考虑任意方向上的函数变化情况,这就需要引入方向导数的概念.

定义 10.1 设二元函数 $z=f(x,y)$ 在 $P_0(x_0,y_0)$ 点的某一邻域内有定义,l 是过点 P_0 的任意一条有向直线,其正方向与 x 轴和 y 轴正方向的夹角分别为 α 和 β(图 10.1).设 $P(x_0+\Delta x,y_0+\Delta y)$ 为 l 上的任意一点,$\rho=|PP_0|=\sqrt{(\Delta x)^2+(\Delta y)^2}$,则 $\Delta x=\rho\cos\alpha$,$\Delta y=\rho\cos\beta$,若极限 $\lim\limits_{\rho\to0^+}\dfrac{f(x_0+\Delta x,y_0+\Delta y)-f(x_0,y_0)}{\rho}=\lim\limits_{\rho\to0^+}\dfrac{f(x_0+\rho\cos\alpha,y_0+\rho\cos\beta)-f(x_0,y_0)}{\rho}$ 存在,则称该极限值为函数 $f(x,y)$ 在点 $P_0(x_0,y_0)$ 处沿方向 l 的方向导数,记作$\left.\dfrac{\partial f}{\partial l}\right|_{(x_0,y_0)}$ 或 $f'_l(x_0,y_0)$.

图 10.1

由定义 10.1 可知 $f(x_0+\Delta x,y_0+\Delta y)-f(x_0,y_0)$ 为函数值的改变量,而 $\rho=\sqrt{(\Delta x)^2+(\Delta y)^2}$ 为自变量(x 和 y)沿方向 l 的改变量,两者之比在 $\rho\to0^+$ 时的极限即为二元函数沿方向 l 的变化率.

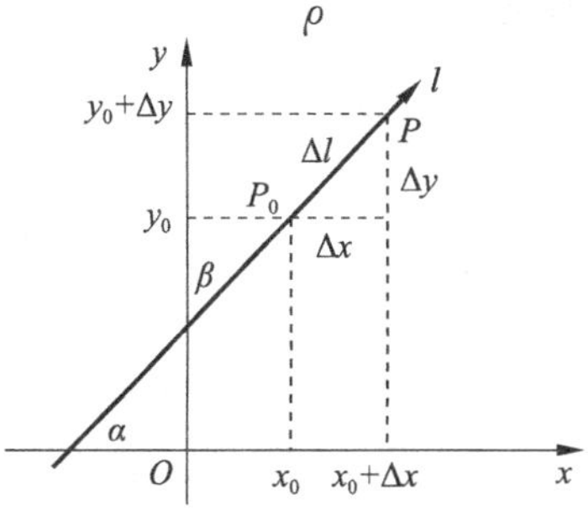

下面给出方向导数的求解方法. 若 l 为经过 P_0 点的任意有向直线，而向量 $\boldsymbol{v}=(v_1,v_2)$ 为有向直线 l 正方向上的单位向量，则对于 l 上的任意一点 $P(x,y)$，有 $x=x_0+kv_1$，$y=y_0+kv_2$，$k\in\mathbb{R}$. 从而沿直线 l，二元函数 $f(x,y)$ 变为了关于 k 的一元函数，其中 $g(k)=f(x_0+kv_1,y_0+kv_2)$，$g(0)=f(x_0,y_0)$. 由定义 10.1 知，此时在 $P_0(x_0,y_0)$ 处沿方向 l 的方向导数可以写成

$$\begin{aligned}\lim_{\rho\to0^+}\frac{f(x_0+\Delta x,y_0+\Delta y)-f(x_0,y_0)}{\rho}&=\lim_{|k|\to0}\frac{f(x_0+kv_1,y_0+kv_2)-f(x_0,y_0)}{|k|\sqrt{v_1^2+v_2^2}}\\&=\lim_{k\to0}\frac{f(x_0+kv_1,y_0+kv_2)-f(x_0,y_0)}{k}\\&=\lim_{k\to0}\frac{g(k)-g(0)}{k}.\end{aligned}$$

由上述分析可知，若已知有向直线的方向向量，则可将二元函数的方向导数的求解转化为关于 k 的一元函数在 $k=0$ 点导数的求解.

例 1 设二元函数 $f(x,y)=x^2+y^2$，求该函数在 $P_0(1,2)$ 沿方向 $\boldsymbol{l}=(3,-4)$ 的方向导数.

解 有向直线 l 正方向上的单位向量为 $\left(\frac{3}{5},-\frac{4}{5}\right)$，则 $f(x_0+kv_1,y_0+kv_2)-f(x_0,y_0)=f\left(1+\frac{3}{5}k,2-\frac{4}{5}k\right)-f(1,2)=k^2-2k$，从而 $\left.\frac{\partial f}{\partial l}\right|_{P_0}=\lim\limits_{k\to0}\frac{k^2-2k}{k}=-2$，即函数 $f(x,y)$ 在 P_0 点沿方向 $\boldsymbol{l}$ 的方向导数为 -2.

若有向直线 l 与 x 轴或 y 轴平行（或重合），则沿 x 轴方向或 y 轴方向的方向导数即为 $f(x,y)$ 的偏导数.

2. 偏导数

定义 10.2 设 x 轴的方向向量 $\boldsymbol{i}=(1,0)$，y 轴的方向向量 $\boldsymbol{j}=(0,1)$. 若二元函数 $z=f(x,y)$ 在 $P_0(x_0,y_0)$ 点的某邻域内有定义，且方向导数 $\left.\frac{\partial f}{\partial i}\right|_{(x_0,y_0)}$，$\left.\frac{\partial f}{\partial j}\right|_{(x_0,y_0)}$ 存在，则它们分别称为 $f(x,y)$ 关于 x 的偏导数和关于 y 的偏导数，分别记为 $\left.\frac{\partial f}{\partial x}\right|_{(x_0,y_0)}$ 及 $\left.\frac{\partial f}{\partial y}\right|_{(x_0,y_0)}$ 或 $\left.\frac{\partial z}{\partial x}\right|_{(x_0,y_0)}$ 及 $\left.\frac{\partial z}{\partial y}\right|_{(x_0,y_0)}$ 或 $f'_x(x_0,y_0)$ 及 $f'_y(x_0,y_0)$.

易知 $$f'_x(x_0,y_0)=\lim_{k\to0}\frac{f(x_0+k,y_0)-f(x_0,y_0)}{k}=\lim_{\Delta x\to0}\frac{f(x_0+\Delta x,y_0)-f(x_0,y_0)}{\Delta x},$$

$$f'_y(x_0,y_0)=\lim_{k\to0}\frac{f(x_0,y_0+k)-f(x_0,y_0)}{k}=\lim_{\Delta y\to0}\frac{f(x_0,y_0+\Delta y)-f(x_0,y_0)}{\Delta y}.$$

可见，$z=f(x,y)$ 在 $P_0(x_0,y_0)$ 处的偏导数 $f'_x(x_0,y_0)$ 为固定 $y=y_0$，对于一元函数 $f(x,y_0)$ 关于 x 求导的结果；偏导数 $f'_y(x_0,y_0)$ 为固定 $x=x_0$，对于一元函数 $f(x_0,y)$ 关于 y

求导的结果. 若 $z=f(x,y)$ 在定义域 D 内对于任意 (x,y) 都存在关于 x(关于 y)的偏导数，则称 $z=f(x,y)$ 在区域 D 内存在关于 x(关于 y)的偏导函数，也简称偏导数，表示为 $\frac{\partial f}{\partial x},\frac{\partial z}{\partial x}$ 或 $z'_x(x,y),f'_x(x,y)\left(\frac{\partial f}{\partial y},\frac{\partial z}{\partial y}\text{或 }z'_y(x,y),f'_y(x,y)\right)$. 对于一般的 n 元函数 $u=f(x_1,x_2,\cdots,x_n)$，其在点 $Q(x_1,x_2,\cdots,x_n)\in\mathbb{R}^n$ 关于 $x_k(k=1,2,\cdots,n)$ 的偏导数为

$$\left.\frac{\partial u}{\partial x_k}\right|_Q=\lim_{\Delta x_k\to 0}\frac{f(x_1,\cdots,x_k+\Delta x_k,\cdots,x_n)-f(x_1,\cdots,x_k,\cdots,x_n)}{\Delta x_k}.$$

因此，多元函数的偏导数就是多元函数分别关于每一个自变量的导数，从而对于偏导数的求解可按照一元函数求导公式进行.

例 2 设 $z=x^y(x>0)$，求 $\frac{\partial z}{\partial x},\frac{\partial z}{\partial y}$.

解 将 y 视为常数，由幂函数的求导公式知 $\frac{\partial z}{\partial x}=yx^{y-1}$；将 x 视为常数，由指数函数的求导公式知 $\frac{\partial z}{\partial y}=x^y\ln x$.

例 3 求 $z=\sin(x+y)\mathrm{e}^{xy}$ 在点 $(1,-1)$ 处关于 x 和 y 的偏导数.

解 取 $y=-1$，则 $\left.\frac{\partial z}{\partial x}\right|_{(1,-1)}=\frac{\mathrm{d}}{\mathrm{d}x}[\sin(x-1)\mathrm{e}^{-x}]|_{x=1}=\mathrm{e}^{-x}[\cos(x-1)-\sin(x-1)]|_{x=1}=\mathrm{e}^{-1}$.

取 $x=1$，则 $\left.\frac{\partial z}{\partial y}\right|_{(1,-1)}=\frac{\mathrm{d}}{\mathrm{d}y}[\sin(y+1)\mathrm{e}^{y}]|_{y=-1}=\mathrm{e}^{y}[\sin(y+1)+\cos(y+1)]|_{y=-1}=\mathrm{e}^{-1}$.

二元函数 $f(x,y)$ 在 $P_0(x_0,y_0)$ 点的两个偏导数有明显的几何意义：$f'_x(x_0,y_0)$ 表示曲面 $z=f(x,y)$ 与平面 $y=y_0$ 的交线在空间中的点 $Q(x_0,y_0,f(x_0,y_0))$ 处的切线斜率 $\tan\alpha$；$f'_y(x_0,y_0)$ 表示曲面 $z=f(x,y)$ 与平面 $x=x_0$ 的交线在点 $Q(x_0,y_0,f(x_0,y_0))$ 处的切线斜率 $\tan\beta$(图 10.2).

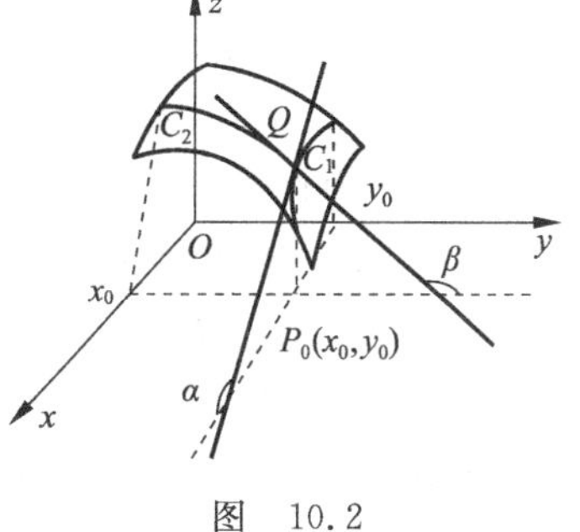

图 10.2

关于可导与连续的关系，在一元函数有“可导必连续，但连续未必可导”. 但是对于二元函数 $z=f(x,y)$ 来说，即使在 $P_0(x_0,y_0)$ 点关于 x 和 y 的两个偏导数都存在，$f(x,y)$ 在 $P_0(x_0,y_0)$ 点却不一定连续. 这是因为 $f(x,y)$ 在点 $P_0(x_0,y_0)$ 关于 x 的偏导数 $f'_x(x_0,y_0)$ 存在，只能得到一元函数 $z=f(x,y_0)$(图 10.2 中曲线 C_1)在 x_0 点连续；同理，$f'_y(x_0,y_0)$ 存在也只能得到一元函数 $z=f(x_0,y)$(图 10.2 中曲线 C_2)在 y_0 点连续. 可见，偏导数 $f'_x(x_0,y_0)$ 与 $f'_y(x_0,y_0)$ 只反映了 $f(x,y)$ 沿直线 $x=x_0$ 与 $y=y_0$ 方向的变化情况，并没有给出 $f(x,y)$ 在点 (x_0,y_0) 邻域内的所有变化情况，从而偏导数存在无法保证 $f(x,y)$ 在 $P_0(x_0,y_0)$ 点的连续性.

例如，对于函数

$$f(x,y)=\begin{cases}\dfrac{xy}{x^2+y^2}, & x^2+y^2\neq 0,\\ 0, & x^2+y^2=0,\end{cases}$$

由偏导数的定义知

$$f'_x(0,0)=\lim_{\Delta x\to 0}\frac{f(\Delta x,0)-f(0,0)}{\Delta x}=0;\quad f'_y(0,0)=\lim_{\Delta y\to 0}\frac{f(0,\Delta y)-f(0,0)}{\Delta y}=0,$$

即 $f(x,y)$ 在 $P_0(0,0)$ 点处的两个偏导数存在. 但是由 9.3 节例 1 知 $f(x,y)$ 在 $(0,0)$ 点不连续.

反之也不成立，即如果 $f(x,y)$ 在 $P_0(x_0,y_0)$ 点连续，其偏导数 $f'_x(x_0,y_0)$，$f'_y(x_0,y_0)$ 也不一定存在. 例如，函数 $f(x,y)=\sqrt{x^2+y^2}$ 在 $(0,0)$ 点连续，但 $f'_x(0,0)$，$f'_y(0,0)$ 均不存在.

3. 全微分

二元函数 $f(x,y)$ 与一元函数类似，也有可微的概念. 一元函数微分 $\mathrm{d}y$ 推广至多元函数就是全微分.

定义 10.3 设函数 $z=f(x,y)$ 在 $P_0(x_0,y_0)$ 点的某一邻域内有定义，对于 x_0,y_0 一个改变量 Δx 和 Δy，如果 z 的改变量（全增量）$\Delta z=f(x_0+\Delta x,y_0+\Delta y)-f(x_0,y_0)$ 可以表示为

$$\Delta z=A\Delta x+B\Delta y+o(\rho),\tag{10.1}$$

其中 A,B 是只与 x_0,y_0 有关而与 Δx 和 Δy 无关的常数，$\rho=\sqrt{\Delta x^2+\Delta y^2}$，$o(\rho)$ 表示当 $(\Delta x,\Delta y)\to(0,0)$ 时 ρ 的高阶无穷小量，则称 $f(x,y)$ 在点 $P_0(x_0,y_0)$ 处可微，并且式(10.1)的线性主要部分 $A\Delta x+B\Delta y$ 称为函数 $f(x,y)$ 在 $P_0(x_0,y_0)$ 点的全微分，用 $\mathrm{d}z$ 表示，即

$$\mathrm{d}z\big|_{(x_0,y_0)}=A\Delta x+B\Delta y.$$

当 $f(x,y)$ 在区域 D 内处处可微时，称 $f(x,y)$ 为 D 内的可微函数.

函数 $f(x,y)$ 在 $P_0(x_0,y_0)$ 处的可微性与在该点的连续性及偏导数的存在性之间的关系可由下述定理给出.

定理 10.1（可微的必要条件） 若函数 $z=f(x,y)$ 在点 $P_0(x_0,y_0)$ 处可微，则

(1) $f(x,y)$ 在 $P_0(x_0,y_0)$ 处连续；

(2) $f(x,y)$ 在 $P_0(x_0,y_0)$ 处的两个偏导数都存在，并且有 $f'_x(x_0,y_0)=A$，$f'_y(x_0,y_0)=B$.

证明 (1) 由于 $f(x,y)$ 在 $P_0(x_0,y_0)$ 处可微，由定义 10.3 知 $\Delta z=A\Delta x+B\Delta y+o(\rho)$，从而 $\lim\limits_{\substack{\Delta x\to 0\\ \Delta y\to 0}}\Delta z=0$，即 $f(x,y)$ 在 $P_0(x_0,y_0)$ 点连续.

(2) 在 $\Delta z=A\Delta x+B\Delta y+o(\rho)$ 中，若令 $\Delta y=0$，则 $\rho=\sqrt{(\Delta x)^2+0}=|\Delta x|$，从而函数值的改变量 Δz 为关于 x 的偏增量，即 $\Delta z=\Delta_x z$. 又 $\Delta_x z=\Delta z=A\Delta x+o(|\Delta x|)$，因而有

$$\lim_{\Delta x\to 0}\frac{\Delta_x z}{\Delta x}=\lim_{\Delta x\to 0}\left(A+\frac{o(|\Delta x|)}{\Delta x}\right)=A,\quad 即\quad \frac{\partial z}{\partial x}\bigg|_{(x_0,y_0)}=f'_x(x_0,y_0)=A.$$

同理可证 $\dfrac{\partial z}{\partial y}\bigg|_{(x_0,y_0)}=f'_y(x_0,y_0)=B$.

与一元函数类似，Δx 和 Δy 分别是自变量 x 和 y 的微分 $\mathrm{d}x$ 和 $\mathrm{d}y$，因此由定理 10.1 可知，$z=f(x,y)$ 在点 $P_0(x_0,y_0)$ 处可微，则它的全微分可以写成

$$\mathrm{d}z|_{(x_0,y_0)}=f'_x(x_0,y_0)\mathrm{d}x+f'_y(x_0,y_0)\mathrm{d}y.$$

在区域 D 内的可微函数 $f(x,y)$ 在区域 D 内任意一点的全微分可以表示为

$$\mathrm{d}z=f'_x(x,y)\mathrm{d}x+f'_y(x,y)\mathrm{d}y \quad 或 \quad \mathrm{d}z=\frac{\partial z}{\partial x}\mathrm{d}x+\frac{\partial z}{\partial y}\mathrm{d}y.$$

可微是一个很强的条件，如果 $z=f(x,y)$ 在 $P_0(x_0,y_0)$ 点可微，则它必在该点连续并且在该点的两个偏导数都存在. 因此，如果 $f(x,y)$ 在 (x_0,y_0) 点不连续或者偏导数至少有一个不存在，那么 $f(x,y)$ 必在 (x_0,y_0) 处不可微. 那么，在什么样的条件下可以保证一个二元函数 $f(x,y)$ 在点 $P_0(x_0,y_0)$ 处可微呢？

定理 10.2（可微的充分条件） 如果函数 $z=f(x,y)$ 在点 $P_0(x_0,y_0)$ 的一个邻域内偏导数 $\frac{\partial z}{\partial x},\frac{\partial z}{\partial y}$ 都存在，并且两个偏导数在 $P_0(x_0,y_0)$ 处连续，则函数 $f(x,y)$ 在点 $P_0(x_0,y_0)$ 处可微.

证明
$$\begin{aligned}\Delta z&=f(x_0+\Delta x,y_0+\Delta y)-f(x_0,y_0)\\&=[f(x_0+\Delta x,y_0+\Delta y)-f(x_0,y_0+\Delta y)]+[f(x_0,y_0+\Delta y)-f(x_0,y_0)],\end{aligned}$$

由中值定理知

$$f(x_0+\Delta x,y_0+\Delta y)-f(x_0,y_0+\Delta y)=f'_x(x_0+\theta_1\Delta x,y_0+\Delta y)\Delta x \quad (0<\theta_1<1),$$

$$f(x_0,y_0+\Delta y)-f(x_0,y_0)=f'_y(x_0,y_0+\theta_2\Delta y)\Delta y \quad (0<\theta_2<1).$$

又 $f'_x(x,y)$ 与 $f'_y(x,y)$ 在 (x_0,y_0) 处连续，从而有

$$\lim_{\substack{\Delta x\to 0\\ \Delta y\to 0}}f'_x(x_0+\theta_1\Delta x,y_0+\Delta y)=f'_x(x_0,y_0), \quad \lim_{\substack{\Delta x\to 0\\ \Delta y\to 0}}f'_y(x_0,y_0+\theta_2\Delta y)=f'_y(x_0,y_0),$$

即

$$f'_x(x_0+\theta_1\Delta x,y_0+\Delta y)=f'_x(x_0,y_0)+\alpha, \quad f'_y(x_0,y_0+\theta_2\Delta y)=f'_y(x_0,y_0)+\beta,$$

其中 $\lim\limits_{\substack{x\to x_0\\ y\to y_0}}\alpha=\lim\limits_{\substack{x\to x_0\\ y\to y_0}}\beta=0$. 因此，全增量

$$\begin{aligned}\Delta z&=[f'_x(x_0,y_0)+\alpha]\Delta x+[f'_y(x_0,y_0)+\beta]\Delta y\\&=f'_x(x_0,y_0)\Delta x+f'_y(x_0,y_0)\Delta y+\alpha\Delta x+\beta\Delta y.\end{aligned}$$

由于 $\left|\frac{\Delta x}{\rho}\right|\leqslant 1,\left|\frac{\Delta y}{\rho}\right|\leqslant 1$，则

$$\left|\frac{\alpha\Delta x+\beta\Delta y}{\rho}\right|\leqslant|\alpha|\cdot\frac{|\Delta x|}{\rho}+|\beta|\cdot\frac{|\Delta y|}{\rho}\leqslant|\alpha|+|\beta|,$$

所以 $\alpha\Delta x+\beta\Delta y=o(\rho)(\rho\to 0)$，那么 $\Delta z=f'_x(x_0,y_0)\Delta x+f'_y(x_0,y_0)\Delta y+o(\rho)$，即 $f(x,y)$ 在点 $P_0(x_0,y_0)$ 处可微.

注意，由定理 10.2 知偏导数的连续性可以保证函数的可微性，但反过来不成立，即可微函数的偏导数不一定连续. 例如，函数 $f(x,y)=\begin{cases}(x^2+y^2)\sin\dfrac{1}{x^2+y^2}, & x^2+y^2\neq 0,\\ 0, & x^2+y^2=0\end{cases}$ 在原点

(0,0)处可微，但是 $f'_x(x,y)$，$f'_y(x,y)$在(0,0)点不连续. 事实上，

$$\Delta z=f(\Delta x,\Delta y)-f(0,0)=[(\Delta x)^2+(\Delta y)^2]\sin\frac{1}{(\Delta x)^2+(\Delta y)^2}=\rho^2\cdot\sin\frac{1}{\rho^2}.$$

在原点处，$f'_x(0,0)=\lim\limits_{\Delta x\to 0}\dfrac{\Delta_x f}{\Delta x}=\lim\limits_{\Delta x\to 0}\dfrac{f(\Delta x,0)-f(0,0)}{\Delta x}=\lim\limits_{\Delta x\to 0}\dfrac{(\Delta x)^2\sin\dfrac{1}{(\Delta x)^2}}{\Delta x}=0$，

$$f'_y(0,0)=\lim_{\Delta y\to 0}\frac{\Delta_y f}{\Delta y}=\lim_{\Delta y\to 0}\frac{f(0,\Delta y)-f(0,0)}{\Delta y}=\lim_{\Delta y\to 0}\frac{(\Delta y)^2\sin\dfrac{1}{(\Delta y)^2}}{\Delta y}=0.$$

又 $\mathrm{d}z=f'_x(0,0)\Delta x+f'_y(0,0)\Delta y=0$，从而 $\lim\limits_{\rho\to 0}\dfrac{\Delta z-\mathrm{d}z}{\rho}=\lim\limits_{\rho\to 0}\dfrac{\rho^2\sin\dfrac{1}{\rho^2}}{\rho}=0$，即 $\Delta z=\mathrm{d}z+o(\rho)$ $(\rho\to 0)$，所以 $f(x,y)$在(0,0)点可微. 然而，当 $x^2+y^2\neq 0$ 时，有

$$f'_x(x,y)=2x\sin\frac{1}{x^2+y^2}-\frac{2x}{x^2+y^2}\cos\frac{1}{x^2+y^2},$$

$$f'_y(x,y)=2y\sin\frac{1}{x^2+y^2}-\frac{2y}{x^2+y^2}\cos\frac{1}{x^2+y^2}.$$

而 $\lim\limits_{\substack{x\to 0\\y\to 0}}2x\sin\dfrac{1}{x^2+y^2}=0$，$\lim\limits_{\substack{x\to 0\\y\to 0}}2y\sin\dfrac{1}{x^2+y^2}=0$，$\lim\limits_{\substack{x\to 0\\y\to 0}}\dfrac{2x}{x^2+y^2}\cos\dfrac{1}{x^2+y^2}$，$\lim\limits_{\substack{x\to 0\\y\to 0}}\dfrac{2y}{x^2+y^2}\cdot\cos\dfrac{1}{x^2+y^2}$ 均不存在，从而极限 $\lim\limits_{\substack{x\to 0\\y\to 0}}f'_x(x,y)$，$\lim\limits_{\substack{x\to 0\\y\to 0}}f'_y(x,y)$ 都不存在，所以 $f'_x(x,y)$与$f'_y(x,y)$在(0,0)点不连续.

综上可知，二元函数的可微性、偏导数的存在性以及二元函数连续性之间有以下关系：

$$\text{偏导数存在并且连续}\Rightarrow\text{二元函数可微}\Rightarrow\begin{cases}\text{二元函数连续}\\\text{偏导数存在}\end{cases}$$

例 4 求下列函数的全微分：

(1) $z=\sin x\cos y$； (2) $u=(x-2y)^z$.

解 (1) $\dfrac{\partial z}{\partial x}=\cos x\cos y$，$\dfrac{\partial z}{\partial y}=-\sin x\sin y$，从而 $\mathrm{d}z=\dfrac{\partial z}{\partial x}\mathrm{d}x+\dfrac{\partial z}{\partial y}\mathrm{d}y=\cos x\cos y\mathrm{d}x-\sin x\sin y\mathrm{d}y$.

(2) $\dfrac{\partial u}{\partial x}=z(x-2y)^{z-1}$，$\dfrac{\partial u}{\partial y}=-2z(x-2y)^{z-1}$，$\dfrac{\partial u}{\partial z}=(x-2y)^z\ln(x-2y)$，从而

$$\begin{aligned}\mathrm{d}u&=\frac{\partial u}{\partial x}\mathrm{d}x+\frac{\partial u}{\partial y}\mathrm{d}y+\frac{\partial u}{\partial z}\mathrm{d}z\\&=z(x-2y)^{z-1}\mathrm{d}x-2z(x-2y)^{z-1}\mathrm{d}y+(x-2y)^z\ln(x-2y)\mathrm{d}z.\end{aligned}$$

例 5 求微分 $\mathrm{d}(x+y)$，$\mathrm{d}(xy)$，$\mathrm{d}\left(\dfrac{x}{y}\right)$.

解 $\mathrm{d}(x+y)=(x+y)'_x\mathrm{d}x+(x+y)'_y\mathrm{d}y=\mathrm{d}x+\mathrm{d}y$，

$\mathrm{d}(xy)=(xy)'_x\mathrm{d}x+(xy)'_y\mathrm{d}y=y\mathrm{d}x+x\mathrm{d}y$，

$$\mathrm{d}\left(\frac{x}{y}\right)=\left(\frac{x}{y}\right)'_x\mathrm{d}x+\left(\frac{x}{y}\right)'_y\mathrm{d}y=\frac{1}{y}\mathrm{d}x-\frac{x}{y^2}\mathrm{d}y=\frac{y\mathrm{d}x-x\mathrm{d}y}{y^2}.$$

有了多元函数可微的概念，多元函数方向导数也可由以下方法计算.

定理 10.3 设函数 $z=f(x,y)$ 在点 $P_0(x_0,y_0)$ 处可微，则函数 $f(x,y)$ 在 P_0 点沿方向 $\boldsymbol{l}$ 的方向导数存在，并且有 $\left.\frac{\partial z}{\partial l}\right|_{(x_0,y_0)}=\left.\frac{\partial z}{\partial x}\right|_{(x_0,y_0)}\cos\alpha+\left.\frac{\partial z}{\partial y}\right|_{(x_0,y_0)}\cos\beta$，其中 $\cos\alpha$ 和 $\cos\beta$ 分别是 $\boldsymbol{l}$ 的正方向与 x 轴和 y 轴正方向夹角的余弦.

证明 因为 $f(x,y)$ 在 $P_0(x_0,y_0)$ 处可微，由定义 10.3 及图 10.1 可知

$$\Delta z=\frac{\partial z}{\partial x}\Delta x+\frac{\partial z}{\partial y}\Delta y+o(\rho)=\frac{\partial z}{\partial x}\rho\cos\alpha+\frac{\partial z}{\partial y}\rho\cos\beta+o(\rho),$$

从而

$$\frac{\Delta z}{\rho}=\frac{\partial z}{\partial x}\cos\alpha+\frac{\partial z}{\partial y}\cos\beta+\frac{o(\rho)}{\rho}=\frac{f(x_0+\rho\cos\alpha,y_0+\rho\cos\beta)-f(x_0,y_0)}{\rho}.$$

令 $\rho\to0^+$，则由上式得 $\frac{\partial z}{\partial l}=\frac{\partial z}{\partial x}\cos\alpha+\frac{\partial z}{\partial y}\cos\beta$.

类似地，三元函数 $u=f(x,y,z)$ 若在 $P_0(x_0,y_0,z_0)$ 处可微，则函数 $f(x,y,z)$ 在 P_0 点沿方向 $\boldsymbol{l}$ 的方向导数存在，且有 $\frac{\partial u}{\partial l}=\frac{\partial u}{\partial x}\cos\alpha+\frac{\partial u}{\partial y}\cos\beta+\frac{\partial u}{\partial z}\cos\gamma$，其中 $\cos\alpha,\cos\beta,\cos\gamma$ 为 $\boldsymbol{l}$ 的方向余弦.

例 6 设三元函数 $u=xyz$，求函数在点 $P_0(1,1,1)$ 沿方向 $\boldsymbol{l}=(2,-1,3)$ 的方向导数.

解 $\left.\frac{\partial u}{\partial x}\right|_{P_0}=1,\left.\frac{\partial u}{\partial y}\right|_{P_0}=1,\left.\frac{\partial u}{\partial z}\right|_{P_0}=1$. 方向 $\boldsymbol{l}=(2,-1,3)$ 的方向余弦为

$$\cos\alpha=\frac{2}{\sqrt{2^2+(-1)^2+3^2}}=\frac{2}{\sqrt{14}},\quad \cos\beta=\frac{-1}{\sqrt{2^2+(-1)^2+3^2}}=\frac{-1}{\sqrt{14}},$$

$$\cos\gamma=\frac{3}{\sqrt{2^2+(-1)^2+3^2}}=\frac{3}{\sqrt{14}},$$

从而

$$\left.\frac{\partial u}{\partial l}\right|_{P_0}=1\times\frac{2}{\sqrt{14}}+1\times\frac{-1}{\sqrt{14}}+1\times\frac{3}{\sqrt{14}}=\frac{4}{\sqrt{14}}.$$

例 7 设二元函数 $u=x^2-xy+y^2$ 在点 $P_0(1,1)$ 处可微，写出该函数在 P_0 点沿方向 $\boldsymbol{l}=(\cos\alpha,\sin\alpha)$ 的方向导数，并进一步求：(1)在哪个方向上其方向导数有最大值；(2)在哪个方向上其方向导数有最小值；(3)在哪个方向上其导数为 0.

解 $\left.\frac{\partial u}{\partial x}\right|_{(1,1)}=(2x-y)|_{(1,1)}=1,\left.\frac{\partial u}{\partial y}\right|_{(1,1)}=(-x+2y)|_{(1,1)}=1$，由方向 $\boldsymbol{l}=(\cos\alpha,\sin\alpha)$ 可知方向 $\boldsymbol{l}$ 的方向余弦为 $\cos\alpha=\cos\alpha,\cos\beta=\sin\alpha$. 所以方向导数 $\left.\frac{\partial u}{\partial l}\right|_{(1,1)}=\left.\frac{\partial u}{\partial x}\right|_{(1,1)}\cos\alpha+\left.\frac{\partial u}{\partial y}\right|_{(1,1)}\cos\beta=\cos\alpha+\sin\alpha=\sqrt{2}\sin\left(\alpha+\frac{\pi}{4}\right)$，从而可知：

(1) 当方向 $\boldsymbol{l}=(1,1)$时，方向导数有最大值$\sqrt{2}$；

(2) 当方向 $\boldsymbol{l}=(-1,-1)$时，方向导数有最小值$-\sqrt{2}$；

(3) 当方向 $\boldsymbol{l}=(1,-1)$时，方向导数为 0.

由例 7 可知，二元函数沿方向 $\boldsymbol{l}=(1,1)$导数值最大，而沿反方向 $\boldsymbol{l}=(-1,-1)$导数值最小. 根据方向导数的几何意义，可知沿 $\boldsymbol{l}=(1,1)$函数值增加最快，而沿方向 $\boldsymbol{l}=(-1,-1)$函数值下降最快. 进一步地，由于$\left.\frac{\partial u}{\partial x}\right|_{P_0}=1$，$\left.\frac{\partial u}{\partial y}\right|_{P_0}=1$，因此函数沿方向$\left(\frac{\partial u}{\partial x},\frac{\partial u}{\partial y}\right)$函数值增加最快，沿反方向$\left(-\frac{\partial u}{\partial x},-\frac{\partial u}{\partial y}\right)$函数值下降最快. 那么，例 7 得出的这一结论是否具有一般性呢？下面，我们通过梯度的概念及其性质来回答这一问题.

4. 梯度

早在 1847 年，著名数学家柯西(Cauchy)曾提出一个问题：从一个给定的点 $P_0\in\mathbb{R}^n$ 出发，函数 $f(x_1,x_2,\cdots,x_n)$沿什么方向函数值增加得最快？如果以“爬山”作比喻，可以将二元函数对应的曲面$(x,y,f(x,y))$看成一座山，柯西的问题即问在点 P_0 处沿哪个方向(上山)“最陡”. 解决这一问题，将对快速搜索多元函数的最值指明方向.

定义 10.4 设二元函数 $z=f(x,y)$在 $P_0(x_0,y_0)$点的某一邻域内有定义，若 $f(x,y)$在 P_0 点可微，在 P_0 点沿任意方向 $\boldsymbol{l}$ 的方向导数为$\left.\frac{\partial z}{\partial l}\right|_{P_0}=\left.\frac{\partial z}{\partial x}\right|_{P_0}\cos\alpha+\left.\frac{\partial z}{\partial y}\right|_{P_0}\cos\beta$，其中 $\cos\alpha$，$\cos\beta$ 是方向 $\boldsymbol{l}$ 的方向余弦，则向量$\left(\left.\frac{\partial z}{\partial x}\right|_{P_0},\left.\frac{\partial z}{\partial y}\right|_{P_0}\right)$称为函数 $f(x,y)$在点 P_0 处的梯度，记为 $\nabla f|_{P_0}$ 或 $\mathrm{grad}f|_{P_0}$.

梯度∇f 是一个向量，其长度为$|\nabla f|=\sqrt{[f'_x(x,y)]^2+[f'_y(x,y)]^2}$，当$|\nabla f|\neq 0$ 时，称向量∇f 的方向为梯度方向.

定理 10.4 设二元函数 $z=f(x,y)$在 $P_0(x_0,y_0)$处可微，则 $f(x,y)$在 $P_0(x_0,y_0)$点的所有方向导数中，沿梯度方向的方向导数最大，并且等于梯度的长度$|\nabla f|_{P_0}$.

证明 由于 $f(x,y)$在 $P_0(x_0,y_0)$处可导，则在 P_0 点沿任意方向的方向导数为

$$\left.\frac{\partial z}{\partial l}\right|_{P_0}=\left.\frac{\partial z}{\partial x}\right|_{P_0}\cos\alpha+\left.\frac{\partial z}{\partial y}\right|_{P_0}\cos\beta,\quad \nabla f|_{P_0}=\left(\left.\frac{\partial z}{\partial x}\right|_{P_0},\left.\frac{\partial z}{\partial y}\right|_{P_0}\right).$$

记方向 $\boldsymbol{l}$ 的单位向量 $\boldsymbol{v}^{\mathrm{T}}=(\cos\alpha,\cos\beta)$，则

$$\left.\frac{\partial z}{\partial l}\right|_{P_0}=\nabla f|_{P_0}\cdot\boldsymbol{v}=|\nabla f|_{P_0}|\boldsymbol{v}|\cos\theta=|\nabla f|_{P_0}\cos\theta,$$

其中 θ 为梯度方向与方向 $\boldsymbol{l}$ 的夹角. 显然 $\cos\theta=1$，即 $\theta=0$，故沿梯度方向，方向导数最大，最大值为梯度长度$|\nabla f|_{P_0}$. 同理，$\theta=\pi$ 时，方向导数最小，即沿负梯度方向(梯度方向的反方向)方向导数最小. 由定理 10.4 可知，梯度方向是函数变化率最大的方向，这便是梯度的几何意义.

习题 10.1

1. 求函数 $u=xy^2-xyz+z^3$ 在点 $P_0(1,1,2)$ 处沿方向角分别为 $60°,45°,90°$ 的方向导数.

2. 求函数 $u=xyz$ 在点$(1,1,1)$处沿方向 $\boldsymbol{l}=(\cos\alpha,\cos\beta,\cos\gamma)$的方向导数.

3. 求下列函数的偏导数：

(1) $z=x^2+y^2\sin(xy)$；　(2) $z=\ln(x+\ln y)$；　(3) $z=\sqrt{xy}$；

(4) $z=\mathrm{e}^{\sin\frac{y}{x}}$；　(5) $u=\left(\dfrac{x}{y}\right)^z$；　(6) $z=\arcsin\sqrt{\dfrac{x^2-y^2}{x^2+y^2}}$.

4. 求下列函数的全微分：

(1) $z=\ln\sqrt{1+x^2+y^2}$；　(2) $z=\sqrt{y}\sin x$；　(3) $u=xy+xz+yz$；

(4) $z=\cos\dfrac{y}{x}\sin\dfrac{x}{y}$；　(5) $u=\dfrac{z}{x^2+y^2}$；　(6) $z=\dfrac{x+y}{1+y}$.

5. 证明函数 $f(x,y)=\begin{cases}\dfrac{x^2y}{x^2+y^2}, & x^2+y^2\neq 0,\\ 0, & x^2+y^2=0\end{cases}$ 在原点$(0,0)$连续,且存在偏导数,但在原点$(0,0)$不可微.

6. 求下列近似值：

(1) $1.02^{4.05}$；　(2) $\sqrt{1.04^{1.99}+\ln 1.02}$.

10.2 多元复合函数微分法

在一元函数中我们讨论了一元复合函数的求导与求微分的问题.本节,我们以多元复合函数为研究对象,给出其求偏导以及求解微分的方法.

1. 多元复合函数的偏导数

定理 10.5 设函数 $z=f(u,v)$在点(u,v)处可微,而函数 $u=u(x,y),v=v(x,y)$在点(x,y)处的偏导数存在,则复合函数 $z=f[u(x,y),v(x,y)]$在点(x,y)处偏导数存在,且有如下的链式法则：

$$\frac{\partial z}{\partial x}=\frac{\partial z}{\partial u}\cdot\frac{\partial u}{\partial x}+\frac{\partial z}{\partial v}\cdot\frac{\partial v}{\partial x};\quad \frac{\partial z}{\partial y}=\frac{\partial z}{\partial u}\cdot\frac{\partial u}{\partial y}+\frac{\partial z}{\partial v}\cdot\frac{\partial v}{\partial y}.$$

证明 对于任意固定的 y,给 x 以改变量 Δx,相应地 u 和 v 的改变量为 Δu 和 Δv,z 的改变量为 Δz.因为 $z=f(u,v)$在点(u,v)处可微,故

$$\Delta z=\frac{\partial z}{\partial u}\Delta u+\frac{\partial z}{\partial v}\Delta v+o(\rho),$$

其中 $\rho=\sqrt{(\Delta u)^2+(\Delta v)^2}$. 由于 $u(x,y)$，$v(x,y)$ 在 (x,y) 处的偏导数存在，从而给定 y，当 $\Delta x\to 0$ 时，对于 $\Delta u=u(x+\Delta x,y)-u(x,y)$，$\Delta v=v(x+\Delta y,y)-v(x,y)$，有 $\Delta u\to 0$，$\Delta v\to 0$，进而 $\rho\to 0$.

在 $\frac{\Delta z}{\Delta x}=\frac{\partial z}{\partial u}\cdot\frac{\Delta u}{\Delta x}+\frac{\partial z}{\partial v}\cdot\frac{\Delta v}{\Delta x}+\frac{o(\rho)}{\rho}\cdot\frac{\rho}{\Delta x}$ 中，有 $\lim\limits_{\Delta x\to 0}\frac{\Delta u}{\Delta x}=\frac{\partial u}{\partial x}$，$\lim\limits_{\Delta x\to 0}\frac{\Delta v}{\Delta x}=\frac{\partial v}{\partial x}$，因此

$$\lim_{\Delta x\to 0}\frac{\Delta z}{\Delta x}=\frac{\partial z}{\partial u}\lim_{\Delta x\to 0}\frac{\Delta u}{\Delta x}+\frac{\partial z}{\partial v}\lim_{\Delta x\to 0}\frac{\Delta v}{\Delta x}+\lim_{\Delta x\to 0}\frac{o(\rho)}{\rho}\cdot\frac{\rho}{\Delta x}. \tag{10.2}$$

由于 $\lim\limits_{\Delta x\to 0}\frac{\rho}{|\Delta x|}=\lim\limits_{\Delta x\to 0}\sqrt{\left(\frac{\Delta u}{\Delta x}\right)^2+\left(\frac{\Delta v}{\Delta x}\right)^2}=\sqrt{\left(\frac{\partial u}{\partial x}\right)^2+\left(\frac{\partial v}{\partial x}\right)^2}$，即当 $\Delta x\to 0$ 时，$\frac{\rho}{\Delta x}$ 为有界量. 故由式(10.2)知 $\frac{\partial z}{\partial x}=\frac{\partial z}{\partial u}\cdot\frac{\partial u}{\partial x}+\frac{\partial z}{\partial v}\cdot\frac{\partial v}{\partial x}$.

同理可以证明 $\frac{\partial z}{\partial y}=\frac{\partial z}{\partial u}\cdot\frac{\partial u}{\partial y}+\frac{\partial z}{\partial v}\cdot\frac{\partial v}{\partial y}$.

复合函数的链式法则可以推广至 n 元函数的情形：若 n 元函数 $u=f(x_1,x,\cdots,x_n)$ 可微，而 $x_i=\varphi_i(t_1,t_2,\cdots,t_m)$ 对于每一个变量 $t_j(j=1,2,\cdots;m,i=1,2,\cdots,n)$ 都存在偏导数，则 $u=f[\varphi_1(t_1,t_2,\cdots,t_m),\cdots,\varphi_n(t_1,t_2,\cdots,t_m)]$ 对于每一个 $t_j(j=1,2,\cdots,m)$ 偏导数都存在，并且有 $\frac{\partial u}{\partial t_j}=\sum\limits_{i=1}^{n}\frac{\partial u}{\partial x_i}\cdot\frac{\partial x_i}{\partial t_j}(j=1,2,\cdots,m)$.

由于多元函数的复合形式多种多样，读者必须能够区分复合函数中哪些是自变量，哪些是中间变量，这样依据链式法则才会正确计算出复合函数的偏导数.

例 1 设 $u=e^s\sin t$，$s=x+y$，$t=xy$，求 $\frac{\partial u}{\partial x}$，$\frac{\partial u}{\partial y}$.

解 自变量为 x,y，中间变量为 s,t. 由链式法则知

$$\frac{\partial u}{\partial x}=\frac{\partial u}{\partial s}\cdot\frac{\partial s}{\partial x}+\frac{\partial u}{\partial t}\cdot\frac{\partial t}{\partial x}=e^s\sin t\cdot 1+e^s\cos t\cdot y=e^{(x+y)}\sin(x+y)+ye^{(x+y)}\cos(xy),$$

$$\frac{\partial u}{\partial y}=\frac{\partial u}{\partial s}\cdot\frac{\partial s}{\partial y}+\frac{\partial u}{\partial t}\cdot\frac{\partial t}{\partial y}=e^s\cdot\sin t\cdot 1+e^s\cos t\cdot x=e^{(x+y)}\sin(x+y)+xe^{(x+y)}\cos(x+y).$$

在本题中，也可将 $s=x+y$，$t=xy$ 代入函数 $u=e^s\sin t$，可得关于自变量的二元函数 $u=e^{(x+y)}\sin(xy)$ 然后对于二元函数求偏导即可.

例 2 设 $z=x^y(x>0)$，而 $x=\sin t$，$y=\cos t$，求 $\frac{\mathrm{d}z}{\mathrm{d}t}$.

解 将 x,y 的表达式代入 $z=x^y$，有 $z=(\sin t)^{\cos t}=e^{\cos t\ln\sin t}$. 因此

$$\frac{\mathrm{d}z}{\mathrm{d}t}=(\sin t)^{\cos t}\left(-\sin t\cdot\ln\sin t+\frac{\cos t}{\sin t}\cdot\cos t\right)=(\sin t)^{\cos t}(\cos t\cdot\cot t-\sin t\cdot\ln\sin t).$$

例 3　对于可微的抽象函数 $z=f(x+y,xy)$，求$\frac{\partial z}{\partial x},\frac{\partial z}{\partial y}$.

解　令 $u=x+y,v=xy$，由复合函数链式法则得

$$\frac{\partial z}{\partial x}=\frac{\partial f}{\partial u}\cdot\frac{\partial u}{\partial x}+\frac{\partial f}{\partial v}\cdot\frac{\partial u}{\partial x}=f'_1(x+y,xy)+yf'_2(x+y,xy),$$

$$\frac{\partial z}{\partial y}=\frac{\partial f}{\partial u}\cdot\frac{\partial u}{\partial y}+\frac{\partial f}{\partial v}\cdot\frac{\partial v}{\partial y}=f'_1(x+y,xy)+xf'_2(x+y,xy),$$

其中 $f'_1(x+y,xy)$表示 $f(u,v)$中关于第一个变量 u 在$(x+y,xy)$处的偏导数，$f'_2(x+y,xy)$也有类似的含义.有时为了书写方便将$(x+y,xy)$略去，直接写 f'_1 或 f'_2.

例 4　设 $z=f(x^2-y^2)$，求$\frac{\partial z}{\partial x},\frac{\partial z}{\partial y}$.

解　$z=f(x^2-y^2)$可以看成由一元函数 $z=f(t)$以及二元函数 $t=x^2-y^2$ 复合而成，所以

$$\frac{\partial z}{\partial x}=\frac{\mathrm{d}z}{\mathrm{d}t}\cdot\frac{\partial t}{\partial x}=f'(x^2-y^2)\cdot 2x,\quad \frac{\partial z}{\partial y}=\frac{\mathrm{d}z}{\mathrm{d}t}\cdot\frac{\partial t}{\partial y}=-2yf'(x^2-y^2).$$

例 5　设 $z=f(x,\mathrm{e}^x)$，求$\frac{\mathrm{d}z}{\mathrm{d}x}$.

解　因为 $z=f(x,\mathrm{e}^x)$可以看成由二元函数 $f(u,v)$与两个一元函数 $u=x,v=\mathrm{e}^x$ 复合而成.所以

$$\frac{\mathrm{d}z}{\mathrm{d}x}=\frac{\partial z}{\partial u}\cdot\frac{\mathrm{d}u}{\mathrm{d}x}+\frac{\partial z}{\partial v}\cdot\frac{\mathrm{d}v}{\mathrm{d}x}=f'_1(x,\mathrm{e}^x)+\mathrm{e}^xf'_2(x,\mathrm{e}^x).$$

这里必须将符号“$\frac{\mathrm{d}z}{\mathrm{d}x}$”与“$\frac{\partial z}{\partial x}$”区分开来，尽管它们都表示函数 z 对于 x 求导.在例 5 中 $f(x,\mathrm{e}^x)$虽然在形式上是两部分(二元函数形式)，但自变量仅有一个 x，因此函数对自变量求导用“$\frac{\mathrm{d}z}{\mathrm{d}x}$”；而在例 4 中 $f(x^2-y^2)$形式上是一元函数 $z=f(t)$，但中间变量 t 为二元函数 $t=x^2-y^2$，函数有两个自变量 x,y，因此函数对自变量求导要用“$\frac{\partial z}{\partial x}$”.

2. 一阶全微分形式的不变性

与一元函数具有一阶微分形式的不变性类似，对于多元函数也有一阶全微分形式的不变性.

定理 10.6　对于可微函数 $z=f(x,y)$，不论 x,y 是自变量还是其他变量 s,t 的可微函数(即 x,y 为中间变量)，都有 $\mathrm{d}z=\frac{\partial z}{\partial x}\mathrm{d}x+\frac{\partial z}{\partial y}\mathrm{d}y$ 成立.

证明　由定理 10.1 知，对于可微函数 $z=f(x,y)$，当 x,y 为自变量时，有 $\mathrm{d}z=\frac{\partial z}{\partial x}\mathrm{d}x+$

$\frac{\partial z}{\partial y}\mathrm{d}y$ 成立. 如果 x,y 是中间变量，它们又是 s,t 的可微函数，即有 $x=x(s,t)$，$y=y(s,t)$，则复合函数 $z=f[x(s,t),y(s,t)]$ 是 s,t 的可微函数，由链式法则知 $\frac{\partial z}{\partial s}=\frac{\partial z}{\partial x}\cdot\frac{\partial x}{\partial s}+\frac{\partial z}{\partial y}\cdot\frac{\partial y}{\partial s}$，$\frac{\partial z}{\partial t}=\frac{\partial z}{\partial x}\cdot\frac{\partial x}{\partial t}+\frac{\partial z}{\partial y}\cdot\frac{\partial y}{\partial t}$，此时复合函数 z 的全微分 $\mathrm{d}z=\frac{\partial z}{\partial s}\mathrm{d}s+\frac{\partial z}{\partial t}\mathrm{d}t$，从而有

$$\begin{aligned}\mathrm{d}z&=\left(\frac{\partial z}{\partial x}\cdot\frac{\partial x}{\partial s}+\frac{\partial z}{\partial y}\cdot\frac{\partial y}{\partial s}\right)\mathrm{d}s+\left(\frac{\partial z}{\partial x}\cdot\frac{\partial x}{\partial t}+\frac{\partial z}{\partial y}\cdot\frac{\partial y}{\partial t}\right)\mathrm{d}t\\&=\frac{\partial z}{\partial x}\left(\frac{\partial x}{\partial s}\mathrm{d}s+\frac{\partial x}{\partial t}\mathrm{d}t\right)+\frac{\partial z}{\partial y}\left(\frac{\partial y}{\partial s}\mathrm{d}s+\frac{\partial y}{\partial t}\mathrm{d}t\right).\end{aligned}$$

因为 x,y 是 s,t 的可微函数，所以 $\mathrm{d}x=\frac{\partial x}{\partial s}\mathrm{d}s+\frac{\partial x}{\partial t}\mathrm{d}t$，$\mathrm{d}y=\frac{\partial y}{\partial s}\mathrm{d}s+\frac{\partial y}{\partial t}\mathrm{d}t$，从而 $\mathrm{d}z=\frac{\partial z}{\partial x}\mathrm{d}x+\frac{\partial z}{\partial y}\mathrm{d}y$. 即不论 x,y 是自变量还是中间变量均有 $\mathrm{d}z=\frac{\partial z}{\partial x}\mathrm{d}x+\frac{\partial z}{\partial y}\mathrm{d}y$ 成立. 定理得证.

定理 10.6 描述的一阶全微分的这个性质，称为一阶全微分形式的不变性. 这个性质为我们提供了另一种求偏导数的方法，即当全微分易求解时，可通过求全微分来求偏导数.

例 6 求解下列函数的偏导数和全微分：

(1) $z=\arctan\frac{x}{y}$；　　　　(2) $z=x\ln(x+y)$.

解 (1) 由全微分的求解法则知

$$\mathrm{d}z=\frac{1}{1+\left(\frac{x}{y}\right)^2}\mathrm{d}\left(\frac{x}{y}\right)=\frac{y^2}{x^2+y^2}\cdot\frac{y\mathrm{d}x-x\mathrm{d}y}{y^2}=\frac{y\mathrm{d}x-x\mathrm{d}y}{x^2+y^2},$$

由一阶全微分形式的不变性知

$$\frac{\partial z}{\partial x}=\frac{y}{x^2+y^2},\qquad\frac{\partial z}{\partial y}=-\frac{x}{x^2+y^2}.$$

(2) 由全微分的求解法则知

$$\begin{aligned}\mathrm{d}z&=\ln(x+y)\mathrm{d}x+x\mathrm{d}\ln(x+y)=\ln(x+y)\mathrm{d}x+x\cdot\frac{\mathrm{d}x+\mathrm{d}y}{x+y}\\&=\left[\ln(x+y)+\frac{x}{x+y}\right]\mathrm{d}x+\frac{x}{x+y}\mathrm{d}y,\end{aligned}$$

由一阶微分的形式不变性知

$$\frac{\partial z}{\partial x}=\ln(x+y)+\frac{x}{x+y},\qquad\frac{\partial z}{\partial y}=\frac{x}{x+y}.$$

习题 10.2

1. 求下列复合函数的偏导数或导数：

(1) $z=\arctan(xy)$，$y=\mathrm{e}^x$，求 $\frac{\mathrm{d}z}{\mathrm{d}x}$；

(2) $z=u^2\ln v, u=\frac{y}{x}, v=x^2+y^2$,求$\frac{\partial z}{\partial x},\frac{\partial z}{\partial y}$;

(3) $u=f\left(\frac{x}{y},\frac{y}{z}\right)$,求$\frac{\partial u}{\partial x},\frac{\partial u}{\partial y},\frac{\partial u}{\partial z}$;

(4) $z=\mathrm{e}^{x+y}, x=\tan t, y=\cot t$,求$\frac{\mathrm{d}z}{\mathrm{d}t}$.

2. 证明下列各题:

(1) 若 $u=(y-z)(z-x)(x-y)$,则$\frac{\partial u}{\partial x}+\frac{\partial u}{\partial y}+\frac{\partial u}{\partial z}=0$;

(2) 若 $z=f(x^2+y^2)$,则 $y\frac{\partial z}{\partial x}-x\frac{\partial z}{\partial y}=0$;

(3) 若 $z=\sin y+f(\sin x-\sin y)$,其中 f 为可微函数,则$\frac{\partial z}{\partial x}\sec x+\frac{\partial z}{\partial y}\sec y=1$.

3. 求下列函数的全微分和偏导数:

(1) $z=\sin(2x+y)$;　　(2) $u=\ln\sqrt{x^2+y^2+z^2}$;　　(3) $z=\mathrm{e}^{xy}\sin(x+y)$.

4. 设 $f(tx,ty)=t^n f(x,y)(t>0)$,则有 $x\frac{\partial f}{\partial x}+y\frac{\partial f}{\partial y}=nf$. 具有这样性质的函数,称为 n 次齐次函数,利用这个结果,对 $z=\sqrt{x^2+y^2}$,求 $x\frac{\partial z}{\partial x}+y\frac{\partial z}{\partial y}$.

5. 设 $z=\frac{y}{f(x^2-y^2)}$,其中 f 为可微函数,证明$\frac{1}{x}\frac{\partial z}{\partial x}+\frac{1}{y}\frac{\partial z}{\partial y}=\frac{z}{y^2}$.

10.3　高阶偏导数与高阶全微分

在一元函数中,如果一阶导函数 $f'(x)$仍然关于 x 可导,那么便有一元函数的高阶导函数和高阶微分的问题. 与之类似,如果二元函数 $z=f(x,y)$的偏导数 $f'_x(x,y)$,$f'_y(x,y)$及全微分 $f'_x(x,y)\mathrm{d}x+f'_y(x,y)\mathrm{d}y$ 仍是关于 x 和 y 的二元函数并且偏导数和全微分依旧存在,就产生了高阶偏导数和高阶全微分.

1. 高阶偏导数

定义 10.5　二元函数 $z=f(x,y)$在区域 D 内存在偏导数 $f'_x(x,y)$和 $f'_y(x,y)$,如果它们分别关于 x 和 y 的偏导数依然存在,我们将这种偏导数的偏导数称为 $f(x,y)$的二阶偏导数. 分别记为

$$\frac{\partial}{\partial x}\left(\frac{\partial z}{\partial x}\right)=\frac{\partial^2 z}{\partial x^2}=\frac{\partial^2 f}{\partial x^2}=f''_{xx}(x,y)=f''_{11}(x,y),$$

$$\frac{\partial}{\partial y}\left(\frac{\partial z}{\partial x}\right)=\frac{\partial^2 z}{\partial x\partial y}=\frac{\partial^2 f}{\partial x\partial y}=f''_{xy}(x,y)=f''_{12}(x,y),$$

$$\frac{\partial}{\partial x}\left(\frac{\partial z}{\partial y}\right)=\frac{\partial^2 z}{\partial y \partial x}=\frac{\partial^2 f}{\partial y \partial x}=f''_{yx}(x,y)=f''_{21}(x,y),$$

$$\frac{\partial}{\partial y}\left(\frac{\partial z}{\partial y}\right)=\frac{\partial^2 z}{\partial y^2}=\frac{\partial^2 f}{\partial y^2}=f''_{yy}(x,y)=f''_{22}(x,y),$$

其中 $f''_{xy}(x,y)$和 $f''_{yx}(x,y)$称为 $f(x,y)$的二阶混合偏导数.

类似地，还可以定义三阶、四阶以至 n 阶偏导数. 二阶及二阶以上的偏导数统称为高阶偏导数.

例 1 求函数 $z=x^3y^3-3x^2y+xy^2+3$ 的二阶偏导数.

解 $\dfrac{\partial z}{\partial x}=3x^2y^3-6xy+y^2, \dfrac{\partial z}{\partial y}=3x^3y^2-3x^2+2xy,$

$\dfrac{\partial^2 z}{\partial x^2}=6xy^3-6y, \dfrac{\partial^2 z}{\partial y^2}=6x^3y+2x,$

$\dfrac{\partial^2 z}{\partial x \partial y}=9x^2y^2-6x+2y, \dfrac{\partial^2 z}{\partial y \partial x}=9x^2y^2-6x+2y.$

由例 1 看到，$\dfrac{\partial^2 z}{\partial x \partial y}=\dfrac{\partial^2 z}{\partial y \partial x}$. 但需要注意的是$\dfrac{\partial^2 z}{\partial x \partial y}$表示二元函数 $z=f(x,y)$先对 x 求偏导然后再对 y 求偏导，而$\dfrac{\partial^2 z}{\partial y \partial x}$表示先对 y 求偏导再对 x 求偏导. 这两个混合偏导数并不都像例 1 中那样始终相等. 比如下面的例题.

例 2 设 $f(x,y)=\begin{cases} xy\dfrac{x^2-y^2}{x^2+y^2}, & x^2+y^2\neq 0, \\ 0, & x^2+y^2=0, \end{cases}$ 求 $f''_{xy}(0,0)$及 $f''_{yx}(0,0)$.

解 当 $x^2+y^2\neq 0$ 时，$f'_x(x,y)=y\left[\dfrac{x^2-y^2}{x^2+y^2}+\dfrac{4x^2y^2}{(x^2+y^2)^2}\right]$；

$$f'_y(x,y)=x\left[\frac{x^2-y^2}{x^2+y^2}-\frac{4x^2y^2}{(x^2+y^2)^2}\right].$$

当 $x^2+y^2=0$ 时，$f'_x(0,0)=\lim\limits_{\Delta x\to 0}\dfrac{f(0+\Delta x,0)-f(0,0)}{\Delta x}=\lim\limits_{\Delta x\to 0}\dfrac{0}{\Delta x}=0$；

$$f'_y(0,0)=\lim_{\Delta y\to 0}\frac{f(0,0+\Delta y)-f(0,0)}{\Delta y}=\lim_{\Delta y\to 0}\frac{0}{\Delta y}=0.$$

$$f''_{xy}(0,0)=\lim_{\Delta y\to 0}\frac{f'_x(0,0+\Delta y)-f'_x(0,0)}{\Delta y}=\lim_{\Delta y\to 0}\frac{1}{\Delta y}\left\{\Delta y\left[\frac{-(\Delta y)^2}{(\Delta y)^2}+0\right]-0\right\}=-1,$$

而

$$f''_{yx}(0,0)=\lim_{\Delta x\to 0}\frac{f'_y(0+\Delta x,0)-f'_y(0,0)}{\Delta x}=\lim_{\Delta x\to 0}\frac{1}{\Delta x}\left\{\Delta x\left[\frac{(\Delta x)^2}{(\Delta x)^2}-0\right]-0\right\}=1.$$

从而对于二元函数 $f(x,y)$，其两个混合偏导数在$(0,0)$点不相等.

由例 1 和例 2 可以看出，二元函数的两个混合偏导数有的相等(例 1)，有的不相等(例 2). 那么，多元函数在什么条件下，其混合偏导数可保证相等，即与求导顺序无关呢？

定理 10.7 若函数 $f(x,y)$ 的两个混合偏导数 $f''_{xy}(x,y)$ 与 $f''_{yx}(x,y)$ 都在点 $P_0(x_0,y_0)$ 处连续，则

$$f''_{xy}(x_0,y_0)=f''_{yx}(x_0,y_0).$$

证明 先用极限形式将 $f''_{xy}(x_0,y_0)$ 和 $f''_{yx}(x_0,y_0)$ 表示出来. 记 $h=\Delta x,k=\Delta y$，由偏导数定义知

$$f'_x(x_0,y_0)=\lim_{h\to0}\frac{f(x_0+h,y_0)-f(x_0,y_0)}{h},$$

$$f'_x(x_0,y_0+k)=\lim_{h\to0}\frac{f(x_0+h,y_0+k)-f(x_0,y_0+k)}{h},$$

$$\begin{aligned}f''_{xy}(x_0,y_0)&=\lim_{k\to0}\frac{f'_x(x_0,y_0+k)-f'_x(x_0,y_0)}{k}\\&=\lim_{k\to0}\lim_{h\to0}\frac{1}{kh}\{[f(x_0+h,y_0+k)-f(x_0,y_0+k)]-[f(x_0+h,y_0)-f(x_0,y_0)]\}.\end{aligned}$$

记 $\varphi(h,k)=[f(x_0+h,y_0+k)-f(x_0,y_0+k)]-[f(x_0+h,y_0)-f(x_0,y_0)]$，则有

$$f''_{xy}(x_0,y_0)=\lim_{k\to0}\lim_{h\to0}\frac{\varphi(h,k)}{hk}. \tag{10.3}$$

同理可知

$$f''_{yx}(x_0,y_0)=\lim_{h\to0}\lim_{k\to0}\frac{\varphi(h,k)}{hk}. \tag{10.4}$$

进一步地，令 $g(x)=f(x,y_0+k)-f(x,y_0)$，则 $\varphi(h,k)=g(x_0+h)-g(x_0)$. 在以 x_0 与 x_0+h 为端点的区间可导，根据微分中值定理，有

$$\varphi(h,k)=g'_x(x_0+\theta h)h=[f'_x(x_0+\theta_1h,y_0+k)-f'_x(x_0+\theta_1h,y_0)]h.$$

将 $x_0+\theta_1h$ 看作常数，再一次由微分中值定理知

$$\varphi(h,k)=f''_{xy}(x_0+\theta_1h,y_0+\theta_2k)hk,\quad 0<\theta_1<1,0<\theta_2<1.$$

同理，令 $l(y)=f(x_0+h,y)-f(x_0,y)$，重复上述方法，可知

$$\varphi(h,k)=f''_{yx}(x_0+\theta_3h,y_0+\theta_4k)hk,\quad 0<\theta_3<1,0<\theta_4<1.$$

从而 $f''_{xy}(x_0+\theta_1h,y_0+\theta_2k)hk=f''_{yx}(x_0+\theta_3h,y_0+\theta_4k)hk$.

由已知 $f''_{xy}(x,y)$ 和 $f''_{yx}(x,y)$ 在 $P_0(x_0,y_0)$ 点连续，根据式(10.3)和式(10.4)知，当 $\sqrt{h^2+k^2}\to0$ 时，有 $f''_{xy}(x_0,y_0)=f''_{yx}(x_0,y_0)$. 定理得证.

定理 10.7 的结果可以推广至一般的 n 元函数的情形. 因此，只要混合偏导数在所求点处都连续，只需要求出其中一个即可，这样将大大降低计算量. 对于抽象函数的高阶偏导数，由例 3 给出.

例 3 设 $z=f\left(x,\frac{x}{y}\right)$，其中 z 具有二阶连续偏导数，求 $\frac{\partial^2z}{\partial x^2},\frac{\partial^2z}{\partial x\partial y}$ 以及 $\frac{\partial^2z}{\partial y^2}$.

解 $\frac{\partial z}{\partial x}=f'_1\left(x,\frac{x}{y}\right)+f'_2\left(x,\frac{x}{y}\right)\cdot\frac{1}{y},\frac{\partial z}{\partial y}=-\frac{x}{y^2}f'_2\left(x,\frac{x}{y}\right)$,

$$\frac{\partial^2 z}{\partial x^2}=f''_{11}\left(x,\frac{x}{y}\right)+\frac{1}{y}f''_{12}\left(x,\frac{x}{y}\right)+\frac{1}{y}f''_{21}\left(x,\frac{x}{y}\right)+\frac{1}{y^2}f''_{22}\left(x,\frac{x}{y}\right)$$

$$=f''_{11}\left(x,\frac{x}{y}\right)+\frac{2}{y}f''_{12}\left(x,\frac{x}{y}\right)+\frac{1}{y^2}f''_{22}\left(x,\frac{x}{y}\right),$$

$$\frac{\partial^2 z}{\partial x\partial y}=-\frac{x}{y^2}f''_{12}\left(x,\frac{x}{y}\right)-\frac{1}{y^2}f'_2\left(x,\frac{x}{y}\right)+\frac{1}{y}f''_{22}\left(x,\frac{x}{y}\right)\cdot\left(-\frac{x}{y^2}\right)$$

$$=-\frac{x}{y^2}f''_{12}\left(x,\frac{x}{y}\right)-\frac{1}{y^2}f'_2\left(x,\frac{x}{y}\right)-\frac{x}{y^3}f''_{22}\left(x,\frac{x}{y}\right),$$

$$\frac{\partial^2 z}{\partial y^2}=\frac{2x}{y^3}f'_2\left(x,\frac{x}{y}\right)-\frac{x}{y^2}f''_{22}\left(x,\frac{x}{y}\right)\cdot\left(-\frac{x}{y^2}\right)$$

$$=\frac{2x}{y^3}f'_2\left(x,\frac{x}{y}\right)+\frac{x^2}{y^4}f''_{22}\left(x,\frac{x}{y}\right).$$

2. 高阶全微分

定义 10.6 对于可微的二元函数 $z=f(x,y)$，如果它的微分 $\mathrm{d}z=f'_x(x,y)\mathrm{d}x+f'_y(x,y)\mathrm{d}y$ 仍然是关于 x,y 的可微函数，则称 $\mathrm{d}z$ 的全微分 $\mathrm{d}(\mathrm{d}z)$ 为 $z=f(x,y)$ 的二阶全微分，记为 d^2z，即

$$\mathrm{d}^2z=\mathrm{d}(\mathrm{d}z).$$

类似地，可以定义二元函数 $u(x,y)$ 的三阶全微分为 $\mathrm{d}^3u=\mathrm{d}(\mathrm{d}^2u)$，$n$ 阶全微分 $\mathrm{d}^nu=\mathrm{d}(\mathrm{d}^{n-1}u)$. 二阶及二阶以上的全微分统称为高阶全微分.

对于高阶全微分，有两点需要注意：第一，在高阶全微分中，与一阶全微分类似，$\mathrm{d}x,\mathrm{d}y$（即自变量的改变量 $\Delta x,\Delta y$）保持固定值，为常数；第二，为了研究方便，我们讨论高阶全微分时，假定高阶偏导数均连续，比如讨论二阶全微分时，假定 $z=f(x,y)$ 有连续的二阶偏导数. 从而由定理 10.7 知对于混合偏导数，有 $f''_{xy}=f''_{yx}$，这一假设条件虽然有些严格，但对于常用的一些函数而言，这一条件通常是满足的.

我们把具有 n 阶连续偏导数的函数，称为 n 阶连续可微函数. 在研究高阶全微分时，我们仅研究这种高阶连续可微的函数.

由一阶全微分 $\mathrm{d}z=\frac{\partial z}{\partial x}\mathrm{d}x+\frac{\partial z}{\partial y}\mathrm{d}y=f'_x(x,y)\mathrm{d}x+f'_y(x,y)\mathrm{d}y$ 可知，二阶全微分

$$\mathrm{d}^2z=\mathrm{d}(\mathrm{d}z)=\frac{\partial}{\partial x}\left(\frac{\partial z}{\partial x}\mathrm{d}x+\frac{\partial z}{\partial y}\mathrm{d}y\right)\mathrm{d}x+\frac{\partial}{\partial y}\left(\frac{\partial z}{\partial x}\mathrm{d}x+\frac{\partial z}{\partial y}\mathrm{d}y\right)\mathrm{d}y$$

$$=\left(\frac{\partial^2 z}{\partial x^2}\mathrm{d}x+\frac{\partial^2 z}{\partial y\partial x}\mathrm{d}y\right)\mathrm{d}x+\left(\frac{\partial^2 z}{\partial x\partial y}\mathrm{d}x+\frac{\partial^2 z}{\partial y^2}\mathrm{d}y\right)\mathrm{d}y$$

$$=\frac{\partial^2 z}{\partial x^2}(\mathrm{d}x)^2+\frac{\partial^2 z}{\partial y\partial x}\mathrm{d}y\mathrm{d}x+\frac{\partial^2 z}{\partial x\partial y}\mathrm{d}x\mathrm{d}y+\frac{\partial^2 z}{\partial y^2}(\mathrm{d}y)^2.$$

由于 $z=f(x,y)$ 具有二阶连续偏导数，则 $\frac{\partial^2 z}{\partial y\partial x}=\frac{\partial^2 z}{\partial x\partial y}$，从而有

$$d^2 z=\frac{\partial^2 z}{\partial x^2}dx^2+2\frac{\partial^2 z}{\partial x\partial y}dxdy+\frac{\partial^2 z}{\partial y^2}dy^2=f''_{xx}(x,y)dx^2+2f''_{xy}(x,y)dxdy+f''_{yy}(x,y)dy^2,$$

其中 $dx^2=(dx)^2, dy^2=(dy)^2$.

类似地,对于 $z=f(x,y)$ 的三阶全微分,有

$$\begin{aligned}d^3 z&=d(d^2 z)=\frac{\partial}{\partial x}\left(\frac{\partial^2 z}{\partial x^2}dx^2+2\frac{\partial^2 z}{\partial x\partial y}dxdy+\frac{\partial^2 z}{\partial y^2}dy^2\right)dx\\&\quad+\frac{\partial}{\partial y}\left(\frac{\partial^2 z}{\partial x^2}dx^2+2\frac{\partial^2 z}{\partial x\partial y}dxdy+\frac{\partial^2 z}{\partial y^2}dy^2\right)dy\\&=\frac{\partial^3 z}{\partial x^3}dx^3+3\frac{\partial^3 z}{\partial x\partial y^2}dxdy^2+3\frac{\partial^3 z}{\partial x^2\partial y}dx^2dy+\frac{\partial^3 z}{\partial y^3}dy^3.\end{aligned}$$

对于其他多元函数的高阶全微分可仿照上述计算步骤得到.显然,随着全微分阶数的增高,全微分的表达式越来越复杂.但是,仔细观察不难发现,高阶全微分的表达式与二项展开式形式相似.比如,$d^2 z=\frac{\partial^2 z}{\partial x^2}dx^2+2\frac{\partial^2 z}{\partial x\partial y}dxdy+\frac{\partial^2 z}{\partial y^2}dy^2$ 可以看成$\left(\frac{\partial}{\partial x}dx+\frac{\partial}{\partial y}dy\right)^2\cdot z$ 的二项展开式,即

$$\begin{aligned}\left(\frac{\partial}{\partial x}dx+\frac{\partial}{\partial y}dy\right)^2\cdot z&=\left(\frac{\partial^2}{\partial x^2}dx^2+2\frac{\partial^2}{\partial x\partial y}dxdy+\frac{\partial^2}{\partial y^2}dy^2\right)\cdot z\\&=\frac{\partial^2 z}{\partial x^2}dx^2+2\frac{\partial^2 z}{\partial x\partial y}dxdy+\frac{\partial^2 z}{\partial y^2}dy^2,\end{aligned}$$

其中将 z“形式地”放在偏导数符号的后面.类似地,对于三阶全微分可以表示为 $d^3 z=\left(\frac{\partial}{\partial x}dx+\frac{\partial}{\partial y}dy\right)^3\cdot z$.一般地,$n$ 阶全微分可以表示为 $d^n z=\left(\frac{\partial}{\partial x}dx+\frac{\partial}{\partial y}dy\right)^n\cdot z$,这一公式可由数学归纳法证明,请读者自己补充.

例 4 求 $z=e^{x^2+y^2}$ 的二阶全微分 $d^2 z$.

解
$$\frac{\partial z}{\partial x}=2xe^{x^2+y^2},\quad \frac{\partial z}{\partial y}=2ye^{x^2+y^2},\quad \frac{\partial^2 z}{\partial x\partial y}=4xye^{x^2+y^2},$$
$$\frac{\partial^2 z}{\partial x^2}=2e^{x^2+y^2}+4x^2e^{x^2+y^2},\quad \frac{\partial^2 z}{\partial y^2}=2e^{x^2+y^2}+4y^2e^{x^2+y^2},$$

从而

$$\begin{aligned}d^2 z&=\frac{\partial^2 z}{\partial x^2}dx^2+2\frac{\partial^2 z}{\partial x\partial y}dxdy+\frac{\partial^2 z}{\partial y^2}dy^2\\&=2e^{x^2+y^2}(1+2x^2)dx^2+8xye^{x^2+y^2}dxdy+2e^{x^2+y^2}(1+2y^2)dy^2.\end{aligned}$$

在 10.2 节中,我们讨论了一阶全微分具有形式不变性,即对于可微函数 $z=f(x,y)$,不论 x,y 是自变量还是中间变量,都有 $dz=\frac{\partial z}{\partial x}dx+\frac{\partial z}{\partial y}dy$ 成立.但是,对于高阶全微分不再具有这种形式不变性.这是因为当 x,y 是中间变量,即为 s,t 的函数时,dx 与 dy 一般不能视为常数(除非 x 与 y 都是关于 s,t 的线性函数).我们以二元函数 $z=f(x,y)$ 为例进行说明.

$$d^2z=d(dz)=d\left(\frac{\partial z}{\partial x}dx+\frac{\partial z}{\partial y}dy\right)=\left[d\left(\frac{\partial z}{\partial x}\right)\cdot dx+\frac{\partial z}{\partial x}d(dx)\right]+\left[d\left(\frac{\partial z}{\partial y}\right)dy+\frac{\partial z}{\partial y}d(dy)\right]$$

$$=\left[\left(\frac{\partial^2 z}{\partial x^2}dx+\frac{\partial^2 z}{\partial x\partial y}dy\right)dx+\frac{\partial z}{\partial x}d^2x\right]+\left[\left(\frac{\partial^2 z}{\partial y\partial x}dx+\frac{\partial^2 z}{\partial y^2}dy\right)dy+\frac{\partial z}{\partial y}d^2y\right]$$

$$=\frac{\partial^2 z}{\partial x^2}dx^2+2\frac{\partial^2 z}{\partial x\partial y}dxdy+\frac{\partial^2 z}{\partial y^2}dy^2+\frac{\partial z}{\partial x}d^2x+\frac{\partial z}{\partial y}d^2y.$$

如果 x,y 是自变量，则 dx 和 dy 为常数，从而 $d^2x=d(dx)=0$，$d^2y=d(dy)=0$. 但是，如果 x,y 是中间变量，即 $x=x(s,t)$，$y=y(s,t)$，那么 d^2x 和 d^2y 一般来说不再为零. 所以，二阶全微分不再具有一阶全微分那样的形式不变性了. 但是，当 $x(s,t)$，$y(s,t)$ 为线性函数，即 $x(s,t)=\alpha s+\beta t$，$y(s,t)=\gamma s+\delta t$（$\alpha,\beta,\gamma,\delta$ 为常数）时，二阶全微分以及任意的 n 阶全微分都具有形式不变性. 因为当 x,y 为 s,t 的线性函数时，对任意的正整数 n，$n\geqslant 2$，都有 $d^2x=d^3x=\cdots=d^nx=0$，$d^2y=d^3y=\cdots=d^ny=0$.

例 5 设二元函数 $z=\sin(x+y)$，$x=s^2$，$y=t^2$，求 d^2z.

解 方法一 将 $x=s^2$，$y=t^2$ 代入二元函数 $z=\sin(x+y)$ 中，直接求复合函数 $z=\sin(s^2+t^2)$ 的二阶全微分. 由公式知

$$d^2z=\frac{\partial^2 z}{\partial s^2}ds^2+2\frac{\partial^2 z}{\partial s\partial t}dsdt+\frac{\partial^2 z}{\partial t^2}dt^2.$$

$$\frac{\partial z}{\partial s}=2s\cos(s^2+t^2),\quad \frac{\partial z}{\partial t}=2t\cos(s^2+t^2).$$

$$\frac{\partial^2 z}{\partial s\partial t}=-4st\sin(s^2+t^2),$$

$$\frac{\partial^2 z}{\partial s^2}=2\cos(s^2+t^2)-4s^2\sin(s^2+t^2),$$

$$\frac{\partial^2 z}{\partial t^2}=2\cos(s^2+t^2)-4t^2\sin(s^2+t^2).$$

从而

$$d^2z=[2\cos(s^2+t^2)-4s^2\sin(s^2+t^2)]ds^2-8st\sin(s^2+t^2)dsdt$$
$$+[2\cos(s^2+t^2)-4t^2\sin(s^2+t^2)]dt^2.$$

方法二 由于 x,y 为中间变量，从而二阶全微分为

$$d^2z=\frac{\partial^2 z}{\partial x^2}dx^2+2\frac{\partial^2 z}{\partial x\partial y}dxdy+\frac{\partial^2 z}{\partial y^2}dy^2+\frac{\partial z}{\partial x}d^2x+\frac{\partial z}{\partial y}d^2y.$$

由 $x=s^2$，$y=t^2$ 知 $dx=2sds$，$dy=2tdt$，$d^2x=2ds^2$，$d^2y=2dt^2$. 又

$$\frac{\partial z}{\partial x}=\cos(x+y),\quad \frac{\partial z}{\partial y}=\cos(x+y),$$

$$\frac{\partial^2 z}{\partial x^2}=-\sin(x+y),\quad \frac{\partial^2 z}{\partial y^2}=-\sin(x+y),\quad \frac{\partial^2 z}{\partial x\partial y}=-\sin(x+y),$$

从而

$$\begin{aligned}d^2z &= -\sin(x+y)\cdot(2s\mathrm{d}s)^2-2\sin(x+y)\cdot 4st\mathrm{d}s\mathrm{d}t-\sin(x+y)(2t\mathrm{d}t)^2\\&\quad+2\cos(x+y)\mathrm{d}s^2+2\cos(x+y)\mathrm{d}t^2\\&=[2\cos(s^2+t^2)-4s^2\sin(s^2+t^2)]\mathrm{d}s^2-8st\sin(s^2+t^2)\mathrm{d}s\mathrm{d}t\\&\quad+[2\cos(s^2+t^2)-4t^2\sin(s^2+t^2)]\mathrm{d}t^2.\end{aligned}$$

3. 二元函数的泰勒公式

在5.3节中，我们讨论了一元函数的泰勒公式，即若函数 $y=f(x)$ 在 x_0 点的某一邻域 $(x_0-\delta,x_0+\delta)$ 内有直到 $n+1$ 阶的导数，则有

$$\begin{aligned}f(x)&=f(x_0)+f'(x_0)(x-x_0)+\frac{f''(x_0)}{2!}(x-x_0)^2+\cdots+\frac{f^{(n)}(x_0)}{n!}(x-x_0)^n\\&\quad+\frac{f^{(n+1)}(\xi)}{(n+1)!}(x-x_0)^{n+1}\quad(\text{其中}\ \xi\ \text{介于}\ x_0\ \text{与}\ x\ \text{之间}).\end{aligned}\tag{10.5}$$

如果记 $\Delta x=x-x_0$，$\Delta f(x_0)=f(x_0+\Delta x)-f(x_0)=f(x)-f(x_0)$，并注意到 $f'(x_0)\Delta x=\mathrm{d}f(x)|_{x=x_0}=\mathrm{d}f(x_0)$，$f''(x_0)(x-x_0)^2=f''(x_0)\Delta x_0^2=\mathrm{d}^2f(x_0)$，…，则式(10.5)可以改写成

$$\begin{aligned}\Delta f(x_0)&=\mathrm{d}f(x_0)+\frac{1}{2!}\mathrm{d}^2f(x_0)+\cdots+\frac{1}{n!}\mathrm{d}^nf(x_0)\\&\quad+\frac{1}{(n+1)!}\mathrm{d}^{n+1}f(x_0+\theta\Delta x)\quad(0<\theta<1).\end{aligned}\tag{10.6}$$

现在我们把上述泰勒公式由一元函数推广至多元函数．为了书写方便，只对二元函数的泰勒公式进行讨论．

定理 10.8 设二元函数 $z=f(x,y)$ 在 $P_0(x_0,y_0)$ 的某一邻域 $O_\delta(P_0)$ 内有直到 $n+1$ 阶的连续偏导数，则对于任一点 $P(x_0+\Delta x,y_0+\Delta y)\in O_\delta(P_0)$，有

$$\begin{aligned}f(x_0+\Delta x,y_0+\Delta y)&=f(x_0,y_0)+\left(\frac{\partial}{\partial x}\Delta x+\frac{\partial}{\partial y}\Delta y\right)f(x_0,y_0)\\&\quad+\frac{1}{2!}\left(\frac{\partial}{\partial x}\Delta x+\frac{\partial}{\partial y}\Delta y\right)^2f(x_0,y_0)+\cdots\\&\quad+\frac{1}{n!}\left(\frac{\partial}{\partial x}\Delta x+\frac{\partial}{\partial y}\Delta y\right)^nf(x_0,y_0)\\&\quad+\frac{1}{(n+1)!}\left(\frac{\partial}{\partial x}\Delta x+\frac{\partial}{\partial y}\Delta y\right)^{n+1}f(x_0+\theta\Delta x,y_0+\theta\Delta y)\quad(0<\theta<1).\end{aligned}\tag{10.7}$$

这个公式称为二元函数在 $P_0(x_0,y_0)$ 点的带拉格朗日余项的泰勒公式，或称函数 $f(x,y)$ 在 $P_0(x_0,y_0)$ 点的泰勒展开式．

与式(10.6)类似，可以将二元函数的泰勒公式写成如下微分形式．记 $\Delta f(x_0,y_0)=f(x_0+\Delta x,y_0+\Delta y)-f(x_0,y_0)$，则

$$\Delta f(x_0,y_0)=\mathrm{d}f(x_0,y_0)+\frac{1}{2!}\mathrm{d}^2 f(x_0,y_0)+\cdots+\frac{1}{n!}\mathrm{d}^n f(x_0,y_0)$$
$$+\frac{1}{(n+1)!}\mathrm{d}^{n+1} f(x_0+\theta\Delta x,y_0+\theta\Delta y)\quad(0<\theta<1).\tag{10.8}$$

此外,称 $\Delta f(x_0,y_0)=\mathrm{d}f(x_0,y_0)+\frac{1}{2!}\mathrm{d}^2 f(x_0,y_0)+\cdots+\frac{1}{n!}\mathrm{d}^n f(x_0,y_0)+o[(\Delta x)^n+(\Delta y)^n]$ 为 $f(x,y)$ 在 P_0 点带皮亚诺余项的泰勒公式. 以下证明式(10.8)成立.

证明 令 $x=x_0+t\Delta x,y=y_0+t\Delta y(0\leqslant t\leqslant 1)$,将其代入二元函数 $f(x,y)$ 中得到关于 t 的一元函数.

记 $G(t)=f(x_0+t\Delta x,y_0+t\Delta y)(0\leqslant t\leqslant 1)$. 显然 $G(0)=f(x_0,y_0)$,$G(1)=f(x_0+\Delta x,y_0+\Delta y)$,从而 $\Delta G(0)=G(1)-G(0)=f(x_0+\Delta x,y_0+\Delta y)-f(x_0,y_0)=\Delta f(x_0,y_0)$. 由一元函数的泰勒公式(10.6)得

$$\Delta G(0)=\mathrm{d}G(0)+\frac{1}{2!}\mathrm{d}^2G(0)+\cdots+\frac{1}{n!}\mathrm{d}^nG(0)+\frac{1}{(n+1)!}\mathrm{d}^{n+1}G(\theta)\quad(0<\theta<1).\tag{10.9}$$

由于变量在线性变换下高阶全微分具有形式不变性,从而可知

$$\mathrm{d}G(0)=\mathrm{d}f(x_0,y_0),\quad \mathrm{d}^2G(0)=\mathrm{d}^2 f(x_0,y_0),\ \cdots,$$
$$\mathrm{d}^nG(0)=\mathrm{d}^n f(x_0,y_0),\quad \mathrm{d}^{n+1}G(\theta)=\mathrm{d}^{n+1} f(x_0+\theta\Delta x,y_0+\theta\Delta y).$$

又 $\Delta G(0)=\Delta f(x_0,y_0)$,将以上各式代入式(10.9)可得

$$\Delta f(x_0,y_0)=\mathrm{d}f(x_0,y_0)+\frac{1}{2!}\mathrm{d}^2 f(x_0,y_0)+\cdots+\frac{1}{n!}\mathrm{d}^n f(x_0,y_0)$$
$$+\frac{1}{(n+1)!}\mathrm{d}^{n+1} f(x_0+\theta\Delta x,y_0+\theta\Delta y)\quad(0<\theta<1).$$

定理得证.

在式(10.8)中,当 $n=0$ 时,有 $\Delta f(x_0,y_0)=\mathrm{d}f(x_0+\theta\Delta x,y_0+\theta\Delta y)$,即

$$f(x_0+\Delta x,y_0+\Delta y)-f(x_0,y_0)$$
$$=f'_x(x_0+\theta\Delta x,y_0+\theta\Delta y)\Delta x+f'_y(x_0+\theta\Delta x,y_0+\theta\Delta y)\Delta y\quad(0<\theta<1).$$

上式称为二元函数 $f(x,y)$ 的拉格朗日中值公式.

当 $n=1$ 时,有 $\Delta f(x_0,y_0)=\mathrm{d}f(x_0,y_0)+\frac{1}{2!}\mathrm{d}^2 f(x_0+\theta\Delta x,y_0+\theta\Delta y)$,即

$$f(x_0+\Delta x,y_0+\Delta y)-f(x_0,y_0)$$
$$=f'_x(x_0,y_0)\Delta x+f'_y(x_0,y_0)\Delta y+\frac{1}{2}[f''_{xx}(x_0+\theta\Delta x,y_0+\theta\Delta y)\Delta x^2$$
$$+2f''_{xy}(x_0+\theta\Delta x,y_0+\theta\Delta y)\Delta x\Delta y+f''_{yy}(x_0+\theta\Delta x,y_0+\theta\Delta y)\Delta y^2]\quad(0<\theta<1).$$

这个公式在接下来多元函数极值问题的讨论中即将用到.

习题 10.3

1. 求下列函数的二阶偏导数：

(1) $z=x^3+y^3-3x^2y^2$； (2) $z=\frac{1}{2}\ln(x^2+y^2)$； (3) $z=x\ln(xy)$；

(4) $z=x\sin(x+y)$； (5) $u=e^{xyz}$.

2. 已知函数 $f(x,y)=\begin{cases} e^{-\frac{1}{x^2+y^2}}, & x^2+y^2\neq 0, \\ 0, & x^2+y^2=0, \end{cases}$求 $f''_{xx}(0,0)$及 $f''_{xy}(0,0)$.

3. 求下列复合函数的二阶偏导数：

(1) $z=f(x,y),x=s+t,y=st$； (2) $z=f(x,y),x=st,y=\frac{s}{t}$.

4. 设 φ 与 ψ 是任意的二次可微函数，证明 $z=x\varphi\left(\frac{y}{x}\right)+\psi\left(\frac{y}{x}\right)$满足方程

$$x^2\cdot\frac{\partial^2 z}{\partial x^2}+2xy\frac{\partial^2 z}{\partial x\partial y}+y^2\cdot\frac{\partial^2 z}{\partial y^2}=0.$$

5. 证明：$z=\ln\sqrt{(x-a)^2+(x-b)^2}$($a,b$ 为常数)满足拉普拉斯(Laplace)方程 $\frac{\partial^2 z}{\partial x^2}+\frac{\partial^2 z}{\partial y^2}=0$.

6. 求下列函数的二阶全微分：

(1) $u=x^2y^2z^2$； (2) $u=\sin(x^2+y^2)$；

(3) $u=f(x,y,z)$，其中 $x=t,y=t^2,z=t^3$.

7. 写出下列函数的带拉格朗日余项的泰勒公式：

(1) $f(x,y)=\frac{x}{y}$在(1,1)点，直到二阶为止；

(2) $f(x,y)=\ln(1+x+y)$在(0,0)点，直到二阶为止.

8. 求下列函数在(0,0)点处的带皮亚诺余项的二阶泰勒公式：

(1) $f(x,y)=\sqrt{1-x^2-y^2}$； (2) $f(x,y)=\sin(x^2+y^2)$.

10.4 多元函数的极值

在许多实际问题中，我们面临求解多元函数极值和最值的问题. 与一元函数极值的讨论类似，我们可以用多元函数的微分来处理这些问题. 本节以二元函数为研究对象，分析二元函数的极值，分析结果可以推广至 n 元函数.

1. 多元函数极值的概念

定义 10.7 设函数 $f(x,y)$ 在 $P_0(x_0,y_0)$ 点的某一邻域 $O_\delta(P_0)$ 内有定义，若对于任意点 $P(x,y)\in O_\delta(P_0)$ 满足

$$f(x,y)\leqslant f(x_0,y_0)（或 f(x,y)\geqslant f(x_0,y_0)），$$

则称函数 $f(x,y)$ 在点 $P_0(x_0,y_0)$ 处取极大值（或极小值），点 $P_0(x_0,y_0)$ 称为 $f(x,y)$ 的一个极大值点（或极小值点）. 极大值与极小值统称为极值.

例 1 如图 9.13(d)所示，对于椭圆抛物面 $z=\frac{x^2}{a^2}+\frac{y^2}{b^2}(a>0,b>0)$ 在 $(0,0)$ 点取得极小值 0，同时该点也是最小值点（最小值为 0）；又如图 9.13(e)所示，对于双曲抛物面 $z=\frac{x^2}{a^2}-\frac{y^2}{b^2}(a>0,b>0)$，$(0,0)$ 点不是该函数的极值点，因为在 $(0,0)$ 点的任意小邻域内，既有使 $z>0$ 的点，又有使 $z<0$ 的点.

那么，哪些点可能是二元函数 $f(x,y)$ 的极值点，即点 $P_0(x_0,y_0)$ 是 $f(x,y)$ 的极值点的必要条件是什么？反之，在什么样的约束条件下点 $P_0(x_0,y_0)$ 才是 $f(x,y)$ 的极值点，即 $P_0(x_0,y_0)$ 是 $f(x,y)$ 的极值点的充分条件是什么？

2. 取极值的必要条件与充分条件

定理 10.9（极值存在的必要条件） 若二元函数 $z=f(x,y)$ 在 $P_0(x_0,y_0)$ 点处取极值，并且两个偏导数都存在，则

$$f'_x(x_0,y_0)=0,\quad f'_y(x_0,y_0)=0.$$

证明 不妨设 $z=f(x,y)$ 在 $P_0(x_0,y_0)$ 点取得极大值，由定义 10.7 知，存在 $O_\delta(P_0)$ 使得对任意点 $P(x,y)\in O_\delta(P_0)$，有 $f(x,y)\leqslant f(x_0,y_0)$. 显然，对于固定的 $y=y_0$，有 $f(x,y_0)\leqslant f(x_0,y_0)$. 即对于一元函数 $f(x,y_0)$，$x=x_0$ 是其极大值点. 由一元函数取极值的必要条件（定理 5.7）及两个偏导数都存在的假设前提知 $f'_x(x_0,y_0)=0$. 同理可证 $f'_y(x_0,y_0)=0$. 定理得证.

通常，称满足条件 $f'_x(x,y)=0$ 与 $f'_y(x,y)=0$ 的点为函数 $f(x,y)$ 的稳定点（或驻点）. 由定理 10.9 可知，在偏导数存在的条件下，函数 $f(x,y)$ 的极值点一定是稳定点. 但反之不一定成立，即稳定点不一定是极值点. 如我们在例 1 中所述，对于双曲抛物面 $z=\frac{x^2}{a^2}-\frac{y^2}{b^2}(a>0,b>0)$，显然点 $(0,0)$ 是函数 $z=\frac{x^2}{a^2}-\frac{y^2}{b^2}$ 的稳定点 $\left(令\frac{\partial z}{\partial x}=\frac{2x}{a^2}=0,\frac{\partial z}{\partial y}=-\frac{2y}{b^2}=0，从而 x=0,y=0\right)$，但 $(0,0)$ 不是该函数的极值点.

此外，与一元函数类似，偏导数不存在的点也可能是极值点. 因此，二元函数 $f(x,y)$ 的

极值点必取自稳定点或偏导数不存在的点处.

定理 10.10(极值存在的充分条件) 设二元函数 $z=f(x,y)$ 在 $P_0(x_0,y_0)$ 点的某一邻域 $O_\delta(P_0)$ 内存在二阶连续偏导数,并且 $P_0(x_0,y_0)$ 为稳定点,即 $f'_x(x_0,y_0)=0$, $f'_y(x_0,y_0)=0$,记

$$A=f''_{xx}(x_0,y_0),\quad B=f''_{xy}(x_0,y_0),\quad C=f''_{yy}(x_0,y_0),$$

则:(1) 当 $B^2-AC>0$ 时,$P_0(x_0,y_0)$ 不是 $f(x,y)$ 的极值点;

(2) 当 $B^2-AC<0$ 时,$P_0(x_0,y_0)$ 是 $f(x,y)$ 的极值点,并且当 $A>0$ 时,$P_0(x_0,y_0)$ 是 $f(x,y)$ 的极小值点,$A<0$ 时,$P_0(x_0,y_0)$ 为 $f(x,y)$ 的极大值点.

证明 由于二元函数 $f(x,y)$ 在 $P_0(x_0,y_0)$ 点的邻域 $O_\delta(P_0)$ 内存在二阶连续偏导数,由定理 10.8 知 $f(x,y)$ 在 $P_0(x_0,y_0)$ 点处的二阶泰勒公式为

$$\begin{aligned}f(x_0+\Delta x,y_0+\Delta y)=f(x_0,y_0)+\frac{1}{2}[&f''_{xx}(x_0+\theta\Delta x,y_0+\theta\Delta y)\Delta x^2\\&+2f''_{xy}(x_0+\theta\Delta x,y_0+\theta\Delta y)\Delta x\Delta y\\&+f''_{yy}(x_0+\theta\Delta x,y_0+\theta\Delta y)\Delta y^2]\quad(0<\theta<1).\end{aligned}$$

当 $\Delta x\to0,\Delta y\to0$ 时,有

$$\begin{aligned}f''_{xx}(x_0+\theta\Delta x,y_0+\theta\Delta y)&=f''_{xx}(x_0,y_0)+\alpha=A+\alpha,\\f''_{xy}(x_0+\theta\Delta x,y_0+\theta\Delta y)&=f''_{xy}(x_0,y_0)+\beta=B+\beta,\\f''_{yy}(x_0+\theta\Delta x,y_0+\theta\Delta y)&=f''_{yy}(x_0,y_0)+\gamma=C+\gamma,\end{aligned}$$

其中 α,β,γ 为 $\Delta x\to0,\Delta y\to0$ 时的无穷小量.从而

$$\begin{aligned}\Delta f&=f(x_0+\theta\Delta x,y_0+\theta\Delta y)-f(x_0,y_0)\\&=\frac{1}{2}(A\Delta x^2+B\Delta x\Delta y+C\Delta y^2)+\frac{1}{2}(\alpha\Delta x^2+2\beta\Delta x\Delta y+\gamma\Delta y^2),\end{aligned}$$

其中 $\alpha\Delta x^2+2\beta\Delta x\Delta y+\gamma\Delta y^2$ 是 $\rho=\sqrt{\Delta x^2+\Delta y^2}$ 的高阶无穷小量.因此,当 $\Delta x\to0,\Delta y\to0$ 时,Δf 的符号由 $A\Delta x^2+B\Delta x\Delta y+C\Delta y^2$ 的符号决定.由于 Δx 与 Δy 不会同时为零,不妨设 $\Delta y\neq0$,则

$$A\Delta x^2+B\Delta x\Delta y+C\Delta y^2=\Delta y^2\left[A\left(\frac{\Delta x}{\Delta y}\right)^2+2B\left(\frac{\Delta x}{\Delta y}\right)+C\right].$$

若令 $\frac{\Delta x}{\Delta y}=t$,则 Δf 的符号由 $At^2+2Bt+C$ 的符号来决定.

因此,① 若判别式 $\Delta=B^2-AC>0$,则方程 $At^2+2Bt+C=0$ 有两个不同的实根 t_1 和 t_2,不妨设 $t_1<t_2$,则方程在区间 $[t_1,t_2]$ 内部与外部符号相反,即在 $P_0(x_0,y_0)$ 点的邻域内 Δf 既有大于零的点又有小于零的点,从而 $P_0(x_0,y_0)$ 不是 $f(x,y)$ 的极值点.

② 若判别式 $\Delta=B^2-AC<0$,则对任意实数 t,$At^2+2Bt+C$ 与 A 有相同的符号,从而 Δf 与 A 有相同符号,$P_0(x_0,y_0)$ 为 $f(x,y)$ 的极值点.进一步地,当 $A>0$ 时,$\Delta f>0$,从而 $P_0(x_0,y_0)$ 为 $f(x,y)$ 的极小值点;当 $A<0$ 时,$\Delta f<0$,从而 $P_0(x_0,y_0)$ 为 $f(x,y)$ 的极大值点,定理得证.

需要注意的是，当$\Delta=B^2-AC=0$时，不能判定稳定点$P_0(x_0,y_0)$是否是$f(x,y)$的极值点，需进一步考虑三阶或更高阶的偏导数. 例如，令$f_1(x,y)=x^4+y^2$，$f_2(x,y)=-(x^2+y^2)^2$，$f_3(x,y)=x^2y$，不难验证，对于上面三个函数而言，原点(0,0)是每一个函数唯一的稳定点，并且在该点对于每个函数的判别式$\Delta=B^2-AC=0$. 显然$P_0(0,0)$是$f_1(x,y)=x^4+y^2$的极小值点，是第二个函数的极大值点，但不是第三个函数$f_3(x,y)=x^2y$的极值点.

综上，对于可微函数$f(x,y)$，其极值点的求解步骤如下：

首先，求偏导数并求解方程组

$$\begin{cases} f'_x(x,y)=0, \\ f'_y(x,y)=0, \end{cases}$$

从而得到稳定点，设其中一个稳定点为$P_0(x_0,y_0)$；

其次，求二阶偏导数，$f''_{xx}(x,y)$，$f''_{xy}(x,y)$及$f''_{yy}(x,y)$；

最后，对于每一个稳定点，计算其相应的$A=f''_{xx}(x_0,y_0)$，$B=f''_{xy}(x_0,y_0)$，$C=f''_{yy}(x_0,y_0)$的值，并按照定理10.10，通过$\Delta=B^2-AC$的符号(如表10.1所示)判断所求稳定点是否为极值点，以及是极大值点还是极小值点.

表 10.1

$\Delta=B^2-AC$	$\Delta<0$		$\Delta>0$	$\Delta=0$
A	$A>0$	$A<0$		
稳定点	极小值点	极大值点	不是极值点	不确定

例 2 求函数$f(x,y)=x^3-y^3+3x^2+3y^2-9x$的极值.

解 函数$f(x,y)$的一阶偏导数得

$$f'_x(x,y)=3x^2+6x-9, \quad f'_y(x,y)=-3y^2+6y.$$

令$f'_x(x,y)=0$，$f'_y(x,y)=0$，解得四个稳定点：$(-3,0)$，$(-3,2)$，$(1,0)$，$(1,2)$.

$f(x,y)$的二阶偏导数为

$$f''_{xx}(x,y)=6x+6 \quad f''_{xy}(x,y)=0, \quad f''_{yy}(x,y)=-6y+6.$$

在点$(-3,0)$处，$A=f''_{xx}(-3,0)=-12$，$B=f''_{xy}(-3,0)=0$，$C=f''_{yy}(-3,0)=6$，$B^2-AC=72>0$，从而$(-3,0)$不是$f(x,y)$的极值点；

在点$(-3,2)$处，$A=f''_{xx}(-3,2)=-12$，$B=f''_{xy}(-3,2)=0$，$C=f''_{yy}(-3,2)=-6$，$B^2-AC=-72<0$，又$A=-12<0$，从而$(-3,2)$为$f(x,y)$的极大值点，极大值为$f(-3,2)=31$；

在点$(1,0)$处，$A=f''_{xx}(1,0)=12$，$B=f''_{xy}(1,0)=0$，$C=f''_{yy}(1,0)=6$，$B^2-AC=-72<0$，又$A=12>0$，从而$(1,0)$为$f(x,y)$的极小值点，极小值为$f(1,0)=-5$；

在点$(1,2)$处，$A=f''_{xx}(1,2)=12$，$B=f''_{xy}(1,2)=0$，$C=f''_{yy}(1,2)=-6$，$B^2-AC=72>0$，从而$(1,2)$不是$f(x,y)$的极值点.

综上可知，$f(x,y)=x^3-y^3+3x^2+3y^2-9x$有一个极大值点$(-3,2)$，极大值为31；有

一个极小值点$(1,0)$,极小值为-5.

3. 多元函数的最值问题

与一元函数类似,可以利用函数的极值来求解函数的最大值和最小值,只不过对于多元函数而言情况比一元函数要复杂许多.

对于有界闭区域D上的连续函数$f(x,y)$,由定理9.12可知$f(x,y)$在区域D上必存在最大值和最小值.求连续函数$f(x,y)$在有界闭区域D上的最值,需要求出$f(x,y)$在区域D内部的所有可能的极值点(即稳定点和一阶偏导数不存在的点)以及$f(x,y)$在区域D边界上的最值.将这些可能的极值点对应的函数值(不需要判别哪些是极值点哪些不是极值点)与边界上的最值放在一起进行比较,最大的为$f(x,y)$在D上的最大值,最小的为$f(x,y)$在D上的最小值.然而,对于二元函数$f(x,y)$其定义域D的边界通常是由一条或几条曲线围成,从而使得$f(x,y)$在D边界上最值的求解比较困难.

在实际问题的最值求解中,如果根据问题的实际意义,函数$f(x,y)$的最值一定在区域D(D可以为无界区域)内部取得,并且$f(x,y)$在D的内部只有一个稳定点,那么可以断定函数$f(x,y)$必在这个稳定点处取得最值.

例3　求二元函数$z=f(x,y)=x+xy-x^2-y^2$在直线$y=2x$,x轴以及$x=1$所围成的闭区域D上的最大值和最小值.

解　如图10.3所示,有界闭区域D为图中阴影区域.

首先求二元函数的稳定点.

$$\frac{\partial z}{\partial x}=1+y-2x=0,\quad \frac{\partial z}{\partial y}=x-2y=0,$$

稳定点为$P_1\left(\frac{2}{3},\frac{1}{3}\right)$,显然该稳定点位于区域$D$的内部.

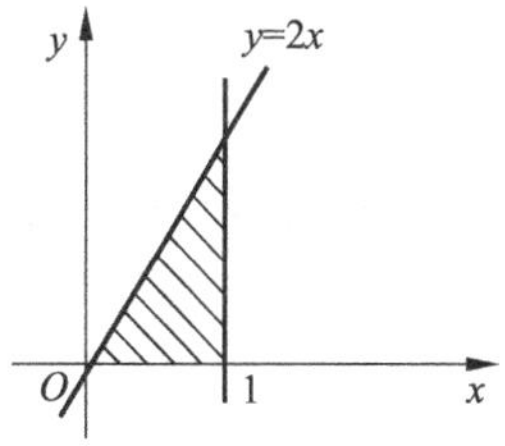

图　10.3

下面求解函数在区域D边界上的最值.

在边界$y=2x(0\leqslant x\leqslant 1)$上,二元函数$z=x+xy-x^2-y^2$化为一元函数$z=x-3x^2$.由$\frac{\mathrm{d}z}{\mathrm{d}x}=1-6x=0$知,在该边界上函数有唯一驻点$P_2\left(\frac{1}{6},\frac{1}{3}\right)$;

在边界x轴上,$y=0(0\leqslant x\leqslant 1)$,二元函数化为$z=x-x^2$,由$\frac{\mathrm{d}z}{\mathrm{d}x}=1-2x=0$知,在该边界上函数有唯一驻点$P_3\left(\frac{1}{2},0\right)$;

在边界$x=1(0\leqslant y\leqslant 2)$上,二元函数化为$z=y-y^2$,由$\frac{\mathrm{d}z}{\mathrm{d}y}=1-2y=0$知,在该边界上函数有唯一驻点$P_4\left(1,\frac{1}{2}\right)$.

将上述求得的4个点及区域D的端点$P_5(0,0)$，$P_6(1,0)$及$P_7(1,2)$的函数值放在一起比较，最大者为最大值，最小者为最小值. 从而，由$f(P_1)=\frac{1}{3}$，$f(P_2)=\frac{1}{12}$，$f(P_3)=\frac{1}{4}$，$f(P_4)=\frac{1}{4}$，$f(P_5)=0$，$f(P_6)=0$，$f(P_7)=-2$知，函数$f(x,y)$在有界闭区域D上的最大值为$\frac{1}{3}$(在区域内部取得)，最小值为-2(在区域D边界端点处取得).

例4 假设有一个长24cm的薄铁皮，把两端各折起x(cm)，做成一个倾角为α(弧度)的槽，问：当x和α取何值时，槽的梯形截面的面积最大？

解 如图10.4(a)和(b)所示，假设梯形槽的截面面积为S(单位：cm^2)，则

$$S=\frac{1}{2}[(24-2x)+(24-2x)+2x\cos\alpha]x\sin\alpha$$

$$=24x\sin\alpha-2x^2\sin\alpha+x^2\sin\alpha\cos\alpha\quad\left(0<x<12,0<\alpha\leqslant\frac{\pi}{2}\right).$$

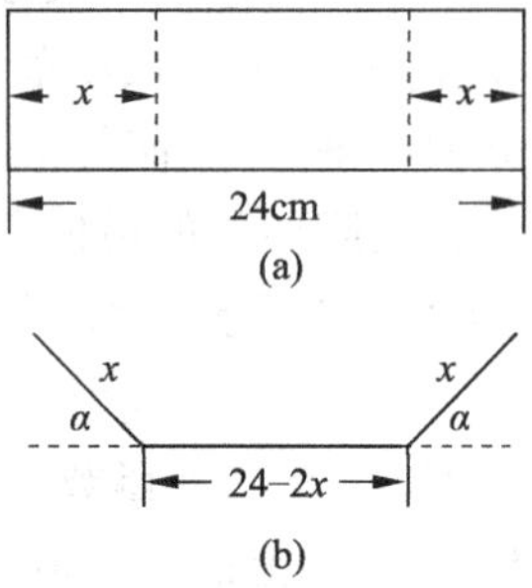

图 10.4

显然，面积S为关于x和α的二元函数.

$$\frac{\partial S}{\partial x}=24\sin\alpha-4x\sin\alpha+2x\sin\alpha\cos\alpha=0,$$

$$\frac{\partial S}{\partial \alpha}=24x\cos\alpha-2x^2\cos\alpha-x^2\sin^2\alpha+x^2\cos^2\alpha=0.$$

解上述方程组，得到符合题意的唯一稳定点$x=8$，$\alpha=\frac{\pi}{3}$.

由于这个实际问题的最大值一定存在，因此该稳定点对应的函数值即为最大值. 也就是，当$x=8\text{cm}$，$\alpha=\frac{\pi}{3}$弧度时，做成的梯形槽截面面积最大，并且最大值为

$$S=24\times8\times\frac{\sqrt{3}}{2}-2\times8^2\times\frac{\sqrt{3}}{2}+8^2\times\frac{1}{2}\times\frac{\sqrt{3}}{2}=48\sqrt{3}(\text{cm}^2).$$

例5 某公司在生产中使用甲、乙两种原材料，已知分别使用甲、乙两种原材料x单位和y单位可生产Q单位的产品，且函数关系为$Q(x,y)=10xy+20.2x+30.3y-10x^2-5y^2$. 原材料甲的单价为20元/单位，原材料乙的单价为30元/单位，产品每单位售价为100元，产品固定成本为1000元，求该公司生产多少单位的产量使得总利润最大，并求最大利润为多少.

解 用L表示该公司的利润，由题设知

$$L=L(x,y)=100Q(x,y)-20x-30y-1000$$

$$=1000xy+2000x+3000y-1000x^2-500y^2-1000\quad(x>0,y>0).$$

解方程组

$$\frac{\partial L}{\partial x}=1000y+2000-2000x=0,$$

$$\frac{\partial L}{\partial y}=1000x+3000-1000y=0,$$

得唯一稳定点(5,8).

虽然利润函数 $L(x,y)$ 的定义域 D 为无界区域,但是这个实际问题的最大利润一定存在,从而该稳定点对应的函数值即为最大利润,即当使用5单位原材料甲及8单位原材料乙,生产173.4单位的产品,得最大利润16 000元.

注意,即使可微函数 $f(x,y)$ 在其定义域 D(有界闭区域或无界区域)内只有一个稳定点,并且该点为极大(小)值点,但它不一定是最大(小)值点. 例如:① $f(x,y)=x^3-4x^2+2xy-y^2$ 在有界闭区域 $D=\{(x,y)\mid -1\leqslant x\leqslant 4,-1\leqslant y\leqslant 1\}$ 内有唯一的稳定点(0,0),并且该点为 $f(x,y)$ 的极大值点,但却不是最大值点. 因为 $f(0,0)=0<f(4,1)=7$;② $f(x,y)=8(\arctan x)^3-8(\arctan x)^2+\arctan x\arctan y-\frac{1}{8}(\arctan y)^2$ 在无界区域 $D=\{(x,y)\mid -\infty<x<+\infty,-\infty<y<+\infty\}$ 内有唯一的稳定点(0,0),并且该点为 $f(x,y)$ 的极大值点,但并不是 $f(x,y)$ 的最大值点,因为 $f(\tan 1,\tan 1)=\frac{7}{8}>f(0,0)=0$,并且此函数在全平面上无最大值.

由此可见,对于多元函数最值的求解无论稳定点是否唯一,均不需对稳定点做出是否为极值点以及是极大值还是极小值的判别.

本节对于多元函数极值的讨论是在无约束条件(或约束条件可以化简,代入多元函数中)的情形下进行的,称为无条件极值. 而在实际问题中,我们也常常遇到这样的极值问题:求 $f(x,y)$ 在条件 $\varphi(x,y)=0$ 下的极值. 这样的极值问题称为条件极值. 由于条件极值涉及隐函数的存在性定理,我们将这部分内容放在下一章进行讨论.

习题 10.4

1. 求下列函数的极值,并判断是极大值还是极小值.

(1) $z=x^2+(y-1)^2$; (2) $z=x^4+y^4$; (3) $z=x^3+3xy^2-15x-12y$;

(4) $z=2xy-3x^2-2y^2+1$; (5) $z=(x+y^2)\mathrm{e}^{\frac{x}{2}}$; (6) $z=(x-y+1)^2$.

2. 求下列函数的最值:

(1) $z=x^2+y^2-x-y$ 在有界闭区域 $D=\{(x,y)\mid x^2+y^2\leqslant 1\}$ 上的最值;

(2) $z=y(4-x-y)$ 在由直线 $x+y=6$, $y=-1$ 和 y 轴所围成的有界闭区域上的最值;

(3) $z=x^2-xy+y^2$ 在有界闭区域 $D=\{(x,y)\mid |x|+|y|\leqslant 1\}$ 上的最值.

3. 将正数 a 分成三个正数之和,使它的乘积最大,求这三个数及乘积的最大值.

4. 在半径为 a 的半球内,求体积最大的内接长方体的边长.

5. 某公司通过电台及报刊两种方式做某种产品的推销广告,根据统计资料,销售收入

R(万元)与电台广告费用 x_1(万元)及报刊广告费用 x_2(万元)之间的关系如下:

$$R=15+14x_1+32x_2-8x_1x_2-2x_1^2-10x_2^2.$$

求:(1) 在广告费不限的情况下相应的最优广告策略;

(2) 在限定广告费不超过1.5万元的情况下的最优广告策略.(注:所谓最优广告策略是指如何在电台与报刊之间分配广告费用使得销售收入达到最大)

6. 某厂投入产出函数为 $y=6k^{\frac{1}{3}}L^{\frac{1}{2}}$,产品售价为2,资本 k 的价格为4,投入劳动力 L 的价格为3,求:(1)该厂取得最大利润时的投入水平和最大利润;(2)如果投入总额限定在60个单位,使产品取最大利润时的投入水平和最大利润.

第 11 章

隐函数理论及其应用

上册书 4.3 节中我们介绍了隐函数的求导方法，在那里我们假定隐函数是存在的并且是可导的，由一个二元方程 $F(x,y)=0$ 确定一个隐函数. 本章我们将介绍由方程组所确定的隐函数，并分析隐函数的存在性、连续性、可微性等有关理论，这些理论通常称为隐函数理论，它有着广泛的应用.

11.1 隐函数理论

1. 隐函数的概念

在上册书 4.3 节中我们给出：所谓隐函数即自变量 x 与函数值 y 的对应关系由方程 $F(x,y)=0$ 的形式确定. 关于由 x 和 y 的二元方程 $F(x,y)=0$ 确定的隐函数，可以推广至一般的含有 $n+1$ 个变量 $x_1,x_2,\cdots,x_n,y$ 的方程 $F(x_1,x_2,\cdots,x_n,y)=0$ 的情形.

定义 11.1 若存在点 $P_0(x_1^0,x_2^0,\cdots,x_n^0)$ 的某个邻域 $O_\delta(P_0)$，使得对于任意点 $P(x_1,x_2,\cdots,x_n)\in O_\delta(P_0)$，由方程 $F(x_1,x_2,\cdots,x_n,y)=0$ 对应唯一一个 y，设 $y=f(x_1,x_2,\cdots,x_n)$，满足

$$F(x_1,x_2,\cdots,x_n,f(x_1,x_2,\cdots,x_n))\equiv 0,$$

则称 n 元函数 $y=f(x_1,x_2,\cdots,x_n)$ 是由方程 $F(x_1,x_2,\cdots,x_n,y)=0$ 所确定的隐函数.

需要指出的是，用一个方程可以确定一个隐函数，但并不是每一个方程都可以确定隐函数，有时需要对方程加一些限制才能够确定隐函数，而有时无论加任何限制有些方程始终不能确定隐函数. 例如，二元方程 $F(x,y)=x^2+y^2-a^2=0(a>0)$，对于任意一个 $x_0(-a\leqslant x_0\leqslant a)$，有两个值 $y_1=\sqrt{a^2-x_0^2}$ 和 $y_2=-\sqrt{a^2-x_0^2}$ 与之对应，即 $y_1=\sqrt{a^2-x_0^2}$ 与 $y_2=-\sqrt{a^2-x_0^2}$ 都满足方程 $F(x_0,y)=0$，所以该方程不能确定唯一的隐函数 y. 但是如果对 y 加限制，要求 $y\geqslant 0$，则对于每一个 $x_0(-a\leqslant x_0\leqslant a)$ 都有唯一的 $y=\sqrt{a^2-x_0^2}$ 与之对应，从而可以确定隐函数 $y=\sqrt{a^2-x^2}(-a\leqslant x\leqslant a)$；类似地，若要求 $y\leqslant 0$，则得另一个隐函数 $y=-\sqrt{a^2-x^2}(-a\leqslant x\leqslant a)$. 此外，也有一些方程不能确定隐函数. 例如二元方程 $F(x,y)=$

$x^2+y^2+r^2=0$,对于任意 $x_0\in\mathbb{R}$,由方程不存在相应的 y 使得 $F(x_0,y)=0$,即该二元方程不能确定隐函数.当然,还存在一些方程,例如二元方程 $F(x,y)=xy+2^x-2^y=0$,对于任意 $x_0\in(-\delta,\delta)(\delta>0)$,通过方程有唯一的 y 与之对应(这将在后面例1中给予证明),即 $y=\varphi(x)$ 满足方程 $F[x_0,\varphi(x_0)]=0$,但是 $y=\varphi(x)$ 不能表示成显函数形式,也就是说 y 虽然存在但不能用初等函数表达出来.这一类函数并不影响我们后续的讨论.因为接下来我们着重分析的是:隐函数的存在性(即 $F(x_1,x_2,\cdots,x_n,y)$ 满足什么条件可以确定隐函数 $y=f(x_1,x_2,\cdots,x_n)$)以及隐函数的性质(如连续性、可微性)问题.我们分两种情况讨论:一个方程确定的隐函数和方程组确定的隐函数.

2. 一个方程确定的隐函数

给定一个二元方程 $F(x,y)=0$,那么 $F(x,y)$ 在什么条件下存在隐函数,以及在什么条件下隐函数满足连续性、可微性呢?

定理11.1(隐函数存在性与可微性定理) 设函数 $F(x,y)$ 定义在区域 $D\subset\mathbb{R}^2$ 内,$P_0(x_0,y_0)$ 为区域 D 的一个内点,如果满足

(1) 在 D 内 $F'_x(x,y)$ 与 $F'_y(x,y)$ 都连续;

(2) $F(P_0)=F(x_0,y_0)=0$;

(3) $F'_y(x_0,y_0)\neq0$,

则(a)方程 $F(x,y)=0$ 在点 $P_0(x_0,y_0)$ 的某一邻域 $O(P_0)\subset D$ 内唯一确定一个定义在点 x_0 的某一邻域 $O(x_0)$ 内的函数 $y=f(x)$,当 $x\in O(x_0)$ 时,点 $(x,f(x))\in O(P_0)$,$F[x,f(x)]\equiv0$,$f(x_0)=y_0$;(b) $f(x)$ 在 $O(x_0)$ 内连续;(c) $f(x)$ 在 $O(x_0)$ 有连续导数并且 $f'(x)=-\dfrac{F'_x(x,y)}{F'_y(x,y)}$.

证明 (a) 隐函数的存在性.由(3) $F'_y(x_0,y_0)\neq0$,不妨设 $F'_y(x_0,y_0)>0$.又由(1) $F'_y(x,y)$ 在区域 D 内连续,$P_0(x_0,y_0)$ 为区域 D 的内点,从而存在以点 $P_0(x_0,y_0)$ 为中心的闭矩形邻域 $D'=\{(x,y)\mid x_0-\alpha\leqslant x\leqslant x_0+\alpha,y_0-\beta\leqslant y\leqslant y_0+\beta\}\subset D$,使得在 D' 内 $F'_y(x,y)>0$(连续函数的保号性).因此,对任意固定的 $x\in[x_0-\alpha,x_0+\alpha]$,$F(x,y)$ 随 y 严格递增,特别地当 $x=x_0$ 时,$F(x_0,y)$ 在 $[y_0-\beta,y_0+\beta]$ 上严格增加.由(2) $F(x_0,y_0)=0$ 知,$F(x_0,y_0-\beta)<0$,$F(x_0,y_0+\beta)>0$.又由(1) $F'_x(x,y)$,$F'_y(x,y)$ 在 D 内连续,从而 $F(x,y)$ 在 D 内可微,显然 $F(x,y)$ 在 D 内连续.因此,对于两个一元函数 $F(x,y_0-\beta)$,$F(x,y_0+\beta)$ 都连续.又由 $F(x_0,y_0-\beta)<0$ 及 $F(x,y_0-\beta)$ 连续知,存在 $\eta_1>0$,当 $x\in O_{\eta_1}(x_0)$ 时,$F(x,y_0-\beta)<0$;由 $F(x_0,y_0+\beta)>0$ 及 $F(x,y_0+\beta)$ 连续知,存在 $\eta_2>0$,当 $x\in O_{\eta_2}(x_0)$ 时,$F(x,y_0+\beta)>0$.取 $\eta=\min\{\eta_1,\eta_2,\alpha\}$,当 $x\in O_\eta(x_0)$,有 $F(x,y_0-\beta)<0$,$F(x,y_0+\beta)>0$.设 $\bar{x}$ 为 $O_\eta(x_0)$ 中的任意一点,由以上讨论知 $F(\bar{x},y_0-\beta)<0$,$F(\bar{x},y_0+\beta)>0$.因为一元函数 $F(\bar{x},y)$ 在闭区间 $[y_0-\beta,y_0+\beta]$ 上严格递增且连续,故在 $(y_0-\beta,y_0+\beta)$ 内存在唯一的 $\bar{y}$,使得 $F(\bar{x},\bar{y})=0$,也就是说,对于任意 $x\in O_\eta(x_0)$,都存在唯一的 y,使得 $F(x,y)=0$.因此,方程 $F(x,y)=0$ 唯

一确定了一个定义域为 $O_\eta(x_0)$，值域含在 $(y_0-\beta,y_0+\beta)$ 内的函数，将其记为 $y=f(x)$，$x\in O_\eta(x_0)$. 从而隐函数的存在性得证.

(b) 隐函数的连续性. 只需证明对任意 $x_1\in O_\eta(x_0)$，$f(x)$ 在 x_1 点连续.

记 $y_1=f(x_1)$，则 $F(x_1,y_1)=0$，并且 $y_0-\beta<y_1<y_0+\beta$. 对于 $\forall\varepsilon>0$，不妨设 $y_0-\beta<y_1-\varepsilon<y_1+\varepsilon<y_0+\beta$. 由 $F(x_1,y)$ 的严格递增性及 $F(x_1,y_1)=0$ 知 $F(x_1,y_1-\varepsilon)<0$，$F(x_1,y_1+\varepsilon)>0$. 又因为 $F(x,y_1-\varepsilon)$ 与 $F(x,y_1+\varepsilon)$ 连续，从而存在 $\delta>0$，使得当 $x\in O_\delta(x_1)$ 时，有 $F(x,y_1-\varepsilon)<0$，$F(x,y_1+\varepsilon)>0$，并且 $O_\delta(x_0)\subset O_\eta(x_0)$. 对任意 $x\in O_\delta(x_1)$，其对应函数值为 $y=f(x)$ 满足 $F(x,y)=0$，由 $F(x,y)$ 对 y 的严格递增性知 $y_1-\varepsilon<y<y_1+\varepsilon$，即 $|y-y_1|<\varepsilon$，从而 $|f(x)-f(x_1)|<\varepsilon$. 由 x_1 的任意性知 $f(x)$ 在 $O_\eta(x_0)$ 内连续，连续性得证.

(c) 隐函数的可微性. 对于任意 $x\in O_\eta(x_0)$，下证 $f(x)$ 在 x 点可导，导函数连续并且满足等式 $f'(x)=-\dfrac{F'_x(x,y)}{F'_y(x,y)}$.

给 x 以改变量 Δx，并满足 $x_0-\eta<x+\Delta x<x_0+\eta$. 相应地 y 的改变量 $\Delta y=f(x+\Delta x)-f(x)$，$y+\Delta y=f(x_0+\Delta x)$ 并且 $y+\Delta y\in(y_0-\beta,y_0+\beta)$. 由 $y=f(x)$ 的定义知，点 (x,y) 与 $(x+\Delta x,y+\Delta y)$ 满足方程 $F(x,y)=0$，$F(x+\Delta x,y+\Delta y)=0$. 从而 $\Delta F=F(x+\Delta x,y+\Delta y)-F(x,y)=0$. 由(1)知 $F(x,y)$ 在 D 内可微，从而 ΔF 可以表示为 $\Delta F=F'_x(x,y)\Delta x+F'_y(x,y)\Delta y+\rho_1\Delta x+\rho_2\Delta y$，其中当 $\Delta x,\Delta y$ 同时趋于零时，$\rho_1\to0$，$\rho_2\to0$. 由于 $\Delta F=0$，所以 $\dfrac{\Delta y}{\Delta x}=-\dfrac{F'_x(x,y)+\rho_1}{F'_y(x,y)+\rho_2}$. 由(b)知 $y=f(x)$ 连续，从而当 $\Delta x\to0$ 时必有 $\Delta y\to0$，继而 $\rho_1\to0$，$\rho_2\to0$. 又 $F'_y(x,y)\neq0$，对上式两边取极限 $\Delta x\to0$，有

$$f'(x)=\lim_{\Delta x\to0}\frac{\Delta y}{\Delta x}=-\lim_{\Delta x\to0}\frac{F'_x(x,y)+\rho_1}{F'_y(x,y)+\rho_2}=-\frac{F'_x(x,y)}{F'_y(x,y)}.$$

进一步地，由(1)知 $F'_x(x,y)$，$F'_y(x,y)$ 在 D 内连续，$f(x)$ 在 $O_\eta(x_0)$ 内连续，从而 $F'_x(x,f(x))$ 与 $F'_y(x,f(x))$ 在 $O_\eta(x_0)$ 内连续，又 $F'_y(x,f(x))\neq0$，所以 $\dfrac{F'_x(x,f(x))}{F'_y(x,f(x))}$ 连续，从而导函数 $f'(x)$ 在 $O_\eta(x_0)$ 内连续，可微性得证.

综上可知，隐函数的存在性定理得证.

对于隐函数的存在性定理(定理 11.1)有以下几点需要说明.

(1) 在定理 11.1 中条件(3) $F'_y(x_0,y_0)\neq0$ 若改成 $F'_x(x_0,y_0)\neq0$，则方程 $F(x,y)=0$ 可确定隐函数 $x=\varphi(y)$. 如果 $F'_y(x_0,y_0)\neq0$ 与 $F'_x(x_0,y_0)\neq0$ 同时成立，则由方程 $F(x,y)=0$ 既可确定隐函数 $y=f(x)$ 又可确定隐函数 $x=\varphi(y)$. 由隐函数的唯一性可知，$x=\varphi(y)$ 与 $y=f(x)$ 必定互为反函数.

(2) 条件 $F'_y(x_0,y_0)\neq0$ (或 $F'_x(x_0,y_0)\neq0$) 是隐函数存在的充分非必要条件，即 $F'_y(x_0,y_0)=0$ 或 $F'_x(x_0,y_0)=0$ 时隐函数可能存在也可能不存在. 例如 $F(x,y)=x^2+y^2$ 在 $(0,0)$ 点附近有 $F'_x(0,0)=0$，$F'_y(0,0)=0$，方程 $x^2+y^2=0$ 没有隐函数. 再例如对于方程

$F(x,y)=(y-x)^2=0$，它在原点$(0,0)$处有$F'_y(0,0)=0$，但该方程可以确定隐函数$y=x$.

(3) 定理11.1不难推广至多元情形.

定理11.2 设$F(x_1,x_2,\cdots,x_n,y)$定义在区域$D\subset\mathbb{R}^{n+1}$内，$P_0(x_1^0,x_2^0,\cdots,x_n^0,y^0)$是$D$的内点，并且满足

(1) $F(x_1,x_2,\cdots,x_n,y)$在D内对于各个变量有连续偏导数，即$F'_{x_i}(x_1,x_2,\cdots,x_n,y)$及$F'_y(x_1,x_2,\cdots,x_n,y)$存在且连续$(i=1,2,\cdots,n)$；

(2) $F(P_0)=F(x_1^0,x_2^0,\cdots,x_n^0,y^0)=0$；

(3) $F'_y(P_0)=F'_y(x_1^0,x_2^0,\cdots,x_n^0,y^0)\neq 0$，

则(a)方程$F(x_1,x_2,\cdots,x_n,y)=0$在点$P_0(x_1^0,x_2^0,\cdots,x_n^0,y^0)$的某个邻域$O(P_0)\subset D$内唯一确定一个定义在点$Q_0(x_1^0,x_2^0,\cdots,x_n^0)$的某一邻域$O(Q_0)$内的函数$y=f(x_1,x_2,\cdots,x_n)$，当$(x_1,x_2,\cdots,x_n)\in O(Q_0)$时，$(x_1,x_2,\cdots,x_n,f(x_1,x_2,\cdots,x_n))\in O(P_0)$，$F[x_1,x_2,\cdots,x_n,f(x_1,x_2,\cdots,x_n)]\equiv 0$，且$y^0=f(x_1^0,x_2^0,\cdots,x_n^0)$；

(b) $f(x_1,x_2,\cdots,x_n)$在$O(Q_0)$内连续；

(c) $f(x_1,x_2,\cdots,x_n)$在$O(Q_0)$对于各个变量有连续偏导数，并且

$$f'_{x_i}=-\frac{F'_{x_i}(x_1,x_2,\cdots,x_n,y)}{F'_y(x_1,x_2,\cdots,x_n,y)}\quad(i=1,2,\cdots,n).\tag{11.1}$$

例1 验证二元方程$F(x,y)=xy+2^x-2^y=0$在O点的某邻域内确定唯一的一个有连续导数的隐函数$y=\varphi(x)$，并求$\varphi'(x)$.

解 二元函数$F(x,y)$关于x和y的偏导函数：$F'_x(x,y)=y+2^x\ln 2$与$F'_y(x,y)=x-2^y\ln 2$在点$(0,0)$的邻域内为连续函数，并且$F(0,0)=0$，$F'_y(0,0)=-\ln 2\neq 0$. 由定理11.1知在O点的某个邻域$(-\delta,\delta)$内存在唯一的一个具有连续导数的隐函数$y=\varphi(x)$，使得$F[x,\varphi(x)]\equiv 0$，并且$\varphi(0)=0$，$y=\varphi(x)$的导数是$\varphi'(x)=-\dfrac{F'_x(x,y)}{F'_y(x,y)}=-\dfrac{y+2^x\ln 2}{x-2^y\ln 2}$.

例2 设由三元函数$e^z=xyz$所确定的隐函数为$z=f(x,y)$，求$\dfrac{\partial z}{\partial x}$和$\dfrac{\partial z}{\partial y}$.

解 方法一(公式法) 令$F(x,y,z)=e^z-xyz$，则$F'_x(x,y,z)=-yz$，$F'_y(x,y,z)=-xz$，$F'_z(x,y,z)=e^z-xy$，由多元隐函数求偏导数公式$\dfrac{\partial z}{\partial x}=-\dfrac{F'_x(x,y,z)}{F'_z(x,y,z)}$，$\dfrac{\partial z}{\partial y}=-\dfrac{F'_y(x,y,z)}{F'_z(x,y,z)}$知$\dfrac{\partial z}{\partial x}=\dfrac{yz}{e^z-xy}$，$\dfrac{\partial z}{\partial y}=\dfrac{xz}{e^z-xy}$.

方法二(全微分法) 对于方程$e^z=xyz$两边求全微分，有$e^z dz=yz dx+xz dy+xy dz$. 则$dz=\dfrac{yz}{e^z-xy}dx+\dfrac{xz}{e^z-xy}dy$，从而$\dfrac{\partial z}{\partial x}=\dfrac{yz}{e^z-xy}$，$\dfrac{\partial z}{\partial y}=\dfrac{xz}{e^z-xy}$.

方法三(复合函数求偏导法) 在方程$e^z=xyz$中将z看作是x和y的二元函数，对方程两边分别关于x和y求偏导，有

$$e^z\cdot\frac{\partial z}{\partial x}=yz+xy\cdot\frac{\partial z}{\partial x},\quad e^z\cdot\frac{\partial z}{\partial y}=xz+xy\cdot\frac{\partial z}{\partial y},$$

分别解得$\frac{\partial z}{\partial x}=\frac{yz}{e^z-xy},\frac{\partial z}{\partial y}=\frac{xz}{e^z-xy}$.

3. 方程组确定的隐函数

上面讨论了由一个方程确定的隐函数问题，本部分我们介绍由方程组确定的隐函数组的相关问题.首先给出隐函数组与函数行列式的概念.

定义 11.2　设 $F_1(x,y,z)$和 $F_2(x,y,z)$是定义在区域 $D\subset\mathbb{R}^3$上的三元函数.若存在区间 I,使得对每一个 $x\in I$,分别有区间 J 和K 中的唯一的一对值 $y\in J,z\in K$,它们与 x 一起满足方程组

$$\begin{cases}F_1(x,y,z)=0,\\F_2(x,y,z)=0,\end{cases}\tag{11.2}$$

则称方程组(11.2)确定了两个定义在区间 I 上,值域分别为 J 和 K 的子集的函数,这两个函数 $y=y(x),z=z(x)$(其中,$x\in I,y\in J,z\in K$)称为由方程组(11.2)确定的隐函数组,并且有

$$\begin{cases}F_1[x,y(x),z(x)]\equiv 0,\\F_2[x,y(x),z(x)]\equiv 0\end{cases}\quad(x\in I).$$

类似地,可以得出由 m 个方程 $F_i(x_1,x_2,\cdots,x_n,y_1,y_2,\cdots,y_m)=0(i=1,2,\cdots,m)$确定的 m 个 n 元函数的隐函数组的定义,请读者自己补充完成.

定义 11.3　设 $y_k=f_k(x_1,x_2,\cdots,x_n)(k=1,2,\cdots,m$ 且 $m\leqslant n)$为 m 个定义在区域 $D\subset\mathbb{R}^n$上的函数,并且在区域 D 内具有对每个变量 $x_i(i=1,2,\cdots,n)$的偏导数,则称

$$\begin{vmatrix}\frac{\partial y_1}{\partial x_{i_1}} & \frac{\partial y_1}{\partial x_{i_2}} & \cdots & \frac{\partial y_1}{\partial x_{i_m}}\\ \frac{\partial y_2}{\partial x_{i_1}} & \frac{\partial y_2}{\partial x_{i_2}} & \cdots & \frac{\partial y_2}{\partial x_{i_m}}\\ \vdots & \vdots & & \vdots\\ \frac{\partial y_m}{\partial x_{i_1}} & \frac{\partial y_m}{\partial x_{i_2}} & \cdots & \frac{\partial y_m}{\partial x_{i_m}}\end{vmatrix}$$

(其中 $i_1,i_2,\cdots,i_m$ 为 $1,2,\cdots,n$ 中 m 个正整数的任意组合)为 m 个函数 $y_1,y_2,\cdots,y_m$ 关于变量 $x_{i_1},x_{i_2},\cdots,x_{i_m}$ 的函数行列式或雅可比(Jacobi)行列式,记作$\frac{\partial(f_1,f_2,\cdots,f_m)}{\partial(x_{i_1},x_{i_2},\cdots,x_{i_m})}$或$\frac{D(f_1,f_2,\cdots,f_m)}{D(x_{i_1},x_{i_2},\cdots,x_{i_m})}$.

关于隐函数组的存在性及可微性由下述定理给出.为简便起见,我们仅讨论四个变量两个方程的情况.

定理 11.3(隐函数组的存在性与可微性定理)　若四元函数 $F_1(x,y,u,v)$和 $F_2(x,y,u,v)$定义在同一个区域 $D\subset\mathbb{R}^4$内,$P_0(x_0,y_0,u_0,v_0)$为区域 D 的一个内点,如果满足下列条件:

(1) 在 D 内 $F_1(x,y,u,v)$ 和 $F_2(x,y,u,v)$ 关于所有变量的偏导数均连续(从而 F_1 和 F_2 在 D 内连续)；

(2) $F_1(x_0,y_0,u_0,v_0)=0, F_2(x_0,y_0,u_0,v_0)=0$；

(3) $\left.\dfrac{D(F_1,F_2)}{D(u,v)}\right|_{P_0}=\begin{vmatrix}\dfrac{\partial F_1}{\partial u} & \dfrac{\partial F_1}{\partial v}\\ \dfrac{\partial F_2}{\partial u} & \dfrac{\partial F_2}{\partial v}\end{vmatrix}_{P_0}\neq 0$，

则(a)方程组$\begin{cases}F_1(x,y,u,v)=0,\\F_2(x,y,u,v)=0\end{cases}$在点 $P_0(x_0,y_0,u_0,v_0)$ 的某一邻域 $O(P_0)\subset D$ 内唯一确定一组定义在点 $Q_0(x_0,y_0)$ 的某一邻域 $O(Q_0)$ 内的函数组 $u=u(x,y)$，$v=v(x,y)$，当 $(x,y)\in O(Q_0)$ 时，点 $(x,y,u(x,y),v(x,y))\in O(P_0)$，$F_1[x,y,u(x,y),v(x,y)]\equiv 0$，$F_2[x,y,u(x,y),v(x,y)]\equiv 0$，并且有 $u_0=u(x_0,y_0)$，$v_0=v(x_0,y_0)$；

(b) $u(x,y)$ 与 $v(x,y)$ 在 $O(Q_0)$ 内连续；

(c) $u(x,y)$ 与 $v(x,y)$ 在 $O(Q_0)$ 内有连续偏导数，并且

$$\frac{\partial u}{\partial x}=-\frac{\dfrac{D(F_1,F_2)}{D(x,v)}}{\dfrac{D(F_1,F_2)}{D(u,v)}},\quad \frac{\partial v}{\partial x}=-\frac{\dfrac{D(F_1,F_2)}{D(u,x)}}{\dfrac{D(F_1,F_2)}{D(u,v)}},$$

$$\frac{\partial u}{\partial y}=-\frac{\dfrac{D(F_1,F_2)}{D(y,v)}}{\dfrac{D(F_1,F_2)}{D(u,v)}},\quad \frac{\partial v}{\partial y}=-\frac{\dfrac{D(F_1,F_2)}{D(u,y)}}{\dfrac{D(F_1,F_2)}{D(u,v)}}.$$

证明 由条件(3)知$\left.\dfrac{\partial F_1}{\partial u}\right|_{P_0}$，$\left.\dfrac{\partial F_1}{\partial v}\right|_{P_0}$中至少有一个不为零，不妨假设$\left.\dfrac{\partial F_1}{\partial v}\right|_{P_0}\neq 0$. 由于多元函数 $F_1(x,y,u,v)$ 在区域 D 内连续且对于所有变量的偏导数存在且连续，$F_1(P_0)=0$，$\left.\dfrac{\partial F_1}{\partial v}\right|_{P_0}\neq 0$，根据这些条件及定理 11.2，在 P_0 点的某个邻域 $O(P_0)\subset D$ 内方程 $F_1(x,y,u,v)=0$ 唯一确定一个定义在点 $N_0(x_0,y_0,u_0)$ 的某个邻域 $O(N_0)$ 内的连续函数 $v=f_1(x,y,u)$，满足当 $(x,y,u)\in O(N_0)$ 时，$(x,y,u,f_1(x,y,u))\in O(P_0)$，$F[x,y,u,f_1(x,y,u)]\equiv 0$，$v_0=f_1(x_0,y_0,u_0)$，$\dfrac{\partial f_1}{\partial x}$，$\dfrac{\partial f_1}{\partial y}$，$\dfrac{\partial f_1}{\partial u}$在 $O(N_0)$ 内连续且有$\dfrac{\partial f_1}{\partial x}=-\dfrac{\frac{\partial F_1}{\partial x}}{\frac{\partial F_1}{\partial v}}$，$\dfrac{\partial f_1}{\partial y}=-\dfrac{\frac{\partial F_1}{\partial y}}{\frac{\partial F_1}{\partial v}}$，$\dfrac{\partial f_1}{\partial u}=-\dfrac{\frac{\partial F_1}{\partial u}}{\frac{\partial F_1}{\partial v}}$. 接下来，将 $v=f_1(x,y,u)$ 代入 $F_2(x,y,u,v)$ 中，并记 $F_2[x,y,u,f_1(x,y,u)]=f_2(x,y,u)$，则 $f_2(x,y,u)$ 在区域 $O(N_0)$ 内满足下列条件：

(1) $f_2(x,y,u)$的所有偏导数在$O(N_0)$内连续.

事实上,$\frac{\partial f_2}{\partial x}=\frac{\partial F_2}{\partial x}+\frac{\partial F_2}{\partial v}\cdot\frac{\partial v}{\partial x}$,而$\frac{\partial F_2}{\partial x}$,$\frac{\partial F_2}{\partial v}$,$\frac{\partial v}{\partial x}$在$O(N_0)$内均连续,从而$\frac{\partial f_2}{\partial x}$在$O(N_0)$内连续. 同理可知$\frac{\partial f_2}{\partial y}$,$\frac{\partial f_2}{\partial u}$在$O(N_0)$内也连续.

(2) $f_2(x_0,y_0,u_0)=F_2[x_0,y_0,u_0,f_1(x_0,y_0,u_0)]=F_2(x_0,y_0,u_0,v_0)=0$.

(3) $\left.\frac{\partial f_2}{\partial u}\right|_{N_0}\neq 0$.

事实上,
$$\frac{\partial f_2}{\partial u}=\frac{\partial F_2}{\partial u}+\frac{\partial F_2}{\partial v}\cdot\frac{\partial f_1}{\partial u}=\frac{\partial F_2}{\partial u}+\frac{\partial F_2}{\partial v}\cdot\left[-\frac{\frac{\partial F_1}{\partial u}}{\frac{\partial F_1}{\partial v}}\right]$$
$$=\frac{1}{\frac{\partial F_1}{\partial v}}\left(\frac{\partial F_1}{\partial v}\cdot\frac{\partial F_2}{\partial u}-\frac{\partial F_2}{\partial v}\cdot\frac{\partial F_1}{\partial u}\right)$$
$$=\frac{1}{\frac{\partial F_1}{\partial v}}\cdot\begin{vmatrix}\frac{\partial F_1}{\partial v} & \frac{\partial F_1}{\partial u}\\ \frac{\partial F_2}{\partial v} & \frac{\partial F_2}{\partial u}\end{vmatrix}=\frac{-1}{\frac{\partial F_1}{\partial v}}\cdot J,$$
所以$\left.\frac{\partial f_2}{\partial u}\right|_{N_0}=\left(\frac{-1}{\frac{\partial F_1}{\partial v}}J\right)_{P_0}\neq 0$.

由定理11.2知在$N_0(x_0,y_0,u_0)$的某个邻域$O(N_0)$内,方程$f_2(x,y,u)=0$唯一确定一个定义在点$Q_0(x_0,y_0)$的某个邻域$O(Q_0)$内的连续函数$u=u(x,y)$,满足当$(x,y)\in O(Q_0)$时,$(x,y,u(x,y))\in O(N_0)$,$f_2(x,y,u(x,y))\equiv 0$并且$u_0=u(x_0,y_0)$,函数$u=u(x,y)$的偏导数$\frac{\partial u}{\partial x}$,$\frac{\partial u}{\partial y}$在$O(Q_0)$内存在且连续.

再将$u=u(x,y)$代入$v=f_1(x,y,u)$中,并记$v=f_1[x,y,u(x,y)]=v(x,y)$,下证隐函数组$u=u(x,y)$,$v=v(x,y)$满足定理的要求.

① 由于$(x,y)\in O(Q_0)$时,$[x,y,u(x,y)]\in O(N_0)$,从而$[x,y,u,f_1(x,y,u)]\in O(P_0)$,即$(x,y,u,v)\in O(P_0)$,并且
$$F_1[x,y,u(x,y),v(x,y)]\equiv F_1[x,y,u(x,y),f_1(x,y,u(x,y))]$$
$$\equiv F_1[x,y,u,f_1(x,y,u)]\equiv 0,$$
$$F_2[x,y,u(x,y),v(x,y)]\equiv F_2[x,y,u(x,y),f_1(x,y,u(x,y))]$$
$$\equiv F_2[x,y,u,f_1(x,y,u)]\equiv 0,$$
$$u(x_0,y_0)=u_0,v(x_0,y_0)=f(x_0,y_0,u(x_0,y_0))=f(x_0,y_0,u_0)=v_0,$$
从而$u(x,y)$,$v(x,y)$满足(a).

② $u=u(x,y)$在$O(Q_0)$连续,$v=f_1(x,y,u)$在$O(N_0)$内连续,所以$v=v(x,y)=$

$f(x,y,u(x,y))$在$O(Q_0)$内连续，结论(b)满足.

③ $u=u(x,y)$在$O(Q_0)$内存在连续偏导数，又$v=v(x,y)=f_1(x,y,u(x,y))$，从而

$$\frac{\partial v}{\partial x}=\frac{\partial f_1}{\partial x}+\frac{\partial f_1}{\partial u}\cdot\frac{\partial u}{\partial x},\quad \frac{\partial v}{\partial y}=\frac{\partial f_1}{\partial y}+\frac{\partial f_1}{\partial u}\cdot\frac{\partial u}{\partial y}.$$

因为$\frac{\partial f_1}{\partial x},\frac{\partial f_1}{\partial u},\frac{\partial f_1}{\partial y}$都在$O(Q_0)$内连续，所以$\frac{\partial v}{\partial x},\frac{\partial v}{\partial y}$也在$O(Q_0)$内连续，即$u(x,y)$，$v(x,y)$在$O(Q_0)$内具有对各个变量的连续偏导数. 进一步地，对于方程组$F_1[x,y,u(x,y),v(x,y)]\equiv 0$，$F_2[x,y,u(x,y),v(x,y)]\equiv 0$两边关于$x,y$分别求导，应用克莱姆法则，解得

$$\frac{\partial u}{\partial x}=-\frac{\frac{D(F_1,F_2)}{D(x,v)}}{\frac{D(F_1,F_2)}{D(u,v)}},\quad \frac{\partial u}{\partial y}=-\frac{\frac{D(F_1,F_2)}{D(y,v)}}{\frac{D(F_1,F_2)}{D(u,v)}},\quad \frac{\partial v}{\partial x}=-\frac{\frac{D(F_1,F_2)}{D(u,x)}}{\frac{D(F_1,F_2)}{D(u,v)}},\quad \frac{\partial v}{\partial y}=-\frac{\frac{D(F_1,F_2)}{D(u,y)}}{\frac{D(F_1,F_2)}{D(u,v)}},$$

从而结论(c)成立. 定理得证.

以上是对于具有四个变量，两个方程的情况进行的讨论，对于一般的隐函数的存在性与可微性，我们不加证明地给出如下：

定理 11.4 设m个函数$F_i(x_1,x_2,\cdots,x_n,y_1,y_2,\cdots,y_m)(i=1,2,\cdots,m)$定义在同一区域$D\subset\mathbb{R}^{n+m}$内，$P_0(x_1^0,x_2^0,\cdots,x_n^0,y_1^0,y_2^0,\cdots,y_m^0)$为区域$D$的一个内点，如果满足

(1) $F_i(x_1,x_2,\cdots,x_n,y_1,y_2,\cdots,y_m)(i=1,2,\cdots,m)$在$D$内关于所有变量的偏导数均连续；

(2) $F_i(P_0)=F_i(x_1^0,x_2^0,\cdots,x_n^0,y_1^0,y_2^0,\cdots,y_m^0)=0(i=1,2,\cdots,m)$；

(3) 行列式在P_0点不为零，即$\begin{vmatrix}\frac{\partial F_1}{\partial y_1} & \frac{\partial F_1}{\partial y_2} & \cdots & \frac{\partial F_1}{\partial y_m}\\ \frac{\partial F_2}{\partial y_1} & \frac{\partial F_2}{\partial y_2} & \cdots & \frac{\partial F_2}{\partial y_m}\\ \vdots & \vdots & & \vdots\\ \frac{\partial F_m}{\partial y_1} & \frac{\partial F_m}{\partial y_2} & \cdots & \frac{\partial F_m}{\partial y_m}\end{vmatrix}_{P_0}\neq 0$，

则(a)方程组$F_i(x_1,x_2,\cdots,x_n,y_1,y_2,\cdots,y_m)=0(i=1,2,\cdots,m)$在$P_0$点的某个邻域$O(P_0)\subset D$内唯一确定一组定义在点$Q_0(x_1^0,x_2^0,\cdots,x_n^0)$的某个邻域$O(Q_0)$内的函数组$y_i=f_i(x_1,x_2,\cdots,x_n)(i=1,2,\cdots,m)$，当$(x_1,x_2,\cdots,x_n)\in O(Q_0)$时，$(x_1,x_2,\cdots,x_n,f_1,f_2,\cdots,f_m)\in O(P_0)$，$F_i(x_1,x_2,\cdots,x_n,f_1,f_2,\cdots,f_m)\equiv 0(i=1,2,\cdots,m)$并且$y_i^0=f_i(x_1^0,x_2^0,\cdots,x_n^0)(i=1,2,\cdots,m)$；

(b) $f_i(x_1,x_2,\cdots,x_n)(i=1,2,\cdots,m)$在$O(Q_0)$内连续；

(c) $f_i(x_1,x_2,\cdots,x_n)(i=1,2,\cdots,m)$在$O(Q_0)$内对所有变量有连续偏导数，并且对每一个变量的偏导数可由方程组$\frac{\partial F_i}{\partial x_j}+\frac{\partial F_i}{\partial y_1}\cdot\frac{\partial y_1}{\partial x_j}+\frac{\partial F_i}{\partial y_2}\cdot\frac{\partial y_2}{\partial x_j}+\cdots+\frac{\partial F_i}{\partial y_m}\cdot\frac{\partial y_m}{\partial x_j}=0(i=1,2,\cdots,m,j=1,2,\cdots,n)$联立解出.

例 3 验证方程组$\begin{cases}x^2+y^2+z^2-6=0,\\ x+y+z=0\end{cases}$在点$P_0(x_0,y_0,z_0)=(1,-2,1)$的邻域内满足定理 11.3 的条件，在点$x_0=1$的邻域内存在唯一一组有连续导数的隐函数组$y=f_1(x)$与$z=f_2(x)$，并求$\dfrac{\mathrm{d}y}{\mathrm{d}x}$和$\dfrac{\mathrm{d}z}{\mathrm{d}x}$.

解 令$F_1(x,y,z)=x^2+y^2+z^2$，$F_2(x,y,z)=x+y+z$，则$\dfrac{\partial F_1}{\partial x}=2x$，$\dfrac{\partial F_1}{\partial y}=2y$，$\dfrac{\partial F_1}{\partial z}=2z$，$\dfrac{\partial F_2}{\partial x}=1$，$\dfrac{\partial F_2}{\partial y}=1$，$\dfrac{\partial F_2}{\partial z}=1$. 显然$F_1$与$F_2$关于三个变量的偏导数在点$P_0(1,-2,1)$的邻域内均连续.

又$F_1(1,-2,1)=F_2(1,-2,1)=0$，雅可比行列式$\begin{vmatrix}\dfrac{\partial F_1}{\partial y} & \dfrac{\partial F_1}{\partial z}\\ \dfrac{\partial F_2}{\partial y} & \dfrac{\partial F_2}{\partial z}\end{vmatrix}=\begin{vmatrix}2y & 2z\\ 1 & 1\end{vmatrix}_{P_0}=2(y-z)|_{P_0}=-6\neq0$，所以方程组满足定理 11.3 的条件. 从而在点$x_0=1$的邻域内存在唯一一组有连续导数的隐函数组$y=f_1(x)$与$z=f_2(x)$. 将方程组$\begin{cases}x^2+y^2+z^2-6=0,\\ x+y+z=0\end{cases}$分别关于$x$求导，有$\begin{cases}2x+2y\cdot\dfrac{\mathrm{d}y}{\mathrm{d}x}+2z\cdot\dfrac{\mathrm{d}z}{\mathrm{d}x}=0,\\ 1+\dfrac{\mathrm{d}y}{\mathrm{d}x}+\dfrac{\mathrm{d}z}{\mathrm{d}x}=0,\end{cases}$解方程组得$\dfrac{\mathrm{d}y}{\mathrm{d}x}=\dfrac{z-x}{y-z}$，$\dfrac{\mathrm{d}z}{\mathrm{d}x}=\dfrac{x-y}{y-z}$.

当然，也可根据定理 11.3 的结论，由克莱姆法则得

$$\frac{\mathrm{d}y}{\mathrm{d}x}=-\frac{\begin{vmatrix}\dfrac{\partial F_1}{\partial x} & \dfrac{\partial F_1}{\partial z}\\ \dfrac{\partial F_2}{\partial x} & \dfrac{\partial F_2}{\partial z}\end{vmatrix}}{\begin{vmatrix}\dfrac{\partial F_1}{\partial y} & \dfrac{\partial F_1}{\partial z}\\ \dfrac{\partial F_2}{\partial y} & \dfrac{\partial F_2}{\partial z}\end{vmatrix}}=-\frac{\begin{vmatrix}2x & 2z\\ 1 & 1\end{vmatrix}}{\begin{vmatrix}2y & 2z\\ 1 & 1\end{vmatrix}}=-\frac{2(x-z)}{2(y-z)}=\frac{z-x}{y-z},$$

$$\frac{\mathrm{d}z}{\mathrm{d}x}=-\frac{\begin{vmatrix}\dfrac{\partial F_1}{\partial y} & \dfrac{\partial F_1}{\partial x}\\ \dfrac{\partial F_2}{\partial y} & \dfrac{\partial F_2}{\partial x}\end{vmatrix}}{\begin{vmatrix}\dfrac{\partial F_1}{\partial y} & \dfrac{\partial F_1}{\partial z}\\ \dfrac{\partial F_2}{\partial y} & \dfrac{\partial F_2}{\partial z}\end{vmatrix}}=-\frac{\begin{vmatrix}2y & 2x\\ 1 & 1\end{vmatrix}}{\begin{vmatrix}2y & 2z\\ 1 & 1\end{vmatrix}}=-\frac{2(y-x)}{2(y-z)}=\frac{x-y}{y-z}.$$

例 4 设 $y=y(x)$ 与 $z=z(x)$ 是由方程组 $\begin{cases}x^3+y^3-z^3=10,\\x+y+z=0\end{cases}$ 确定的隐函数组，求在点 $x_0=1$ 处两个函数 $y(x)$ 与 $z(x)$ 的一阶和二阶导数.

解 对于方程组 $\begin{cases}x^3+y^3-z^3=10,\\x+y+z=8,\end{cases}$ 两边关于 x 求一阶与二阶导数，分别得到

$$\begin{cases}x^2+y^2y'-z^2z'=0,\\1+y'+z'=0\end{cases}\tag{11.3}$$

及

$$\begin{cases}2x+2y(y')^2+y^2y''-2z(z')^2-z^2\cdot z''=0,\\y''+z''=0.\end{cases}\tag{11.4}$$

因为当 $x=1$ 时，由所给方程组可解出 $y=1,z=-2$. 由方程组(11.3)得 $\begin{cases}1+y'-4z'=0,\\1+y'+z'=0,\end{cases}$ 从而 $y'=-1,z'=0$. 再将 $x=1,y=1,z=-2$ 及 $y'=-1,z'=0$ 代入方程组(11.4)得 $\begin{cases}y''-4z''+4=0,\\y''+z''=0,\end{cases}$ 从而解出 $y''=-\dfrac{4}{5},z''=\dfrac{4}{5}$. 因此，在点 $x_0=1$ 处，有

$$\begin{cases}y'=-1,\\z'=0,\end{cases}\quad\begin{cases}y''=-\dfrac{4}{5},\\z''=\dfrac{4}{5}.\end{cases}$$

例 4 给出了关于隐函数(组)求高阶(偏)导数的方法.

4. 函数行列式的性质

作为一元函数中复合函数求导以及反函数求导性质的推广，本部分我们介绍多元函数组的这两个相关性质. 为简便起见，仅就二元函数组进行讨论，对于其他多元函数组可做类似分析.

已知一元复合函数 $y=f[\varphi(t)]$ 是由 $y=f(x)$ 与 $x=\varphi(t)$ 复合而成，该复合函数的导数由链式法则知 $\dfrac{\mathrm{d}y}{\mathrm{d}t}=\dfrac{\mathrm{d}y}{\mathrm{d}x}\cdot\dfrac{\mathrm{d}x}{\mathrm{d}t}$，与其类似，对于多元函数组有下面定理成立.

定理 11.5 若函数组 $u=u(x,y),v=v(x,y)$ 有连续的偏导数，而 $x=x(s,t),y=y(s,t)$ 也有连续偏导数，则由函数行列式知 $\dfrac{\partial(u,v)}{\partial(s,t)}=\dfrac{\partial(u,v)}{\partial(x,y)}\cdot\dfrac{\partial(x,y)}{\partial(s,t)}$.

证明 根据多元复合函数的微分法则，有

$$\frac{\partial u}{\partial s}=\frac{\partial u}{\partial x}\cdot\frac{\partial x}{\partial s}+\frac{\partial u}{\partial y}\cdot\frac{\partial y}{\partial s},\quad\frac{\partial u}{\partial t}=\frac{\partial u}{\partial x}\cdot\frac{\partial x}{\partial t}+\frac{\partial u}{\partial y}\cdot\frac{\partial y}{\partial t},$$

$$\frac{\partial v}{\partial s}=\frac{\partial v}{\partial x}\cdot\frac{\partial x}{\partial s}+\frac{\partial v}{\partial y}\cdot\frac{\partial y}{\partial s},\quad\frac{\partial v}{\partial t}=\frac{\partial v}{\partial x}\cdot\frac{\partial x}{\partial t}+\frac{\partial v}{\partial y}\cdot\frac{\partial y}{\partial t}.$$

由函数行列式可知

$$\frac{\partial(u,v)}{\partial(s,t)}=\begin{vmatrix}\frac{\partial u}{\partial s} & \frac{\partial u}{\partial t}\\ \frac{\partial v}{\partial s} & \frac{\partial v}{\partial t}\end{vmatrix}=\begin{vmatrix}\frac{\partial u}{\partial x}\cdot\frac{\partial x}{\partial s}+\frac{\partial u}{\partial y}\cdot\frac{\partial y}{\partial s} & \frac{\partial u}{\partial x}\cdot\frac{\partial x}{\partial t}+\frac{\partial u}{\partial y}\cdot\frac{\partial y}{\partial t}\\ \frac{\partial v}{\partial x}\cdot\frac{\partial x}{\partial s}+\frac{\partial v}{\partial y}\cdot\frac{\partial y}{\partial s} & \frac{\partial v}{\partial x}\cdot\frac{\partial x}{\partial t}+\frac{\partial v}{\partial y}\cdot\frac{\partial y}{\partial t}\end{vmatrix}$$

$$=\begin{vmatrix}\frac{\partial u}{\partial x} & \frac{\partial u}{\partial y}\\ \frac{\partial v}{\partial x} & \frac{\partial v}{\partial y}\end{vmatrix}\cdot\begin{vmatrix}\frac{\partial x}{\partial s} & \frac{\partial x}{\partial t}\\ \frac{\partial y}{\partial s} & \frac{\partial y}{\partial t}\end{vmatrix}=\frac{\partial(u,v)}{\partial(x,y)}\cdot\frac{\partial(x,y)}{\partial(s,t)}.$$

在一元函数中，若 $y=f(x)$ 在点 x_0 的某邻域内具有连续的导数 $f'(x)$ 且 $f'(x_0)\neq0$，则存在 x_0 点的邻域 $O_\delta(x_0)$，使 $f'(x)$ 与 $f'(x_0)$ 保持同号，从而 $f(x)$ 在 $O_\delta(x_0)$ 内严格单调，它存在反函数 $x=\varphi(y)$ 并且有 $\frac{\mathrm{d}x}{\mathrm{d}y}=\frac{1}{\frac{\mathrm{d}y}{\mathrm{d}x}}$. 与一元函数相似，对于多元函数组有下述定理.

定理 11.6 若函数组 $u=u(x,y)$，$v=v(x,y)$ 有连续的偏导数，并且 $\frac{\partial(u,v)}{\partial(x,y)}\neq0$，则存在有连续偏导数的反函数组 $x=x(u,v)$，$y=y(u,v)$，并且有 $\frac{\partial(x,y)}{\partial(u,v)}=\frac{1}{\frac{\partial(u,v)}{\partial(x,y)}}$.

证明 令 $F_1(x,y,u,v)=u-u(x,y)=0$，$F_2(x,y,u,v)=v-v(x,y)=0$，则

$$\begin{vmatrix}\frac{\partial F_1}{\partial x} & \frac{\partial F_1}{\partial y}\\ \frac{\partial F_2}{\partial x} & \frac{\partial F_2}{\partial y}\end{vmatrix}=\begin{vmatrix}-\frac{\partial u}{\partial x} & -\frac{\partial u}{\partial y}\\ -\frac{\partial v}{\partial x} & -\frac{\partial v}{\partial y}\end{vmatrix}=\begin{vmatrix}\frac{\partial u}{\partial x} & \frac{\partial u}{\partial y}\\ \frac{\partial v}{\partial x} & \frac{\partial v}{\partial y}\end{vmatrix}=\frac{\partial(u,v)}{\partial(x,y)}\neq0.$$

由定理 11.3 知存在有连续偏导数的反函数组 $x=x(u,v)$，$y=y(u,v)$. 在定理 11.5 中令 $s=u$，$t=v$，则

$$\frac{\partial(u,v)}{\partial(x,y)}\cdot\frac{\partial(x,y)}{\partial(u,v)}=\frac{\partial(u,v)}{\partial(u,v)}=\begin{vmatrix}\frac{\partial u}{\partial u} & \frac{\partial u}{\partial v}\\ \frac{\partial v}{\partial u} & \frac{\partial v}{\partial v}\end{vmatrix}=\begin{vmatrix}1 & 0\\ 0 & 1\end{vmatrix}=1,\text{从而}\frac{\partial(x,y)}{\partial(u,v)}=\frac{1}{\frac{\partial(u,v)}{\partial(x,y)}},\ \frac{\partial(u,v)}{\partial(x,y)}\neq0.$$

习题 11.1

1. 求下列方程所确定的隐函数的导数或偏导数：

(1) $\ln\sqrt{x^2+y^2}=\arctan\frac{y}{x}$，求 $\frac{\mathrm{d}y}{\mathrm{d}x}$；

(2) $\frac{x}{z}=\ln\frac{z}{y}$ 确定隐函数 $z=f(x,y)$，求 $\frac{\partial z}{\partial x}$，$\frac{\partial z}{\partial y}$ 及 $\frac{\partial^2 z}{\partial x\partial y}$；

(3) $z^3-3xyz=8$ 确定隐函数 $z=f(x,y)$，求 $\frac{\partial z}{\partial x}$，$\frac{\partial z}{\partial y}$；

(4) $xyz-\ln yz=-2$ 确定隐函数 $z=f(x,y)$,求 $\left.\dfrac{\partial^2 z}{\partial x\partial y}\right|_{(0,1)}$.

2. 方程 $xy+z\ln y+e^{xz}=1$ 在点(0,1,1)的某邻域内能否确定出哪一个变量为另外两个变量的函数?

3. 方程 $F(x,y)=y^2-x^2(1-x^2)=0$ 在哪些点附近可唯一地确定单值连续并且有连续导数的函数 $y=y(x)$?

4. 求由下列方程所确定的函数的全微分或偏导数:

(1) $f(x+y,y+z,z+x)=0$,求 $\dfrac{\partial z}{\partial x},\dfrac{\partial z}{\partial y}$;

(2) $z=f(xz,z-y)$,求 dz;

(3) $F(x-y,y-z,z-x)=0$,求 $\dfrac{\partial z}{\partial x},\dfrac{\partial z}{\partial y}$.

5. 证明:若方程 $F(x,y,z)=0$ 的任何一个变量都是另外两个变量的函数,即 $z=f(x,y)$,$x=g(y,z)$,$y=h(z,x)$,则 $\dfrac{\partial z}{\partial x}\cdot\dfrac{\partial x}{\partial y}\cdot\dfrac{\partial y}{\partial z}=-1$.

6. 证明由方程 $F(x+zy^{-1},y+zx^{-1})=0$ 所确定的函数 $z=z(x,y)$ 满足 $x\cdot\dfrac{\partial z}{\partial x}+y\cdot\dfrac{\partial z}{\partial y}=z-xy$.

7. 求下列方程组所确定的函数的导数或偏导数.

(1) $\begin{cases}x+y+z=0,\\ xyz=1,\end{cases}$ 求 $\dfrac{dy}{dx},\dfrac{dz}{dx}$; (2) $\begin{cases}u=f(u,x,v+y),\\ v=g(u-x,v^2y),\end{cases}$ 求 $\dfrac{\partial u}{\partial x},\dfrac{\partial v}{\partial x}$.

8. 验证下列方程组在指定点邻域存在隐函数组,并求它的偏导数.

(1) $\begin{cases}x^2+y^2+z^2=1,\\ x+y+z=0,\end{cases}$ 在点 $\left(\dfrac{1}{\sqrt{2}},-\dfrac{1}{\sqrt{2}},0\right)$,求 $\dfrac{dx}{dz},\dfrac{dy}{dz}$;

(2) $\begin{cases}u+v=x+y,\\ \dfrac{x}{y}=\dfrac{\sin u}{\sin v},\end{cases}$ 在点 $\left(\dfrac{\pi}{3},\dfrac{\pi}{3},\dfrac{\pi}{3},\dfrac{\pi}{3}\right)$,求 du 与 dv.

9. 证明:若 $x=x(u,v)$,$y=y(u,v)$,$z=z(u,v)$ 的所有偏导数都连续,且 $\begin{vmatrix}\dfrac{\partial x}{\partial u} & \dfrac{\partial x}{\partial v}\\ \dfrac{\partial y}{\partial u} & \dfrac{\partial y}{\partial v}\end{vmatrix}\neq 0$,则存在有连续偏导数的隐函数组 $z=f(x,y)$,$u=\varphi(x,y)$,$v=\psi(x,y)$.

11.2 条件极值

在10.4节中我们讨论了多元函数极值和最值问题.在那里,多元函数极值要么是在自变量无约束的条件下求解(如10.4节例2),要么自变量满足简单的约束条件,将其中一个

自变量用其他自变量表示出来代入多元函数中，化为无约束极值问题再进行求解（如 10.4 节例 3）. 这类问题称为无条件极值问题或可化为无条件极值的问题. 但是，在实际中，有些极值求解的约束条件比较复杂，无法将其通过“代入法”化简为无条件极值问题，本节我们对于这类问题给予详细讨论.

1. 条件极值与拉格朗日乘数法

定义 11.4　一般情况下，对于多元函数 $y=f(x_1,x_2,\cdots,x_n)$ 在满足约束条件

$$\begin{cases}\varphi_1(x_1,x_2,\cdots,x_n)=0,\\ \varphi_2(x_1,x_2,\cdots,x_n)=0,\\ \quad\vdots\\ \varphi_m(x_1,x_2,\cdots,x_n)=0\end{cases}\tag{11.5}$$

（其中 m 和 n 均为正整数，并且 $m<n$）下的极值，称为条件极值. 多元函数 $y=f(x_1,x_2,\cdots,x_n)$ 称为目标函数，方程组(11.5)称为约束方程组.

那么该如何求解条件极值呢？一般来说，对于一个三元函数 $y=f(x_1,x_2,x_3)$ 在约束条件 $\begin{cases}\varphi_1(x_1,x_2,x_3)=0,\\ \varphi_2(x_1,x_2,x_3)=0\end{cases}$ 下，如果要通过“代入法”从约束方程组中解出两个一元函数组，有时是不可能的(隐函数组的“解”可能不是初等函数). 从而通过“代入法”将条件极值化为无条件极值是困难甚至不可能的. 即使能够化为无条件极值，在约束方程组中，自变量的平等性会受到破坏，并且计算也会变得相当繁琐. 因此，对于条件极值需要寻求专门的方法来解决.

下面将要介绍的拉格朗日乘数法是一种解决条件极值问题的简便有效的方法. 该方法最终也是归结为求一个函数的无条件极值，但是求解的方程组中每一个方程都较简单，并且方程组中各个自变量都处于平等的地位. 为书写简便，我们以四元函数，两个约束条件为例进行讨论. 首先给出求条件极值的必要条件.

对于四元函数 $y=f(x_1,x_2,x_3,x_4)$ 在约束条件

$$\begin{cases}\varphi_1(x_1,x_2,x_3,x_4)=0,\\ \varphi_2(x_1,x_2,x_3,x_4)=0\end{cases}\tag{11.6}$$

下求极值. 引入辅助函数 $\phi(x_1,x_2,x_3,x_4,\lambda_1,\lambda_2)=f(x_1,x_2,x_3,x_4)+\lambda_1\varphi_1(x_1,x_2,x_3,x_4)+\lambda_2\varphi_2(x_1,x_2,x_3,x_4)$，令函数 ϕ 关于 $x_1,x_2,x_3,x_4,\lambda_1,\lambda_2$ 的偏导数为零，即

$$\begin{cases}\dfrac{\partial\phi}{\partial x_i}=\dfrac{\partial f}{\partial x_i}+\lambda_1\dfrac{\partial\varphi_1}{\partial x_i}+\lambda_2\dfrac{\partial\varphi_2}{\partial x_i}=0,\quad i=1,2,3,4,\\ \dfrac{\partial\phi}{\partial\lambda_1}=\varphi_1(x_1,x_2,x_3,x_4)=0,\\ \dfrac{\partial\phi}{\partial\lambda_2}=\varphi_2(x_1,x_2,x_3,x_4)=0.\end{cases}\tag{11.7}$$

解方程组(11.7)，所求的极值点 $P_0(x_1^0,x_2^0,x_3^0,x_4^0)$ 必定满足(11.7). 这样便将条件极值的问题转化为求辅助函数 ϕ 的无条件极值，这种方法称为拉格朗日乘数法，ϕ 称为拉格朗日函数. 下面，以定理形式给出拉格朗日乘数法得出极值点的必要条件，即满足方程(11.7)的点

（除去 λ_1 与 λ_2）才可能是这个条件极值问题的极值点.

定理 11.7 设函数 $y=f(x_1,x_2,x_3,x_4)$ 及 $\varphi_1(x_1,x_2,x_3,x_4)$，$\varphi_2(x_1,x_2,x_3,x_4)$ 的所有偏导数在点 $P_0(x_1^0,x_2^0,x_3^0,x_4^0)$ 的某邻域 $O(P_0)$ 内连续，并且矩阵 $\begin{pmatrix}\dfrac{\partial\varphi_1}{\partial x_1} & \dfrac{\partial\varphi_1}{\partial x_2} & \dfrac{\partial\varphi_1}{\partial x_3} & \dfrac{\partial\varphi_1}{\partial x_4}\\ \dfrac{\partial\varphi_2}{\partial x_1} & \dfrac{\partial\varphi_2}{\partial x_2} & \dfrac{\partial\varphi_2}{\partial x_3} & \dfrac{\partial\varphi_2}{\partial x_4}\end{pmatrix}$ 的秩为 2. 如果点 P_0 是下面条件极值问题

$$y=f(x_1,x_2,x_3,x_4)$$
$$\text{s. t.}\begin{cases}\varphi_1(x_1,x_2,x_3,x_4)=0,\\ \varphi_2(x_1,x_2,x_3,x_4)=0\end{cases}\tag{$*$}$$

的极值点，则存在不全为零的常数 λ_1 和 λ_2，使得 P_0 的坐标 x_1^0,x_2^0,x_3^0,x_4^0 及 λ_1,λ_2 满足方程组(11.7).

证明 由于矩阵 $\begin{pmatrix}\dfrac{\partial\varphi_1}{\partial x_1} & \dfrac{\partial\varphi_1}{\partial x_2} & \dfrac{\partial\varphi_1}{\partial x_3} & \dfrac{\partial\varphi_1}{\partial x_4}\\ \dfrac{\partial\varphi_2}{\partial x_1} & \dfrac{\partial\varphi_2}{\partial x_2} & \dfrac{\partial\varphi_2}{\partial x_3} & \dfrac{\partial\varphi_2}{\partial x_4}\end{pmatrix}$ 的秩为 2，不妨设 $\dfrac{D(\varphi_1,\varphi_2)}{D(x_3,x_4)}\neq0$，又 φ_1,φ_2 的所有偏导数在点 $P_0(x_1^0,x_2^0,x_3^0,x_4^0)$ 的某邻域 $O(P_0)$ 内连续，由定理 11.3 知存在点 $Q_0(x_1^0,x_2^0)$ 的邻域 $O(Q_0)$，在 $O(Q_0)$ 内存在唯一一组具有连续偏导数的函数组

$$x_3=u(x_1,x_2),\quad x_4=v(x_1,x_2),\tag{11.8}$$

并且使得

$$\begin{cases}\varphi_1[x_1,x_2,u(x_1,x_2),v(x_1,x_2)]\equiv0,\\ \varphi_2[x_1,x_2,u(x_1,x_2),v(x_1,x_2)]\equiv0\end{cases}\tag{11.9}$$

及

$$\begin{cases}x_3^0=u(x_1^0,x_2^0),\\ x_4^0=v(x_1^0,x_2^0)\end{cases}\tag{11.10}$$

都成立. 也就是，满足方程组(11.6) $\begin{cases}\varphi_1(x_1,x_2,x_3,x_4)=0,\\ \varphi_2(x_1,x_2,x_3,x_4)=0\end{cases}$ 的点 (x_1,x_2,x_3,x_4) 也满足方程组(11.8).

若 $P_0(x_1^0,x_2^0,x_3^0,x_4^0)$ 点是条件极值问题($*$)的极值点，则 P_0 点必满足方程组(11.6)和方程组(11.8)，将方程组(11.8)代入问题($*$)的目标函数 $f(x_1,x_2,x_3,x_4)$ 中，将 f 化简为关于 x_1 和 x_2 的二元函数，记

$$g(x_1,x_2)=f[x_1,x_2,u(x_1,x_2),v(x_1,x_2)].\tag{11.11}$$

显然，若 P_0 为极值问题($*$)的极值点，则 $Q_0(x_1^0,x_2^0)$ 必为 $g(x_1,x_2)$ 的稳定点. 由定理 10.9 知点 $Q_0(x_1^0,x_2^0)$ 必满足 $\dfrac{\partial g}{\partial x_1}=\dfrac{\partial g}{\partial x_2}=0$，即 $Q_0(x_1^0,x_2^0)$ 必定满足方程组

$$\begin{cases}\dfrac{\partial g}{\partial x_1}=\dfrac{\partial f}{\partial x_1}+\dfrac{\partial f}{\partial x_3}\cdot\dfrac{\partial u}{\partial x_1}+\dfrac{\partial f}{\partial x_4}\cdot\dfrac{\partial v}{\partial x_1}=0,\\ \dfrac{\partial g}{\partial x_2}=\dfrac{\partial f}{\partial x_2}+\dfrac{\partial f}{\partial x_3}\cdot\dfrac{\partial u}{\partial x_2}+\dfrac{\partial f}{\partial x_4}\cdot\dfrac{\partial v}{\partial x_2}=0.\end{cases}\tag{11.12}$$

方程组(11.12)中偏导数$\frac{\partial u}{\partial x_1},\frac{\partial u}{\partial x_2},\frac{\partial v}{\partial x_1},\frac{\partial v}{\partial x_2}$需要由 φ_1 和 φ_2 来确定.为此,对于恒等式组(11.9)分别关于 x_1 和 x_2 求偏导数,得到

$$\begin{cases}\frac{\partial \varphi_1}{\partial x_1}+\frac{\partial \varphi_1}{\partial x_3}\cdot\frac{\partial u}{\partial x_1}+\frac{\partial \varphi_1}{\partial x_4}\cdot\frac{\partial v}{\partial x_1}=0,\\ \frac{\partial \varphi_2}{\partial x_1}+\frac{\partial \varphi_2}{\partial x_3}\cdot\frac{\partial u}{\partial x_1}+\frac{\partial \varphi_2}{\partial x_4}\cdot\frac{\partial v}{\partial x_1}=0\end{cases}\tag{11.13}$$

及

$$\begin{cases}\frac{\partial \varphi_1}{\partial x_2}+\frac{\partial \varphi_1}{\partial x_3}\cdot\frac{\partial u}{\partial x_2}+\frac{\partial \varphi_1}{\partial x_4}\cdot\frac{\partial v}{\partial x_2}=0,\\ \frac{\partial \varphi_2}{\partial x_2}+\frac{\partial \varphi_2}{\partial x_3}\cdot\frac{\partial u}{\partial x_2}+\frac{\partial \varphi_2}{\partial x_4}\cdot\frac{\partial v}{\partial x_2}=0.\end{cases}\tag{11.14}$$

若直接由方程组(11.13)和方程组(11.14)分别解出偏导数$\frac{\partial u}{\partial x_1},\frac{\partial v}{\partial x_1},\frac{\partial u}{\partial x_2},\frac{\partial v}{\partial x_2}$计算相当麻烦,并且破坏了自变量 x_1,x_2,x_3,x_4 的平等性.为了简便,选择适当常数 λ_1 和 λ_2(一定存在)分别乘在方程组(11.13)的两个方程上,然后将它们与方程组(11.12)中第一个方程等号左右两端分别相加,得到等式

$$\frac{\partial f}{\partial x_1}+\lambda_1\frac{\partial \varphi_1}{\partial x_1}+\lambda_2\frac{\partial \varphi_2}{\partial x_1}+\left(\frac{\partial f}{\partial x_3}+\lambda_1\frac{\partial \varphi_1}{\partial x_3}+\lambda_2\frac{\partial \varphi_2}{\partial x_3}\right)\frac{\partial u}{\partial x_1}+\left(\frac{\partial f}{\partial x_4}+\lambda_1\frac{\partial \varphi_1}{\partial x_4}+\lambda_2\frac{\partial \varphi_2}{\partial x_4}\right)\frac{\partial v}{\partial x_1}=0.$$

同样的方法对方程组(11.14)和方程组(11.12)中第二个方程做类似处理,得到等式

$$\frac{\partial f}{\partial x_2}+\lambda_1\frac{\partial \varphi_1}{\partial x_2}+\lambda_2\frac{\partial \varphi_2}{\partial x_2}+\left(\frac{\partial f}{\partial x_3}+\lambda_1\frac{\partial \varphi_1}{\partial x_3}+\lambda_2\frac{\partial \varphi_2}{\partial x_3}\right)\frac{\partial u}{\partial x_2}+\left(\frac{\partial f}{\partial x_4}+\lambda_1\frac{\partial \varphi_1}{\partial x_4}+\lambda_2\frac{\partial \varphi_2}{\partial x_4}\right)\frac{\partial v}{\partial x_2}=0.$$

为了消去偏导数$\frac{\partial u}{\partial x_1},\frac{\partial v}{\partial x_1},\frac{\partial u}{\partial x_2},\frac{\partial v}{\partial x_2}$,由于$\frac{D(\varphi_1,\varphi_2)}{D(x_3,x_4)}\neq 0$,存在唯一的不全为零的 λ_1 和 λ_2 使得

$$\begin{cases}\frac{\partial f}{\partial x_3}+\lambda_1\frac{\partial \varphi_1}{\partial x_3}+\lambda_2\frac{\partial \varphi_2}{\partial x_3}=0,\\ \frac{\partial f}{\partial x_4}+\lambda_1\frac{\partial \varphi_1}{\partial x_4}+\lambda_2\frac{\partial \varphi_2}{\partial x_4}=0,\end{cases}\tag{11.15}$$

从而有

$$\begin{cases}\frac{\partial f}{\partial x_1}+\lambda_1\frac{\partial \varphi_1}{\partial x_1}+\lambda_2\frac{\partial \varphi_2}{\partial x_1}=0,\\ \frac{\partial f}{\partial x_2}+\lambda_1\frac{\partial \varphi_1}{\partial x_2}+\lambda_2\frac{\partial \varphi_2}{\partial x_2}=0,\end{cases}\tag{11.16}$$

于是方程组(11.12)化为方程组(11.15)和方程组(11.16).

因此,若点 $P_0(x_1^0,x_2^0,x_3^0,x_4^0)$是问题(*)的极值点,则必存在常数 λ_1,λ_2 及 x_1^0,x_2^0,x_3^0,x_4^0 满足

$$\begin{cases}\dfrac{\partial f}{\partial x_i}+\lambda_1\dfrac{\partial \varphi_1}{\partial x_i}+\lambda_2\dfrac{\partial \varphi_2}{\partial x_i}=0, \quad i=1,2,3,4,\\ \varphi_1(x_1,x_2,x_3,x_4)=0,\\ \varphi_2(x_1,x_2,x_3,x_4)=0,\end{cases}$$

即 $\lambda_1,\lambda_2,x_1^0,x_2^0,x_3^0,x_4^0$ 满足方程组(11.7).定理得证.

将定理 11.7 推广至一般的情况,有如下定理.

定理 11.8 设函数 $y=f(x_1,x_2,\cdots,x_n)$ 及 $\varphi_1(x_1,x_2,\cdots,x_n),\varphi_2(x_1,x_2,\cdots,x_n),\cdots,\varphi_m(x_1,x_2,\cdots,x_n)$(其中 $m<n,m,n$ 均为正整数)的所有偏导数在点 $P_0(x_1^0,x_2^0,\cdots,x_n^0)$ 的某邻域 $O(P_0)$ 内连续,并且矩阵 $\begin{pmatrix}\dfrac{\partial \varphi_1}{\partial x_1} & \dfrac{\partial \varphi_1}{\partial x_2} & \cdots & \dfrac{\partial \varphi_1}{\partial x_n}\\ \dfrac{\partial \varphi_2}{\partial x_1} & \dfrac{\partial \varphi_2}{\partial x_2} & \cdots & \dfrac{\partial \varphi_2}{\partial x_n}\\ \vdots & \vdots & & \vdots\\ \dfrac{\partial \varphi_m}{\partial x_1} & \dfrac{\partial \varphi_m}{\partial x_2} & \cdots & \dfrac{\partial \varphi_m}{\partial x_n}\end{pmatrix}$ 的秩为 m.如果 P_0 是条件极值问题

$$y=f(x_1,x_2,\cdots,x_n)$$

$$\text{s.t.}\begin{cases}\varphi_1(x_1,x_2,\cdots,x_n)=0,\\ \varphi_2(x_1,x_2,\cdots,x_n)=0,\\ \vdots\\ \varphi_m(x_1,x_2,\cdots,x_n)=0\end{cases}$$

的极值点,则存在不全为零的常数 $\lambda_1,\lambda_2,\cdots,\lambda_m$,使得 P_0 的坐标 $x_1^0,x_2^0,\cdots,x_n^0$ 及 $\lambda_1,\lambda_2,\cdots,\lambda_m$ 满足方程组

$$\begin{cases}\dfrac{\partial \tilde{\phi}}{\partial x_i}=\dfrac{\partial f}{\partial x_i}+\lambda_1\dfrac{\partial \varphi_1}{\partial x_i}+\lambda_2\dfrac{\partial \varphi_2}{\partial x_i}+\cdots+\lambda_m\dfrac{\partial \varphi_m}{\partial x_i}=0, \quad i=1,2,\cdots,n,\\ \dfrac{\partial \tilde{\phi}}{\partial \lambda_j}=\varphi_j(x_1,x_2,\cdots,x_n)=0, \quad j=1,2,\cdots,m,\end{cases} \tag{11.17}$$

其中 $\tilde{\phi}$ 为引入的拉格朗日函数

$$\tilde{\phi}(x_1,x_2,\cdots,x_n,\lambda_1,\lambda_2,\cdots,\lambda_m)=f(x_1,x_2,\cdots,x_n)+\sum_{j=1}^{m}\lambda_j\varphi_j(x_1,x_2,\cdots,x_n).$$

定理 11.7 和定理 11.8 给出的是 P_0 为条件极值问题极值点的必要条件,P_0 点在满足方程组(11.7)(或方程组(11.17))的条件下是否为极值点还不一定,P_0 点是否为极值点以及为极大值点还是极小值点,通常可以根据问题的具体意义来判定.当然,如果对条件极值问题中的一些函数适当增加条件,也可以从数学理论上对极值点的判定给出充分条件,我们这里就不再介绍了.

2. 求解条件极值问题举例

例 1　要制造一容积为 4m^3 的无盖长方形水箱，问这水箱长、宽、高为多少时，所用材料最节省？

解　设水箱长、宽、高分别为 xm，ym 和 zm. 依据题意，该问题即求解在约束条件 $xyz=4$ 下，目标函数 $f(x,y,z)=xy+2xz+2yz$ 的最小值.

作拉格朗日辅助函数

$$\begin{aligned}\phi(x,y,z,\lambda)&=f(x,y,z)+\lambda(xyz-4)\\&=xy+2xz+2yz+\lambda(xyz-4),\end{aligned}$$

得方程组

$$\begin{cases}\dfrac{\partial\phi}{\partial x}=y+2z+\lambda yz=0,\\[2mm]\dfrac{\partial\phi}{\partial y}=x+2z+\lambda xz=0,\\[2mm]\dfrac{\partial\phi}{\partial z}=2x+2y+\lambda xy=0,\\[2mm]\dfrac{\partial\phi}{\partial\lambda}=xyz-4=0.\end{cases}$$

对上述方程组中前三个等式两边分别乘以 x,y,z，得

$$\begin{cases}xy+2xz+\lambda xyz=0,\\xy+2yz+\lambda xyz=0,\\2xz+2yz+\lambda xyz=0.\end{cases}$$

通过比较这三个等式可知 $x=y=2z$，将这一关系式代入 $\dfrac{\partial\phi}{\partial\lambda}=xyz-4=0$ 中，得 $x=y=2$，$z=1$.

根据问题的实际意义，目标函数的最小值必然存在. 从而可知水箱长宽高分别为 2m，2m，1m 时，满足容积为 4m^3 的要求并且达到用料最省(12m^2).

例 2　求函数 $f(x_1,x_2,\cdots,x_n)=a_1x_1^2+a_2x_2^2+\cdots+a_nx_n^2\ (a_i>0,i=1,2,\cdots,n)$ 在约束条件

$$x_1+x_2+\cdots+x_n=c\quad(x_i>0,i=1,2,\cdots,n)$$

下的最小值.

解　作拉格朗日辅助函数

$$\begin{aligned}\phi(x_1,x_2,\cdots,x_n,\lambda)&=f(x_1,x_2,\cdots,x_n)+\lambda(x_1+x_2+\cdots+x_n-c)\\&=a_1x_1^2+a_2x_2^2+\cdots+a_nx_n^2+\lambda(x_1+x_2+\cdots+x_n-c),\end{aligned}$$

得方程组

$$\begin{cases}\dfrac{\partial\phi}{\partial x_i}=2a_ix_i+\lambda=0,\quad i=1,2,\cdots,n,\\[2mm]\dfrac{\partial\phi}{\partial\lambda}=x_1+x_2+\cdots+x_n-c=0.\end{cases}$$

由$\frac{\partial \phi}{\partial x_i}=2a_ix_i+\lambda=0$得$x_i=-\frac{\lambda}{2a_i}(i=1,2,\cdots,n)$,将其代入$\frac{\partial \phi}{\partial \lambda}=x_1+x_2+\cdots+x_n-c=0$中,有$-\frac{\lambda}{2}\sum_{i=1}^{n}\frac{1}{a_i}=c$,即$\lambda=-\frac{2c}{\sum_{i=1}^{n}\frac{1}{a_i}}$,从而求得$x_i=\frac{\frac{c}{a_i}}{\sum_{i=1}^{n}\frac{1}{a_i}}(i=1,2,\cdots,n)$.

由于函数$f(x_1,x_2,\cdots,x_n)$没有最大值,所以$x_1,x_2,\cdots,x_n$就是使函数f达到最小值的点,并且最小值为$\sum_{i=1}^{n}a_i\left[\frac{\frac{c}{a_i}}{\sum_{i=1}^{n}\frac{1}{a_i}}\right]^2=c^2\frac{\sum_{i=1}^{n}\frac{1}{a_i}}{\left[\sum_{i=1}^{n}\frac{1}{a_i}\right]^2}=\frac{c^2}{\sum_{i=1}^{n}\frac{1}{a_i}}$.

例 3 求抛物面$z=x^2+y^2$被平面$x+y+z=1$所截部分(它是一个椭圆)到原点的最长和最短距离.

解 由于空间中任何一点到原点的距离$d=\sqrt{x^2+y^2+z^2}$.因此,由题意知,本题要求函数$f(x,y,z)=\sqrt{x^2+y^2+z^2}$在约束条件$z=x^2+y^2$及$x+y+z=1$下的最大值和最小值问题.为方便起见,我们先求解$f^2(x,y,z)=x^2+y^2+z^2$在上述约束条件下的最大值和最小值.为此,作拉格朗日辅助函数

$$\phi(x,y,z,\lambda_1,\lambda_2)=x^2+y^2+z^2+\lambda_1(x^2+y^2-z)+\lambda_2(x+y+z-1),$$

得方程组

$$\begin{cases}\frac{\partial \phi}{\partial x}=2x+2\lambda_1x+\lambda_2=0,\\ \frac{\partial \phi}{\partial y}=2y+2\lambda_1y+\lambda_2=0,\\ \frac{\partial \phi}{\partial z}=2z-\lambda_1+\lambda_2=0,\\ \frac{\partial \phi}{\partial \lambda_1}=x^2+y^2-z=0,\\ \frac{\partial \phi}{\partial \lambda_2}=x+y+z-1=0.\end{cases}$$

解上述方程组可得$x=y=\frac{-1\pm\sqrt{3}}{2}$,$z=2\mp\sqrt{3}$以及$\lambda_1=-3\pm\frac{5}{3}\sqrt{3}$,$\lambda_2=-7\pm\frac{11}{3}\sqrt{3}$. $f^2(x,y,z)=f^2\left(\frac{-1\pm\sqrt{3}}{2},\frac{-1\pm\sqrt{3}}{2},2\mp\sqrt{3}\right)=9\mp5\sqrt{3}$.

由于函数$f^2(x,y,z)=x^2+y^2+z^2$在有界闭区域$D=\{(x,y,z)\mid x^2+y^2=z,x+y+z=1\}$上连续,从而必存在最大值和最小值.易知,椭圆$\begin{cases}x^2+y^2=z,\\ x+y+z=1\end{cases}$上到原点距离最大为$\sqrt{9+5\sqrt{3}}$,最小为$\sqrt{9-5\sqrt{3}}$.

例 4 设某工厂生产甲、乙两种产品,产品分别为x和y(单位:千件),利润函数L(单

位：万元)为

$$L(x,y)=6x-x^2+16y-4y^2-2.$$

已知生产这两种产品时，每千件产品均需消耗某种原料 2000kg，现有该原材料 12 000kg，并假设原料必须全部用完，问这两种产品各生产多少千件时，总利润最大？最大利润是多少？

根据题意可知，此问题是在约束条件 $2000(x+y)=12\ 000$，即 $x+y=6$ 下求解多元函数 $L(x,y)$ 的最大值.当然，由于约束条件简便，可从约束条件中解出 $y=6-x$ 代入多元函数 $L(x,y)$ 化为无条件极值问题进行求解.这种方法，读者可以自己验证.本题，我们采用拉格朗日辅助函数法，求解条件极值问题.

解 作拉格朗日辅助函数 $\phi(x,y,\lambda)=6x-x^2+16y-4y^2-2+\lambda(x+y-6)$，得方程组

$$\begin{cases}\dfrac{\partial \phi}{\partial x}=6-2x+\lambda=0,\\ \dfrac{\partial \phi}{\partial y}=16-8y+\lambda=0,\\ \dfrac{\partial \phi}{\partial \lambda}=x+y-6=0.\end{cases}$$

解上述方程组得唯一一组解 $x=\dfrac{19}{5}, y=\dfrac{11}{5}, \lambda=\dfrac{8}{5}$.根据问题的实际意义可知 $x=\dfrac{19}{5}, y=\dfrac{11}{5}$ 即为取得最大利润的最优产量.也就是，当甲、乙两产品分别生产 $\dfrac{19}{5}$(千件)和 $\dfrac{11}{5}$(千件)时，总利润最大，最大利润为 $L\left(\dfrac{19}{5},\dfrac{11}{5}\right)=\dfrac{111}{5}$(万元).

习题 11.2

1. 求下列函数的条件极值：

(1) $z=xy$，约束条件：$x+y=2$；

(2) $z=x+y$，约束条件：$\dfrac{1}{x}+\dfrac{1}{y}=1, x>0, y>0$；

(3) $u=x-2y+2z$，约束条件：$x^2+y^2+z^2=1$；

(4) $z=xy-1$，约束条件：$(x-1)(y-1)=1, x>0, y>0$.

2. 求定点 (x_0,y_0) 到直线 $ax+by+c=0$ 的最小距离(这里 a,b 为常数，并且至少有一个不为零).

3. 在平面 $3x-2z=0$ 上求一点，使它与点 $A(1,1,1)$ 和点 $B(2,3,4)$ 的距离的平方和达到最小.

4. 在椭球 $\dfrac{x^2}{a^2}+\dfrac{y^2}{b^2}+\dfrac{z^2}{c^2}\leqslant 1$ 内做一个内接长方体，问当长方体长、宽、高分别为多少时，长方体体积达到最大.

5. 某地区用 a 元投资三个项目，投资额分别为 x,y,z.可预期经济效益为 $U=x^{\alpha}y^{\beta}z^{\gamma}$ (α,β,γ 为正常数)，问如何分配资金，可以使预期的经济效益达到最大？在收益最大的情况下，该投资资金的边际收益(即影子价格)是多大？

第 12 章

多元函数积分学

在上册书第 7 章中，我们介绍了关于一元函数定积分的概念、性质、运算以及反常积分(无穷限积分和瑕积分)的定义及运算等内容. 本章我们讨论多元函数在积分方面的相关概念及性质. 由于多元函数自变量个数多于一个并且积分区域形状各异，从而有不同的多元函数的积分. 例如：二元函数在平面有界区域上有二重积分；三元函数在空间有界立体上有三重积分；一般地，n 元函数有相应的 n 重积分，等等. 尽管多元函数的积分多种多样，但很多积分在求解时，有相似的方法和步骤. 因此，我们将以比较典型、常用的多元函数积分为研究对象，其他形式的多元函数积分可参照本章的讨论内容作类似的分析和推导.

12.1 含参变量积分

在多元函数的积分中，有一种积分，它以二元函数为被积函数，其中一个变量为积分变量，另一个变量为参数，这样的积分与一元函数积分关系紧密. 本节便讨论这种特殊的多元函数积分——含参变量的积分.

12.1.1 含参变量的定积分

1. 含参变量定积分的概念

定义 12.1 设二元函数 $f(x,y)$ 在区域 $D(a\leqslant x\leqslant b,\alpha\leqslant y\leqslant\beta)$ 上有定义，对于 $\forall\, y_0\in[\alpha,\beta]$，则 $f(x,y_0)$ 为定义在区间 $[a,b]$ 上的关于 x 的一元函数，如果 $f(x,y_0)$ 在 $[a,b]$ 上可积，即积分 $\int_a^b f(x,y_0)\mathrm{d}x$ 存在，则有唯一确定的积分值 $\int_a^b f(x,y_0)\mathrm{d}x$ 与 y_0 对应. 因此，积分 $\int_a^b f(x,y)\mathrm{d}x$ 为定义在区间 $[\alpha,\beta]$ 上的关于 y 的函数，称此函数为含参变量的定积分，记作

$$\varphi(y)=\int_a^b f(x,y)\mathrm{d}x,\quad y\in[\alpha,\beta],$$

其中 x 为积分变量，y 为参变量.

关于定义 12.1 有两点需要注意：一是区间$[\alpha,\beta]$可以是任意区间(开区间、闭区间、半开半闭区间、有限区间或无限区间)；二是函数 $\varphi(y)$通常是非初等函数，也就是积分 $\int_a^b f(x,y)\mathrm{d}x$ 一般“积不出来”，但这种形式的函数在理论和应用上都较为重要. 接下来，我们讨论这种函数的连续性、可微性和可积性问题.

2. **含参变量定积分的连续性**

定理 12.1　设二元函数 $f(x,y)$在闭矩形区域 D：$\{(x,y)|a\leqslant x\leqslant b,\alpha\leqslant y\leqslant\beta\}$上连续，则函数 $\varphi(y)=\int_a^b f(x,y)\mathrm{d}x$ 在区间$[\alpha,\beta]$上也连续.

证明　由于二元函数 $f(x,y)$在闭矩形区域 D：$\{(x,y)|a\leqslant x\leqslant b,\alpha\leqslant y\leqslant\beta\}$上连续，根据定理 9.14 知 $f(x,y)$在 D 上一致连续. 从而 $\forall\varepsilon>0$，存在 $\delta>0$，$\forall(x_1,y_1),(x_2,y_2)\in D$，只要$|x_1-x_2|<\delta$，$|y_1-y_2|<\delta$，就有

$$|f(x_1,y_1)-f(x_2,y_2)|<\frac{\varepsilon}{b-a}.$$

特别地，$\forall(x,y)\in D$，取 Δy，使得 $y+\Delta y\in[\alpha,\beta]$，$(x,y+\Delta y)\in D$，当$|\Delta y|<\delta$时，有

$$\begin{aligned}|\varphi(y+\Delta y)-\varphi(y)|&=\left|\int_a^b[f(x,y+\Delta y)-f(x,y)]\mathrm{d}x\right|\\&\leqslant\int_a^b|f(x,y+\Delta y)-f(x,y)|\mathrm{d}x\\&<\int_a^b\frac{\varepsilon}{b-a}\mathrm{d}x=\varepsilon,\end{aligned}$$

即函数 $\varphi(y)$在区间$[\alpha,\beta]$上连续.

定理 12.1 结论表明：函数 $f(x,y)$在满足定理 12.1 的条件下，积分与极限可以交换次序，即当 $y_0\in[\alpha,\beta]$时，有

$$\lim_{y\to y_0}\int_a^b f(x,y)\mathrm{d}x=\lim_{y\to y_0}\varphi(y)=\varphi(y_0)=\int_a^b f(x,y_0)\mathrm{d}x=\int_a^b\lim_{y\to y_0}f(x,y)\mathrm{d}x.$$

定理 12.2　设二元函数 $f(x,y)$在闭矩形区域 D：$\{(x,y)|a\leqslant x\leqslant b,\alpha\leqslant y\leqslant\beta\}$上连续，函数 $a(y)$，$b(y)$在闭区间$[\alpha,\beta]$上连续，并且当 $y\in[\alpha,\beta]$时，$a\leqslant a(y)\leqslant b$，$a\leqslant b(y)\leqslant b$，则函数 $\psi(y)=\int_{a(y)}^{b(y)}f(x,y)\mathrm{d}x$ 在区间$[\alpha,\beta]$上连续.

证明　由 $f(x,y)$在闭矩形区域 D 上连续知 $f(x,y)$在 D 上必有界，即存在 $M>0$，$\forall(x,y)\in D$，有$|f(x,y)|\leqslant M$. 又 $a(y)$，$b(y)$在$[\alpha,\beta]$上连续，由定理 9.14 及定理 3.20 知，$f(x,y)$在区域 D 上一致连续，$a(y)$与 $b(y)$在$[\alpha,\beta]$上一致连续. 从而 $\forall\varepsilon>0$，$\exists\delta>0$，对任意$(x_1,y_1),(x_2,y_2)\in D$，只要$|x_1-x_2|<\delta$，$|y_1-y_2|<\delta$，就有$|f(x_1,y_1)-f(x_2,y_2)|<$

$\frac{\varepsilon}{3(b-a)}$，$|a(y_1)-a(y_2)|<\frac{\varepsilon}{3M}$，$|b(y_1)-b(y_2)|<\frac{\varepsilon}{3M}$. 于是，$\forall y', y''\in[\alpha,\beta]$只要$|y'-y''|<\delta$，就有

$$\begin{aligned}
&|\psi(y')-\psi(y'')|\\
&=\left|\int_{a(y')}^{b(y')} f(x,y')\mathrm{d}x-\int_{a(y'')}^{b(y'')} f(x,y'')\mathrm{d}x\right|\\
&=\left|\int_{a(y')}^{a(y'')} f(x,y')\mathrm{d}x+\int_{a(y'')}^{b(y'')} f(x,y')\mathrm{d}x-\int_{a(y'')}^{b(y'')} f(x,y'')\mathrm{d}x+\int_{b(y'')}^{b(y')} f(x,y')\mathrm{d}x\right|\\
&\leqslant\left|\int_{a(y')}^{a(y'')} f(x,y')\mathrm{d}x\right|+\left|\int_{a(y'')}^{b(y'')}[f(x,y')-f(x,y'')]\mathrm{d}x\right|+\left|\int_{b(y'')}^{b(y')} f(x,y')\mathrm{d}x\right|\\
&\leqslant M\cdot|a(y'')-a(y')|+\int_a^b|f(x,y')-f(x,y'')|\mathrm{d}x+M\cdot|b(y')-b(y'')|\\
&\leqslant M\cdot\frac{\varepsilon}{3M}+\frac{\varepsilon}{3(b-a)}\cdot(b-a)+M\cdot\frac{\varepsilon}{3M}=\varepsilon,
\end{aligned}$$

即$\psi(y)$在区间$[\alpha,\beta]$上一致连续，从而在$[\alpha,\beta]$上连续，定理得证.

3. 含参变量定积分的可微性

定理 12.3 设函数$f(x,y)$与$f'_y(x,y)$在闭矩形区域D：$\{(x,y)|a\leqslant x\leqslant b,\alpha\leqslant y\leqslant\beta\}$上连续，则函数$\varphi(y)=\int_a^b f(x,y)\mathrm{d}x$在区间$[\alpha,\beta]$上可微，并且$\forall y\in[\alpha,\beta]$，有

$$\varphi'(y)=\frac{\mathrm{d}}{\mathrm{d}y}\int_a^b f(x,y)\mathrm{d}x=\int_a^b f'_y(x,y)\mathrm{d}x.$$

证明 $\forall y_0\in[\alpha,\beta]$，取$\Delta y$使得$y_0+\Delta y\in[\alpha,\beta]$，则$\varphi(y_0+\Delta y)-\varphi(y_0)=\int_a^b[f(x,y_0+\Delta y)-f(x,y_0)]\mathrm{d}x$. 由于$f'_y(x,y)$在$D$上存在且连续，根据微分中值定理知

$$f(x,y+\Delta y)-f(x,y)=f'_y(x,y+\theta\Delta y)\Delta y,\quad 0<\theta<1,$$

从而$\frac{\varphi(y_0+\Delta y)-\varphi(y_0)}{\Delta y}=\int_a^b f'_y(x,y_0+\theta\Delta y)\mathrm{d}x$，$0<\theta<1$.

进一步地，由定理 12.1 知积分$\int_a^b f'_y(x,y)\mathrm{d}x$在区间$[\alpha,\beta]$上连续，故

$$\lim_{\Delta y\to 0}\frac{\varphi(y_0+\Delta y)-\varphi(y_0)}{\Delta y}=\lim_{\Delta y\to 0}\int_a^b f'_y(x,y_0+\theta\Delta y)\mathrm{d}x=\int_a^b f'_y(x,y_0)\mathrm{d}x.$$

因此$\varphi(y)$在y_0点可导，并且有$\varphi'(y_0)=\lim_{\Delta y\to 0}\frac{\varphi(y_0+\Delta y)-\varphi(y_0)}{\Delta y}=\int_a^b f'_y(x,y_0)\mathrm{d}x$.

由y_0在$[\alpha,\beta]$上的任意性可知$\varphi(y)$在区间$[\alpha,\beta]$上可导，并且

$$\varphi'(y)=\int_a^b f'_y(x,y)\mathrm{d}x,\quad y\in[\alpha,\beta].$$

定理 12.3 结论表明：函数$f(x,y)$及$f'_y(x,y)$在满足定理 12.3 的条件下，微分与积分可以交换次序，这种方法称为积分号下微分法. 与定理 12.2 相似，关于含参变量定积分的可

微性还有下面形式.

定理 12.4　设函数 $f(x,y)$ 与 $f'_y(x,y)$ 在闭矩形区域 D：$\{(x,y)\mid a\leqslant x\leqslant b,\alpha\leqslant y\leqslant\beta\}$ 上连续，$\forall\, y\in[\alpha,\beta]$，有 $a\leqslant a(y)\leqslant b$，$a\leqslant b(y)\leqslant b$，并且 $a(y)$ 和 $b(y)$ 在区间 $[\alpha,\beta]$ 上均可微，则函数 $\psi(y)=\int_{a(y)}^{b(y)}f(x,y)\mathrm{d}x$ 在区间 $[\alpha,\beta]$ 上可微，$\forall\, y\in[\alpha,\beta]$，有

$$\psi'(y)=\int_{a(y)}^{b(y)}f'_y(x,y)\mathrm{d}x+b'(y)f(b(y),y)-a'(y)f(a(y),y).$$

证明　$\forall\, y_0\in[\alpha,\beta]$，下证 $\psi(y)$ 在 y_0 点可微. 由积分的可加性，有

$$\psi(y)=\int_{a(y_0)}^{b(y_0)}f(x,y)\mathrm{d}x+\int_{b(y_0)}^{b(y)}f(x,y)\mathrm{d}x-\int_{a(y_0)}^{a(y)}f(x,y)\mathrm{d}x.$$

为简便起见，将上述等式右边三个积分依次记为 $\psi_1(y)$，$\psi_2(y)$，$\psi_3(y)$. 只需证明 $\psi_i(y)$ $(i=1,2,3)$ 在点 y_0 处可微.

由定理 12.3 知 $\psi_1(y)=\int_{a(y_0)}^{b(y_0)}f(x,y)\mathrm{d}x$ 在 y_0 点可微，并且有 $\psi'_1(y_0)=\int_{a(y_0)}^{b(y_0)}f'_y(x,y_0)\mathrm{d}x$.

对于 $\psi_2(y)=\int_{b(y_0)}^{b(y)}f(x,y)\mathrm{d}x$，由定理 7.6(积分中值定理)可知

$$\frac{\psi_2(y)-\psi_2(y_0)}{y-y_0}=\frac{\int_{b(y_0)}^{b(y)}f(x,y)\mathrm{d}x-\int_{b(y_0)}^{b(y_0)}f(x,y_0)\mathrm{d}x}{y-y_0}=\frac{\int_{b(y_0)}^{b(y)}f(x,y)\mathrm{d}x}{y-y_0}$$
$$=\frac{1}{y-y_0}\cdot f(\xi,y)\cdot[b(y)-b(y_0)],$$

其中 ξ 介于 $b(y_0)$ 与 $b(y)$ 之间. 由于 $b(y)$ 在 $[\alpha,\beta]$ 上连续，当 $y\to y_0$ 时，$b(y)\to b(y_0)$，从而 $\xi\to b(y_0)$. 又因为 $f(x,y)$ 在 $(b(y_0),y_0)$ 处连续，$b(y)$ 在 y_0 点可微，从而知

$$\lim_{y\to y_0}\frac{\psi_2(y)-\psi_2(y_0)}{y-y_0}=\lim_{y\to y_0}\frac{1}{y-y_0}f(\xi,y)[b(y)-b(y_0)]=b'(y_0)\cdot f(b(y_0),y_0),$$

即 $\psi_2(y)$ 在 y_0 点可微. 类似可证明 $\psi_3(y)$ 在点 y_0 可微，并且有 $\psi'_3(y_0)=a'(y_0)f(a(y_0),y_0)$. 综上可知，$\psi(y)=\psi_1(y)+\psi_2(y)-\psi_3(y)$ 在 y_0 点可微，并且有

$$\psi'(y_0)=\psi'_1(y_0)+\psi'_2(y_0)-\psi'_3(y_0)$$
$$=\int_{a(y_0)}^{b(y_0)}f'_y(x,y_0)\mathrm{d}x+b'(y_0)f(b(y_0),y_0)-a'(y_0)f(a(y_0),y_0).$$

根据 y_0 在 $[\alpha,\beta]$ 中取值的任意性可知，$\psi(y)$ 在区间 $[\alpha,\beta]$ 上可微，并且 $\forall\, y\in[\alpha,\beta]$，有

$$\psi'(y)=\int_{a(y)}^{b(y)}f'_y(x,y)\mathrm{d}x+b'(y)f(b(y),y)-a'(y)f(a(y),y).$$

从而定理得证.

需要注意的是，上述四个定理(定理 12.1 至定理 12.4)中闭区间 $[\alpha,\beta]$ 可以改成开区间或半开半闭区间，结论依然成立. 请读者自己补充证明.

4. 含参变量定积分的可积性

定理 12.5　设函数 $f(x,y)$ 在闭矩形区域 D：$\{(x,y)\mid a\leqslant x\leqslant b,\alpha\leqslant y\leqslant\beta\}$ 上连续，则

$\varphi(y)=\int_a^b f(x,y)\mathrm{d}x$ 在区间$[\alpha,\beta]$上可积，并且 $\int_\alpha^\beta\left[\int_a^b f(x,y)\mathrm{d}x\right]\mathrm{d}y=\int_a^b\left[\int_\alpha^\beta f(x,y)\mathrm{d}y\right]\mathrm{d}x$.

证明 由定理 12.1 可知 $\varphi(y)$在区间$[\alpha,\beta]$上连续，从而 $\varphi(y)$必在区间$[\alpha,\beta]$上可积. 对于$\forall u\in[\alpha,\beta]$，令

$$I_1(u)=\int_\alpha^u\left[\int_a^b f(x,y)\mathrm{d}x\right]\mathrm{d}y=\int_\alpha^u\varphi(y)\mathrm{d}y,$$

$$I_2(u)=\int_a^b\left[\int_\alpha^u f(x,y)\mathrm{d}y\right]\mathrm{d}x=\int_a^b F(x,u)\mathrm{d}x,$$

其中 $F(x,u)=\int_\alpha^u f(x,y)\mathrm{d}y$.

由定理 7.9 可知 $I_1'(u)=\varphi(u)=\int_a^b f(x,u)\mathrm{d}x$. 又 $f(x,y)$在闭区域 D 上连续，由定理 12.1 知 $F(x,u)$在区间$[a,b]$上关于 x 连续，并且 $F_u'(x,u)=\left[\int_\alpha^u f(x,y)\mathrm{d}y\right]_u'=f(x,u)$. 从而 $F_u'(x,u)$在区域 D 上连续，由定理 12.3 知

$$I_2'(u)=\int_a^b F_u'(x,u)\mathrm{d}x=\int_a^b f(x,u)\mathrm{d}x,$$

即 $I_1'(u)=I_2'(u)$，$\forall u\in[\alpha,\beta]$. 因此，$I_1(u)=I_2(u)+c$（$c$ 为常数）. 特别地，取 $u=\alpha$，$I_1(\alpha)=I_2(\alpha)=0$，则 $c=0$，即 $I_1(u)=I_2(u)$，进而取 $u=\beta$，有 $I_1(\beta)=I_2(\beta)$，即

$$\int_\alpha^\beta\left[\int_a^b f(x,y)\mathrm{d}x\right]\mathrm{d}y=\int_a^b\left[\int_\alpha^\beta f(x,y)\mathrm{d}y\right]\mathrm{d}x.$$

定理 12.5 表明，函数 $f(x,y)$在满足定理 12.5 的条件下，积分可以交换次序. 在书写时，也可将上述积分记为

$$\int_\alpha^\beta\left[\int_a^b f(x,y)\mathrm{d}x\right]\mathrm{d}y=\int_\alpha^\beta\mathrm{d}y\int_a^b f(x,y)\mathrm{d}x,$$

$$\int_a^b\left[\int_\alpha^\beta f(x,y)\mathrm{d}y\right]\mathrm{d}x=\int_a^b\mathrm{d}x\int_\alpha^\beta f(x,y)\mathrm{d}y.$$

因此，定理 12.5 的结论也可表述为 $\int_\alpha^\beta\mathrm{d}y\int_a^b f(x,y)\mathrm{d}x=\int_a^b\mathrm{d}x\int_\alpha^\beta f(x,y)\mathrm{d}y$.

例 1 求 $\lim\limits_{y\to0}\int_y^{1+y}\frac{1}{1+x^2+y^2}\mathrm{d}x$.

解 令 $\psi(y)=\int_y^{1+y}\frac{1}{1+x^2+y^2}\mathrm{d}x$，$f(x,y)=\frac{1}{1+x^2+y^2}$，$a(y)=y$，$b(y)=1+y$. 显然，$f(x,y)$在闭矩形区域 D：$\{(x,y)\mid-1\leqslant x\leqslant2,-1\leqslant y\leqslant1\}$上连续，并且当 $y\in[-1,1]$时，$-1\leqslant a(y)\leqslant2$，$-1\leqslant b(y)\leqslant2$，$a(y)$与 $b(y)$在区间$[-1,2]$上连续. 因此，由定理 12.2 知 $\psi(y)$在区间$[-1,1]$上连续. 从而，$\lim\limits_{y\to0}\psi(y)=\psi(0)=\int_0^1\frac{1}{1+x^2}\mathrm{d}x=\arctan x\Big|_0^1=\frac{\pi}{4}$，即 $\lim\limits_{y\to0}\int_y^{1+y}\frac{1}{1+x^2+y^2}\mathrm{d}x=\frac{\pi}{4}$.

例 2 设 $F(y)=\int_0^1 \ln(x^2+y^2)\mathrm{d}x,(y>0)$，求 $F'(y)$.

解 由于 $y>0$，$\exists \varepsilon_0>0$，使得 $\varepsilon_0\leqslant y\leqslant \frac{1}{\varepsilon_0}$. 显然被积函数 $f(x,y)=\ln(x^2+y^2)$ 以及 $f'_y(x,y)=\frac{2y}{x^2+y^2}$ 在闭矩形区域 D：$\left\{(x,y)\mid 0\leqslant x\leqslant 1,\varepsilon_0\leqslant y\leqslant \frac{1}{\varepsilon_0}\right\}$ 上均连续. 由定理 12.3 知

$$F'(y)=\int_0^1 f'_y(x,y)\mathrm{d}x=\int_0^1 \frac{2y}{x^2+y^2}\mathrm{d}x=2\int_0^1 \frac{1}{1+\left(\frac{x}{y}\right)^2}\mathrm{d}\left(\frac{x}{y}\right)$$

$$=2\arctan\frac{x}{y}\bigg|_0^1=2\arctan\frac{1}{y}.$$

从而有 $F'(y)=2\arctan\frac{1}{y}(y>0)$.

例 3 设 $F(y)=\int_y^{y^2}\frac{\sin xy}{x}\mathrm{d}x$，求 $F'(y)$.

解 令 $f(x,y)=\begin{cases}\frac{\sin xy}{x}, & x\neq 0,\\ y, & x=0.\end{cases}$ 易知 $f'_y(x,y)=\cos xy$，并且 $f(x,y)$ 与 $f'_y(x,y)$ 在任意闭矩形区域上均连续. 令 $a(y)=y,b(y)=y^2,y\in(-\infty,+\infty)$，显然 $a(y)$ 与 $b(y)$ 在 $(-\infty,+\infty)$ 上可微. 由定理 12.4 知

$$F'(y)=\frac{\mathrm{d}}{\mathrm{d}y}\int_y^{y^2}f(x,y)\mathrm{d}x=\int_y^{y^2}f'_y(x,y)\mathrm{d}x+b'(y)f(y^2,y)-a'(y)f(y,y)$$

$$=\begin{cases}0, & y=0,\\ \frac{3\sin y^3-2\sin y^2}{y}, & y\neq 0.\end{cases}$$

例 4 求积分 $\int_0^1 \frac{x^b-x^a}{\ln x}\mathrm{d}x(0<a<b)$.

解 方法一(积分号下微分法) 令 $\varphi(y)=\int_0^1\frac{x^y-x^a}{\ln x}\mathrm{d}x$，$a\leqslant y\leqslant b$. 由定理 12.3 知

$$\varphi'(y)=\int_0^1\left(\frac{x^y-x^a}{\ln x}\right)'_y\mathrm{d}x=\int_0^1 x^y\mathrm{d}x=\frac{x^{y+1}}{y+1}\bigg|_0^1=\frac{1}{y+1}.$$

对上式两边求不定积分，有

$$\varphi(y)=\int\frac{1}{y+1}\mathrm{d}y=\ln(y+1)+c.$$

取 $y=a$，有 $\varphi(a)=0=\ln(a+1)+c$，从而 $c=-\ln(a+1)$. 于是

$$\varphi(y)=\ln(y+1)-\ln(a+1)=\ln\frac{y+1}{a+1}.$$

取 $y=b$，有 $\varphi(b)=\int_0^1\frac{x^b-x^a}{\ln x}\mathrm{d}x=\ln\frac{b+1}{a+1}$，即 $\int_0^1\frac{x^b-x^a}{\ln x}\mathrm{d}x=\ln\frac{b+1}{a+1}$.

方法二（积分号下积分法） 由于 $\lim\limits_{x\to0^+}\dfrac{x^b-x^a}{\ln x}=0$，$\lim\limits_{x\to1^-}\dfrac{x^b-x^a}{\ln x}=\lim\limits_{x\to1^-}\dfrac{bx^{b-1}-ax^{a-1}}{\dfrac{1}{x}}=$ $\lim\limits_{x\to1^-}(bx^b-ax^a)=b-a$，令 $I(x)=\begin{cases}0, & x=0,\\ \dfrac{x^b-x^a}{\ln x}, & 0<x<1,\\ b-a, & x=1,\end{cases}$ 从而函数 $I(x)$ 在闭区间 $[0,1]$ 连续.

又 $I(x)=\dfrac{x^b-x^a}{\ln x}=\dfrac{x^y}{\ln x}\Big|_a^b=\int_a^b x^y\mathrm{d}y$，令 $f(x,y)=x^y$，则 $f(x,y)$ 在闭矩形区域 D：$\{(x,y)\mid 0\leqslant x\leqslant1,a\leqslant y\leqslant b\}$ 上连续，由定理 12.5 知

$$\int_0^1\frac{x^b-x^a}{\ln x}\mathrm{d}x=\int_0^1\left[\int_a^b x^y\mathrm{d}y\right]\mathrm{d}x=\int_a^b\left[\int_0^1 x^y\mathrm{d}x\right]\mathrm{d}y=\int_a^b\left[\frac{x^{y+1}}{y+1}\Big|_0^1\right]\mathrm{d}y=\int_a^b\frac{1}{y+1}\mathrm{d}y$$
$$=\ln\frac{b+1}{a+1}.$$

例 5 求定积分 $I=\int_0^1\dfrac{\ln(1+x)}{1+x^2}\mathrm{d}x$.

解 应用变量替换，可以直接求解该定积分. 在此，我们通过引入参变量的方法来计算.

令 $I(y)=\int_0^1\dfrac{\ln(1+xy)}{1+x^2}\mathrm{d}x, y\in[0,1], f(x,y)=\dfrac{\ln(1+xy)}{1+x^2}$. 易知 $I(0)=0, I(1)=I$, $f'_y(x,y)=\dfrac{x}{(1+x^2)(1+xy)}$，并且 $f(x,y)$ 与 $f'_y(x,y)$ 在闭矩形区域 D：$\{(x,y)\mid 0\leqslant x\leqslant1,0\leqslant y\leqslant1\}$ 上连续，由定理 12.3 知

$$I'(y)=\int_0^1\frac{x}{(1+x^2)(1+xy)}\mathrm{d}x=\frac{1}{1+y^2}\left[\frac{\pi y}{4}+\frac{1}{2}\ln2-\ln(1+y)\right],$$

因此

$$I=I(1)=I(1)-I(0)=\int_0^1 I'(y)\mathrm{d}y=\int_0^1\frac{1}{1+y^2}\left[\frac{\pi y}{4}+\frac{1}{2}\ln2-\ln(1+y)\right]\mathrm{d}y$$
$$=\frac{\pi}{4}\int_0^1\frac{y}{1+y^2}\mathrm{d}y+\frac{1}{2}\ln2\int_0^1\frac{1}{1+y^2}\mathrm{d}y-I=\frac{\pi}{4}\ln2-I,$$

从而定积分 $I=\dfrac{\pi}{8}\ln2$.

12.1.2 含参变量的无穷限积分

1. 含参变量无穷限积分的概念

定义 12.2 设二元函数 $f(x,y)$ 在区域 D：$\{(x,y)\mid a\leqslant x<+\infty,\alpha\leqslant y\leqslant\beta\}$ 上有定义，对于 $\forall\, y\in[\alpha,\beta]$ 无穷积分 $\int_a^{+\infty}f(x,y)\mathrm{d}x$ 收敛，令 $\varphi(y)=\int_a^{+\infty}f(x,y)\mathrm{d}x, y\in[\alpha,\beta]$. 则称

$\varphi(y)$为定义在区间$[\alpha,\beta]$上的含参变量的无穷限积分，其中 x 为积分变量，y 为参变量.

与定义 12.1 类似，区间$[\alpha,\beta]$可以是任意区间(闭区间、开区间、半开半闭区间、有限区间或无穷区间).

在第 8 章中我们讨论了数项级数 $\sum_{n=1}^{\infty}u_n$ 的敛散性的概念及敛散性的判别方法，发现它与 7.7 节中无穷限积分 $\int_a^{+\infty}f(x)\mathrm{d}x$ 敛散性的定义及判别方法极为相似. 依次类推，不难想到，含参变量的无穷限积分 $\int_a^{+\infty}f(x,y)\mathrm{d}x$ 与 8.4 节中的函数项级数 $\sum_{n=1}^{\infty}u_n(x)$ 之间关联紧密. 在 8.4 节中我们对于函数项级数 $\sum_{n=1}^{\infty}u_n(x)$ 的和函数及一致收敛进行了着重分析. 与之类似，含参变量的无穷限积分所确定的函数及一致收敛也是本部分的重点讨论对象.

2. 含参变量无穷限积分的一致收敛性

首先，无穷限积分 $\int_a^{+\infty}f(x,y)\mathrm{d}x$ 在 y 点收敛可描述为：对于 $\forall\varepsilon>0$，存在 $A_0(\varepsilon,y)>a$，使得当 $A>A_0$ 时，有 $\left|\int_A^{+\infty}f(x,y)\mathrm{d}x\right|<\varepsilon$；或者，$\forall\varepsilon>0$，存在 $A_0(\varepsilon,y)>a$，当 $A>A_0$ 时，有 $\left|\int_a^{+\infty}f(x,y)\mathrm{d}x-\int_a^{A}f(x,y)\mathrm{d}x\right|=\left|\int_A^{+\infty}f(x,y)\mathrm{d}x\right|<\varepsilon$，即$\int_a^{+\infty}f(x,y)\mathrm{d}x=\lim\limits_{A\to+\infty}\int_a^{A}f(x,y)\mathrm{d}x$. 一般来讲，这里的 A_0 不仅与 ε 有关，而且与 y 有关. 如果存在与 y 无关的 A_0，那么便可得到一致收敛的定义.

定义 12.3　设对于 $\forall y\in I$(I 为任意区间)，无穷限积分 $\int_a^{+\infty}f(x,y)\mathrm{d}x$ 收敛. 若对于 $\forall\varepsilon>0$，存在仅与 ε 有关的 $A_0(\varepsilon)>a$，当 $A>A_0$ 时，对于任意 $y\in I$，都有 $\left|\int_a^{+\infty}f(x,y)\mathrm{d}x-\int_a^{A}f(x,y)\mathrm{d}x\right|=\left|\int_A^{+\infty}f(x,y)\mathrm{d}x\right|<\varepsilon$，则称无穷限积分$\int_a^{+\infty}f(x,y)\mathrm{d}x$ 关于 y 在区间 I 上一致收敛.

与无穷限积分的一致收敛概念类似，可以得到含参变量瑕积分一致收敛的定义.

定义 12.4　设对于 $\forall y\in I$(I 为任意区间)，以 $x=b$ 为瑕点的瑕积分 $\int_a^{b}f(x,y)\mathrm{d}x$ 收敛，如果对于 $\forall\varepsilon>0$，存在仅与 ε 有关的 $\delta_0(\varepsilon)>0$，当 $0<\eta<\delta_0$ 时，对于任意 $y\in I$，都有

$$\left|\int_a^{b}f(x,y)\mathrm{d}x-\int_a^{b-\eta}f(x,y)\mathrm{d}x\right|=\left|\int_{b-\eta}^{b}f(x,y)\mathrm{d}x\right|<\varepsilon,$$

则称瑕积分 $\int_a^{b}f(x,y)\mathrm{d}x$ 关于 y 在区间 I 上一致收敛.

本部分我们以含参变量无穷限积分 $\int_a^{+\infty}f(x,y)\mathrm{d}x$ 为研究对象. 对于其他形式的含参变量

无穷限积分以及瑕积分可进行类似的讨论，在此不另赘述. 下面给出无穷限积分 $\int_a^{+\infty} f(x,y)\mathrm{d}x$ 的一致收敛性判别方法.

定理 12.6（柯西一致收敛准则） 无穷限积分 $\int_a^{+\infty} f(x,y)\mathrm{d}x$ 在区间 I 上一致收敛的充分必要条件是：对于 $\forall \varepsilon>0$，存在 $A_0>a$，当任意 $A_1>A_0$ 及任意 $A_2>A_0$ 时，对于任意 $y\in I$，有 $\left|\int_{A_1}^{A_2} f(x,y)\mathrm{d}x\right|<\varepsilon$.

证明 必要性. 若无穷限积分 $\int_a^{+\infty} f(x,y)\mathrm{d}x$ 在区间 I 上一致收敛，由定义 12.3 知，$\forall \varepsilon>0$，存在 $A_0>a$，当 $A>A_0$ 时，对于 $\forall y\in I$，有 $\left|\int_A^{+\infty} f(x,y)\mathrm{d}x\right|<\frac{\varepsilon}{2}$. 从而，当 $A_1>A_0$，$A_2>A_0$ 时，分别有

$$\left|\int_{A_1}^{+\infty} f(x,y)\mathrm{d}x\right|<\frac{\varepsilon}{2},\quad \left|\int_{A_2}^{+\infty} f(x,y)\mathrm{d}x\right|<\frac{\varepsilon}{2}.$$

于是

$$\begin{aligned}\left|\int_{A_1}^{A_2} f(x,y)\mathrm{d}x\right| &= \left|\int_{A_1}^{+\infty} f(x,y)\mathrm{d}x-\int_{A_2}^{+\infty} f(x,y)\mathrm{d}x\right| \\ &\leqslant \left|\int_{A_1}^{+\infty} f(x,y)\mathrm{d}x\right|+\left|\int_{A_2}^{+\infty} f(x,y)\mathrm{d}x\right| \\ &< \frac{\varepsilon}{2}+\frac{\varepsilon}{2}=\varepsilon.\end{aligned}$$

充分性. 若对于 $\forall \varepsilon>0$，$\exists A_0>a$，当 $A_1>A_0$，$A_2>A_0$ 时，对 $\forall y\in I$ 有 $\left|\int_{A_1}^{A_2} f(x,y)\mathrm{d}x\right|<\varepsilon$. 令 $A_2\to+\infty$，则有 $\left|\int_{A_1}^{+\infty} f(x,y)\mathrm{d}x\right|\leqslant\varepsilon$，从而无穷限积分 $\int_a^{+\infty} f(x,y)\mathrm{d}x$ 在区间 I 上一致收敛.

定理 12.7（魏尔斯特拉斯判别法，又称优函数判别法） 对于 $\forall y\in I$，无穷限积分 $\int_a^{+\infty} f(x,y)\mathrm{d}x$ 收敛，如果

(1) 对于 $\forall x\in[a,+\infty)$，$\forall y\in I$，有 $|f(x,y)|\leqslant F(x)$；

(2) 无穷限积分 $\int_a^{+\infty} F(x)\mathrm{d}x$ 收敛，

则 $\int_a^{+\infty} f(x,y)\mathrm{d}x$ 关于 y 在区间 I 上一致收敛，其中函数 $F(x)$ 称为优函数.

证明 由条件(2)知，无穷积分 $\int_a^{+\infty} F(x)\mathrm{d}x$ 收敛，根据定理 7.14 无穷积分的柯西收敛准则，$\forall \varepsilon>0$，$\exists A_0>a$，当 $A_1>A_0$，$A_2>A_0$ 时，有 $\left|\int_{A_1}^{A_2} F(x)\mathrm{d}x\right|<\varepsilon$. 由条件(1)知，当 $A_1>A_0$，$A_2>A_0$ 时，对于 $\forall y\in I$ 有 $\left|\int_{A_1}^{A_2} f(x,y)\mathrm{d}x\right|\leqslant\left|\int_{A_1}^{A_2} |f(x,y)|\mathrm{d}x\right|\leqslant\left|\int_{A_1}^{A_2} F(x)\mathrm{d}x\right|<\varepsilon$，即

无穷限积分 $\int_a^{+\infty} f(x,y)\mathrm{d}x$ 关于 y 在区间 I 上一致收敛.

例 6　证明无穷限积分 $\int_0^{+\infty} \mathrm{e}^{-\alpha x^2}\cos x\mathrm{d}x$ 关于 α 在区间 $[\alpha_0,+\infty]$ $(\alpha_0>0)$ 上一致收敛.

证明　对于 $\forall x\in[0,+\infty]$ 及 $\forall \alpha\in[\alpha_0,+\infty]$，有 $|\mathrm{e}^{-\alpha x^2}\cos x|\leqslant \mathrm{e}^{-\alpha x^2}\leqslant \mathrm{e}^{-\alpha_0 x^2}$. 又无穷积分 $\int_0^{+\infty} \mathrm{e}^{-\alpha_0 x^2}\mathrm{d}x$ 收敛(见 7.7 节例 5). 由定理 12.7 知，无穷限积分 $\int_0^{+\infty} \mathrm{e}^{-\alpha x^2}\cos x\mathrm{d}x$ 在区间 $[\alpha_0,+\infty]$ 上一致收敛.

例 7　证明无穷限积分 $\int_1^{+\infty} \frac{\sin xy}{x^2+y^2}\mathrm{d}x$ 在 $(-\infty,+\infty)$ 上一致收敛.

证明　对于 $\forall y\in(-\infty,+\infty)$，有 $\left|\frac{\sin xy}{x^2+y^2}\right|\leqslant\frac{1}{x^2}$，已知无穷限积分 $\int_1^{+\infty}\frac{1}{x^2}\mathrm{d}x$ 收敛(见 7.7 节例 2)，则无穷限积分 $\int_1^{+\infty} \frac{\sin xy}{x^2+y^2}\mathrm{d}x$ 在 $(-\infty,+\infty)$ 上一致收敛.

定理 12.7 是一种判别无穷限积分一致收敛性的简便的判别法，但却有一定的局限性. 因为凡是能用定理 12.7 判别为一致收敛的无穷限积分必然也是绝对收敛的；如果无穷限积分为条件收敛，则其一致收敛性无法用定理 12.7 来判别. 为此，我们不加证明地给出下面两种判别方法，有兴趣的读者可自己补充证明.

定理 12.8(阿贝尔判别法)　如果

(1) $\int_a^{+\infty} f(x,y)\mathrm{d}x$ 关于 y 在区间 I 上一致收敛；

(2) 对于区间 I 中每一个 y，$g(x,y)$ 是关于 x 的单调函数，并且关于 y 在 I 上一致有界，即 $\exists M>0$，当 $x\in[a,+\infty)$，$y\in I$ 时，$|g(x,y)|\leqslant M$，

则 $\int_a^{+\infty} f(x,y)g(x,y)\mathrm{d}x$ 关于 y 在区间 I 上一致收敛.

例 8　证明积分 $\int_0^{+\infty} \mathrm{e}^{-\alpha x}\frac{\sin x}{x}\mathrm{d}x$ 关于 α 在 $[0,+\infty)$ 上一致收敛.

证明　由于无穷限积分 $\int_0^{+\infty}\frac{\sin x}{x}\mathrm{d}x$ 收敛，且不含参数 α，从而关于 α 在 $[0,+\infty)$ 上一致收敛. 又 $\mathrm{e}^{-\alpha x}$ 对于每一个 $\alpha\in[0,+\infty)$ 关于 x 单调，并且当 $x\in[0,+\infty)$，$\alpha\in[0,+\infty)$ 时，$|\mathrm{e}^{-\alpha x}|=\mathrm{e}^{-\alpha x}\leqslant 1$，即 $\mathrm{e}^{-\alpha x}$ 关于 α 在 $[0,+\infty]$ 上一致有界. 从而由阿贝尔判别法知，积分 $\int_0^{+\infty} \mathrm{e}^{-\alpha x}\frac{\sin x}{x}\mathrm{d}x$ 关于 α 在 $[0,+\infty)$ 上一致收敛.

定理 12.9(狄利克雷判别法)　如果

(1) 积分 $\int_a^A f(x,y)\mathrm{d}x$ 关于 y 在 I 上一致有界，即存在 $M>0$，当 $A\in[a,+\infty)$；$y\in I$ 时，有 $\left|\int_a^A f(x,y)\mathrm{d}x\right|\leqslant M$；

(2) 对于区间 I 中的每一个 y，$g(x,y)$ 是关于 x 的单调函数，并且当 $x\to+\infty$ 时，关于 y 在 I 上一致趋于 0，则 $\int_a^{+\infty} f(x,y)g(x,y)\mathrm{d}x$ 关于 y 在 I 上一致收敛.

例 9 证明积分 $\int_0^{+\infty}\frac{\cos xy}{\sqrt{x}}\mathrm{d}x$ 关于 y 在 $[y_0,+\infty)(y_0>0)$ 上一致收敛.

证明 首先考虑积分 $\int_0^1\frac{\cos xy}{\sqrt{x}}\mathrm{d}x$. 由于对 $\forall x\in(0,1)$ 及 $\forall y\in[y_0,+\infty)$，有 $\left|\frac{\cos(xy)}{\sqrt{x}}\right|\leqslant\frac{1}{\sqrt{x}}$.

又 $\int_0^1\frac{1}{\sqrt{x}}\mathrm{d}x$ 收敛，根据魏尔斯特拉斯判别法知，积分 $\int_0^1\frac{\cos xy}{\sqrt{x}}\mathrm{d}x$ 关于 y 在 $[y_0,+\infty)$ 上一致收敛. 再考虑无穷限积分 $\int_1^{+\infty}\frac{\cos xy}{\sqrt{x}}\mathrm{d}x$. 由于对于 $\forall A\in[1,+\infty)$ 及 $\forall y\in[y_0,+\infty)$，有 $\left|\int_1^A\cos(xy)\mathrm{d}x\right|=\left|\frac{\sin(xy)}{y}\right|\Bigg|_1^A=\left|\frac{\sin(Ax)-\sin x}{y}\right|\leqslant\frac{2}{y_0}$. 又 $\frac{1}{\sqrt{x}}$ 在 $(1,+\infty)$ 上单调递减，且 $\lim\limits_{x\to+\infty}\frac{1}{\sqrt{x}}=0$. 由狄利克雷判别法知，无穷限积分 $\int_1^{+\infty}\frac{\cos(xy)}{\sqrt{x}}\mathrm{d}x$ 关于 y 在 $[y_0,+\infty)$ 上一致收敛.

综上可知，$\int_0^{+\infty}\frac{\cos(xy)}{\sqrt{x}}\mathrm{d}x$ 关于 y 在 $[y_0,+\infty)(y_0>0)$ 上一致收敛.

3. 含参变量无穷限积分的分析性质

定理 12.10（连续性） 如果函数 $f(x,y)$ 在区域 D：$\{(x,y)\mid a\leqslant x<+\infty,\alpha\leqslant y\leqslant\beta\}$ 上连续，并且无穷限积分 $\int_a^{+\infty}f(x,y)\mathrm{d}x$ 关于 y 在区间 $[\alpha,\beta]$ 上一致收敛，则函数 $\varphi(y)=\int_a^{+\infty}f(x,y)\mathrm{d}x$ 在区间 $[\alpha,\beta]$ 上连续.

证明 由于 $\int_a^{+\infty}f(x,y)\mathrm{d}x$ 关于 y 在 $[\alpha,\beta]$ 上一致收敛，即 $\forall\varepsilon>0$，$\exists A_0>a$，当 $A>A_0$ 时，对 $\forall y\in[\alpha,\beta]$ 有 $\left|\int_A^{+\infty}f(x,y)\mathrm{d}x\right|<\frac{\varepsilon}{3}$. 对 $\forall y\in[\alpha,\beta]$，取 Δy 使得 $y+\Delta y\in[\alpha,\beta]$，则有 $\left|\int_A^{+\infty}f(x,y+\Delta y)\mathrm{d}x\right|<\frac{\varepsilon}{3}$.

根据定理 12.1 知 $\tilde{\varphi}(y)=\int_a^A f(x,y)\mathrm{d}x$ 在区间 $[\alpha,\beta]$ 上连续，即 $\forall\varepsilon>0$，$\exists\delta>0$. 当 $|\Delta y|<\delta$ 时有 $|\tilde{\varphi}(y+\Delta y)-\tilde{\varphi}(y)|=\left|\int_a^A f(x,y+\Delta y)\mathrm{d}x-\int_a^A f(x,y)\mathrm{d}x\right|<\frac{\varepsilon}{3}$.

于是，$\forall\varepsilon>0$，$\exists\delta>0$，当 $|\Delta y|<\delta$ 时，有

$$
\begin{aligned}
&|\varphi(y+\Delta y)-\varphi(y)| \\
&=\left|\int_a^{+\infty} f(x,y+\Delta y)\mathrm{d}x-\int_a^{+\infty} f(x,y)\mathrm{d}x\right| \\
&=\left|\int_a^A f(x,y+\Delta y)\mathrm{d}x+\int_A^{+\infty} f(x,y+\Delta y)\mathrm{d}x-\int_a^A f(x,y)\mathrm{d}x-\int_A^{+\infty} f(x,y)\mathrm{d}x\right| \\
&\leqslant\left|\int_a^A f(x,y+\Delta y)\mathrm{d}x-\int_a^A f(x,y)\mathrm{d}x\right|+\left|\int_A^{+\infty} f(x,y+\Delta y)\mathrm{d}x\right|+\left|\int_A^{+\infty} f(x,y)\mathrm{d}x\right| \\
&<\frac{\varepsilon}{3}+\frac{\varepsilon}{3}+\frac{\varepsilon}{3}=\varepsilon,
\end{aligned}
$$

从而 $\varphi(y)$ 在区间$[\alpha,\beta]$上连续.

定理 12.10 表明：函数 $f(x,y)$ 在满足定理 12.10 的条件下，积分与极限可以交换次序. 即对于 $\forall\, y_0\in[\alpha,\beta]$，有

$$\lim_{y\to y_0}\int_a^{+\infty} f(x,y)\mathrm{d}x=\lim_{y\to y_0}\varphi(y)=\varphi(y_0)=\int_a^{+\infty} f(x,y_0)\mathrm{d}x=\int_a^{+\infty}\left[\lim_{y\to y_0} f(x,y)\right]\mathrm{d}x.$$

此外，在定理 12.10 中区间$[\alpha,\beta]$可以改为开区间或半开半闭区间，并且 $\int_a^{+\infty} f(x,y)\mathrm{d}x$ 关于 y 在相应区间的任意闭子区间上一致收敛，即 $\int_a^{+\infty} f(x,y)\mathrm{d}x$ 关于 y 在相应区间上内闭一致收敛，结论依然成立，读者可自己补充证明.

定理 12.11（可积性）　如果函数 $f(x,y)$ 在区域 D：$\{(x,y)\mid a\leqslant x<+\infty,\alpha\leqslant y\leqslant\beta\}$ 上连续，并且无穷限积分 $\varphi(y)=\int_a^{+\infty} f(x,y)\mathrm{d}x$ 在区间$[\alpha,\beta]$上关于 y 一致收敛，则函数 $\varphi(y)$ 在区间$[\alpha,\beta]$上可积，有

$$\int_\alpha^\beta\left[\int_a^{+\infty} f(x,y)\mathrm{d}x\right]\mathrm{d}y=\int_a^{+\infty}\left[\int_\alpha^\beta f(x,y)\mathrm{d}y\right]\mathrm{d}x.$$

证明　由定理 12.10 知 $\varphi(y)$ 在$[\alpha,\beta]$上连续，从而 $\varphi(y)$ 在区间$[\alpha,\beta]$上可积. 由于 $\varphi(y)=\int_a^{+\infty} f(x,y)\mathrm{d}x$ 在$[\alpha,\beta]$上关于 y 一致收敛，从而 $\forall\,\varepsilon>0$，$\exists\, A_0>a$，当 $A>A_0$ 时，对 $\forall\, y\in[\alpha,\beta]$有 $\left|\int_A^{+\infty} f(x,y)\mathrm{d}x\right|<\dfrac{\varepsilon}{\beta-\alpha}$.

对于 $\forall\, A>A_0$，由于 $f(x,y)$ 在区域 D 上连续，从而 $f(x,y)$ 在闭区域$\{(x,y)\mid a\leqslant x\leqslant A,\alpha\leqslant y\leqslant\beta\}$上连续，由定理 12.5 知，$\int_\alpha^\beta\left[\int_a^A f(x,y)\mathrm{d}x\right]\mathrm{d}y=\int_a^A\left[\int_\alpha^\beta f(x,y)\mathrm{d}y\right]\mathrm{d}x$. 因此，对 $\forall\, A>A_0$，有

$$\int_\alpha^\beta\varphi(y)\mathrm{d}y=\int_\alpha^\beta\left[\int_a^{+\infty} f(x,y)\mathrm{d}x\right]\mathrm{d}y=\int_\alpha^\beta\left[\int_a^A f(x,y)\mathrm{d}x+\int_A^{+\infty} f(x,y)\mathrm{d}x\right]\mathrm{d}y$$

$$=\int_{\alpha}^{\beta}\left[\int_{a}^{A}f(x,y)\mathrm{d}x\right]\mathrm{d}y+\int_{\alpha}^{\beta}\left[\int_{A}^{+\infty}f(x,y)\mathrm{d}x\right]\mathrm{d}y$$

$$=\int_{a}^{A}\left[\int_{\alpha}^{\beta}f(x,y)\mathrm{d}y\right]\mathrm{d}x+\int_{\alpha}^{\beta}\left[\int_{A}^{+\infty}f(x,y)\mathrm{d}x\right]\mathrm{d}y,$$

于是

$$\left|\int_{\alpha}^{\beta}\varphi(y)\mathrm{d}y-\int_{a}^{A}\left[\int_{\alpha}^{\beta}f(x,y)\mathrm{d}y\right]\mathrm{d}x\right|=\left|\int_{\alpha}^{\beta}\left[\int_{A}^{+\infty}f(x,y)\mathrm{d}x\right]\mathrm{d}y\right|\leqslant\int_{\alpha}^{\beta}\left|\int_{A}^{+\infty}f(x,y)\mathrm{d}x\right|\mathrm{d}y$$

$$<\int_{\alpha}^{\beta}\frac{\varepsilon}{\beta-\alpha}\mathrm{d}y=\frac{\varepsilon}{\beta-\alpha}\cdot(\beta-\alpha)=\varepsilon.$$

从而

$$\lim_{A\to+\infty}\int_{a}^{A}\left[\int_{\alpha}^{\beta}f(x,y)\mathrm{d}y\right]\mathrm{d}x=\int_{\alpha}^{\beta}\left[\int_{a}^{+\infty}f(x,y)\mathrm{d}x\right]\mathrm{d}y,$$

即

$$\int_{\alpha}^{\beta}\left[\int_{a}^{+\infty}f(x,y)\mathrm{d}x\right]\mathrm{d}y=\int_{a}^{+\infty}\left[\int_{\alpha}^{\beta}f(x,y)\mathrm{d}y\right]\mathrm{d}x.$$

定理 12.11 表明：函数 $f(x,y)$ 在满足定理 12.11 的条件下，积分顺序可以交换.

积分次序交换的更一般形式如下.

设函数 $f(x,y)$ 在区域 D：$\{(x,y)\mid a\leqslant x<+\infty,\alpha\leqslant y<+\infty\}$ 上连续，对于 $\forall\beta\in[\alpha,+\infty)$，$\int_{a}^{+\infty}f(x,y)\mathrm{d}x$ 关于 y 在 $[\alpha,\beta]$ 上一致收敛，对于 $\forall A\in[a,+\infty)$，$\int_{\alpha}^{+\infty}f(x,y)\mathrm{d}y$ 在 $[a,A]$ 上一致收敛，并且积分 $\int_{a}^{+\infty}\left[\int_{\alpha}^{+\infty}|f(x,y)|\mathrm{d}y\right]\mathrm{d}x$ 与 $\int_{\alpha}^{+\infty}\left[\int_{a}^{+\infty}|f(x,y)|\mathrm{d}x\right]\mathrm{d}y$ 有一个存在，则有 $\int_{a}^{+\infty}\left[\int_{\alpha}^{+\infty}f(x,y)\mathrm{d}y\right]\mathrm{d}x=\int_{\alpha}^{+\infty}\left[\int_{a}^{+\infty}f(x,y)\mathrm{d}x\right]\mathrm{d}y$.

定理 12.12（可微性） 如果函数 $f(x,y)$ 与 $f'_y(x,y)$ 在区域 D：$\{(x,y)\mid a\leqslant x<+\infty,\alpha\leqslant y\leqslant\beta\}$ 上连续，无穷限积分 $\varphi(y)=\int_{a}^{+\infty}f(x,y)\mathrm{d}x$ 在区间 $[\alpha,\beta]$ 上收敛，并且无穷限积分 $\int_{a}^{+\infty}f'_y(x,y)\mathrm{d}x$ 在区间 $[\alpha,\beta]$ 上关于 y 一致收敛，则函数 $\varphi(y)$ 在区间 $[\alpha,\beta]$ 上可微，$\forall y\in[\alpha,\beta]$，有 $\varphi'(y)=\frac{\mathrm{d}}{\mathrm{d}y}\int_{a}^{+\infty}f(x,y)\mathrm{d}x=\int_{a}^{+\infty}f'_y(x,y)\mathrm{d}x$.

证明 对于 $\forall y\in[\alpha,\beta]$，令 $\psi(y)=\int_{a}^{+\infty}f'_y(x,y)\mathrm{d}x$. 由于 $f'_y(x,y)$ 在区域 D 上连续，$\int_{a}^{+\infty}f'_y(x,y)\mathrm{d}x$ 在区间 $[\alpha,\beta]$ 上关于 y 一致收敛，由定理 12.10 知 $\psi(y)$ 在 $[\alpha,\beta]$ 上连续，从而 $\int_{\alpha}^{y}\psi(t)\mathrm{d}t$ 是 $\psi(y)$ 在 $[\alpha,\beta]$ 上的一个原函数. 由定理 12.11 知 $\psi(y)$ 在 $[\alpha,\beta]$ 上可积，有

$$\int_{\alpha}^{y}\psi(t)\mathrm{d}t=\int_{\alpha}^{y}\left[\int_{a}^{+\infty}f'_t(x,t)\mathrm{d}x\right]\mathrm{d}t=\int_{a}^{+\infty}\left[\int_{\alpha}^{y}f'_t(x,t)\mathrm{d}t\right]\mathrm{d}x$$

$$=\int_a^{+\infty}[f(x,y)-f(x,\alpha)]\mathrm{d}x=\varphi(y)-\varphi(\alpha).$$

对上式两边关于 y 求导,得

$$\varphi'(y)=\psi(y)=\int_a^{+\infty}f'_y(x,y)\mathrm{d}x, y\in[\alpha,\beta],$$

即

$$\varphi'(y)=\frac{\mathrm{d}}{\mathrm{d}y}\int_a^{+\infty}f(x,y)\mathrm{d}x=\int_a^{+\infty}f'_y(x,y)\mathrm{d}x.$$

定理 12.12 表明,在一定条件下,微分与积分可以交换次序,也就是积分号下可微分.同时,定理 12.12 中,区间$[\alpha,\beta]$可以改为开区间或半开半闭区间,并且相应地无穷限积分 $\int_a^{+\infty}f'_y(x,y)\mathrm{d}x$ 在该区间的任意闭子区间上一致收敛,即内闭一致收敛,则结论依然成立.

例 10 计算无穷限积分 $I=\int_0^{+\infty}\mathrm{e}^{-x^2}\mathrm{d}x$.

解 因为被积函数 e^{-x^2} 没有初等函数的原函数,所以无法直接求解这个无穷限积分.为此我们引入参数,构造含参变量的无穷限积分.令 $x=ut(u>0)$,则积分 $I=\int_0^{+\infty}\mathrm{e}^{-u^2t^2}\mathrm{d}(ut)=u\int_0^{+\infty}\mathrm{e}^{-u^2t^2}\mathrm{d}t$. 将等式左右两边同时乘以 e^{-u^2},有 $I\cdot\mathrm{e}^{-u^2}=u\mathrm{e}^{-u^2}\int_0^{+\infty}\mathrm{e}^{-u^2t^2}\mathrm{d}t$, 则

$$I^2=I\int_0^{+\infty}\mathrm{e}^{-u^2}\mathrm{d}u=\int_0^{+\infty}\left[u\mathrm{e}^{-u^2}\int_0^{+\infty}\mathrm{e}^{-u^2t^2}\mathrm{d}t\right]\mathrm{d}u$$
$$=\int_0^{+\infty}\left[\int_0^{+\infty}u\mathrm{e}^{-(1+t^2)u^2}\mathrm{d}t\right]\mathrm{d}u.$$

令二元函数 $f(u,t)=u\mathrm{e}^{-(1+t^2)u^2}$,则 $f(u,t)$在区域 D: $\{(u,t)\mid 0\leqslant u<+\infty,0\leqslant t<+\infty\}$上满足积分次序交换一般形式的前提条件,从而

$$I^2=\int_0^{+\infty}\left[\int_0^{+\infty}u\mathrm{e}^{-(1+t^2)u^2}\mathrm{d}t\right]\mathrm{d}u=\int_0^{+\infty}\left[\int_0^{+\infty}u\mathrm{e}^{-(1+t^2)u^2}\mathrm{d}u\right]\mathrm{d}t$$
$$=\frac{1}{2}\int_0^{+\infty}\frac{1}{1+t^2}\mathrm{d}t=\frac{1}{2}\arctan t\Big|_0^{+\infty}=\frac{\pi}{4}.$$

又 $I>0$,因此,无穷限积分 $I=\int_0^{+\infty}\mathrm{e}^{-x^2}\mathrm{d}x=\frac{\sqrt{\pi}}{2}$.

例 11 计算狄利克雷积分 $I=\int_0^{+\infty}\frac{\sin x}{x}\mathrm{d}x$.

解 与例 10 相似,被积函数$\frac{\sin x}{x}$不存在初等函数的原函数.为此,我们引入含参变量积分.

令 $I(a)=\int_0^{+\infty}\mathrm{e}^{-ax}\cdot\frac{\sin x}{x}\mathrm{d}x(a\geqslant 0)$. 显然原积分 $I=I(0)$. 由例 8 知,含参变量积分$I(a)$

在区间$[0,+\infty)$上关于 a 一致收敛. 考虑函数 $f(x,a)=\begin{cases}e^{-ax}\cdot\dfrac{\sin x}{x}, & x>0(a\geqslant 0),\\ 1, & x=0,\end{cases}$ 则 $f'_a(x,a)=-e^{-ax}\cdot\sin x$. 显然 $f(x,a)$ 与 $f'_a(x,a)$ 在区域 $D:\{(x,a)\mid 0\leqslant x<+\infty,0\leqslant a<+\infty\}$上连续，由定理 12.10 知 $I=I(0)=\lim\limits_{a\to 0^+}I(a)$.

对于任意闭区间$[\alpha,\beta]\subset[0,+\infty)$，当 $x\in[0,+\infty)$，$a\in[\alpha,\beta]$时，有 $|f'_a(x,a)|=|-e^{-ax}\sin x|\leqslant e^{-ax}\leqslant e^{-\alpha x}$. 由于 $\int_0^{+\infty}e^{-\alpha x}dx$ 收敛，根据魏尔斯特拉斯判别法知 $\int_0^{+\infty}f'_a(x,a)dx$ 关于 a 在任意闭区间$[\alpha,\beta]$上一致收敛，即关于 a 在$(0,+\infty)$上内闭一致收敛. 从而，$I(a)$在$(0,+\infty)$内可导，并且 $a>0$ 时，有

$$I'(a)=\int_0^{+\infty}f'_a(x,a)dx=\int_0^{+\infty}-e^{-ax}\sin x dx=\frac{e^{-ax}(a\sin x+\cos x)}{1+a^2}\bigg|_0^{+\infty}=-\frac{1}{1+a^2}.$$

从而，当 $a>0$ 时，$I(a)=\int I'(a)da=-\arctan a+c$（$c$ 为常数），

$$|I(a)|=\left|\int_0^{+\infty}e^{-ax}\frac{\sin x}{x}dx\right|\leqslant\int_0^{+\infty}\left|e^{-ax}\cdot\frac{\sin x}{x}\right|dx\leqslant\int_0^{+\infty}e^{-ax}dx=-\frac{e^{-ax}}{a}\bigg|_0^{+\infty}=\frac{1}{a},$$

所以 $\lim\limits_{a\to+\infty}I(a)=\lim\limits_{a\to+\infty}\dfrac{1}{a}=0$，又 $\lim\limits_{a\to+\infty}(-\arctan a)=-\dfrac{\pi}{2}$，于是可知 $c=\dfrac{\pi}{2}$，即 $I(a)=-\arctan a+\dfrac{\pi}{2}$. 因此，狄利克雷积分

$$I=\int_0^{+\infty}\frac{\sin x}{x}dx=I(0)=\lim_{a\to 0^+}I(a)=\lim_{a\to 0^+}\left(-\arctan a+\frac{\pi}{2}\right)=\frac{\pi}{2}.$$

例 12 求无穷限积分 $\int_0^{+\infty}\dfrac{\sin ax}{x}dx$.

解 显然，当参数 $a=0$ 时，积分 $\int_0^{+\infty}\dfrac{\sin ax}{x}dx=0$.

当 $a\neq 0$ 时，令 $t=ax$，则 $dx=\dfrac{1}{a}dt$. 由例 11 知，当 $a>0$ 时，$\int_0^{+\infty}\dfrac{\sin ax}{x}dx=\int_0^{+\infty}\dfrac{\sin t}{t}dt=\dfrac{\pi}{2}$；当 $a<0$ 时，令 $t=-ax$，$\int_0^{+\infty}\dfrac{\sin ax}{x}dx=-\int_0^{+\infty}\dfrac{\sin t}{t}dt=-\dfrac{\pi}{2}$.

综上可知，含参变量无穷限积分 $\int_0^{+\infty}\dfrac{\sin ax}{x}dx=\begin{cases}\dfrac{\pi}{2}, & a>0,\\ 0, & a=0,\\ -\dfrac{\pi}{2}, & a<0.\end{cases}$

例 13 求无穷限积分 $\int_0^{+\infty}\dfrac{\cos 3x-\cos 5x}{x^2}dx$.

解 令 $f(x,y)=\begin{cases}\dfrac{\sin xy}{x}, & x\neq 0,\\ y, & x=0,\end{cases}$ 显然 $f(x,y)$在区域 $D:\{(x,y)\mid 0\leqslant x<+\infty,3\leqslant$

$y\leqslant 5\}$ 上连续，并且 $\int_0^{+\infty}\frac{\sin xy}{x}\mathrm{d}x$ 在 $[3,5]$ 上关于 y 一致收敛，由定理 12.11 可知 $\int_0^{+\infty}\frac{\cos 3x-\cos 5x}{x^2}\mathrm{d}x=\int_0^{+\infty}\left[\int_3^5\frac{\sin xy}{x}\mathrm{d}y\right]\mathrm{d}x=\int_3^5\left[\int_0^{+\infty}\frac{\sin xy}{x}\mathrm{d}x\right]\mathrm{d}y$. 由例 12 知 $\int_0^{+\infty}\frac{\sin xy}{x}\mathrm{d}x=\frac{\pi}{2}$，$y\in[3,5]$. 从而 $\int_0^{+\infty}\frac{\cos 3x-\cos 5x}{x^2}\mathrm{d}x=\int_3^5\frac{\pi}{2}\mathrm{d}y=\pi$.

习题 12.1

1. 设 $F(y)=\int_0^y(x+y)f(x)\mathrm{d}x$，其中 $f(x)$ 为可微函数，求 $F''(y)$.

2. 计算下列函数的导函数 $F'(y)$：

(1) $F(y)=\int_y^{y^2}\mathrm{e}^{-x^2y}\mathrm{d}x$；　　(2) $F(y)=\int_{a+y}^{b+y}\frac{\sin xy}{x}\mathrm{d}x$.

3. 应用含参变量定积分的分析性质计算下列定积分.

(1) $\int_0^{\frac{\pi}{2}}\ln(a^2-\sin^2x)\mathrm{d}x\,(a>1)$；　　(2) $\int_0^{\pi}\ln(1-2a\cos x+a^2)\mathrm{d}x\,(|a|<1)$；

(3) $\int_0^{\frac{\pi}{2}}\ln(\sin^2x+m^2\cos^2x)\mathrm{d}x\,(m>0)$；　(4) $\int_0^1\sin\left(\ln\frac{1}{x}\right)\frac{x^b-x^a}{\ln x}\mathrm{d}x\,(a>0,b>0)$.

4. 证明函数 $y(x)=\int_0^x\phi(t)\sin(x-t)\mathrm{d}t$ 满足方程

$$y''(x)+y(x)=\phi(x),\ y(0)=0,$$

其中 $\phi(x)$ 为连续函数.

5. 证明：$\int_0^1\left[\int_0^1\frac{x^2-y^2}{(x^2+y^2)^2}\mathrm{d}y\right]\mathrm{d}x\neq\int_0^1\left[\int_0^1\frac{x^2-y^2}{(x^2+y^2)^2}\mathrm{d}x\right]\mathrm{d}y$.

6. 证明下列无穷限积分在给定的区间内一致收敛：

(1) $\int_0^{+\infty}\mathrm{e}^{-tx}\sin x\mathrm{d}x$，　$a\leqslant t<+\infty\,(a>0)$；

(2) $\int_0^{+\infty}\frac{\cos(xy)}{x^2+y^2}\mathrm{d}x$，　$y\geqslant a>0$；

(3) $\int_0^{+\infty}\mathrm{e}^{-x^2}\cos tx\,\mathrm{d}x$，　$-\infty<t<+\infty$；

(4) $\int_0^1\ln(xy)\mathrm{d}x$，　$\frac{1}{b}\leqslant y\leqslant b\,(b>1)$.

7. 设函数 $f(t)$ 当 $t>0$ 时连续，如果无穷限积分 $\int_0^{+\infty}t^{\lambda}f(t)\mathrm{d}t$ 当 $\lambda=a$，$\lambda=b$ 时都收敛，那么 $\int_0^{+\infty}t^{\lambda}f(t)\mathrm{d}t$ 关于 λ 在闭区间 $[a,b]$ 上一致收敛.

8. 应用含参变量无穷限积分的分析性质计算下列无穷限积分.

(1) $\int_0^{+\infty}\frac{e^{-ax}-e^{-bx}}{x}dx(0<a<b)$；

(2) $\int_0^{+\infty}\frac{e^{-x^2}-e^{-ax^2}}{x}dx(a>0)$；

(3) $\int_0^{+\infty}\frac{e^{-ax}-e^{-bx}}{x}\sin x dx(a>0,b>0)$；$\left(提示：\frac{e^{-ax}-e^{-bx}}{x}=\int_a^b e^{-xy}dy\right)$

(4) $\int_0^{+\infty}\frac{\sin bx-\sin ax}{x}e^{-px}dx(p>0,b>a)$；

(5) $\int_{-\infty}^{+\infty}\left(\frac{\sin x}{x}\right)^2dx$.

9. 证明 $\int_0^{+\infty}\frac{a}{x^2+a^2}dx$ 在不含 $a=0$ 的任何区间上都是连续函数.

10. 证明瑕积分 $\int_0^1(1-x)^{y-1}dx$ 在区间$[a,+\infty)(a>0)$上一致收敛，在区间$(0,+\infty)$上则非一致收敛.

11. 利用例 10 结论 $\int_0^{+\infty}e^{-x^2}dx=\frac{\sqrt{\pi}}{2}$，证明：含参变量无穷限积分

$$I(c)=\int_0^{+\infty}e^{-x^2-\frac{c^2}{x^2}}dx=\frac{\sqrt{\pi}}{2}e^{-2c}\quad(c>0).$$

12.2 欧拉积分

本节我们介绍由含参变量反常积分所定义的两个非初等函数——Γ(Gamma)函数和 B(Beta)函数，它们在数学(如概率论)、物理中有着广泛的应用. 表示这两个函数的含参变量反常积分统称为欧拉积分.

12.2.1 Γ 函数

定义 12.5 由含参变量无穷限积分 $\int_0^{+\infty}x^{a-1}e^{-x}dx$ 在其定义域$(0,+\infty)$上所定义的函数称为 Γ 函数，记为

$$\Gamma(a)=\int_0^{+\infty}x^{a-1}e^{-x}dx,\quad a\in(0,+\infty).$$

Γ 函数具有以下性质.

性质 12.1 $\Gamma(a)$在定义域$(0,+\infty)$上是连续函数.

证明 $\Gamma(a)=\int_0^{+\infty}x^{a-1}e^{-x}dx=\int_0^1 x^{a-1}e^{-x}dx+\int_1^{+\infty}x^{a-1}e^{-x}dx$，只需证明积分

$\int_0^1 x^{a-1}e^{-x}dx$ 与 $\int_1^{+\infty} x^{a-1}e^{-x}dx$ 在 $(0,+\infty)$ 上均连续即可. 我们仅证明第一个积分的连续性，第二个积分的连续性可类似得证.

对于 $\forall [c,d]\subset(0,+\infty)$，当 $x\in[0,1]$，$a\in[c,d]$ 时，有 $|x^{a-1}e^{-x}|=x^{c-1}e^{-x}\leqslant x^{c-1}e^{-x}$. 由于定积分 $\int_0^1 x^{c-1}e^{-x}dx$ 收敛，由魏尔斯特拉斯判别法知 $\int_0^1 x^{a-1}e^{-x}dx$ 关于 a 在 $[c,d]$ 上一致收敛，从而 $\int_0^1 x^{a-1}e^{-x}dx$ 关于 a 在区间 $(0,+\infty)$ 上内闭一致收敛，则积分 $\int_0^1 x^{a-1}e^{-x}dx$ 在 $(0,+\infty)$ 上连续. 类似可以证明积分 $\int_1^{+\infty} x^{a-1}e^{-x}dx$ 在 $(0,+\infty)$ 上也连续. 从而可知 $\Gamma(a)$ 在定义域 $(0,+\infty)$ 上为连续函数.

性质 12.2 $\Gamma(a)$ 满足下列关系：

(1) $\Gamma(a+1)=a\Gamma(a)$； (2) $\Gamma(1)=1$； (3) $\Gamma(n+1)=n!$ (n 为自然数).

证明 由分部积分公式可知，对于 $\forall a>0$，有

$$\Gamma(a+1)=\int_0^{+\infty} x^a e^{-x}dx=-\int_0^{+\infty} x^a d(e^{-x})=-x^a e^{-x}\Big|_0^{+\infty}+a\int_0^{+\infty} x^{a-1}e^{-x}dx=a\Gamma(a),$$

$$\Gamma(1)=\int_0^{+\infty} e^{-x}dx=-e^{-x}\Big|_0^{+\infty}=1.$$

在 $\Gamma(a+1)=a\Gamma(a)$ 中取 $a=n$，则有

$$\Gamma(n+1)=n\Gamma(n)=n(n-1)\Gamma(n-1)=n(n-1)\cdot\cdots\cdot 2\cdot 1\cdot\Gamma(1)=n!.$$

12.2.2 B 函数

定义 12.6 由含参变量积分 $\int_0^1 x^{p-1}(1-x)^{q-1}dx$ 在其定义域 D：$\{(p,q)\,|\,0<p<+\infty,0<q<+\infty\}$ 上所定义的函数称为 B 函数，记为

$$B(p,q)=\int_0^1 x^{p-1}(1-x)^{q-1}dx.$$

B 函数具有以下性质.

性质 12.3 $B(p,q)$ 在其定义域 D：$\{(p,q)\,|\,0<p<+\infty,0<q<+\infty\}$ 上是连续函数.

该性质可由下面将要介绍的 B 函数与 Γ 函数之间的关系以及 Γ 函数在其定义域 $(0,+\infty)$ 上是连续函数来得到.

性质 12.4 B 函数具有对称性，即 $B(p,q)=B(q,p)$.

证明 由于 $B(p,q)=\int_0^1 x^{p-1}(1-x)^{q-1}dx$，令 $x=1-t$，则 $dx=-dt$，从而

$$B(p,q)=\int_0^1 (1-t)^{p-1}t^{q-1}dt=B(q,p).$$

性质 12.5 B 函数具有如下递推关系式：

$$B(p+1,q+1)=\frac{q}{p+q+1}B(p+1,q).$$

证明 $$\begin{aligned}B(p+1,q+1)&=\int_0^1 x^p(1-x)^q\mathrm{d}x=\int_0^1 x^p(1-x)^{q-1}(1-x)\mathrm{d}x\\&=\int_0^1 x^p(1-x)^{q-1}\mathrm{d}x-\int_0^1 x^{p+1}(1-x)^{q-1}\mathrm{d}x\\&=B(p+1,q)-\int_0^1 x^{p+1}(1-x)^{q-1}\mathrm{d}x.\end{aligned}$$

对于积分 $\int_0^1 x^{p+1}(1-x)^{q-1}\mathrm{d}x$ 中应用分部积分，得

$$\begin{aligned}\int_0^1 x^{p+1}(1-x)^{q-1}\mathrm{d}x&=-\frac{1}{q}\int_0^1 x^{p+1}\mathrm{d}(1-x)^q\\&=-\frac{1}{q}x^{p+1}(1-x)^q\Big|_0^1+\frac{p+1}{q}\int_0^1 x^p(1-x)^q\mathrm{d}x\\&=\frac{p+1}{q}B(p+1,q+1).\end{aligned}$$

因此，$B(p+1,q+1)=B(p+1,q)-\frac{p+1}{q}B(p+1,q+1)$，整理可得

$$B(p+1,q+1)=\frac{q}{p+q+1}B(p+1,q).$$

性质 12.6 对于 $\forall\, p>0,q>0$，Γ 函数与 B 函数之间有如下关系式：

$$B(p,q)=\frac{\Gamma(p)\Gamma(q)}{\Gamma(p+q)}\quad(p>0,q>0).$$

证明从略.

例 1 计算下列问题：

(1) 求解 $B\left(\frac{1}{2},\frac{1}{2}\right)$ 以及 $\Gamma\left(\frac{1}{2}\right)$； (2) 计算积分 $\int_0^{+\infty}\mathrm{e}^{-x^2}\mathrm{d}x$ 及 $\int_{-\infty}^{+\infty}\mathrm{e}^{-\frac{(x-\mu)^2}{2\sigma^2}}\mathrm{d}x$.

解 (1) 由于 $B\left(\frac{1}{2},\frac{1}{2}\right)=\int_0^1\frac{1}{\sqrt{x-x^2}}\mathrm{d}x=2\int_0^1\frac{1}{\sqrt{1-(2x-1)^2}}\mathrm{d}x$，令 $t=2x-1$，则 $\mathrm{d}x=\frac{1}{2}\mathrm{d}t$. 从而

$$\int_0^1\frac{1}{\sqrt{1-(2x-1)^2}}\mathrm{d}x=\frac{1}{2}\int_{-1}^1\frac{1}{\sqrt{1-t^2}}\mathrm{d}t=\int_0^1\frac{1}{\sqrt{1-t^2}}\mathrm{d}t=\frac{\pi}{2},$$

因此 $B\left(\frac{1}{2},\frac{1}{2}\right)=\pi$.

由 Γ 函数与 B 函数之间的关系式知 $\Gamma\left(\frac{1}{2}\right)=\sqrt{B\left(\frac{1}{2},\frac{1}{2}\right)}=\sqrt{\pi}$.

(2) 在 12.1 节的例 10 中，我们已利用构造含参变量积分的方法计算出无穷限积分

$\int_0^{+\infty} e^{-x^2}dx = \frac{\sqrt{\pi}}{2}$. 在此，由 Γ 函数的性质及上题，我们给出该无穷限积分更为简便的计算方法.

在 $\int_0^{+\infty} e^{-x^2}dx$ 中，令 $t=x^2$，则 $\int_0^{+\infty} e^{-x^2}dx = \frac{1}{2}\int_0^{+\infty}\frac{1}{\sqrt{t}}e^{-t}dt = \frac{1}{2}\Gamma\left(\frac{1}{2}\right)=\frac{\sqrt{\pi}}{2}$. 进而，对于积分 $\int_{-\infty}^{+\infty} e^{-\frac{(x-\mu)^2}{2\sigma^2}}dx$ 作变换，令 $u=\frac{x-\mu}{\sqrt{2}\sigma}$，则有

$$\int_{-\infty}^{+\infty} e^{-\frac{(x-\mu)^2}{2\sigma^2}}dx = \sqrt{2}\sigma\int_{-\infty}^{+\infty} e^{-u^2}du = 2\sqrt{2}\sigma\int_0^{+\infty} e^{-u^2}du = 2\sqrt{2}\sigma\cdot\frac{\sqrt{\pi}}{2} = \sqrt{2\pi}\sigma.$$

对于上述积分，显然有 $\int_{-\infty}^{+\infty}\frac{1}{\sqrt{2\pi}\sigma}e^{-\frac{(x-\mu)^2}{2\sigma^2}}dx = 1$，其中被积函数 $f(x)=\frac{1}{\sqrt{2\pi}\sigma}e^{-\frac{(x-\mu)^2}{2\sigma^2}}$ 为服从均值为 μ，方差为 σ^2 的随机变量 x 的密度函数. 该积分在概率论中经常用到. 积分 $\int_0^{+\infty} e^{-x^2}dx$ 又称概率积分.

例 2 证明欧拉等式 $\int_0^1\frac{1}{\sqrt{1-x^4}}dx\cdot\int_0^1\frac{x^2}{\sqrt{1-x^4}}dx = \frac{\pi}{4}$.

证明 令 $t=x^4$，$dx=\frac{1}{4}t^{-\frac{3}{4}}dt$，从而有

$$\int_0^1\frac{1}{\sqrt{1-x^4}}dx = \frac{1}{4}\int_0^1 t^{-\frac{3}{4}}(1-t)^{-\frac{1}{2}}dt = \frac{1}{4}B\left(\frac{1}{4},\frac{1}{2}\right),$$

$$\int_0^1\frac{x^2}{\sqrt{1-x^4}}dx = \frac{1}{4}\int_0^1 t^{-\frac{1}{4}}(1-t)^{-\frac{1}{2}}dt = \frac{1}{4}B\left(\frac{3}{4},\frac{1}{2}\right).$$

故

$$\int_0^1\frac{1}{\sqrt{1-x^4}}dx\cdot\int_0^1\frac{x^2}{\sqrt{1-x^4}}dx = \frac{1}{16}B\left(\frac{1}{4},\frac{1}{2}\right)B\left(\frac{3}{4},\frac{1}{2}\right).$$

由性质 12.6 知 $B\left(\frac{1}{4},\frac{1}{2}\right)=\frac{\Gamma\left(\frac{1}{4}\right)\Gamma\left(\frac{1}{2}\right)}{\Gamma\left(\frac{3}{4}\right)}$，$B\left(\frac{3}{4},\frac{1}{2}\right)=\frac{\Gamma\left(\frac{3}{4}\right)\Gamma\left(\frac{1}{2}\right)}{\Gamma\left(\frac{5}{4}\right)}$，又由性质 12.2 知 $\Gamma\left(\frac{5}{4}\right)=\Gamma\left(1+\frac{1}{4}\right)=\frac{1}{4}\Gamma\left(\frac{1}{4}\right)$. 因此

$$\int_0^1\frac{1}{\sqrt{1-x^4}}dx\cdot\int_0^1\frac{x^2}{\sqrt{1-x^4}}dx = \frac{1}{16}\cdot\frac{\Gamma\left(\frac{1}{4}\right)\cdot\Gamma\left(\frac{1}{2}\right)}{\Gamma\left(\frac{3}{4}\right)}\cdot\frac{\Gamma\left(\frac{3}{4}\right)\cdot\Gamma\left(\frac{1}{2}\right)}{\frac{1}{4}\Gamma\left(\frac{1}{4}\right)}$$

$$=\frac{1}{16}\cdot\left[\Gamma\left(\frac{1}{2}\right)\right]^2\cdot\frac{\Gamma\left(\frac{1}{4}\right)}{\frac{1}{4}\Gamma\left(\frac{1}{4}\right)} = \frac{\pi}{4}.$$

于是欧拉等式得证.

例 3 证明：若 $p>0,q>0,b>a$，有 $\int_a^b (x-a)^{p-1}(b-x)^{q-1}\mathrm{d}x=\frac{\Gamma(p)\Gamma(q)}{\Gamma(p+q)}(b-a)^{p+q-1}$.

证明 令 $u=\frac{x-a}{b-a}$，则 $x-a=(b-a)u,b-x=(b-a)(1-u),\mathrm{d}x=(b-a)\mathrm{d}u$，从而

$$\begin{aligned}\int_a^b (x-a)^{p-1}(b-x)^{q-1}\mathrm{d}x &= \int_0^1 [(b-a)u]^{p-1}[(b-a)(1-u)]^{q-1}(b-a)\mathrm{d}u\\ &= (b-a)^{p+q-1}\int_0^1 u^{p-1}(1-u)^{q-1}\mathrm{d}u\\ &= (b-a)^{p+q-1}B(p,q)\\ &= (b-a)^{p+q-1}\frac{\Gamma(p)\Gamma(q)}{\Gamma(p+q)}.\end{aligned}$$

习题 12.2

1. 利用欧拉积分计算下列积分：

(1) $\int_0^1 \frac{1}{\sqrt{1-\sqrt[3]{x}}}\mathrm{d}x$；

(2) $\int_0^{+\infty} \frac{x^2}{1+x^4}\mathrm{d}x$；

(3) $\int_0^1 \frac{1}{\sqrt[n]{1-x^n}}\mathrm{d}x(n>1)$；

(4) $\int_0^{+\infty} x^{2n}\mathrm{e}^{-x^2}\mathrm{d}x\left(n>-\frac{1}{2}\right)$；

(5) $\int_0^{+\infty} \frac{1}{1+x^3}\mathrm{d}x$；

(6) $\int_0^1 \left(\ln\frac{1}{x}\right)^p\mathrm{d}x(p>-1)$.

2. 计算 $\Gamma\left(\frac{1}{2}+n\right)$ 以及 $\frac{\Gamma(2)\Gamma\left(\frac{3}{2}\right)}{\Gamma\left(\frac{7}{2}\right)}$.

3. 证明下列等式：

(1) $\int_{-\infty}^{+\infty} \mathrm{e}^{-x^4}\mathrm{d}x=\frac{1}{2}\Gamma\left(\frac{1}{4}\right)$；

(2) $\int_0^{+\infty} \mathrm{e}^{-x^4}\mathrm{d}x\cdot\int_0^{+\infty} x^2\mathrm{e}^{-x^4}\mathrm{d}x=\frac{\sqrt{2}}{16}\pi$.

12.3 二重积分

在前两节中，我们讨论了含参变量积分以及欧拉积分的相关问题，这些积分虽然被积函数是多元函数，但积分变量只有一个(其余视为参变量). 本节，我们讨论以二元函数 $f(x,y)$ 为被积函数，以自变量 x 和 y 为积分变量的积分问题——二重积分.

12.3.1　二重积分的概念和性质

1. 二重积分概念的引入

与一元函数定积分由曲边梯形面积的计算来引入相类似，我们从计算“曲顶柱体”的体积出发，引入二重积分的概念.

所谓曲顶柱体指的是这样的一种立体：在三维空间中，区域 D 是 xOy 平面上的一个有界闭区域，二元函数 $z=f(x,y)$ 为定义在区域 D 上的非负连续函数，我们称以 D 为底，以曲面 $z=f(x,y)$ 为顶，D 的边界曲线为准线，母线平行于 z 轴的柱面所围成的空间立体为曲顶柱体(图 12.1).

对于曲顶柱体体积的计算，我们采取与曲边梯形面积计算相似的方法，即“分割”“近似”“求和”“取极限”的步骤，具体如下：

首先将区域 D 按(任意)分法 T 划分为 n 个可求面积的小区域：$\Delta\sigma_1,\Delta\sigma_2,\cdots,\Delta\sigma_n$，这些小区域两两没有公共内点，并用 $\Delta\sigma_i(i=1,2,\cdots,n)$ 表示第 i 个小区域的面积. 以每个小区域 $\Delta\sigma_i$ 为底作母线平行于 z 轴的柱体，这样就把原来的曲顶柱体分成了 n 个小的曲顶柱体(图 12.2). 由于 $f(x,y)$ 在区域 D 上连续，因此 $f(x,y)$ 也在每一个 $\Delta\sigma_i$ 上连续，用 $d_i(T)$ 表示第 i 个小区域 $\Delta\sigma_i$ 内任意两点间距离的最大值，称之为第 i 个小区域的直径($i=1,2,\cdots,n$)，记 $d(T)=\max\{d_1^{(T)},d_2^{(T)},\cdots,d_n^{(T)}\}$. 当 $\Delta\sigma_i$ 的直径 $d_i^{(T)}\to 0$ 时，也就是对底面区域 D 无限细分时，由 $f(x,y)$ 在区域 D 上的连续性可知，小区域 $\Delta\sigma_i$ 内各点的函数值相近，因而可以在 $\Delta\sigma_i$ 中任取一点 (x_i,y_i)，以此点的函数值 $f(x_i,y_i)$ 为高，以第 i 个小区域 $\Delta\sigma_i$ 为底的平顶柱体体积可以近似表达以 $\Delta\sigma_i$ 为底的小曲顶柱体的体积 ΔV_i，即 $\Delta V_i\approx f(x_i,y_i)\Delta\sigma_i(i=1,2,\cdots,n)$. 将所有这 n 个体积的近似值相加，便可以得到整个曲顶柱体体积 V 的近似值，即 $V=\sum\limits_{i=1}^{n}\Delta V_i\approx\sum\limits_{i=1}^{n}f(x_i,y_i)\Delta\sigma_i$. 可以想到，随着对底面区域 D 分割得越来越细，这种近似度将越来越高，当 $d(T)\to 0$ 时，有 $V=\lim\limits_{d(T)\to 0}\sum\limits_{i=1}^{n}f(x_i,y_i)\Delta\sigma_i$.

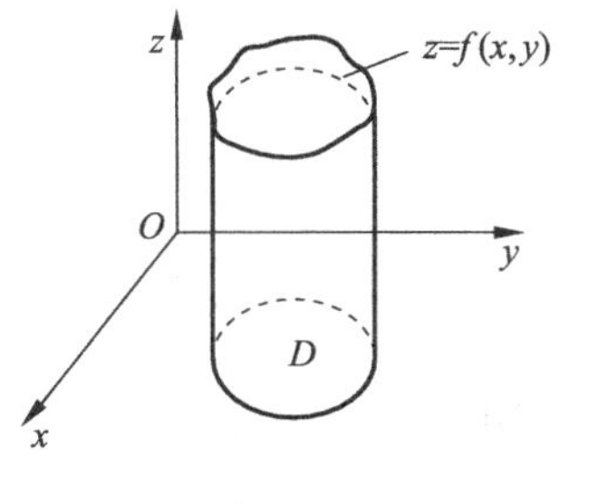

图　12.1

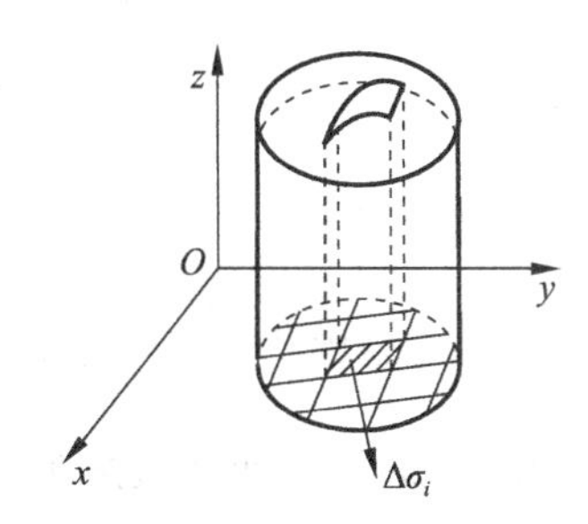

图　12.2

上述这种和式的极限，不仅在几何里，而且在其他科学技术领域中也经常用到，从中抽象概括就产生了一个数学概念——二重积分.

2. 二重积分的定义

定义 12.7 设二元函数 $f(x,y)$ 定义在有界闭区域 D 上，用任意分法 T 将 D 分割成 n 个没有公共内点的小区域 $\Delta\sigma_1,\Delta\sigma_2,\cdots,\Delta\sigma_n$，并分别以 $\Delta\sigma_i$ 和 $d_i^{(T)}$ 表示第 i 个小区域的面积和直径，记 $d(T)=\max\{d_1^{(T)},d_2^{(T)},\cdots,d_n^{(T)}\}$. 在每个小区域 $\Delta\sigma_i$ 上任取一点 (x_i,y_i)，$i=1,2,\cdots,n$，作和式 $\sum\limits_{i=1}^{n}f(x_i,y_i)\Delta\sigma_i$，它称为二元函数 $f(x,y)$ 在区域 D 上对应于某一分法的一个积分和(或黎曼和). 如果极限 $\lim\limits_{d(T)\to 0}\sum\limits_{i=1}^{n}f(x_i,y_i)\Delta\sigma_i$ 存在，记为 I，则称 I 为函数 $f(x,y)$ 在区域 D 上的二重积分，记作 $\iint\limits_D f(x,y)\mathrm{d}\sigma$，即

$$I=\iint\limits_D f(x,y)\mathrm{d}\sigma=\lim_{\mathrm{d}(T)\to 0}\sum_{i=1}^{n}f(x_i,y_i)\Delta\sigma_i,$$

其中 $f(x,y)$ 称为被积函数，x,y 称为积分变量，$f(x,y)\mathrm{d}\sigma$ 称为被积表达式，$\mathrm{d}\sigma$ 称为面积元素，D 称为积分区域.

关于定义 12.7 有以下几点需要说明：

(1) 积分和 $\sum\limits_{i=1}^{n}f(x_i,y_i)\Delta\sigma_i$ 的极限存在，指的是对于积分区域 D 的任意分法 T 和 $\Delta\sigma_i$ 中点 (x_i,y_i) 的任意选法，当 $\mathrm{d}(T)\to 0$ 时，极限值 I 存在且唯一，也就是 I 与分法 T 和 (x_i,y_i) 的取法均无关.

(2) 二重积分 $\iint\limits_D f(x,y)\mathrm{d}\sigma$ 是一个极限值，该值仅与积分区域 D 和被积函数 $f(x,y)$ 有关，而与积分变量用什么字母表示无关，即 $\iint\limits_D f(x,y)\mathrm{d}\sigma=\iint\limits_D f(u,v)\mathrm{d}\sigma$.

(3) 当 $f(x,y)$ 为积分区域 D 上的非负连续函数时，二重积分 $\iint\limits_D f(x,y)\mathrm{d}\sigma$ 表示以积分区域 D 为底面，以曲面 $z=f(x,y)$ 为顶面的曲顶柱体的体积，这便是二重积分的几何意义.

(4) 二重积分 $\iint\limits_D f(x,y)\mathrm{d}\sigma$ 在平面直角坐标系下可以记为 $\iint\limits_D f(x,y)\mathrm{d}x\mathrm{d}y$，这是因为 $\iint\limits_D f(x,y)\mathrm{d}\sigma$ 与区域 D 的分法和 (x_i,y_i) 的取法无关，从而在直角坐标系下可用平行于 x 轴和 y 轴的两组直线来分割区域 D 而保持积分值不变. 如图 12.3 所示，小区域 $\Delta\sigma_i$ 为一些小矩形，其面

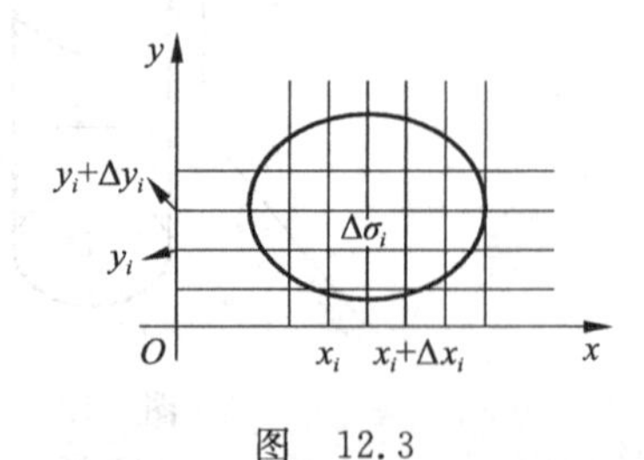

图 12.3

积为$\Delta\sigma_i=\Delta x_i\Delta y_i$，从而在二重积分$\iint\limits_D f(x,y)\mathrm{d}\sigma$中面积元素$\mathrm{d}\sigma=\mathrm{d}x\mathrm{d}y$. 因此有

$$I=\iint\limits_D f(x,y)\mathrm{d}\sigma=\iint\limits_D f(x,y)\mathrm{d}x\mathrm{d}y.$$

(5) 由(3)可知曲顶柱体体积V可以表示为$V=\iint\limits_D f(x,y)\mathrm{d}x\mathrm{d}y$. 若$f(x,y)\equiv 1,(x,y)\in D$,则曲顶柱体即为高度为1底面为$D$的平顶柱体，从而它的体积在数值上等于底面积$D$,即

$$D=\iint\limits_D \mathrm{d}\sigma=\iint\limits_D \mathrm{d}x\mathrm{d}y.$$

可见，二重积分在被积函数为1的情况下可以用来求解(不规则)平面图形的面积，这与定积分求解平面图形面积的作用相类似.

由定义12.7可知二重积分本质上是和式的极限，极限未必都存在，从而二元函数$f(x,y)$不一定在区域D上都是可积的. 接下来，我们讨论$f(x,y)$的可积性问题.

3. 二元函数 $f(x,y)$ 的可积性

首先给出可积的必要条件.

定理12.13　若函数$f(x,y)$在有界闭区域D上可积，则$f(x,y)$必在D上有界.

证明　反证法. 若$f(x,y)$在D上无界，我们将推出矛盾. 由于$f(x,y)$在有界闭区域D上可积，即$I=\iint\limits_D f(x,y)\mathrm{d}\sigma=\lim\limits_{d(T)\to 0}\sum\limits_{i=1}^{n}f(x_i,y_i)\Delta\sigma_i$. 取$\varepsilon=1$，$\exists\delta>0$，对于区域$D$的任意分法$T$及$\Delta\sigma_i$内的任意点$(x_i,y_i)(i=1,2,\cdots,n)$，只要$d(T)<\delta$，就有

$$\left|\sum_{i=1}^{n}f(x_i,y_i)\Delta\sigma_i-\iint\limits_D f(x,y)\mathrm{d}\sigma\right|=\left|\sum_{i=1}^{n}f(x_i,y_i)\Delta\sigma_i-I\right|<1,$$

从而

$$\left|\sum_{i=1}^{n}f(x_i,y_i)\Delta\sigma_i\right|\leqslant\left|\sum_{i=1}^{n}f(x_i,y_i)\Delta\sigma_i-I\right|+|I|<1+|I|. \tag{12.1}$$

又由假设，$f(x,y)$在D上无界，对于任意分法T，至少存在某一个小区域$\Delta\sigma_i(1\leqslant i\leqslant n)$使得$f(x,y)$在$\Delta\sigma_i$上无界. 取$M=\dfrac{\left|\sum\limits_{k\neq i}f(x_k,y_k)\Delta\sigma_k\right|+1+|I|}{\Delta\sigma_i}$，其中$\Delta\sigma_i$为第$i$个小区间的面积，$(x_k,y_k)$为在其余$n-1$个小区间$\Delta\sigma_k$上的任意点$(k=1,2,\cdots,i-1,i+1,\cdots,n)$，则有$|f(x_i,y_i)|>M$，即

$$|f(x_i,y_i)|>\frac{\left|\sum\limits_{k\neq i}f(x_k,y_k)\Delta\sigma_k\right|+1+|I|}{\Delta\sigma_i},$$

从而

$$\left|\sum_{i=1}^{n} f(x_i,y_i)\Delta x_i\right| \geqslant |f(x_i,y_i)\Delta\sigma_i| - \left|\sum_{k\neq i} f(x_k,y_k)\Delta\sigma_k\right| > |I|+1,$$

此与式(12.1)相矛盾，因此 $f(x,y)$ 在区域 D 上必有界.

为了进一步讨论有界函数可积的条件，与定积分类似，我们先给出大和、小和的定义.

定义 12.8 $f(x,y)$ 为有界闭区域 D 上的有界函数，任意分法 T 将区域 D 分为 n 个小区域 $\Delta\sigma_i(i=1,2,\cdots,n)$，$f(x,y)$ 在每一个小区域 $\Delta\sigma_i$ 上有界，从而存在上、下确界，分别记为 M_i 和 m_i，则和数

$$S(T)=\sum_{i=1}^{n} M_i\Delta\sigma_i,\quad s(T)=\sum_{i=1}^{n} m_i\Delta\sigma_i$$

分别称为函数 $f(x,y)$ 在区域 D 上关于分法 T 的大和与小和. 记 $M_i-m_i=w_i$，称 w_i 为 $f(x,y)$ 在 $\Delta\sigma_i$ 上的振幅.

二元函数 $f(x,y)$ 在有界闭区域 D 上的大和与小和的性质与 7.2 节中一元函数在闭区间$[a,b]$上大和与小和的性质完全类似，证法相似，在此不再列举.

定理 12.14(可积的充要条件) 设二元函数 $f(x,y)$ 为有界闭区域 D 上的有界函数，则 $f(x,y)$ 在有界闭区域 D 上可积的充分必要条件为

$$\lim_{d(T)\to 0}[S(T)-s(T)]=\lim_{d(T)\to 0}\sum_{i=1}^{n} w_i\Delta\sigma_i=0.$$

证明 必要性. 由 $f(x,y)$ 在有界闭区域 D 上可积，即 $I=\lim\limits_{d(T)\to 0}\sum\limits_{i=1}^{n} f(x_i,y_i)\Delta\sigma_i$，则 $\forall\varepsilon>0$，$\exists\delta>0$，对于区域 D 的任意分法 T，当 $d(T)<\delta$ 时，对于小区域 $\Delta\sigma_i$ 中的任意点 $(x_i,y_i)(i=1,2,\cdots,n)$，有

$$\left|\sum_{i=1}^{n} f(x_i,y_i)\Delta\sigma_i - I\right|<\varepsilon \quad 或 \quad I-\varepsilon<\sum_{i=1}^{n} f(x_i,y_i)\Delta\sigma_i<I+\varepsilon.$$

由定义 12.8 知大和 $S(T)$ 与小和 $s(T)$ 分别是积分和 $\sum\limits_{i=1}^{n} f(x_i,y_i)\Delta\sigma_i$ 的上下确界. 于是

$$I-\varepsilon\leqslant s(T)\leqslant S(T)\leqslant I+\varepsilon,$$

即

$$S(T)-s(T)=\sum_{i=1}^{n} w_i\Delta\sigma_i<2\varepsilon,$$

从而 $\lim\limits_{d(T)\to 0}[S(T)-s(T)]=\lim\limits_{d(T)\to 0}\sum\limits_{i=1}^{n} w_i\Delta\sigma_i=0$.

充分性. 设 $I_0=\sup\limits_{T}\{s(T)\}$，$I^0=\inf\limits_{T}\{S(T)\}$，对于任意的分法 T，有 $s(T)\leqslant I_0\leqslant I^0\leqslant S(T)$.

由已知条件，当 $d(T)\to 0$ 时，$I^0=I_0$，设 $I^0=I_0=I$，即对任意分法 T，有 $s(T)\leqslant I\leqslant S(T)$.

进一步地,对于任意分法 T 及 $\Delta\sigma_i$ 中任意点(x_i,y_i),积分和 $\sum\limits_{i=1}^{n} f(x_i,y_i)\Delta\sigma_i$ 满足

$$s(T) \leqslant \sum_{i=1}^{n} f(x_i,y_i)\Delta\sigma_i \leqslant S(T),$$

从而可知

$$\left|\sum_{i=1}^{n} f(x_i,y_i)\Delta\sigma_i - I\right| \leqslant S(T) - s(T).$$

因此 $\lim\limits_{d(T)\to 0}\sum\limits_{i=1}^{n} f(x_i,y_i)\Delta\sigma_i = I$,即函数 $f(x,y)$在有界闭区域 D 上可积.

由定理 12.14 可以证明下列两类函数是可积的.

定理 12.15(连续函数的可积性)　若函数 $f(x,y)$在有界闭区域 D 上连续,则 $f(x,y)$在 D 上一定可积.

证明　由于 $f(x,y)$在有界闭区域 D 上连续,从而在 D 上一致连续.对于 $\forall\varepsilon>0$, $\exists\delta>0$,对于区域 D 内的任意两点 $P_1(x_1,y_1)\in D$ 及 $P_2(x_2,y_2)\in D$,当 $0\leqslant|P_1P_2|<\delta$ 时,有 $|f(x_1,y_1)-f(x_2,y_2)|<\dfrac{\varepsilon}{D}$,其中 D 表示区域 D 的面积.对于任意分法 T,当 $d(T)<\delta$ 时,区域 D 分为 n 个小区域 $\Delta\sigma_i(i=1,2,\cdots,n)$,则 $f(x,y)$在 $\Delta\sigma_i$ 上存在最大值 M_i 和最小值 m_i,即 $\exists(x',y')\in\Delta\sigma_i,(x''_i,y''_i)\in\Delta\sigma_i$ 使得 $f(x'_i,y'_i)=M_i$, $f(x''_i,y''_i)=m_i(i=1,2,\cdots,n)$,从而 $w_i=M_i-m_i=f(x'_i,y'_i)-f(x''_i,y''_i)<\dfrac{\varepsilon}{D}$,

$$\sum_{i=1}^{n} w_i\Delta\sigma_i = \sum_{i=1}^{n}[f(x'_i,y'_i) - f(x''_i,y''_i)]\Delta\sigma_i < \frac{\varepsilon}{D}\sum_{i=1}^{n}\Delta\sigma_i = \varepsilon.$$

由定理 12.14 知 $f(x,y)$在区域 D 上可积.

定理 12.16　设 $f(x,y)$是定义在有界闭区域 D 上的有界函数,若 $f(x,y)$只有有限个间断点或者所有间断点只分布在有限条光滑曲线上,则函数 $f(x,y)$在区域 D 上可积.

证明从略.

4. 二重积分的性质

二重积分的性质与定积分的性质相类似,其证明方法也与定积分性质的相关证明类似.为了今后使用方便,我们把一些重要性质列举如下,仅对二重积分中值定理给出证明,其余性质的证明读者可参照定积分部分自己补充.

性质 12.7(线性性质)　若二元函数 $f(x,y)$, $g(x,y)$在区域 D 上都可积,对于任意常数 α,β, $\alpha f(x,y)\pm\beta g(x,y)$在区域 D 上可积,并且有

$$\iint\limits_D[\alpha f(x,y) \pm \beta g(x,y)]\mathrm{d}x\mathrm{d}y = \alpha\iint\limits_D f(x,y)\mathrm{d}x\mathrm{d}y \pm \beta\iint\limits_D g(x,y)\mathrm{d}x\mathrm{d}y.$$

性质 12.8（可加性） 设 $f(x,y)$ 在有界闭区域 D 上可积，将区域 D 分成两个没有公共内点的子区域 D_1 与 D_2，即 $D=D_1\cup D_2$，则 $f(x,y)$ 在 D_1 和 D_2 上都可积；反之，若 $f(x,y)$ 在 D_1 和 D_2 上都可积，则 $f(x,y)$ 在 D 上也可积，并且有

$$\iint_D f(x,y)\mathrm{d}x\mathrm{d}y=\iint_{D_1} f(x,y)\mathrm{d}x\mathrm{d}y+\iint_{D_2} f(x,y)\mathrm{d}x\mathrm{d}y.$$

性质 12.9 若函数 $f(x,y),g(x,y)$ 在有界闭区域 D 上都可积，并且 $f(x,y)\leqslant g(x,y),(x,y)\in D$，则有

$$\iint_D f(x,y)\mathrm{d}x\mathrm{d}y\leqslant\iint_D g(x,y)\mathrm{d}x\mathrm{d}y.$$

推论 12.1 若 $f(x,y)$ 在有界闭区域 D 上可积，并且 $f(x,y)\geqslant 0$（或 $f(x,y)\leqslant 0$），$(x,y)\in D$，则有

$$\iint_D f(x,y)\mathrm{d}x\mathrm{d}y\geqslant 0\quad\left(\text{或}\iint_D f(x,y)\mathrm{d}x\mathrm{d}y\leqslant 0\right).$$

推论 12.2 若 $f(x,y)$ 在有界闭区域 D 上可积，则 $|f(x,y)|$ 在 D 上也可积，并且有

$$\left|\iint_D f(x,y)\mathrm{d}x\mathrm{d}y\right|\leqslant\iint_D |f(x,y)|\mathrm{d}x\mathrm{d}y.$$

性质 12.10（二重积分中值定理） 设函数 $f(x,y)$ 在有界闭区域 D 上连续，则在区域 D 中至少存在一点 $(\xi,\eta)\in D$，使得

$$\iint_D f(x,y)\mathrm{d}x\mathrm{d}y=f(\xi,\eta)\cdot D.$$

其中 D 表示区域 D 的面积.

证明 由于 $f(x,y)$ 在有界闭区域 D 上连续，则 $f(x,y)$ 在 D 上必存在最大值 M 和最小值 m. 不妨设 $(x_1,y_1)\in D,(x_2,y_2)\in D$ 使得 $f(x_1,y_1)=M,f(x_2,y_2)=m$. 对于 $\forall(x,y)\in D$，有 $m\leqslant f(x,y)\leqslant M$. 由定理 12.15 知 $f(x,y)$ 在区域 D 上可积，根据性质 12.9 知 $\iint_D m\mathrm{d}x\mathrm{d}y\leqslant\iint_D f(x,y)\mathrm{d}x\mathrm{d}y\leqslant\iint_D M\mathrm{d}x\mathrm{d}y$，也就是 $m\cdot D\leqslant\iint_D f(x,y)\mathrm{d}x\mathrm{d}y\leqslant M\cdot D$，进而 $m\leqslant\dfrac{\iint_D f(x,y)\mathrm{d}x\mathrm{d}y}{D}\leqslant M$. 由有界闭区域上连续函数的介值定理知，至少存在一点 $(\xi,\eta)\in D$，使得 $f(\xi,\eta)=\dfrac{\iint_D f(x,y)\mathrm{d}x\mathrm{d}y}{D}$，即 $\iint_D f(x,y)\mathrm{d}x\mathrm{d}y=f(\xi,\eta)\cdot D$.

以上我们给出了二重积分的概念及二重积分的相关性质，下面我们主要讨论二重积分的计算问题.

12.3.2 二重积分的计算

二重积分的定义本身在引入过程中已经给出了计算方法，即通过“分割”“近似”“求和”“取极限”的步骤完成对二重积分的求解. 但是，依照这样的步骤求解二重积分相当繁琐，有的甚至无法进行. 本部分给出二重积分在计算中经常使用的方法——化二重积分为两次定积分，即“化二重积分为累次积分”的方法.

1. 直角坐标系下化二重积分为累次积分

设 $f(x,y)$ 在有界闭区域 D 上连续，若区域 D 可表示为 $D=\{(x,y)\mid a\leqslant x\leqslant b,\varphi_1(x)\leqslant y\leqslant\varphi_2(x)\}$ (图 12.4(a))，则二重积分可化为如下形式的累次积分：

$$\iint_D f(x,y)\mathrm{d}x\mathrm{d}y=\int_a^b\left[\int_{\varphi_1(x)}^{\varphi_2(x)}f(x,y)\mathrm{d}y\right]\mathrm{d}x=\int_a^b\mathrm{d}x\int_{\varphi_1(x)}^{\varphi_2(x)}f(x,y)\mathrm{d}y. \tag{12.2}$$

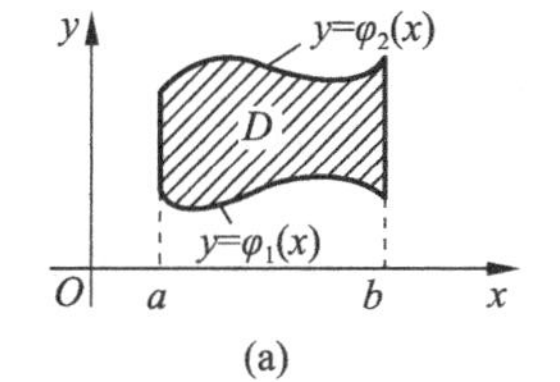

(a)

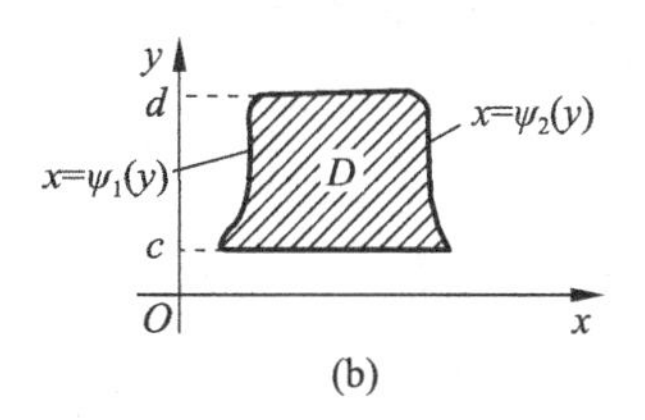

(b)

图 12.4

若区域 D 可以表示为 $D=\{(x,y)\mid\psi_1(y)\leqslant x\leqslant\psi_2(y),c\leqslant y\leqslant d\}$ (图 12.4(b))，则二重积分可化为如下形式的累次积分：

$$\iint_D f(x,y)\mathrm{d}x\mathrm{d}y=\int_c^d\left[\int_{\psi_1(y)}^{\psi_2(y)}f(x,y)\mathrm{d}x\right]\mathrm{d}y=\int_c^d\mathrm{d}y\int_{\psi_1(y)}^{\psi_2(y)}f(x,y)\mathrm{d}x. \tag{12.3}$$

我们知道，当被积函数 $f(x,y)\geqslant 0$ 时，二重积分 $\iint_D f(x,y)\mathrm{d}x\mathrm{d}y$ 的几何意义是以区域 D 为底以曲面 $z=f(x,y)$ 为顶的曲顶柱体的体积. 在第 7 章定积分中我们讨论了在横截面面积已知的情况下，如何用定积分求解立体体积的问题，即 $V=\int_a^b s(x)\mathrm{d}x$，其中 $s(x)$ 为垂直于 x 轴的横截面面积，区间 $[a,b]$ 为立体在 x 轴上的“跨度”. 在此，我们利用定积分求体积的上述公式来将二重积分 $\iint_D f(x,y)\mathrm{d}x\mathrm{d}y$ 化为累次积分(等式(12.2)).

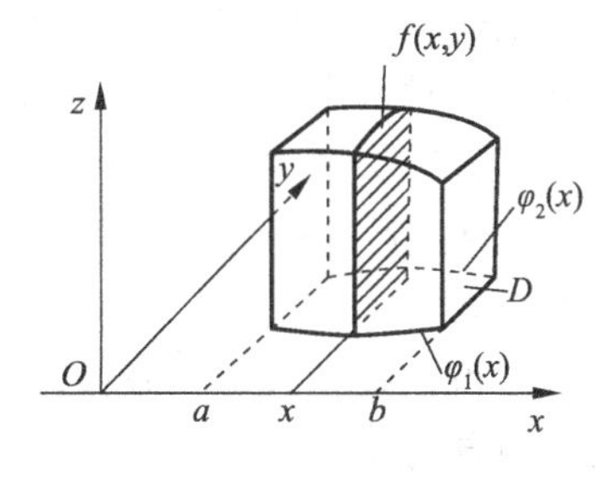

图 12.5

如图 12.5 所示，曲顶柱体以位于 xOy 平面上的区域 D 为底，以 $z=f(x,y)$ 为曲顶. 底面区域 D 沿 x 轴的跨度为区间$[a,b]$,在$[a,b]$上任取一点x,过点$(x,0,0)$作垂直于x轴的平面,该平面截曲顶柱体所得截面为曲边梯形(图12.5阴影部分),它的面积等于一元函数$z=f(x,y)$(x固定为常数)在区间$[\varphi_1(x),\varphi_2(x)]$上的定积分,即

$$s(x)=\int_{\varphi_1(x)}^{\varphi_2(x)}f(x,y)\mathrm{d}y,\quad x\in[a,b].$$

因此,该曲顶柱体的体积为$\iint\limits_D f(x,y)\mathrm{d}x\mathrm{d}y=\int_a^b s(x)\mathrm{d}x=\int_a^b\left[\int_{\varphi_1(x)}^{\varphi_2(x)}f(x,y)\mathrm{d}y\right]\mathrm{d}x.$

同理,可以说明二重积分化累次积分的公式(12.3)的正确性.当然,公式(12.2)和公式(12.3)的成立还需要满足一定的前提条件,我们通过下面两个定理加以说明,至于它们的证明就不介绍了.

定理12.17 若二元函数$f(x,y)$在区域$D=\{(x,y)|a\leqslant x\leqslant b,\varphi_1(x)\leqslant y\leqslant\varphi_2(x)\}$上可积,并且对于每一个固定的$x\in[a,b]$,定积分$\int_{\varphi_1(x)}^{\varphi_2(x)}f(x,y)\mathrm{d}y$存在,则累次积分$\int_a^b\left[\int_{\varphi_1(x)}^{\varphi_2(x)}f(x,y)\mathrm{d}y\right]\mathrm{d}x$也存在,且有

$$\iint\limits_D f(x,y)\mathrm{d}x\mathrm{d}y=\int_a^b\left[\int_{\varphi_1(x)}^{\varphi_2(x)}f(x,y)\mathrm{d}y\right]\mathrm{d}x=\int_a^b\mathrm{d}x\int_{\varphi_1(x)}^{\varphi_2(x)}f(x,y)\mathrm{d}y.$$

定理12.18 若二元函数$f(x,y)$在区域$D=\{(x,y)|\psi_1(y)\leqslant x\leqslant\psi_2(y),c\leqslant y\leqslant d\}$上可积,并且对于每一个固定的$y\in[c,d]$,定积分$\int_{\psi_1(y)}^{\psi_2(y)}f(x,y)\mathrm{d}x$存在,则累次积分$\int_c^d\left[\int_{\psi_1(y)}^{\psi_2(y)}f(x,y)\mathrm{d}x\right]\mathrm{d}y$也存在,且有

$$\iint\limits_D f(x,y)\mathrm{d}x\mathrm{d}y=\int_c^d\left[\int_{\psi_1(y)}^{\psi_2(y)}f(x,y)\mathrm{d}x\right]\mathrm{d}y=\int_c^d\mathrm{d}y\int_{\psi_1(y)}^{\psi_2(y)}f(x,y)\mathrm{d}x.$$

为方便起见,我们称图12.4(a)所表示的区域为x-型区域,图12.4(b)所表示的区域为y-型区域.如果一个区域D既可表示成x-型区域又可表示成y-型区域(图12.6),并且$f(x,y)$在D上连续,则有

$$\iint\limits_D f(x,y)\mathrm{d}x\mathrm{d}y=\int_a^b\mathrm{d}x\int_{\varphi_1(x)}^{\varphi_2(x)}f(x,y)\mathrm{d}y=\int_c^d\mathrm{d}y\int_{\psi_1(y)}^{\psi_2(y)}f(x,y)\mathrm{d}x.$$

上述积分区域(图12.4(a),(b),图12.6)有这样的共同特点:当D为x-型区域时,任意平行于y轴的直线$x=x_0(a<x_0<b)$与区域D的边界交于两个点;当D为y-型区域时,则任意平行于x轴的直线$y=y_0(c<y_0<d)$与区域D的边界交于两个点;当D既是x-型又是y-型时,任意一条平行于x轴的直线和任意一条平行于y轴的直线与区域D的边界至多交于两个点.

当积分区域D较为复杂,既不是x-型区域又不是y-型区域,但能分解成有限个两两无公共内点的x-型区域和y-型区域(图12.7),可应用性质12.8(可加性),先将二重积分分成有限个二重积分之和,再对每一个二重积分应用累次积分进行计算.

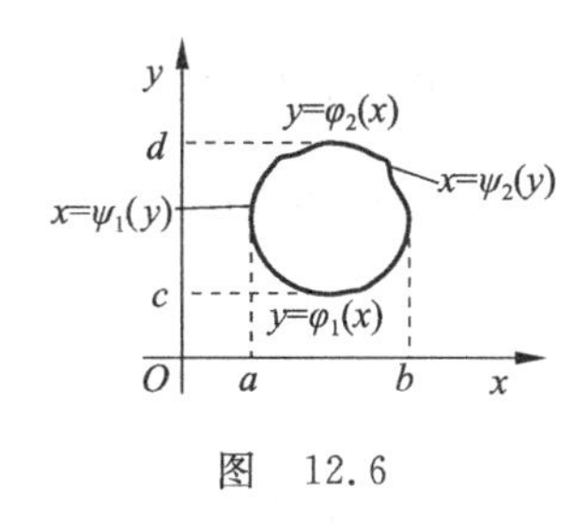

图 12.6

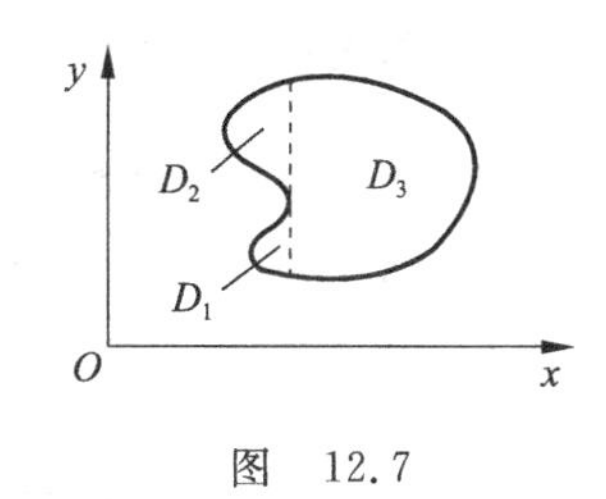

图 12.7

以下我们通过几个例子,来看二重积分化累次积分的具体步骤.

例 1 设积分区域 D 为正方形区域,$D=\{(x,y)\mid 0\leqslant x\leqslant 1,0\leqslant y\leqslant 1\}$,$F(x,y)=f(x)f(y)$,其中 $f(x)$ 是闭区间$[0,1]$上的连续函数,证明二重积分

$$\iint_D F(x,y)\mathrm{d}x\mathrm{d}y=\left[\int_0^1 f(x)\mathrm{d}x\right]^2.$$

证明 将积分区域 D 视为 x-型区域,由公式(12.2)知,二重积分

$$\begin{aligned}\iint_D F(x,y)\mathrm{d}x\mathrm{d}y&=\int_0^1\left[\int_0^1 f(x,y)\mathrm{d}y\right]\mathrm{d}x=\int_0^1\left[\int_0^1 f(x)f(y)\mathrm{d}y\right]\mathrm{d}x\\&=\int_0^1\left[\int_0^1 f(y)\mathrm{d}y\right]\cdot f(x)\mathrm{d}x=\int_0^1 f(y)\mathrm{d}y\cdot\int_0^1 f(x)\mathrm{d}x\\&=\left[\int_0^1 f(x)\mathrm{d}x\right]^2.\end{aligned}$$

例 2 若函数 $f(x)$ 在闭区间$[a,b]$上为正值连续函数,则 $\iint\limits_D\frac{f(x)}{f(y)}\mathrm{d}x\mathrm{d}y\geqslant(b-a)^2$,其中 $D=\{(x,y)\mid a\leqslant x\leqslant b,a\leqslant y\leqslant b\}$.

证明 由于 $f(x)$ 为$[a,b]$上的正值连续函数,从而 $f(x)$ 与 $\frac{1}{f(y)}$ 在$[a,b]$上均可积,积分区域 D 为正方形且关于直线 $y=x$ 对称(图 12.8),那么 $\iint\limits_D\frac{f(x)}{f(y)}\mathrm{d}x\mathrm{d}y=\iint\limits_D\frac{f(y)}{f(x)}\mathrm{d}x\mathrm{d}y$,从而

$$\begin{aligned}\iint_D\frac{f(x)}{f(y)}\mathrm{d}x\mathrm{d}y&=\frac{1}{2}\iint_D\left[\frac{f(x)}{f(y)}+\frac{f(y)}{f(x)}\right]\mathrm{d}x\mathrm{d}y\\&=\iint_D\left[\frac{f^2(x)+f^2(y)}{2f(x)f(y)}\right]\mathrm{d}x\mathrm{d}y.\end{aligned}$$

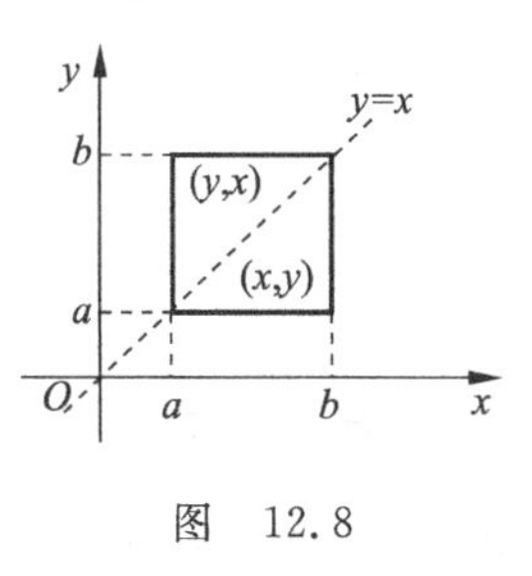

图 12.8

由于 $f^2(x)+f^2(y)\geqslant 2f(x)f(y)\,(f(x)>0,f(y)>0)$,因此

$$\iint_D\frac{f(x)}{f(y)}\mathrm{d}x\mathrm{d}y=\iint_D\left[\frac{f^2(x)+f^2(y)}{2f(x)f(y)}\right]\mathrm{d}x\mathrm{d}y\geqslant\iint_D 1\mathrm{d}x\mathrm{d}y=(b-a)^2.$$

例 3 交换下列累次积分的次序:

(1) $\int_0^1\left[\int_y^{1+\sqrt{1-y^2}}f(x,y)\mathrm{d}x\right]\mathrm{d}y$; (2) $\int_0^1\mathrm{d}x\int_{1-x^2}^1 f(x,y)\mathrm{d}y+\int_1^{\mathrm{e}}\mathrm{d}x\int_{\ln x}^1 f(x,y)\mathrm{d}y$.

解 (1) 由 y-型的累次积分 $\int_0^1\left[\int_y^{1+\sqrt{1-y^2}}f(x,y)\mathrm{d}x\right]\mathrm{d}y$ 知，积分区域 $D=\{(x,y)\mid 0\leqslant y\leqslant 1,y\leqslant x\leqslant 1+\sqrt{1-y^2}\}$(图 12.9). 交换积分次序，即把上述 y-型的累次积分转换为 x-型累次积分. 此时 x-型的积分区域 $D=\{(x,y)\mid 0\leqslant x\leqslant 1,0\leqslant y\leqslant x\}\cup\{(x,y)\mid 1\leqslant x\leqslant 2,0\leqslant y\leqslant\sqrt{2x-x^2}\}$，因此 $\int_0^1\left[\int_y^{1+\sqrt{1-y^2}}f(x,y)\mathrm{d}x\right]\mathrm{d}y=\int_0^1\left[\int_0^x f(x,y)\mathrm{d}y\right]\mathrm{d}x+\int_1^2\left[\int_0^{\sqrt{2x-x^2}}f(x,y)\mathrm{d}y\right]\mathrm{d}x$.

(2) 原累次积分为 x-型积分，积分区域 $D=D_1\cup D_2=\{(x,y)\mid 0\leqslant x\leqslant 1,1-x^2\leqslant y\leqslant 1\}\cup\{(x,y)\mid 1\leqslant x\leqslant \mathrm{e},\ln x\leqslant y\leqslant 1\}$(图 12.10). 交换积分次序，即把 x-型的累次积分转化为 y-型累次积分. 此时 y-型的积分区域 $D=\{(x,y)\mid\sqrt{1-y}\leqslant x\leqslant \mathrm{e}^y,0\leqslant y\leqslant 1\}$，从而 $\int_0^1\mathrm{d}x\int_{1-x^2}^1 f(x,y)\mathrm{d}y+\int_1^{\mathrm{e}}\mathrm{d}x\int_{\ln x}^1 f(x,y)\mathrm{d}y=\int_0^1\left[\int_{\sqrt{1-y}}^{\mathrm{e}^y}f(x,y)\mathrm{d}x\right]\mathrm{d}y=\int_0^1\mathrm{d}y\int_{\sqrt{1-y}}^{\mathrm{e}^y}f(x,y)\mathrm{d}x$.

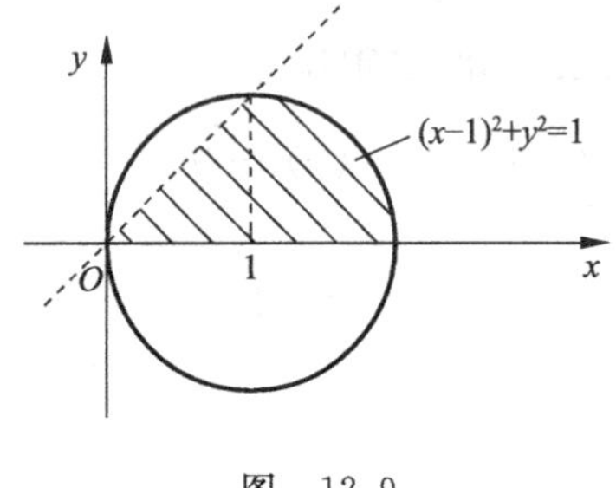

图 12.9

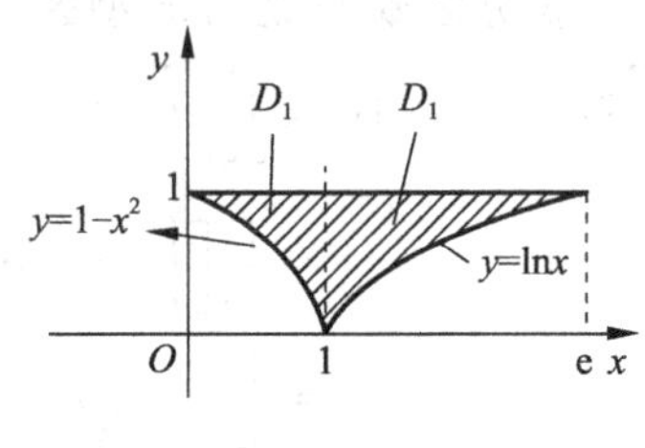

图 12.10

例 4 计算二重积分 $I=\iint\limits_D\frac{x^2}{y^2}\mathrm{d}x\mathrm{d}y$，其中区域 D 由直线 $x=2,y=x$ 及曲线 $y=\frac{1}{x}$ 所围成(图 12.11).

解 方法一 将积分区域 D 看成 x-型区域，即 $D=\left\{(x,y)\mid 1\leqslant x\leqslant 2,\frac{1}{x}\leqslant y\leqslant x\right\}$，则由公式(12.2)知

$$I=\iint\limits_D\frac{x^2}{y^2}\mathrm{d}x\mathrm{d}y=\int_1^2\left[\int_{\frac{1}{x}}^x\frac{x^2}{y^2}\mathrm{d}y\right]\mathrm{d}x=\int_1^2\left[-\frac{x^2}{y}\bigg|_{\frac{1}{x}}^x\right]\mathrm{d}x$$

$$=\int_1^2(x^3-x)\mathrm{d}x=\left(\frac{1}{4}x^4-\frac{1}{2}x^2\right)\bigg|_1^2=\frac{9}{4}.$$

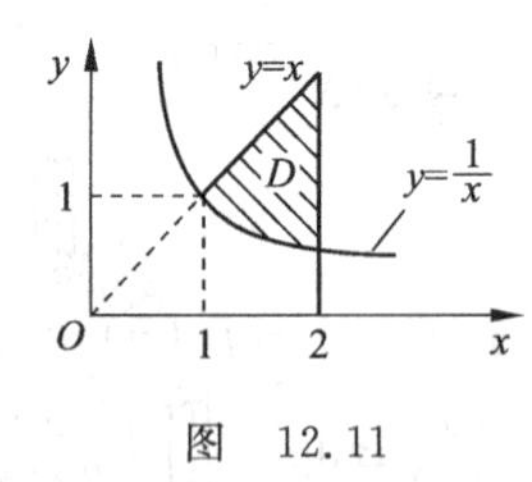

图 12.11

方法二 将区域 D 分为两个区域 D_1 和 D_2，其中 $D_1=\left\{(x,y)\,\middle|\,\frac{1}{y}\leqslant x\leqslant 2,\frac{1}{2}\leqslant y\leqslant 1\right\}$，$D_2=\{(x,y)\mid y\leqslant x\leqslant 2,1\leqslant y\leqslant 2\}$. 显然两个区域 D_1 和 D_2 均为 y-型区域，应用公式(12.3)及二重积分的可加性有

$$I=\iint\limits_D\frac{x^2}{y^2}\mathrm{d}x\mathrm{d}y=\iint\limits_{D_1}\frac{x^2}{y^2}\mathrm{d}x\mathrm{d}y+\iint\limits_{D_2}\frac{x^2}{y^2}\mathrm{d}x\mathrm{d}y=\int_{\frac{1}{2}}^1\left[\int_{\frac{1}{y}}^2\frac{x^2}{y^2}\mathrm{d}x\right]\mathrm{d}y+\int_1^2\left[\int_y^2\frac{x^2}{y^2}\mathrm{d}x\right]\mathrm{d}y$$

$$=\int_{\frac{1}{2}}^{1}\left[\frac{x^3}{3y^2}\Big|_{\frac{1}{y}}^{2}\right]dy+\int_{1}^{2}\left[\frac{x^3}{3y^2}\Big|_{y}^{2}\right]dy=\int_{\frac{1}{2}}^{1}\left(\frac{8}{3y^2}-\frac{1}{3y^5}\right)dy+\int_{1}^{2}\left(\frac{8}{3y^2}-\frac{y}{3}\right)dy$$

$$=\frac{9}{4}.$$

例 5 计算二重积分 $I=\iint\limits_D\frac{y}{\sqrt{1+x^2+y^2}}dxdy$,其中 $D=\{(x,y)\mid 0\leqslant x\leqslant 1,0\leqslant y\leqslant 1\}$.

解 将二重积分化成 x-型累次积分,得

$$\iint\limits_D\frac{y}{\sqrt{1+x^2+y^2}}dxdy=\int_0^1\left[\int_0^1\frac{y}{\sqrt{1+x^2+y^2}}dy\right]dx$$

$$=\frac{1}{2}\int_0^1\left[\int_0^1\frac{1}{\sqrt{1+x^2+y^2}}d(1+x^2+y^2)\right]dx$$

$$=\int_0^1\sqrt{2+x^2}dx-\int_0^1\sqrt{1+x^2}dx.$$

由于 $\int_0^1\sqrt{x^2+2}dx=\left[\frac{1}{2}x\sqrt{x^2+2}+\ln(x+\sqrt{x^2+2})\right]\Big|_0^1=\frac{\sqrt{3}}{2}+\frac{1}{2}\ln(2+\sqrt{3})$,

$$\int_0^1\sqrt{x^2+1}dx=\left[\frac{1}{2}x\sqrt{x^2+1}+\ln(x+\sqrt{x^2+1})\right]\Big|_0^1=\frac{\sqrt{2}}{2}+\frac{1}{2}\ln(1+\sqrt{2}),$$

从而 $\iint\limits_D\frac{y}{\sqrt{1+x^2+y^2}}dxdy=\frac{\sqrt{3}-\sqrt{2}}{2}+\frac{1}{2}\ln\frac{2+\sqrt{3}}{1+\sqrt{2}}$.

注意,本题积分区域为正方形,二重积分也可以化成 y-型累次积分,即

$$\iint\limits_D\frac{y}{\sqrt{1+x^2+y^2}}dxdy=\int_0^1\left[\int_0^1\frac{y}{\sqrt{1+x^2+y^2}}dx\right]dy.$$

虽然在化累次积分的过程中,化为 x-型与化为 y-型书写繁简相似,但是在计算过程中显然积分 $\int_0^1\frac{y}{\sqrt{1+x^2+y^2}}dx$ 要比 $\int_0^1\frac{y}{\sqrt{1+x^2+y^2}}dy$ 计算更为复杂.读者不妨一试.

例 6 计算二重积分 $I=\iint\limits_D\frac{\sin y}{y}dxdy$,其中区域 D 由直线 $y=x$ 及曲线 $y^2=x$ 所围成(图 12.12).

解 将积分区域 D 表示为 y-型区域,即 $D=\{(x,y)\mid y^2\leqslant x\leqslant y,0\leqslant y\leqslant 1\}$,则由二重积分化累次积分公式(12.3)知

$$I=\iint\limits_D\frac{\sin y}{y}dxdy=\int_0^1\left[\int_{y^2}^{y}\frac{\sin y}{y}dx\right]dy$$

$$=\int_0^1\left[\frac{\sin y}{y}(y-y^2)\right]dy$$

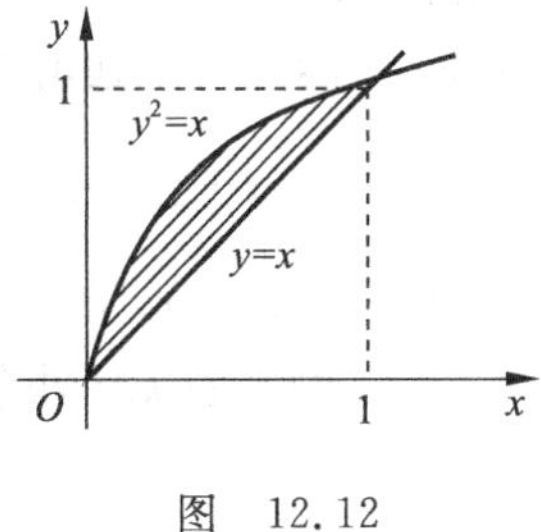

图 12.12

$$= \int_0^1 (\sin y - y\sin y)\mathrm{d}y$$

$$= (-\cos y + y\cos y - \sin y)\Big|_0^1 = 1 - \sin 1.$$

注意,积分区域 D 也可以表示为 x-型区域 $D=\{(x,y)\,|\,0\leqslant x\leqslant 1, x\leqslant y\leqslant \sqrt{x}\}$,则二重积分化为如下累次积分:$\iint\limits_D \frac{\sin y}{y}\mathrm{d}x\mathrm{d}y = \int_0^1\left[\int_x^{\sqrt{x}}\frac{\sin y}{y}\mathrm{d}y\right]\mathrm{d}x$. 由于积分$\int_x^{\sqrt{x}}\frac{\sin y}{y}\mathrm{d}y$ 中被积函数 $\frac{\sin y}{y}$ 的原函数不是初等函数,从而积分$\int_x^{\sqrt{x}}\frac{\sin y}{y}\mathrm{d}y$ 难以计算.

通过上述几个例题可以看出,在将二重积分化为累次积分进行求解时,画出积分区域 D 的图形并确定积分次序是计算的关键. 为此,我们将计算二重积分的步骤总结如下:

步骤 1　画出积分区域 D 的图形,并用阴影区域表示. 这是计算的首要步骤,只有积分区域确定正确,以下计算才能顺利展开. 积分区域 D 有时通过函数描述(如例 4、例 6),有时则通过累次积分给出(如例 3).

步骤 2　依据积分区域的图形及被积函数的特点,确定将二重积分化为 x-型累次积分(即先对 y 积分再对 x 积分)还是 y-型累次积分(即先对 x 积分再对 y 积分). 有的二重积分化为 x-型和 y-型累次积分计算繁简相似(如例 4),有的二重积分化为 x-型与化为 y-型求解复杂性不同(如例 5),而有些二重积分化为其中一种累次积分简单易求但化为另一种累次积分则难以求解(如例 6). 从而可见,二重积分化累次积分确定好类型很关键.

步骤 3　将累次积分按照定积分的求解方法(如换元积分法,分部积分法)计算两次定积分. 在计算过程中谁是积分变量谁是常量要分清楚,以免混淆.

上述计算方法解决了积分区域和被积函数不太复杂的二重积分的计算问题. 但是,当积分区域或(和)被积函数较为复杂时,我们还需要借助其他方法进行求解. 下面我们先介绍二重积分在极坐标系下的计算方法.

2. 极坐标系下二重积分的计算

在极坐标系中,用一组以极点为圆心的同心圆($r=$常数)和一组过极点的射线($\theta=$常数)将积分区域 D 分割为 n 个小区域 $\Delta\sigma_1,\Delta\sigma_2,\cdots,\Delta\sigma_n$(如图 12.13 所示),其中任意小区域 $\Delta\sigma$ 都是四边形. 若仍以 $\Delta\sigma$ 表示该小区域的面积,则由扇形面积公式可知

$$\Delta\sigma=\frac{1}{2}(r+\Delta r)^2\Delta\theta-\frac{1}{2}r^2\Delta\theta=r\Delta r\Delta\theta+\frac{1}{2}(\Delta r)^2\Delta\theta,$$

当 Δr 和 $\Delta\theta$ 都充分小时,即当 $(\Delta r,\Delta\theta)\to(0,0)$ 时,$(\Delta r)^2\cdot\Delta\theta$ 为 $\Delta r\cdot\Delta\theta$ 的高阶无穷小量,从而有

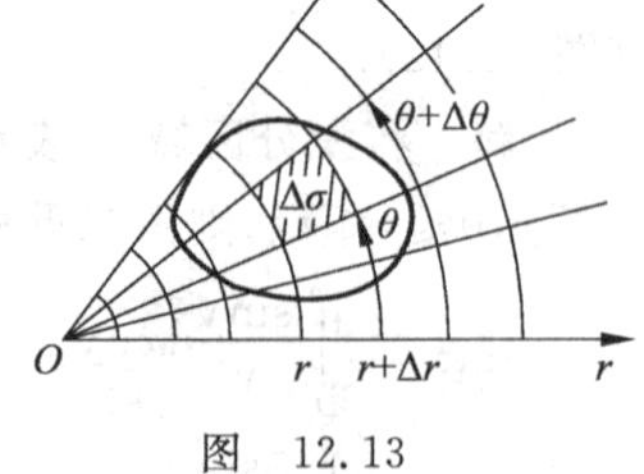

图 12.13

$$\Delta\sigma\approx r\Delta r\Delta\theta,$$

进而

$$\mathrm{d}\sigma=r\mathrm{d}r\mathrm{d}\theta.$$

又由点的极坐标与直角坐标之间的关系：

$$x=r\cos\theta,\quad y=r\sin\theta,$$

得到被积函数 $f(x,y)$ 在极坐标系下用 (r,θ) 表示为

$$f(x,y)=f(r\cos\theta,r\sin\theta),$$

故二重积分 $\iint\limits_D f(x,y)\mathrm{d}\sigma$ 在极坐标系下变为

$$\iint\limits_D f(x,y)\mathrm{d}\sigma=\iint\limits_{D'} f(r\cos\theta,r\sin\theta)r\mathrm{d}r\mathrm{d}\theta,\tag{12.4}$$

其中 D' 为区域 D 的极坐标表示.

在极坐标系下，二重积分一样可化为累次积分来计算，下面分 3 种情况讨论.

(1) 若极点 O 在积分区域 D' 内部，且 D' 的边界曲线为连续封闭曲线 $r=r(\theta)$(如图 12.14 所示)，则

$$D'=\{(r,\theta)\mid 0\leqslant\theta\leqslant 2\pi,0\leqslant r\leqslant r(\theta)\},$$

$$\iint\limits_{D'} f(r\cos\theta,r\sin\theta)r\mathrm{d}r\mathrm{d}\theta=\int_0^{2\pi}\mathrm{d}\theta\int_0^{r(\theta)} f(r\cos\theta,r\sin\theta)r\mathrm{d}r.\tag{12.5}$$

(2) 若极点 O 在积分区域 D' 的边界上，且 D' 由射线 $\theta=\alpha,\theta=\beta$ 与连续曲线 $r=r(\theta)$ 所围成(如图 12.15 所示)，则

$$D'=\{(r,\theta)\mid \alpha\leqslant\theta\leqslant\beta,0\leqslant r\leqslant r(\theta)\},$$

$$\iint\limits_{D'} f(r\cos\theta,r\sin\theta)r\mathrm{d}r\mathrm{d}\theta=\int_\alpha^{\beta}\mathrm{d}\theta\int_0^{r(\theta)} f(r\cos\theta,r\sin\theta)r\mathrm{d}r.\tag{12.6}$$

(3) 若极点 O 在积分区域 D' 的外部，且 D' 由射线 $\theta=\alpha,\theta=\beta$ 和连续曲线 $r=r_1(\theta),r=r_2(\theta)$ 所围成(如图 12.16 所示)，则

$$D'=\{(r,\theta)\mid \alpha\leqslant\theta\leqslant\beta,r_1(\theta)\leqslant r\leqslant r_2(\theta)\},$$

$$\iint\limits_{D'} f(r\cos\theta,r\sin\theta)r\mathrm{d}r\mathrm{d}\theta=\int_\alpha^{\beta}\mathrm{d}\theta\int_{r_1(\theta)}^{r_2(\theta)} f(r\cos\theta,r\sin\theta)r\mathrm{d}r.\tag{12.7}$$

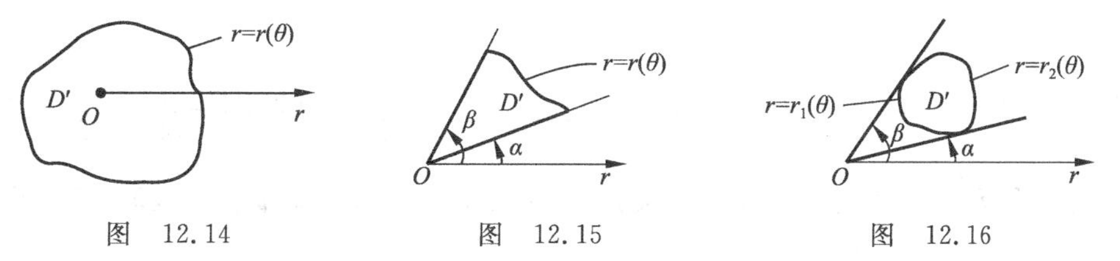

图 12.14　　图 12.15　　图 12.16

例 7 计算二重积分 $I=\iint\limits_D \mathrm{e}^{-x^2-y^2}\mathrm{d}x\mathrm{d}y$，其中 D 是圆区域 $x^2+y^2\leqslant 1$(如图 12.17 所示).

图 12.17

解 如果用直角坐标系来计算,该积分将无法求解.现用极坐标进行计算.

在极坐标系下,积分区域 D 表示为

$$D'=\{(r,\theta)\mid 0\leqslant r\leqslant 1,0\leqslant\theta\leqslant 2\pi\},$$

故由式(12.5)知

$$I=\iint\limits_{D'}\mathrm{e}^{-r^2}\cdot r\mathrm{d}r\mathrm{d}\theta=\int_0^{2\pi}\mathrm{d}\theta\int_0^1\mathrm{e}^{-r^2}\cdot r\mathrm{d}r$$

$$=-\frac{1}{2}\int_0^{2\pi}\left[\int_0^1\mathrm{e}^{-r^2}\mathrm{d}(-r^2)\right]\mathrm{d}\theta=-\frac{1}{2}\int_0^{2\pi}\left[\mathrm{e}^{-r^2}\Big|_0^1\right]\mathrm{d}\theta$$

$$=-\frac{1}{2}\int_0^{2\pi}(\mathrm{e}^{-1}-1)\mathrm{d}\theta=\pi(1-\mathrm{e}^{-1}).$$

例 8 计算二重积分 $I=\iint\limits_{D}\sqrt{x^2+y^2}\,\mathrm{d}x\mathrm{d}y$,其中 D 是由圆 $x^2+y^2-2x=0$ 及 $y\geqslant 0$ 所围成的区域(如图 12.18 所示).

解 圆 $x^2+y^2-2x=0$ 的极坐标方程为 $r=2\cos\theta$,在极坐标系下,积分区域 $D'=\left\{(r,\theta)\mid 0\leqslant\theta\leqslant\frac{\pi}{2},0\leqslant r\leqslant 2\cos\theta\right\}$,故由式(12.5)知

$$I=\iint\limits_{D'}r^2\mathrm{d}r\mathrm{d}\theta=\int_0^{\frac{\pi}{2}}\mathrm{d}\theta\int_0^{2\cos\theta}r^2\mathrm{d}r=\int_0^{\frac{\pi}{2}}\frac{8}{3}\cos^3\theta\mathrm{d}\theta=\frac{8}{3}\int_0^{\frac{\pi}{2}}\cos^3\theta\mathrm{d}\theta=\frac{16}{9}.$$

例 9 计算二重积分 $I=\iint\limits_{D}\frac{y}{x}\mathrm{d}\sigma$,其中积分区域 $D=\{(x,y)\mid 1\leqslant x^2+y^2\leqslant -2x\}$(如图 12.19 所示).

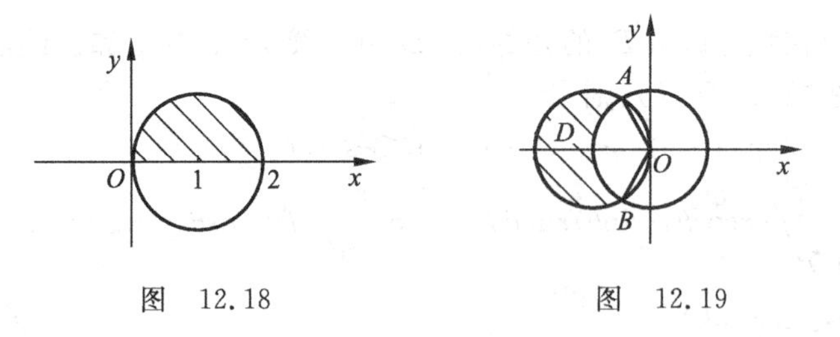

图 12.18　　图 12.19

解 两圆 $x^2+y^2=-2x$ 与 $x^2+y^2=1$ 的交点为 $A\left(-\frac{1}{2},\frac{\sqrt{3}}{2}\right)$ 与 $B\left(-\frac{1}{2},-\frac{\sqrt{3}}{2}\right)$,$OA$ 与 x 轴正方向夹角为 $\frac{2\pi}{3}$,OB 与 x 轴正方向夹角为 $\frac{4\pi}{3}$,于是在极坐标系下积分区域 D' 表示为

$$D'=\left\{(r,\theta)\,\middle|\,\frac{2\pi}{3}\leqslant\theta\leqslant\frac{4\pi}{3},1\leqslant r\leqslant -2\cos\theta\right\},$$

故由式(12.6)知

$$I=\iint_{D'}\tan\theta\cdot r\mathrm{d}r\mathrm{d}\theta=\int_{\frac{2\pi}{3}}^{\frac{4\pi}{3}}\mathrm{d}\theta\int_{1}^{-2\cos\theta}\tan\theta r\,\mathrm{d}r=\int_{\frac{2\pi}{3}}^{\frac{4\pi}{3}}\tan\theta\left(\frac{1}{2}r^2\Big|_{1}^{-2\cos\theta}\right)\mathrm{d}\theta$$

$$=\int_{\frac{2\pi}{3}}^{\frac{4\pi}{3}}\tan\theta\left(2\cos^2\theta-\frac{1}{2}\right)\mathrm{d}\theta=-\frac{1}{2}\cos2\theta\Big|_{\frac{2\pi}{3}}^{\frac{4\pi}{3}}+\frac{1}{2}\ln|\cos\theta|\Big|_{\frac{2\pi}{3}}^{\frac{4\pi}{3}}$$

$$=-\frac{1}{2}\cos\frac{8\pi}{3}+\frac{1}{2}\cos\frac{4\pi}{3}+\frac{1}{2}\ln\left|\cos\frac{4\pi}{3}\right|-\ln\left|\cos\frac{2\pi}{3}\right|=0.$$

以上三个求解二重积分的例子具有共同的特点：积分区域 D 是圆或圆的一部分；被积函数是 $\varphi(x^2+y^2)$，$\varphi\left(\frac{y}{x}\right)$ 等类型的函数，有这些特点的二重积分利用极坐标系计算较为简单.

此外，除利用极坐标计算二重积分，也可考虑通过积分区域 D 的对称性进一步简化二重积分的计算步骤.我们仅将结论列举如下，有兴趣的读者可自行验证.

利用积分区域 D 的对称性简化二重积分：

(1) 当积分区域 D 关于 y 轴对称时，若被积函数满足 $f(-x,y)=f(x,y)$，则 $\iint_D f(x,y)\mathrm{d}x\mathrm{d}y=2\iint_{D_1}f(x,y)\mathrm{d}x\mathrm{d}y$，其中积分区域 D_1 为关于 y 轴对称的区域 D 的一半；若被积函数满足 $f(-x,y)=-f(x,y)$，则 $\iint_D f(x,y)\mathrm{d}x\mathrm{d}y=0$.

(2) 当积分区域 D 关于 x 轴对称时，若被积函数满足 $f(x,-y)=f(x,y)$，则 $\iint_D f(x,y)\mathrm{d}x\mathrm{d}y=2\iint_{D_2}f(x,y)\mathrm{d}x\mathrm{d}y$，其中积分区域 D_2 为关于 x 轴对称的区域 D 的一半；若被积函数满足 $f(x,-y)=-f(x,y)$，则 $\iint_D f(x,y)\mathrm{d}x\mathrm{d}y=0$.

例 10　求二重积分 $I=\iint_D xy\mathrm{d}x\mathrm{d}y$，其中 D 是由 $x^2+y^2\leqslant4$ 和 $x\geqslant1$ 所围成的区域(如图 12.20 所示).

解　由图 12.20 可知积分区域 D 关于 x 轴对称.

又被积函数 $f(x,y)=xy$，$f(x,-y)=-xy$，即 $f(x,-y)=-f(x,y)$，由上述对称性的结论知，二重积分

$$I=\iint_D xy\mathrm{d}x\mathrm{d}y=0.$$

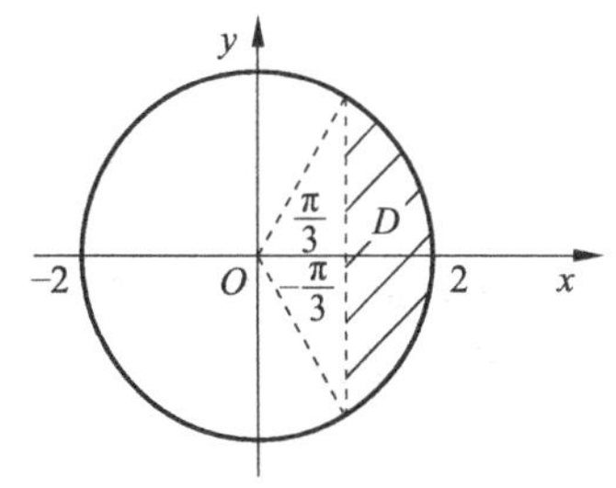

图　12.20

在利用极坐标求解二重积分的例 9 中，结果为 0 也是由于积分区域关于 x 轴对称，被积函数满足 $f(x,-y)=\frac{-y}{x}=-f(x,y)$ 这一原因.

例 11 计算二重积分$\iint\limits_D \frac{\sin(\pi\sqrt{x^2+y^2})}{\sqrt{x^2+y^2}}\mathrm{d}x\mathrm{d}y$，其中积分区域$D=\{(x,y)\mid 1\leqslant x^2+y^2\leqslant 4\}$.

解 积分区域D为同心圆环，由于其既关于x轴对称又关于y轴对称，故只须考虑第一象限部分（如图12.21所示），$D=4D_1$.

又被积函数$f(x,y)=\frac{\sin(\pi\sqrt{x^2+y^2})}{\sqrt{x^2+y^2}}$，满足$f(-x,y)=f(x,y)$和$f(x,-y)=f(x,y)$，从而在极坐标系下，有

$$\iint\limits_D \frac{\sin(\pi\sqrt{x^2+y^2})}{\sqrt{x^2+y^2}}\mathrm{d}x\mathrm{d}y=4\iint\limits_{D_1}\frac{\sin(\pi\sqrt{x^2+y^2})}{\sqrt{x^2+y^2}}\mathrm{d}x\mathrm{d}y=4\int_0^{\frac{\pi}{2}}\mathrm{d}\theta\int_1^2\frac{\sin\pi r}{r}\cdot r\mathrm{d}r=-4.$$

例 12 求双纽线$(x^2+y^2)^2=2a^2(x^2-y^2)$和$x^2+y^2\geqslant a^2$所围成的图形的面积$D$.

解 由于当被积函数$f(x,y)\equiv 1$时，二重积分的求解结果即为积分区域的面积值，故本题可用二重积分求解. 如图12.22所示，由所求面积的对称性知$D=4D_1$.

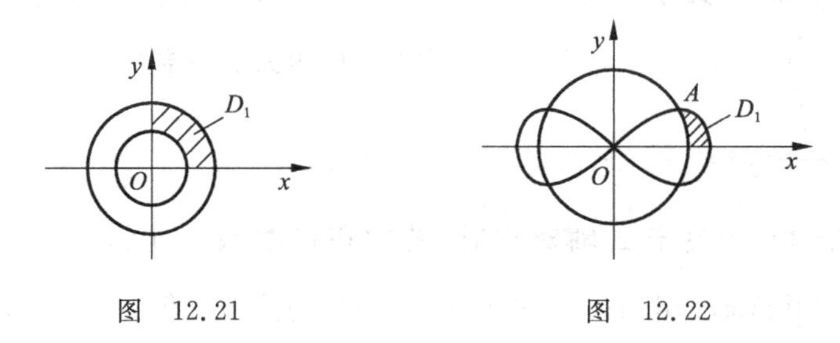

图 12.21　　　　图 12.22

在极坐标系下，圆$x^2+y^2=a^2$表示为$r=a$，双纽线$(x^2+y^2)^2=2a^2(x^2-y^2)$表示为$r=a\sqrt{2\cos 2\theta}$，由$\begin{cases}r=a,\\ r=a\sqrt{2\cos 2\theta}\end{cases}$解得交点$A\left(a,\frac{\pi}{6}\right)$，从而所求面积为

$$D=\iint\limits_D \mathrm{d}x\mathrm{d}y=4\iint\limits_{D_1}\mathrm{d}x\mathrm{d}y=4\int_0^{\frac{\pi}{6}}\mathrm{d}\theta\int_a^{a\sqrt{2\cos 2\theta}}r\mathrm{d}r=a^2\left(\sqrt{3}-\frac{\pi}{3}\right).$$

3. 二重积分的一般变量替换法

为了计算二重积分，除了上述极坐标这一特殊变化外，有时还需要作一般的变量替换使得二重积分能够较为简便地求出.

先看几个例子，对于二重积分$\iint\limits_D f(x,y)\mathrm{d}x\mathrm{d}y$，取$D=\left\{(x,y)\,\middle|\,\frac{x^2}{a^2}+\frac{y^2}{b^2}\leqslant 1\right\}$，即积分区域为椭圆. 若作变量替换

$$\begin{cases}x=ar\cos\theta,\\ y=br\sin\theta,\end{cases}$$

这种变换称为“广义极坐标”变换(当 $a=b=1$ 时,即为极坐标变换).在广义极坐标变换下,原来直角坐标系 xy 平面上的积分区域椭圆变为极坐标系 $r\theta$ 平面上的矩形区域:$0\leqslant\theta\leqslant 2\pi, 0\leqslant r\leqslant 1$.

若积分区域 D 由直角坐标系下抛物线 $y^2=mx, y^2=nx$ 和直线 $y=\alpha x$ 和 $y=\beta x$(其中 $0<m<n, 0<\alpha<\beta$)所围成(如图12.23所示).如果在积分区域 D 上通过化二重积分为累次积分或转换为极坐标求解二重积分,均比较复杂(读者不妨一试).若作变量替换

$$\begin{cases} x=\dfrac{u}{v^2}, \\ y=\dfrac{u}{v}, \end{cases}$$

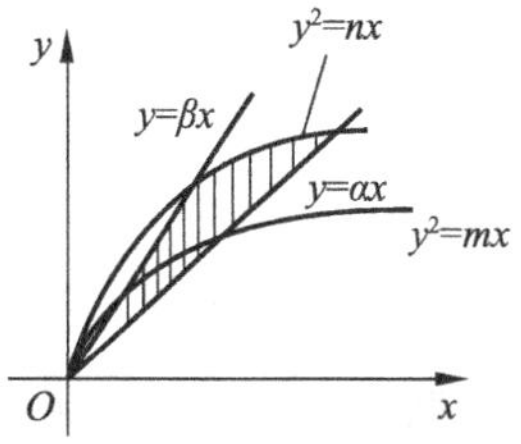

图 12.23

则积分区域由图12.23中的阴影部分转化为 uv 平面上的矩形区域,即

$$m\leqslant u\leqslant n, \quad \alpha\leqslant v\leqslant\beta.$$

此时再通过二重积分化累次积分,则较为简便.

由上面的例子可以看出,通过变量替换可以实现积分区域的简化,从而使二重积分的计算简便.下面我们先介绍一下正则变换的概念.

设被积函数 $f(x,y)$ 在有界闭区域 D 上连续,对二重积分 $\iint\limits_D f(x,y)\mathrm{d}x\mathrm{d}y$ 作变量替换

$$T:\begin{cases} x=x(u,v), \\ y=y(u,v), \end{cases} \quad (u,v)\in D'.$$

如果该变换满足以下三个条件:

(1) 变换 T 是一一对应的,即它把 uv 平面上的有界闭区域 D' 一对一地变换到 D;

(2) 函数 $x(u,v), y(u,v)$ 都在 D' 上有一阶连续偏导数 $\dfrac{\partial x}{\partial u},\dfrac{\partial x}{\partial v},\dfrac{\partial y}{\partial u},\dfrac{\partial y}{\partial v}$;

(3) $J(u,v)=\begin{vmatrix} \dfrac{\partial x}{\partial u} & \dfrac{\partial x}{\partial v} \\ \dfrac{\partial y}{\partial u} & \dfrac{\partial y}{\partial v} \end{vmatrix}=\dfrac{\partial x}{\partial u}\dfrac{\partial y}{\partial v}-\dfrac{\partial x}{\partial v}\dfrac{\partial y}{\partial u}\neq 0$,其中 $J(u,v)$ 称为 T 的雅可比行列式,

则称 T 为正则变换.

定理 12.19 设变换 T: $x=x(u,v), y=y(u,v), (u,v)\in D'$ 为正则变换,它将 uv 平面上的有界闭区域 D' 一一对应地变换为 xy 平面上的区域 D,被积函数 $f(x,y)$ 在 D 上连续,则有

$$\iint\limits_D f(x,y)\mathrm{d}x\mathrm{d}y=\iint\limits_{D'} f[x(u,v),y(u,v)]\,|J(u,v)|\,\mathrm{d}u\mathrm{d}v. \tag{12.8}$$

其中$|J(u,v)|$是$J(u,v)$的绝对值.

这个定理的证明很复杂，在此我们将它略去，有兴趣的读者可参考复旦大学陈传璋等编写的《数学分析(下册)》. 由式(12.8)我们不难看出，极坐标系下二重积分的计算公式(12.4)为式(12.8)的特殊情况. 因为，作变换 $x=r\cos\theta, y=r\sin\theta$，有雅可比行列式

$$J(r,\theta)=\begin{vmatrix}\dfrac{\partial x}{\partial r} & \dfrac{\partial x}{\partial \theta}\\ \dfrac{\partial y}{\partial r} & \dfrac{\partial y}{\partial \theta}\end{vmatrix}=\begin{vmatrix}\cos\theta & -r\sin\theta\\ \sin\theta & r\cos\theta\end{vmatrix}=r\cos^2\theta+r\sin^2\theta=r,$$

从而式(12.4)中的 r 为一般变量替换下雅可比行列式的绝对值.

例 13 计算二重积分$\iint\limits_D xy\,\mathrm{d}x\mathrm{d}y$，其中积分区域 D 是由直线 $x+y=0, x+y=2, y-x=1, y-x=2$ 所围成的有界闭区域.

解 令 $u=x+y, v=y-x$，则作变换 $x=\dfrac{u-v}{2}, y=\dfrac{u+v}{2}$，相应的雅可比行列式为

$$J(u,v)=\begin{vmatrix}\dfrac{1}{2} & -\dfrac{1}{2}\\ \dfrac{1}{2} & \dfrac{1}{2}\end{vmatrix}=\frac{1}{2}.$$

令 $u=x+y, v=y-x$，将 xy 平面上的积分区域 D 变为 uv 平面上的积分区域 $D'=\{(u,v)\mid 0\leqslant u\leqslant 2, 1\leqslant v\leqslant 2\}$. 从而

$$\begin{aligned}\iint\limits_D xy\,\mathrm{d}x\mathrm{d}y&=\iint\limits_{D'}\frac{u-v}{2}\frac{u+v}{2}\mid J(u,v)\mid \mathrm{d}u\mathrm{d}v\\&=\frac{1}{8}\iint\limits_{D'}(u^2-v^2)\mathrm{d}u\mathrm{d}v=\frac{1}{8}\int_0^2\mathrm{d}u\int_1^2(u^2-v^2)\mathrm{d}v\\&=\frac{1}{8}\int_0^2\left(u^2-\frac{7}{3}\right)\mathrm{d}u=-\frac{1}{4}.\end{aligned}$$

例 14 计算由抛物线 $y^2=mx, y^2=nx(0<m<n)$ 以及双曲线 $xy=a, xy=b(0<a<b)$ 所围成的区域面积 D(如图 12.24 所示).

解 令 $u=\dfrac{y^2}{x}, v=xy$，作变换 $x=\sqrt[3]{\dfrac{v^2}{u}}, y=\sqrt[3]{uv}$，该变换相应的雅可比行列式为

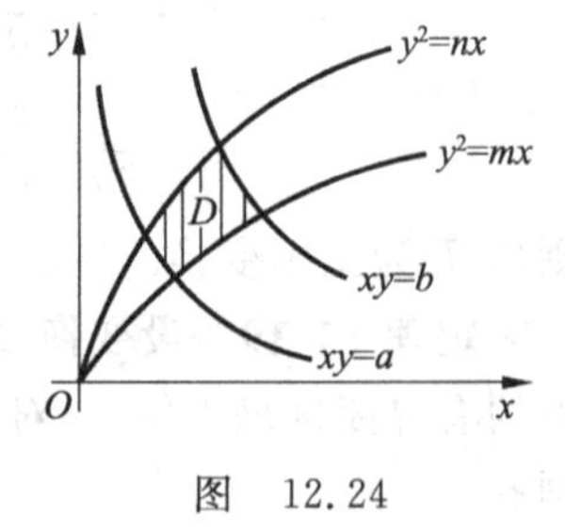

图 12.24

$$J(u,v)=\begin{vmatrix}\dfrac{\partial x}{\partial u} & \dfrac{\partial x}{\partial v}\\ \dfrac{\partial y}{\partial u} & \dfrac{\partial y}{\partial v}\end{vmatrix}=\begin{vmatrix}-\dfrac{1}{3}\left(\dfrac{v}{u^2}\right)^{\frac{2}{3}} & \dfrac{2}{3}(uv)^{-\frac{1}{3}}\\ \dfrac{1}{3}\left(\dfrac{v}{u^2}\right)^{\frac{1}{3}} & \dfrac{1}{3}\left(\dfrac{u}{v^2}\right)^{\frac{1}{3}}\end{vmatrix}$$

$$=-\frac{1}{9u}-\frac{2}{9u}=-\frac{1}{3u},$$

于是所求面积为

$$D=\iint\limits_{D}\mathrm{d}x\mathrm{d}y=\iint\limits_{D'}|J(u,v)|\mathrm{d}u\mathrm{d}v=\int_a^b\mathrm{d}v\int_m^n\frac{1}{3u}\mathrm{d}u=\frac{1}{3}(b-a)\ln\frac{n}{m}.$$

在上例中，读者不难发现，计算雅可比行列式时 $J(x,y)$ 要比 $J(u,v)$ 求解方便. 根据隐函数组的存在性与可微性定理(定理 11.3)知雅可比行列式 $J(x,y)$ 与 $J(u,v)$ 之间有下面关系：

$$J(u,v)=\frac{D(u,v)}{D(x,y)}=\frac{1}{\dfrac{D(x,y)}{D(u,v)}}=\frac{1}{J(x,y)}.$$

因此直接可以通过变换 $u=\dfrac{y^2}{x}, v=xy$ 来计算例 14. 请读者自己完成.

例 15 计算椭球体 $\dfrac{x^2}{a^2}+\dfrac{y^2}{b^2}+\dfrac{z^2}{c^2}\leqslant 1$ 的体积.

解 根据椭球的对称性，只需求出椭球在第一卦限的体积.

作广义极坐标变换，令 $\begin{cases}x=ar\cos\theta,\\ y=br\sin\theta\end{cases}$ $(a>0,b>0,0<r<+\infty,0\leqslant\theta<2\pi)$，这时椭球面化为 $z=c\sqrt{1-\left[\dfrac{(ar\cos\theta)^2}{a^2}+\dfrac{(br\sin\theta)^2}{b^2}\right]}=c\sqrt{1-r^2}$.

又雅可比行列式 $J(r,\theta)=\begin{vmatrix}\dfrac{\partial x}{\partial r} & \dfrac{\partial x}{\partial\theta}\\ \dfrac{\partial y}{\partial r} & \dfrac{\partial y}{\partial\theta}\end{vmatrix}=\begin{vmatrix}a\cos\theta & -ar\sin\theta\\ b\sin\theta & br\cos\theta\end{vmatrix}=abr$，从而椭球体的体积

$$\begin{aligned}V&=8\int_0^{\frac{\pi}{2}}\mathrm{d}\theta\int_0^1 r\sqrt{1-r^2}\cdot abr\,\mathrm{d}r=\frac{\pi}{2}abc\int_0^1 r\sqrt{1-r^2}\,\mathrm{d}r\\&=\frac{\pi}{2}abc\int_0^1\left(-\frac{1}{2}\sqrt{1-r^2}\right)\mathrm{d}(1-r^2)\\&=-\frac{1}{2}\cdot\frac{\pi}{2}abc\left[\frac{2}{3}(1-r^2)^{\frac{3}{2}}\Big|_0^1\right]=\frac{4}{3}\pi abc.\end{aligned}$$

特别地，当 $a=b=c=R$ 时得到以 R 为半径的球体体积为 $\dfrac{4}{3}\pi R^3$.

例 16 计算二重积分 $\iint\limits_{D}\left(\sqrt{\dfrac{x}{a}}+\sqrt{\dfrac{y}{b}}\right)^3\mathrm{d}x\mathrm{d}y$，其中积分区域 D 是由坐标轴和曲线 $\sqrt{\dfrac{x}{a}}+\sqrt{\dfrac{y}{b}}=1$ 所围成的区域(如图 12.25(a)所示).

解 方法一 令 $u=\sqrt{\dfrac{x}{a}}, v=\sqrt{\dfrac{y}{b}}$，即 $x=au^2, y=bv^2$，则积分区域 D 相应地变为区域

D'（如图 12.25(b)所示），其中

$$D'=\{(u,v)\mid 0\leqslant u\leqslant 1,0\leqslant v\leqslant 1-u\}.$$

该变换的雅可比行列式为

$$J(u,v)=\begin{vmatrix}\dfrac{\partial x}{\partial u} & \dfrac{\partial x}{\partial v}\\ \dfrac{\partial y}{\partial u} & \dfrac{\partial y}{\partial v}\end{vmatrix}=\begin{vmatrix}2au & 0\\ 0 & 2bv\end{vmatrix}=4abuv,$$

从而二重积分

$$\iint_D\left(\sqrt{\frac{x}{a}}+\sqrt{\frac{y}{b}}\right)^3\mathrm{d}x\mathrm{d}y=\iint_{D'}(u+v)^3\cdot 4abuv\,\mathrm{d}u\mathrm{d}v=4ab\int_0^1\mathrm{d}u\int_0^{1-u}uv(u+v)^3\,\mathrm{d}v=\frac{2}{21}ab.$$

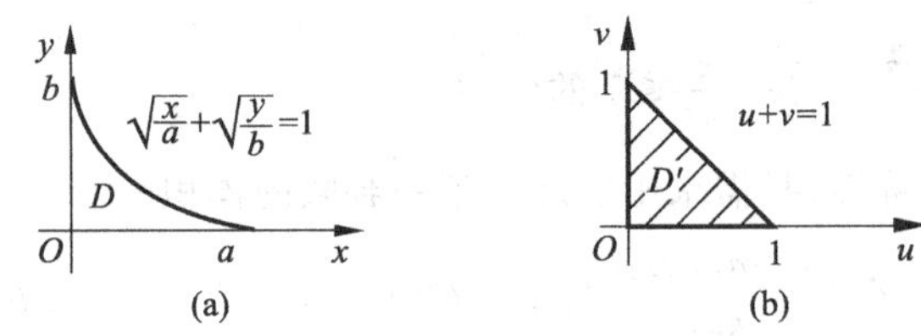

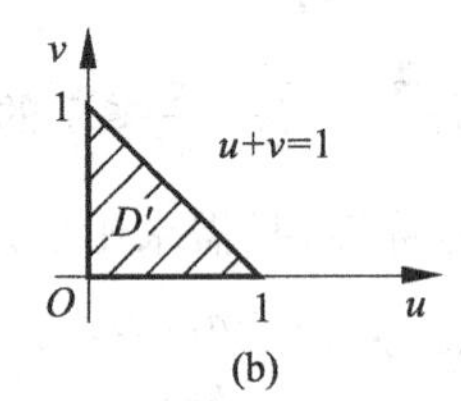

图 12.25

方法二 令 $x=ar\cos^4\theta,y=br\sin^4\theta\left(0\leqslant\theta\leqslant\dfrac{\pi}{2},0\leqslant r\leqslant 1\right)$，此变换对应的雅可比行列式为

$$J(r,\theta)=\begin{vmatrix}\dfrac{\partial x}{\partial r} & \dfrac{\partial x}{\partial \theta}\\ \dfrac{\partial y}{\partial r} & \dfrac{\partial y}{\partial \theta}\end{vmatrix}=\begin{vmatrix}a\cos^4\theta & -4ar\cos^3\theta\sin\theta\\ b\sin^4\theta & 4br\sin^3\theta\cos\theta\end{vmatrix}$$

$$=4abr\sin^3\theta\cos^3\theta,$$

从而二重积分 $\displaystyle\iint_D\left(\sqrt{\frac{x}{a}}+\sqrt{\frac{y}{b}}\right)^3\mathrm{d}x\mathrm{d}y=4ab\int_0^1 r^{\frac{5}{2}}\,\mathrm{d}r\int_0^{\frac{\pi}{2}}\sin^3\theta\cos^3\theta\,\mathrm{d}\theta=\frac{2}{21}ab.$

12.3.3 无界区域上的反常二重积分

在 7.7 节，我们讨论了一元函数的反常积分(无穷限积分和瑕积分). 与一元函数相类似，对于二元函数的二重积分，也可以作两个方面的推广：无界区域上的反常二重积分和无界二元函数的反常二重积分. 本部分我们仅介绍第一种反常积分即无界区域上的反常二重积分.

定义 12.9 设 D 是平面上的一无界区域(如全平面、半平面、有限区域的外部等). 函数

$f(x,y)$在区域D上有定义，用任意光滑曲线γ在D中划出有界区域σ(如图12.26所示)，若二重积分$\iint\limits_{\sigma} f(x,y)\mathrm{d}\sigma$存在，并且当曲线$\gamma$连续变动，使所划区域$\sigma$无限扩展而趋于区域$D$时，不论$\gamma$的形状如何，也不论扩展的过程怎样，极限$\lim\limits_{\sigma\to D}\iint\limits_{\sigma} f(x,y)\mathrm{d}\sigma$总取相同的值$I$，则称$I$为函数$f(x,y)$在无界区域$D$上的反常二重积分，记为

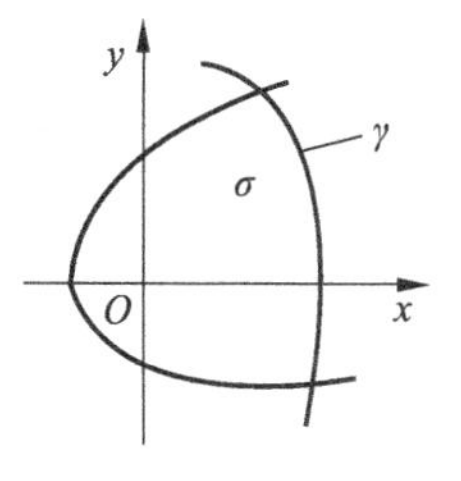

图　12.26

$$\iint\limits_{D} f(x,y)\mathrm{d}\sigma=\lim_{\sigma\to D}\iint\limits_{\sigma} f(x,y)\mathrm{d}\sigma=I.$$

这时也称二元函数$f(x,y)$在无界区域D上收敛，否则称$\iint\limits_{D} f(x,y)\mathrm{d}\sigma$发散.

假设下面的在一些特殊无界区域D上的反常二重积分存在，我们将这些特殊的反常二重积分的计算方法及表述形式列举如下：

(1) 若无界区域D为$a\leqslant x\leqslant b, c\leqslant y<+\infty$，则反常二重积分

$$\iint\limits_{D} f(x,y)\mathrm{d}x\mathrm{d}y=\lim_{M\to+\infty}\int_a^b\left[\int_c^M f(x,y)\mathrm{d}y\right]\mathrm{d}x=\int_a^b\mathrm{d}x\int_c^{+\infty} f(x,y)\mathrm{d}y$$
$$=\lim_{M\to+\infty}\int_c^M\left[\int_a^b f(x,y)\mathrm{d}x\right]\mathrm{d}y=\int_c^{+\infty}\mathrm{d}y\int_a^b f(x,y)\mathrm{d}x;$$

(2) 若无界区域D为$a\leqslant x<+\infty, c\leqslant y<+\infty$，则反常二重积分

$$\iint\limits_{D} f(x,y)\mathrm{d}x\mathrm{d}y=\lim_{M\to+\infty}\int_a^M\left[\int_c^M f(x,y)\mathrm{d}y\right]\mathrm{d}x=\int_a^{+\infty}\mathrm{d}x\int_c^{+\infty} f(x,y)\mathrm{d}y$$
$$=\lim_{M\to+\infty}\int_c^M\left[\int_a^M f(x,y)\mathrm{d}x\right]\mathrm{d}y=\int_c^{+\infty}\mathrm{d}y\int_a^{+\infty} f(x,y)\mathrm{d}x;$$

(3) 若无界区域D为$-\infty<x<+\infty, -\infty<y<+\infty$，则反常二重积分

$$\iint\limits_{D} f(x,y)\mathrm{d}x\mathrm{d}y=\lim_{R\to+\infty}\int_0^R\left[\int_0^{2\pi} f(r\cos\theta,r\sin\theta)r\mathrm{d}\theta\right]\mathrm{d}r=\int_0^{+\infty}\mathrm{d}r\int_0^{2\pi} f(r\cos\theta,r\sin\theta)r\mathrm{d}\theta$$
$$=\lim_{R\to+\infty}\int_0^{2\pi}\left[\int_0^R f(r\cos\theta,r\sin\theta)r\mathrm{d}r\right]\mathrm{d}\theta=\int_0^{2\pi}\mathrm{d}\theta\int_0^{+\infty} f(r\cos\theta,r\sin\theta)r\mathrm{d}r,$$

$$\iint\limits_{D} f(x,y)\mathrm{d}x\mathrm{d}y=\lim_{M\to+\infty}\int_{-M}^M\left[\int_{-M}^M f(x,y)\mathrm{d}x\right]\mathrm{d}y=\int_{-\infty}^{+\infty}\mathrm{d}y\int_{-\infty}^{+\infty} f(x,y)\mathrm{d}x$$
$$=\lim_{M\to+\infty}\int_{-M}^M\left[\int_{-M}^M f(x,y)\mathrm{d}y\right]\mathrm{d}x=\int_{-\infty}^{+\infty}\mathrm{d}x\int_{-\infty}^{+\infty} f(x,y)\mathrm{d}y.$$

例 17　设积分区域D是全平面，求反常二重积分$\iint\limits_{D}\mathrm{e}^{-x^2-y^2}\mathrm{d}x\mathrm{d}y$并由此计算反常积分$\int_{-\infty}^{+\infty}\mathrm{e}^{-x^2}\mathrm{d}x$和$\int_0^{+\infty}\mathrm{e}^{-x^2}\mathrm{d}x$.

解　在极坐标系下，由上述特殊反常二重积分的表述形式可知

$$\iint_D e^{-x^2-y^2}\,dxdy=\lim_{R\to+\infty}\int_0^{2\pi}d\theta\int_0^R e^{-r^2}\cdot r\,dr=\lim_{R\to+\infty}\pi(1-e^{-R^2})=\pi.$$

由 7.7 节例 5 知无穷限积分 $\int_0^{+\infty}e^{-x^2}dx$ 收敛，从而 $\int_{-\infty}^{+\infty}e^{-x^2}dx$ 也收敛，又

$$\iint_D e^{-x^2-y^2}\,dxdy=\int_{-\infty}^{+\infty}dx\int_{-\infty}^{+\infty}e^{-x^2-y^2}dy=\int_{-\infty}^{+\infty}e^{-x^2}dx\int_{-\infty}^{+\infty}e^{-y^2}dy=\left(\int_{-\infty}^{+\infty}e^{-x^2}dx\right)^2,$$

从而

$$\int_{-\infty}^{+\infty}e^{-x^2}dx=\left(\iint_D e^{-x^2-y^2}\,dxdy\right)^{\frac{1}{2}}=\sqrt{\pi},$$

$$\int_{-\infty}^{+\infty}e^{-x^2}dx=\int_{-\infty}^{0}e^{-x^2}dx+\int_0^{+\infty}e^{-x^2}dx=2\int_0^{+\infty}e^{-x^2}dx,$$

所以 $\int_0^{+\infty}e^{-x^2}dx=\frac{\sqrt{\pi}}{2}$.

在 12.2 节例 1(2)中，我们利用欧拉积分求解过概率积分 $\int_0^{+\infty}e^{-x^2}dx$，此处的计算方法更为直接.

习题 12.3

1. 化二重积分 $\iint_D f(x,y)\,dxdy$ 为两种（x-型和 y-型）累次积分，积分区域 D 给出如下：

(1) D 是由曲线 $y=\frac{1}{x}(x>0)$ 及直线 $y=x$，$x=2$ 所围成的区域；

(2) D 是由 $y=x^3(x>0)$ 及 $y=0$，$x+y=2$ 所围成的区域；

(3) D 是由 $x^2+y^2=4$ 及 $y=0$，$y=\sqrt{3}x$ 所围成的中心角为锐角的扇形区域；

(4) D 是由 $y=2x$，$y=0$ 及 $x=3$ 所围成的区域.

2. 设被积函数 $f(x,y)$ 在积分区域 D 上连续，其中 D 是由 $y=x$，$y=a$，$x=a$，$x=b$ $(b>a)$ 所围成，证明：

$$\int_a^b dx\int_a^x f(x,y)\,dy=\int_a^b dy\int_y^b f(x,y)\,dx.$$

3. 变换下列累次积分的积分次序：

(1) $\int_0^1 dy\int_0^y f(x,y)\,dx$； (2) $\int_0^2 dx\int_x^{2x} f(x,y)\,dy$；

(3) $\int_0^1 dy\int_0^{2y} f(x,y)\,dx+\int_1^3 dy\int_0^{3-y} f(x,y)\,dx$；

(4) $\int_0^1 dx\int_0^{x^2} f(x,y)\,dy+\int_1^2 dx\int_0^{\sqrt{1-(x-1)^2}} f(x,y)\,dy$.

4. 证明下面的等式成立：

$$\int_a^b \mathrm{d}x\int_a^x f(y)\mathrm{d}y=\int_a^b f(y)(b-y)\mathrm{d}y=\int_a^b f(x)(b-x)\mathrm{d}x,$$

其中 $f(x)$ 为闭区间 $[a,b]$ 上的连续函数.

5. 计算下列二重积分：

(1) $\iint\limits_D (x^3+3x^2y+y^3)\mathrm{d}x\mathrm{d}y, D=\{(x,y)\mid 0\leqslant x\leqslant 1,0\leqslant y\leqslant 1\}$；

(2) $\iint\limits_D (x+y)\mathrm{e}^{x+y}\mathrm{d}x\mathrm{d}y, D=\{(x,y)\mid 0\leqslant x\leqslant 1,2\leqslant y\leqslant 4\}$；

(3) $\iint\limits_D y\mathrm{e}^{xy}\mathrm{d}x\mathrm{d}y$，$D$ 是由 $y=\ln 2, y=\ln 3, x=2, x=4$ 所围成；

(4) $\int_0^1 \mathrm{d}x\int_x^{\sqrt[3]{x}} \mathrm{e}^{\frac{y^2}{2}}\mathrm{d}y$；

(5) $\int_1^5 \mathrm{d}y\int_y^5 \dfrac{1}{y\ln x}\mathrm{d}x$；

(6) $\iint\limits_D x\cos^2\dfrac{y}{x}\mathrm{d}x\mathrm{d}y$，$D$ 是由 $y=x, y=0, x=1$ 所围成；

(7) $\iint\limits_D (y+x)\mathrm{e}^{y^2}\mathrm{d}x\mathrm{d}y$，$D$ 是由 $y=1, y=x^2$ 及 y 轴所围成；

(8) $\iint\limits_D (x^2+y^2)\mathrm{d}x\mathrm{d}y$，$D$ 是由 $y=x, y=x+a, y=a$ 和 $y=3a(a>0)$ 所围成；

(9) $\iint\limits_D \mathrm{e}^{x^2}\mathrm{d}x\mathrm{d}y$，$D$ 是第Ⅰ象限中由 $y=x$ 和 $y=x^3$ 所围成；

(10) $\iint\limits_D \sqrt{|y-x|}\mathrm{d}x\mathrm{d}y$，$D$ 是由 $x=\pm 1$ 及 $y=\pm 1$ 四条直线所围成.

6. 应用极坐标计算下列二重积分：

(1) $\iint\limits_D \sin\sqrt{x^2+y^2}\mathrm{d}x\mathrm{d}y, D=\{(x,y)\mid \pi^2\leqslant x^2+y^2\leqslant 4\pi^2\}$；

(2) $\iint\limits_D (x+y)\mathrm{d}x\mathrm{d}y$，$D$ 是 $x^2+y^2\leqslant x+y$ 的内部；

(3) $\iint\limits_D \left(\dfrac{y}{x}\right)^2\mathrm{d}x\mathrm{d}y$，$D$ 是由 $y=\sqrt{1-x^2}, y=x$ 及 $y=0$ 所围成，且 $x>0$；

(4) $\iint\limits_D \arctan\left(\dfrac{y}{x}\right)\mathrm{d}x\mathrm{d}y$，$D=\{(x,y)\mid 1\leqslant x^2+y^2\leqslant 4, x\geqslant 0, y\geqslant 0\}$.

7. 应用二重积分的一般变量替换法计算下列二重积分：

(1) $\iint\limits_D \sqrt{4-\dfrac{x^2}{9}-\dfrac{y^2}{4}}\mathrm{d}x\mathrm{d}y$，其中 D 是由椭圆 $\dfrac{x^2}{36}+\dfrac{y^2}{16}=1$ 所围成；

(2) $\iint\limits_D e^{\frac{y}{x+y}}\mathrm{d}x\mathrm{d}y$,其中 D 是由直线 $x+y=1$ 与坐标轴所围成;

(3) $\iint\limits_D (x+y)\mathrm{d}x\mathrm{d}y$,其中 D 是由 $xy=1, xy=2, y-x=1, y-x=2$ 在第Ⅰ象限所围成的区域.

8. 求下列无界区域上的反常二重积分:

(1) $\iint\limits_D e^{-x^2-y^2}\cos(x^2+y^2)\mathrm{d}x\mathrm{d}y$, D 为全平面;

(2) $\iint\limits_D e^{-\frac{x^2}{a^2}-\frac{y^2}{b^2}}\mathrm{d}x\mathrm{d}y$, D 为 $\frac{x^2}{a^2}+\frac{y^2}{b^2}\geqslant 1$;

(3) $\iint\limits_D e^{-(x+y)}\mathrm{d}x\mathrm{d}y$, D 为 $x\leqslant y, x\geqslant 0$.

9. 证明 $\iint\limits_D f(x,y)\mathrm{d}x\mathrm{d}y=\frac{2}{3}\ln 3\int_1^2 f(u)\mathrm{d}u$,其中 D 为由曲线 $xy=1, xy=2$ 及 $y=x^2$, $y=9x^2$ 所围区域.

10. 计算曲线 $\sqrt{x}+\sqrt{y}=\sqrt{3}$ 与直线 $x+y=3$ 所围区域 D 的面积 S_D.

11. 计算立体体积 V,其中 V 是由曲面 $y=x^2$, $x=y^2$,平面 $z=0$,曲面 $z=12-x^2+y$ 所围成.

12.4 三重积分

本节我们应实际所需介绍三重积分的概念及其计算方法.

12.4.1 三重积分的概念

1. 三重积分的引入

对于空间中的一个体积为 V 的物体,如果该物体的质量 m 均匀分布,并且密度 ρ 是常量,则有物体的质量 $m=\rho V$. 但是,我们现在假设物体的质量 m 不是均匀分布的,物体上每一点的密度为该点坐标的函数,即密度为点函数 $\rho(x,y,z)$,并设 $\rho(x,y,z)$ 在体积 V 上连续. 那么,此时物体的质量 m 该如何求解呢?

为了求解物体的质量,我们仍采用分割、近似、求和、取极限的方法. 为方便起见,以 V 代指该物体. 首先,用分法 T 将 V 任意分成 n 份且彼此之间无公共内点,记为 $\Delta v_1, \Delta v_2, \cdots, \Delta v_n$. 其次,在每一份 $\Delta v_i (i=1,2,\cdots,n)$ 中任取一点 (ξ_i, η_i, ζ_i),并以该点的密度 $\rho(\xi_i, \eta_i, \zeta_i)$ 近似代替 Δv_i 上其他各点的密度,则可求得 Δv_i 的质量的近似值

$$\Delta m_i \approx \rho(\xi_i, \eta_i, \zeta_i)\Delta v_i \quad (i=1,2,\cdots,n),$$

则整个物体的质量为上式的求和，即

$$m=\sum_{i=1}^{n}\Delta m_i\approx\sum_{i=1}^{n}\rho(\xi_i,\eta_i,\zeta_i)\Delta v_i.$$

取 $\lambda(T)=\max\{d(\Delta v_i)\mid d(\Delta v_i)$ 为 Δv_i 的直径，$i=1,2,\cdots,n\}$，当 $\lambda(T)\to 0$ 时，上式右端的极限值就是物体的质量，即

$$m=\lim_{\lambda(T)\to 0}\sum_{i=1}^{n}\rho(\xi_i,\eta_i,\zeta_i)\Delta v_i.$$

2. 三重积分的定义

定义 12.10　设三元函数 $f(x,y,z)$ 定义在有界闭区域 V 上，用分法 T 将 V 分成 n 个没有公共内点的小区域 $\Delta v_i(i=1,2,\cdots,n)$，在每一个小区域 Δv_i 内各任取一点 (ξ_i,η_i,ζ_i)，作和 $\sum\limits_{i=1}^{n}f(\xi_i,\eta_i,\zeta_i)\Delta v_i$. 取 $\lambda(T)=\max\{d(\Delta v_i)\mid d(\Delta v_i)$ 为 Δv_i 的直径，$i=1,2,\cdots,n\}$，当 $\lambda(T)\to 0$ 时，极限

$$\lim_{\lambda(T)\to 0}\sum_{i=1}^{n}f(\xi_i,\eta_i,\zeta_i)\Delta v_i$$

存在，设为 I，且该极限值与分法 T 和 Δv_i 上点 (ξ_i,η_i,ζ_i) 的取法无关，则称极限值 I 为函数 $f(x,y,z)$ 在区域 V 上的三重积分，记作 $\iiint\limits_V f(x,y,z)\mathrm{d}V$ 或 $\iiint\limits_V f(x,y,z)\mathrm{d}x\mathrm{d}y\mathrm{d}z$，即

$$I=\lim_{\lambda(T)\to 0}\sum_{i=1}^{n}f(\xi_i,\eta_i,\zeta_i)\Delta v_i=\iiint\limits_V f(x,y,z)\mathrm{d}V=\iiint\limits_V f(x,y,z)\mathrm{d}x\mathrm{d}y\mathrm{d}z,$$

其中 $f(x,y,z)$ 称为被积函数，x,y,z 称为积分变量，V 称为积分区域.

关于三重积分的存在性(或三元函数 $f(x,y,z)$ 的可积性)以及一些简单的性质与二重积分类似，在此不另赘述. 以下我们着重讨论三重积分的计算.

12.4.2　三重积分的计算

计算三重积分的方法是将三重积分化成一次定积分和二重积分，进而可将三重积分化成三次积分. 在一定条件下，三重积分化为三次积分的证明与二重积分可化成累次积分的证明方法相同，从而这里仅给出计算公式，其证明略去.

1. 化三重积分为累次积分

下面分两种情况讨论，首先讨论最简单的情形，即积分区域 V 为长方体的情形.

若函数 $f(x,y,z)$ 在长方体 $V=[a,b;c,d;e,f]$ 上的三重积分存在，且对任意 $x\in[a,b]$，二重积分 $I(x)=\iint\limits_D f(x,y,z)\mathrm{d}y\mathrm{d}z$ 存在，其中 $D=[c,d;e,f]$，则积分 $\int_a^b I(x)\mathrm{d}x=$

$\int_a^b dx\iint\limits_D f(x,y,z)dydz$ 也存在，并且有

$$\iiint\limits_V f(x,y,z)dxdydz=\int_a^b dx\iint\limits_D f(x,y,z)dydz \tag{12.9}$$

成立.

若函数 $f(x,y,z)$ 在长方体 $V=[a,b;c,d;e,f]$ 上的三重积分存在，且对任意 $(y,z)\in D=[c,d;e,f]$，积分 $I(y,z)=\int_a^b f(x,y,z)dx$ 存在，则二重积分 $\iint\limits_D I(y,z)dydz=\iint\limits_D dydz\int_a^b f(x,y,z)dx$ 也存在，并且有

$$\iiint\limits_V f(x,y,z)dxdydz=\iint\limits_D dydz\int_a^b f(x,y,z)dx. \tag{12.10}$$

公式(12.9)和公式(12.10)右边的二重积分在一定条件下又都可以化为累次积分，从而三重积分在一定条件下可以化为三次积分来计算. 例如，若 $f(x,y,z)$ 在 $V=[a,b;c,d;e,f]$ 上连续，则有下面的等式成立：

$$\begin{aligned}\iiint\limits_V f(x,y,z)dxdydz&=\int_a^b dx\iint\limits_D f(x,y,z)dydz=\iint\limits_D dydz\int_a^b f(x,y,z)dx\\&=\int_a^b dx\int_c^d dy\int_e^f f(x,y,z)dz.\end{aligned}$$

并且在化为累次积分时，积分其他顺序也都相等，在此不一一列举.

接下来我们讨论另一种情形，即积分区域为“柱形长条”的情形(如图 12.27 所示). 积分区域 V 是由上、下两个曲面及母线平行于 z 轴的柱面所围成，V 在 xy 平面上的投影为区域 D. 上、下两个曲面分别是 D 上的连续函数 $z=z_1(x,y)$ 和 $z=z_2(x,y)$. 区域 D 在 x 轴上的投影区间是 $[a,b]$. 围成区域 D 的两条曲线分别是区间 $[a,b]$ 上的连续函数 $y=\varphi_1(x)$ 和 $y=\varphi_2(x)$.

若函数 $f(x,y,z)$ 在上述区域 V 上的三重积分存在，则三重积分可以化成下面三次定积分：

$$\begin{aligned}\iiint\limits_V f(x,y,z)dxdydz&=\iint\limits_D dxdy\int_{z_1(x,y)}^{z_2(x,y)} f(x,y,z)dz\\&=\int_a^b dx\int_{\varphi_1(x)}^{\varphi_2(x)} dy\int_{z_1(x,y)}^{z_2(x,y)} f(x,y,z)dz.\end{aligned}$$

例 1 计算三重积分 $\iiint\limits_V x\,dxdydz$，其中 V 是由三个坐标平面和平面 $x+2y+z=1$ 所围成的部分(如图 12.28 所示).

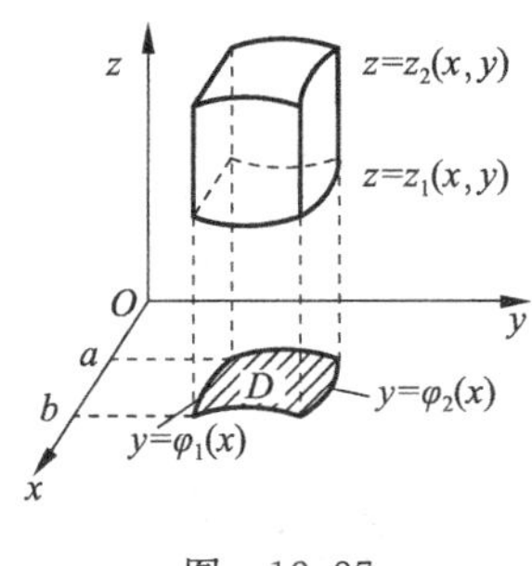

图　12.27

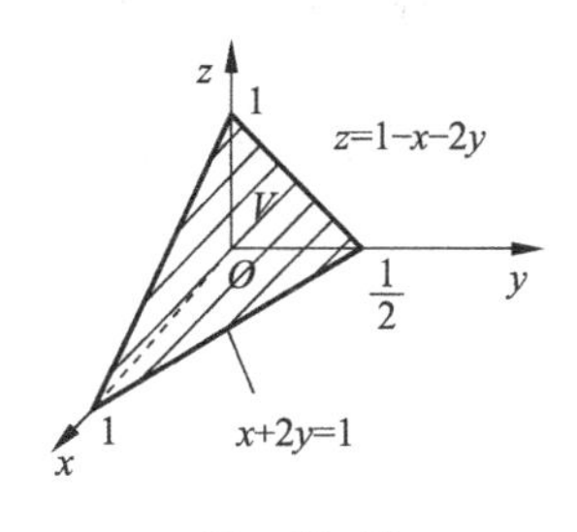

图　12.28

解　积分区域 V 可以表示为

$$V=\left\{(x,y,z)\,|\,0\leqslant x\leqslant 1,0\leqslant y\leqslant \frac{1}{2}(1-x),0\leqslant z\leqslant 1-x-2y\right\},$$

从而有

$$\begin{aligned}\iiint_V x\,\mathrm{d}x\mathrm{d}y\mathrm{d}z &= \int_0^1\mathrm{d}x\int_0^{\frac{1}{2}(1-x)}\mathrm{d}y\int_0^{1-x-2y}x\mathrm{d}z = \int_0^1\mathrm{d}x\int_0^{\frac{1}{2}(1-x)}x(1-x-2y)\mathrm{d}y\\ &= \int_0^1\left[x(y-yx-y^2)\Big|_0^{\frac{1}{2}(1-x)}\right]\mathrm{d}x\\ &= \int_0^1\frac{1}{2}x(1-x)\left[(1-x)-\frac{1}{2}(1-x)\right]\mathrm{d}x\\ &= \frac{1}{4}\int_0^1 x(1-x)^2\mathrm{d}x\\ &= \frac{1}{4}\int_0^1(x-2x^2+x^3)\mathrm{d}x = \frac{1}{48}.\end{aligned}$$

例 2　计算三重积分 $\iiint\limits_V(x+y+z)\mathrm{d}x\mathrm{d}y\mathrm{d}z$，其中 V 是由三个坐标平面和平面 $x+y+z=1$ 所围成的部分(如图 12.29 所示).

解　因为这个积分区域 V 对三个变量是对称的，并且被积函数也是对称的，从而有等式

$$\iiint_V x\,\mathrm{d}x\mathrm{d}y\mathrm{d}z = \iiint_V y\,\mathrm{d}x\mathrm{d}y\mathrm{d}z = \iiint_V z\,\mathrm{d}x\mathrm{d}y\mathrm{d}z.$$

又

$$\begin{aligned}\iiint_V x\,\mathrm{d}x\mathrm{d}y\mathrm{d}z &= \iint_D\mathrm{d}x\mathrm{d}y\int_0^{1-x-y}x\mathrm{d}z = \iint_D x(1-x-y)\mathrm{d}x\mathrm{d}y\\ &= \int_0^1\left[\int_0^{1-x}x(1-x-y)\mathrm{d}y\right]\mathrm{d}x = \int_0^1\left[x(1-x)^2-\frac{x}{2}(1-x)^2\right]\mathrm{d}x\\ &= \int_0^1\frac{x}{2}(1-x)^2\mathrm{d}x = \frac{1}{2}\int_0^1(x-2x^2+x^3)\mathrm{d}x = \frac{1}{24},\end{aligned}$$

所以 $\iiint\limits_V (x+y+z)\mathrm{d}x\mathrm{d}y\mathrm{d}z=\frac{1}{24}\times 3=\frac{1}{8}$.

例 3 求旋转抛物面 $x^2+y^2=az$ 与锥面 $z=2a-\sqrt{x^2+y^2}\,(a>0)$ 所围部分的体积（如图 12.30 所示）.

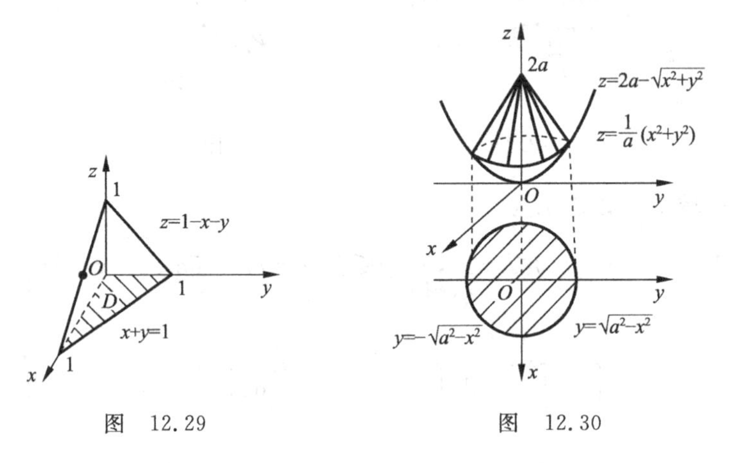

图 12.29　　　　图 12.30

解 与二重积分相似，当被积函数在其定义域中恒等于 1 时，三重积分的值就等于积分区域的体积，即图 12.30 中上面的图形. 下面的圆面是积分区域 V 在 xy 平面上的投影. 积分区域 V 可以表示为

$$V=\left\{(x,y,z)\mid -a\leqslant x\leqslant a,-\sqrt{a^2-x^2}\leqslant y\leqslant \sqrt{a^2-x^2},\right.$$

$$\left.\frac{1}{a}(x^2+y^2)\leqslant z\leqslant 2a-\sqrt{x^2+y^2}\right\},$$

所求体积为

$$V=\iiint\limits_V \mathrm{d}x\mathrm{d}y\mathrm{d}z=\int_{-a}^{a}\mathrm{d}x\int_{-\sqrt{a^2-x^2}}^{\sqrt{a^2-x^2}}\mathrm{d}y\int_{\frac{1}{a}(x^2+y^2)}^{2a-\sqrt{x^2+y^2}}\mathrm{d}z,$$

根据图形的对称性可知

$$\begin{aligned}V&=4\int_0^a\mathrm{d}x\int_0^{\sqrt{a^2-x^2}}\mathrm{d}y\int_{\frac{1}{a}(x^2+y^2)}^{2a-\sqrt{x^2+y^2}}\mathrm{d}z\\&=4\int_0^a\mathrm{d}x\int_0^{\sqrt{a^2-x^2}}\left[2a-\sqrt{x^2+y^2}-\frac{1}{a}(x^2+y^2)\right]\mathrm{d}y\\&=4\int_0^a\left\{\left[2ay-\frac{y}{2}\sqrt{x^2+y^2}-\frac{x^2}{2}\ln(y+\sqrt{x^2+y^2})-\frac{1}{a}\left(x^2y+\frac{1}{3}y^3\right)\right]\Bigg|_0^{\sqrt{a^2-x^2}}\right\}\mathrm{d}x\\&=\frac{5}{6}\pi a^3.\end{aligned}$$

2. 三重积分的换元法

换元作为简化积分计算的一种有效方法，在三重积分的运算中同样重要. 关于三重积分的换元公式可仿照二重积分给出，在此证明从略.

设被积函数 $f(x,y,z)$ 在有界闭区域 V 上连续，则三重积分 $\iiint\limits_V f(x,y,z)\mathrm{d}x\mathrm{d}y\mathrm{d}z$ 存在. 对三重积分 $\iiint\limits_V f(x,y,z)\mathrm{d}x\mathrm{d}y\mathrm{d}z$ 作变量替换

$$T:\begin{cases}x=x(u,v,w),\\ y=y(u,v,w), \quad (u,v,w)\in V'.\\ z=z(u,v,w),\end{cases}$$

如果该变换满足下列条件：

(1) 变换 T 是一一对应的，即它把 uvw 空间中的区域 V' 一一对应地变换到 xyz 空间中的区域 V；

(2) 函数 $x(u,v,w),y(u,v,w),z(u,v,w)$ 所有的偏导数在 V' 上连续；

(3) 行列式不为零，即

$$J(u,v,w)=\frac{D(x,y,z)}{D(u,v,w)}=\begin{vmatrix}\dfrac{\partial x}{\partial u} & \dfrac{\partial x}{\partial v} & \dfrac{\partial x}{\partial w}\\ \dfrac{\partial y}{\partial u} & \dfrac{\partial y}{\partial v} & \dfrac{\partial y}{\partial w}\\ \dfrac{\partial z}{\partial u} & \dfrac{\partial z}{\partial v} & \dfrac{\partial z}{\partial w}\end{vmatrix}\neq 0,$$

则有三重积分的换元公式成立：

$$\iiint\limits_V f(x,y,z)\mathrm{d}x\mathrm{d}y\mathrm{d}z=\iiint\limits_{V'} f[x(u,v,w),y(u,v,w),z(u,v,w)]\,|J(u,v,w)|\,\mathrm{d}u\mathrm{d}v\mathrm{d}w. \tag{12.11}$$

下面我们给出两种常用的换元公式：柱坐标变换和球坐标变换.

(1) 柱坐标变换

设
$$\begin{cases}x=r\cos\theta,\\ y=r\sin\theta,\\ z=z,\end{cases}$$

其中 $0\leqslant r<+\infty,0\leqslant\theta\leqslant 2\pi,-\infty<z<+\infty$，称为柱面坐标(图 12.31). 从几何意义上说，直角坐标系中点 $P(x,y,z)$ 的柱面坐标 r,θ,z 的意义是：r 表示 P 点到 z 轴的距离；θ 是过

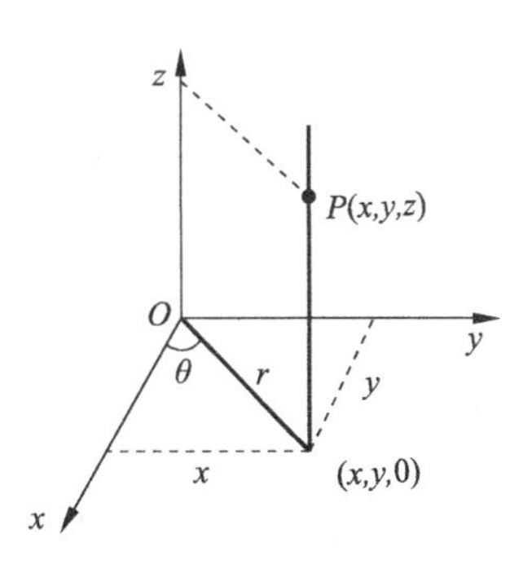

图 12.31

z 轴和 P 点的半平面与 xz 平面间的夹角；z 仍表示 P 点到 xy 平面的距离.

柱坐标变换的雅可比行列式为

$$J(r,\theta,z)=\frac{D(x,y,z)}{D(r,\theta,z)}=\begin{vmatrix}\frac{\partial x}{\partial r} & \frac{\partial x}{\partial \theta} & \frac{\partial x}{\partial z}\\ \frac{\partial y}{\partial r} & \frac{\partial y}{\partial \theta} & \frac{\partial y}{\partial z}\\ \frac{\partial z}{\partial r} & \frac{\partial z}{\partial \theta} & \frac{\partial z}{\partial z}\end{vmatrix}$$

$$=\begin{vmatrix}\cos\theta & -r\sin\theta & 0\\ \sin\theta & r\cos\theta & 0\\ 0 & 0 & 1\end{vmatrix}=r,$$

从而有

$$\iiint\limits_V f(x,y,z)\mathrm{d}x\mathrm{d}y\mathrm{d}z=\iiint\limits_{V'} f(r\cos\theta,r\sin\theta,z)r\mathrm{d}r\mathrm{d}\theta\mathrm{d}z.$$

(2) 球坐标变换

设
$$\begin{cases}x=r\sin\varphi\cos\theta,\\ y=r\sin\varphi\sin\theta,\\ z=r\cos\varphi,\end{cases}$$

其中 $0\leqslant r<+\infty,0\leqslant\varphi\leqslant\pi,0\leqslant\theta\leqslant 2\pi$，称为球面坐标(图 12.32 所示). 从几何意义说，直角坐标系中 $P(x,y,z)$ 的球坐标 r,φ,θ 的几何意义是：r 表示 $|OP|$；φ 是 OP 与 z 轴间的夹角；θ 与柱面坐标中的 θ 相同.

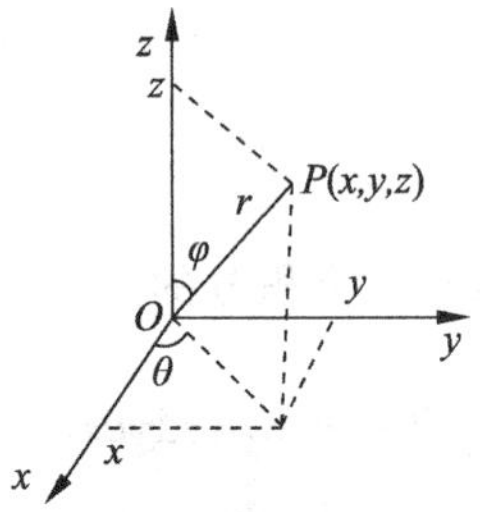

图 12.32

球坐标变换的雅可比行列式为

$$J(r,\varphi,\theta)=\frac{D(x,y,z)}{D(r,\varphi,\theta)}=\begin{vmatrix}\frac{\partial x}{\partial r} & \frac{\partial x}{\partial \varphi} & \frac{\partial x}{\partial \theta}\\ \frac{\partial y}{\partial r} & \frac{\partial y}{\partial \varphi} & \frac{\partial y}{\partial \theta}\\ \frac{\partial z}{\partial r} & \frac{\partial z}{\partial \varphi} & \frac{\partial z}{\partial \theta}\end{vmatrix}$$

$$=\begin{vmatrix}\sin\varphi\cos\theta & r\cos\varphi\cos\theta & -r\sin\varphi\sin\theta\\ \sin\varphi\sin\theta & r\cos\varphi\sin\theta & r\sin\varphi\cos\theta\\ \cos\varphi & -r\sin\varphi & 0\end{vmatrix}$$

$$=r^2\sin\varphi,$$

从而有

$$\iiint\limits_V f(x,y,z)\mathrm{d}x\mathrm{d}y\mathrm{d}z=\iiint\limits_{V'} f(r\sin\varphi\cos\theta,r\sin\varphi\sin\theta,r\cos\varphi)r^2\sin\varphi\mathrm{d}r\mathrm{d}\varphi\mathrm{d}\theta.$$

有时，我们还会用到广义球坐标变换：

$$\begin{cases} x = ar\sin\varphi\cos\theta, \\ y = br\sin\varphi\sin\theta, \\ z = cr\cos\varphi, \end{cases}$$

其中 $0 \leqslant r < +\infty, 0 \leqslant \varphi \leqslant \pi, 0 \leqslant \theta \leqslant 2\pi$. 此时该广义球坐标变换对应的雅可比行列式为

$$J(r,\theta,\varphi) = abcr^2\sin\varphi,$$

从而在广义球坐标变换下，有

$$\iiint\limits_V f(x,y,z)\mathrm{d}x\mathrm{d}y\mathrm{d}z = |abc| \iiint\limits_{V'} f(ar\sin\varphi\cos\theta, br\sin\varphi\sin\theta, cr\cos\varphi)r^2\sin\varphi\mathrm{d}r\mathrm{d}\varphi\mathrm{d}\theta.$$

例 4 求抛物面 $x^2+y^2=az(a>0)$，柱面 $x^2+y^2=2ax(a>0)$ 与平面 $z=0$ 所围成的立体体积 V.

解 立体在 xy 平面上的投影区域为圆面：$x^2+y^2 \leqslant 2ax$. 作柱坐标变换，设

$$\begin{cases} x = r\cos\theta, \\ y = r\sin\theta, \quad J(r,\theta,z) = r. \\ z = z, \end{cases}$$

于是 $0 \leqslant z \leqslant \frac{r^2}{a}, 0 \leqslant r \leqslant 2a\cos\theta, -\frac{\pi}{2} \leqslant \theta \leqslant \frac{\pi}{2}$. 则所围立体的体积为

$$\begin{aligned} V &= \iiint\limits_V \mathrm{d}x\mathrm{d}y\mathrm{d}z = \int_{-\frac{\pi}{2}}^{\frac{\pi}{2}}\mathrm{d}\theta\int_0^{2a\cos\theta}r\mathrm{d}r\int_0^{\frac{r^2}{a}}\mathrm{d}z \\ &= 2\int_0^{\frac{\pi}{2}}\mathrm{d}\theta\int_0^{2a\cos\theta}r\mathrm{d}r\int_0^{\frac{r^2}{a}}\mathrm{d}z = \frac{2}{a}\int_0^{\frac{\pi}{2}}\mathrm{d}\theta\int_0^{2a\cos\theta}r^3\mathrm{d}r \\ &= 8a^3\int_0^{\frac{\pi}{2}}\cos^4\theta\mathrm{d}\theta = \frac{3}{2}\pi a^3. \end{aligned}$$

例 5 用柱坐标变换再次计算例 3 中由旋转抛物面 $x^2+y^2=az$ 与锥面 $z=2a-\sqrt{x^2+y^2}$ 所围成的立体体积 V.

解 作柱坐标变换，设 $\begin{cases} x = r\cos\theta, \\ y = r\sin\theta, \\ z = z, \end{cases}$ $J(r,\theta,z)=r$，则 $x^2+y^2=az$ 与 $z=2a-\sqrt{x^2+y^2}$ 分别变为 $r^2=az$ 和 $z=2a-r$. 从而新的积分区域

$$V' = \left\{(r,\theta,z) \mid 0 \leqslant r \leqslant a, 0 \leqslant \theta \leqslant 2\pi, \frac{r^2}{a} \leqslant z \leqslant 2a-r\right\},$$

则

$$V = \iiint\limits_V \mathrm{d}x\mathrm{d}y\mathrm{d}z = \iiint\limits_{V'} r\mathrm{d}r\mathrm{d}\theta\mathrm{d}z = \int_0^{2\pi}\mathrm{d}\theta\int_0^a\mathrm{d}r\int_{\frac{r^2}{a}}^{2a-r}r\mathrm{d}z$$

$$=2\pi\int_0^a r\left(2a-r-\frac{r^2}{a}\right)\mathrm{d}r=2\pi\left(ar^2-\frac{1}{3}r^3-\frac{1}{4a}r^4\right)=\frac{5}{6}\pi a^3.$$

可见，利用柱坐标变换比此前例3中直接化累次积分在计算上要简便许多.

例6 求三重积分 $\iiint\limits_V(x^2+y^2+z^2)\mathrm{d}x\mathrm{d}y\mathrm{d}z$，其中积分区域 V 是由圆锥面 $x^2+y^2=z^2$ $(z>0)$ 和上半球面 $x^2+y^2+z^2=R^2(z\geqslant 0)$ 所围成（如图12.33所示）.

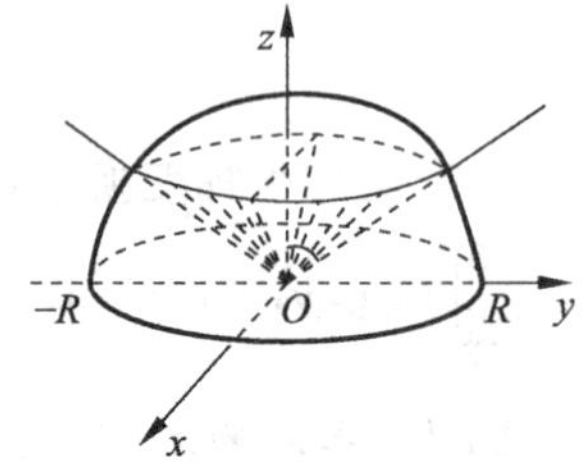

图 12.33

解 作球坐标变换，设 $\begin{cases}x=r\sin\varphi\cos\theta,\\ y=r\sin\varphi\sin\theta,\\ z=r\cos\varphi,\end{cases}$ 相应的雅可比行列式为 $|J(r,\varphi,\theta)|=r^2\sin\varphi$. 此时圆锥面与上半球面在球面坐标中的方程分别变为 $\varphi=\frac{\pi}{4}$ 和 $r=R$. 从而新的积分区域 V' 为 $0\leqslant r\leqslant R,0\leqslant\varphi\leqslant\frac{\pi}{4},0\leqslant\theta\leqslant 2\pi$. 则所求三重积分为

$$\iiint\limits_V(x^2+y^2+z^2)\mathrm{d}x\mathrm{d}y\mathrm{d}z=\int_0^{2\pi}\mathrm{d}\theta\int_0^{\frac{\pi}{4}}\mathrm{d}\varphi\int_0^R r^2\cdot r^2\sin\varphi\mathrm{d}r=\int_0^{2\pi}\mathrm{d}\theta\int_0^{\frac{\pi}{4}}\sin\varphi\mathrm{d}\varphi\int_0^R r^4\mathrm{d}r$$

$$=\frac{2-\sqrt{2}}{5}\pi R^5.$$

例7 分别用柱坐标变换和球坐标变换计算三重积分 $\iiint\limits_V z\mathrm{d}x\mathrm{d}y\mathrm{d}z$，其中 V 是上半球体 $x^2+y^2+z^2\leqslant 1,z\geqslant 0$（图12.34）.

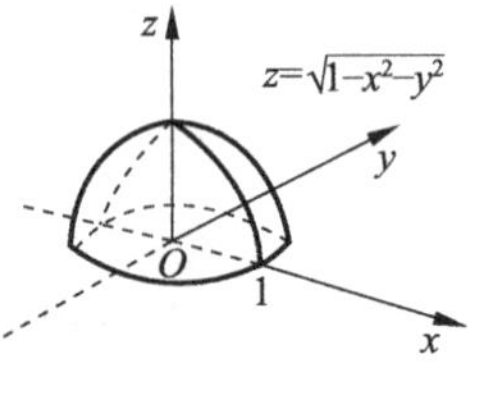

图 12.34

解 用柱坐标变换 $\begin{cases}x=r\cos\theta,\\ y=r\sin\theta,\\ z=z,\end{cases}$ 雅可比行列式为 $J(r,\theta,z)=r$.

此时 $x^2+y^2+z^2\leqslant 1,z\geqslant 0$ 变为 $r^2+z^2\leqslant 1,z\geqslant 0(r\geqslant 0,0\leqslant\theta\leqslant 2\pi)$.

从而积分区域 V' 为 $0\leqslant\theta\leqslant 2\pi,0\leqslant z\leqslant 1,0\leqslant r\leqslant\sqrt{1-z^2}$，则三重积分

$$\iiint\limits_V z\mathrm{d}x\mathrm{d}y\mathrm{d}z=\int_0^{2\pi}\mathrm{d}\theta\int_0^1\mathrm{d}z\int_0^{\sqrt{1-z^2}}zr\mathrm{d}r=\int_0^{2\pi}\mathrm{d}\theta\int_0^1\frac{1}{2}z(1-z^2)\mathrm{d}z$$

$$=\frac{1}{2}\int_0^{2\pi}\left[\left(\frac{z^2}{2}-\frac{z^4}{4}\right)\Big|_0^1\right]\mathrm{d}\theta=\frac{1}{2}\int_0^{2\pi}\frac{1}{4}\mathrm{d}\theta=\frac{\pi}{4}.$$

用球坐标变换 $\begin{cases}x=r\sin\varphi\cos\theta,\\ y=r\sin\varphi\sin\theta,\\ z=r\cos\varphi,\end{cases}$ 相应的雅可比行列式为 $|J(r,\varphi,\theta)|=r^2\sin\varphi$. 从而原积分

区域 V 变成 $r\varphi\theta$ 空间中的新积分区域 $V''=\left\{(r,\theta,\varphi)\,|\,0\leqslant r\leqslant 1,0\leqslant\theta\leqslant 2\pi,0\leqslant\varphi\leqslant\dfrac{\pi}{2}\right\}$. 于是，三重积分

$$\iiint\limits_{V} z\,\mathrm{d}x\mathrm{d}y\mathrm{d}z=\iiint\limits_{V''} r\cos\varphi r^2\sin\varphi\mathrm{d}r\mathrm{d}\varphi\mathrm{d}\theta=\int_0^{2\pi}\mathrm{d}\theta\int_0^{\frac{\pi}{2}}\mathrm{d}\varphi\int_0^1 r^3\cos\varphi\sin\varphi\mathrm{d}r$$

$$=2\pi\int_0^{\frac{\pi}{2}}\frac{1}{4}\cos\varphi\sin\varphi\mathrm{d}\varphi=\frac{\pi}{2}\int_0^{\frac{\pi}{2}}\sin\varphi\mathrm{d}\sin\varphi=\frac{\pi}{4}.$$

例 8 计算椭球体 $\dfrac{x^2}{a^2}+\dfrac{y^2}{b^2}+\dfrac{z^2}{c^2}\leqslant 1(a>0,b>0,c>0)$ 的体积 V.

解 作广义球坐标变换，即 $\begin{cases}x=ar\sin\varphi\cos\theta,\\ y=br\sin\varphi\sin\theta,\\ z=cr\cos\varphi,\end{cases}$ 相应的雅可比行列式为 $J(r,\varphi,\theta)=abcr^2\sin\varphi$. 则椭球体 V 在广义球坐标下对应于 $r\varphi\theta$ 空间中的长方体 $V'=\{(r,\theta,\varphi)\,|\,0\leqslant r\leqslant 1,0\leqslant\theta\leqslant 2\pi,0\leqslant\varphi\leqslant\pi\}$，从而椭球体的体积

$$V=\iiint\limits_{V}\mathrm{d}x\mathrm{d}y\mathrm{d}z=\int_0^{2\pi}\mathrm{d}\theta\int_0^{\pi}\mathrm{d}\varphi\int_0^1 abcr^2\sin\varphi\mathrm{d}r=\frac{4}{3}\pi abc.$$

习题 12.4

1. 计算下列三重积分：

(1) $\iiint\limits_{V} xyz\,\mathrm{d}x\mathrm{d}y\mathrm{d}z$，其中 V 是由曲面 $x^2+y^2+z^2=1,x\geqslant 0,y\geqslant 0,z\geqslant 0$ 所围成的区域；

(2) $\iiint\limits_{V} xy^2z^3\,\mathrm{d}x\mathrm{d}y\mathrm{d}z$，其中 V 是由曲面 $z=xy$ 与平面 $y=x,x=1,z=0$ 所围成的区域；

(3) $\iiint\limits_{V}\sqrt{x^2+y^2}\,\mathrm{d}x\mathrm{d}y\mathrm{d}z$，其中 V 是由曲面 $x^2+y^2=z^2$ 和 $z=1$ 所围成的区域.

2. 试改变下列累次积分的次序：

(1) $\int_0^1\mathrm{d}x\int_0^1\mathrm{d}y\int_0^{x^2+y^2}f(x,y,z)\mathrm{d}z$；

(2) $\int_{-1}^1\mathrm{d}x\int_{-\sqrt{1-x^2}}^{\sqrt{1-x^2}}\mathrm{d}y\int_{\sqrt{x^2+y^2}}^1 f(x,y,z)\mathrm{d}z$；

(3) $\int_0^1\mathrm{d}x\int_0^{1-x}\mathrm{d}y\int_0^{x+y}f(x,y,z)\mathrm{d}z$.

3. 计算下列三重积分：

(1) $\iiint\limits_{V}(x^2+y^2+z^2)\mathrm{d}x\mathrm{d}y\mathrm{d}z$，其中 V 是 $x^2+y^2+z^2\leqslant 1$；

(2) $\iiint\limits_V (x^2+y^2)\mathrm{d}x\mathrm{d}y\mathrm{d}z$，其中 V 是由曲面 $x^2+y^2=2z$ 与平面 $z=2$ 所围成；

(3) $\iiint\limits_V z^2\mathrm{d}x\mathrm{d}y\mathrm{d}z$，其中 V 是由两个球 $x^2+y^2+z^2\leqslant R^2$ 和 $x^2+y^2+z^2\leqslant 2Rz$ 的公共部分组成；

(4) $\iiint\limits_V z\sqrt{x^2+y^2}\mathrm{d}x\mathrm{d}y\mathrm{d}z$，其中 V 是由曲面 $y=\sqrt{2x-x^2}$ 和平面 $z=0, z=a, y=0$ 所围成($a>0$).

4. 利用适当的坐标变换计算下列曲面所围成的体积：

(1) $\left(\dfrac{x^2}{a^2}+\dfrac{y^2}{b^2}+\dfrac{z^2}{c^2}\right)^2=\dfrac{x^2}{a^2}+\dfrac{y^2}{b^2}, a,b,c>0$;

(2) $(x^2+y^2+z^2)^3=3xyz$;

(3) $z=xy, x^2+y^2=x, z=0$;

(4) $x^2+y^2+z^2=a^2, x^2+y^2+z^2=b^2, x^2+y^2=z^2(z\geqslant 0), 0<a<b$;

(5) $z=x^2+y^2, z=2(x^2+y^2), xy=a^2, xy=2a^2, x=2y, x=\dfrac{1}{2}y, (x,y>0)$;

$\left(\text{提示：作变换 } u=xy, u\in[a^2,2a^2]; v=\dfrac{x}{y}, v\in\left[\dfrac{1}{2},2\right]; w=\dfrac{z}{x^2+y^2}, w\in[1,2]\right)$

(6) $\left(\dfrac{x}{a}+\dfrac{y}{b}\right)^2+\left(\dfrac{z}{c}\right)^2=1, (x,y,z,a,b,c>0)$.

5. 设 $F(t)=\iiint\limits_V f(x^2+y^2+z^2)\mathrm{d}x\mathrm{d}y\mathrm{d}z$，其中 V：$x^2+y^2+z^2\leqslant t^2$，f 是可微函数，求 $F'(t)$.

12.5 重积分的简单应用

本节我们介绍重积分的两个应用：在几何上的应用——计算曲面的面积和在物理上的应用——计算物体的重心.

12.5.1 曲面的面积

下面我们先给出空间曲面面积的定义.

定义 12.11 设 D 为一个可求面积的有界平面闭区域，S 是由函数

$$z=f(x,y),\quad (x,y)\in D$$

表示的一张空间曲面，函数 $f(x,y)$ 在区域 D 上连续且有一阶连续的偏导数，因而曲面上每一点处都有切平面和法线. 用分法 T 将区域 D 分成 n 个没有公共内点的可求面积的小区域 $\Delta\sigma_i(i=1,2,\cdots,n)$，以每个小区域 $\Delta\sigma_i$ 的边界为准线作母线平行于 z 轴的柱面，这些柱面相应地把曲面 S 分割成 n 个小片 $\Delta q_i(i=1,2,\cdots,n)$，在每个 Δq_i 上任取一点 $P_i(x_i, y_i, f(x_i,$

y_i)),过该点作曲面 S 的切平面 π_i,此切平面被上述柱面所截部分为 $\Delta\tau_i(i=1,2,\cdots,n)$(如图 12.35(a),(b)所示).若记 $\lambda(T)=\max\{d(\Delta\sigma_i)\mid i=1,2,\cdots,n\}$,当 $\lambda(T)\to 0$ 时,上述各小切平面的面积之和 $\sum\limits_{i=1}^{n}\Delta\tau_i$ 的极限

$$\lim_{\lambda(T)\to 0}\sum_{i=1}^{n}\Delta\tau_i$$

存在,且与分法 T 和点 P_i 的取法无关,则称此极限值为曲面 S 的面积,即

$$S=\lim_{\lambda(T)\to 0}\sum_{i=1}^{n}\Delta\tau_i.$$

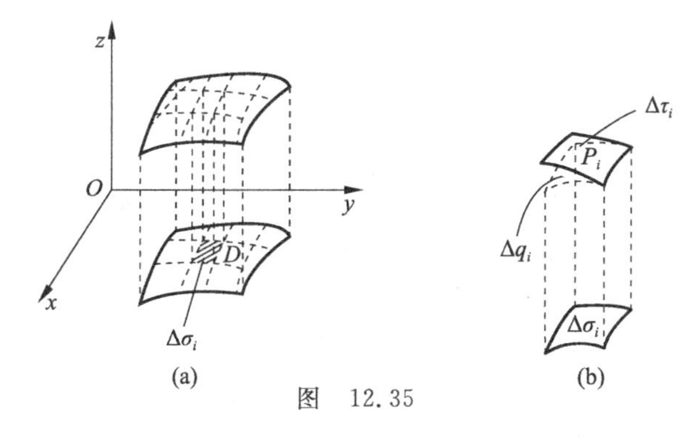

图 12.35

下面根据上述曲面面积的定义推导曲面面积的计算公式.

首先我们要计算 $\Delta\tau_i$.由于切平面 π_i 的法向量也是曲面 S 在点 $P_i(x_i,y_i,f(x_i,y_i))$ 处的法向量,若记该法向量与 z 轴的夹角为 θ_i(θ_i 也是切平面 π_i 与 xy 平面的夹角),从而有

$$|\cos\theta_i|=\frac{1}{\sqrt{1+[f'_x(x_i,y_i)]^2+[f'_y(x_i,y_i)]^2}}.$$

又因为 $\Delta\sigma_i$ 是 $\Delta\tau_i$ 在 xy 平面上的投影,所以

$$\Delta\tau_i=\frac{\Delta\sigma_i}{|\cos\theta_i|}=\sqrt{1+[f'_x(x_i,y_i)]^2+[f'_y(x_i,y_i)]^2}\,\Delta\sigma_i,$$

因此

$$\sum_{i=1}^{n}\Delta\tau_i=\sum_{i=1}^{n}\sqrt{1+[f'_x(x_i,y_i)]^2+[f'_y(x_i,y_i)]^2}\,\Delta\sigma_i.$$

上式右边是连续函数 $\sqrt{1+[f'_x(x_i,y_i)]^2+[f'_y(x_i,y_i)]^2}$ 在可求面积的有界闭区域 D 上的积分和,故有

$$\begin{aligned}S&=\lim_{\lambda(T)\to 0}\sum_{i=1}^{n}\Delta\tau_i=\lim_{\lambda(T)\to 0}\sum_{i=1}^{n}\sqrt{1+[f'_x(x_i,y_i)]^2+[f'_y(x_i,y_i)]^2}\,\Delta\sigma_i\\&=\iint_D\sqrt{1+[f'_x(x,y)]^2+[f'_y(x,y)]^2}\,\mathrm{d}x\mathrm{d}y.\end{aligned}\tag{12.12}$$

当然,曲面面积的计算公式也可以写成

$$S=\iint_D \frac{1}{|\cos\theta|}\mathrm{d}x\mathrm{d}y,$$

其中 θ 为曲面 S 的法向量与 z 轴的夹角.

若曲面 S 是由参数方程

$$x=x(u,v),\quad y=y(u,v),\quad z=z(u,v),\quad (u,v)\in R$$

给出，其中 R 为 uv 平面上的有界闭区域，$x(u,v),y(u,v),z(u,v)$ 在 R 上连续，曲面 S 上的点与 R 中的点 (u,v) 一一对应（即曲面为简单曲面）. 此外，函数 $x(u,v),y(u,v),z(u,v)$ 的所有偏导数在 R 上连续，并且矩阵

$$\begin{pmatrix} x'_u & y'_u & z'_u \\ x'_v & y'_v & z'_v \end{pmatrix}$$

的秩是 2，即

$$A=\frac{D(y,z)}{D(u,v)},\quad B=\frac{D(z,x)}{D(u,v)},\quad C=\frac{D(x,y)}{D(u,v)}$$

至少有一个不等于零（这种曲面称为光滑曲面），则曲面 S 在点 (x,y,z) 处法线方向数为 (A,B,C)，它与 z 轴夹角余弦的绝对值

$$|\cos\theta|=\frac{|C|}{\sqrt{A^2+B^2+C^2}}.$$

根据换元法则 $S=\iint\limits_D \frac{1}{|\cos\theta|}\mathrm{d}x\mathrm{d}y=\iint\limits_R \frac{1}{|\cos\theta|}\cdot\left|\frac{D(x,y)}{D(u,v)}\right|\mathrm{d}u\mathrm{d}v=\iint\limits_R \sqrt{A^2+B^2+C^2}\,\mathrm{d}u\mathrm{d}v$，

从而在参数形式下，曲面 S 的面积公式为

$$S=\iint_R \sqrt{A^2+B^2+C^2}\,\mathrm{d}u\mathrm{d}v.$$

若令

$$E=\left(\frac{\partial x}{\partial u}\right)^2+\left(\frac{\partial y}{\partial u}\right)^2+\left(\frac{\partial z}{\partial u}\right)^2,$$

$$F=\frac{\partial x}{\partial u}\frac{\partial x}{\partial v}+\frac{\partial y}{\partial u}\frac{\partial y}{\partial v}+\frac{\partial z}{\partial u}\frac{\partial z}{\partial v},$$

$$G=\left(\frac{\partial x}{\partial v}\right)^2+\left(\frac{\partial y}{\partial v}\right)^2+\left(\frac{\partial z}{\partial v}\right)^2,$$

则曲面 S 的面积公式又可以写成

$$S=\iint_R \sqrt{EG-F^2}\,\mathrm{d}u\mathrm{d}v. \tag{12.13}$$

例 1　计算半径为 a 的球面的面积.

解　在直角坐标系中，球心在原点，半径为 a 的球面方程可表示为

$$x^2+y^2+z^2=a^2.$$

由于球面关于三个坐标平面对称，从而球面的面积 S 是球面在第一卦限中面积的 8 倍.

在第一卦限中的球面方程为

$$z=\sqrt{a^2-x^2-y^2},$$

定义域 R 是圆 $x^2+y^2\leqslant a^2$ 的 1/4(如图 12.36 所示). 由公式(12.12)知

$$S=8\iint_D\sqrt{1+z_x'^2+z_y'}\mathrm{d}x\mathrm{d}y,$$

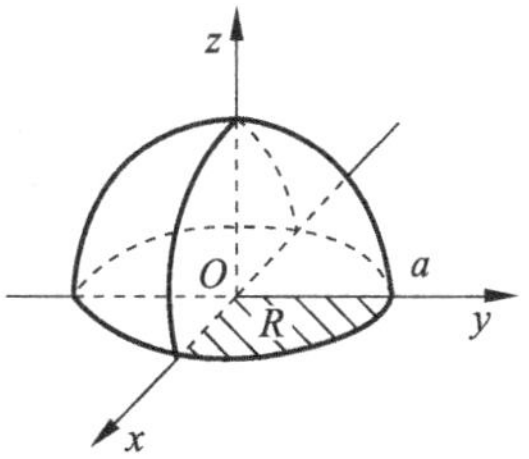

又

$$z_x'=\frac{-x}{\sqrt{a^2-x^2-y^2}},\quad z_y'=\frac{-y}{\sqrt{a^2-x^2-y^2}},$$

从而

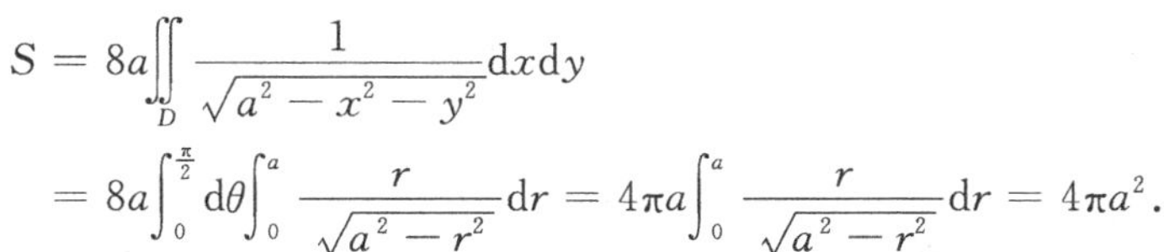

$$S=8a\iint_D\frac{1}{\sqrt{a^2-x^2-y^2}}\mathrm{d}x\mathrm{d}y$$

$$=8a\int_0^{\frac{\pi}{2}}\mathrm{d}\theta\int_0^a\frac{r}{\sqrt{a^2-r^2}}\mathrm{d}r=4\pi a\int_0^a\frac{r}{\sqrt{a^2-r^2}}\mathrm{d}r=4\pi a^2.$$

图　12.36

若圆心在原点,半径为 a 的球以参数方程的形式给出,即

$$x=a\sin\varphi\cos\theta,\quad y=a\sin\varphi\sin\theta,\quad z=a\cos\varphi(0\leqslant\theta\leqslant2\pi,0\leqslant\varphi\leqslant\pi),$$

如图 12.37 所示,则有

$$E=\left(\frac{\partial x}{\partial\theta}\right)^2+\left(\frac{\partial y}{\partial\theta}\right)^2+\left(\frac{\partial z}{\partial\theta}\right)^2=(-a\sin\varphi\sin\theta)^2+(a\sin\varphi\cos\theta)^2+0=a^2\sin^2\varphi,$$

$$F=\frac{\partial x}{\partial\theta}\frac{\partial x}{\partial\varphi}+\frac{\partial y}{\partial\theta}\frac{\partial y}{\partial\varphi}+\frac{\partial z}{\partial\theta}\frac{\partial z}{\partial\varphi}=(-a\sin\varphi\sin\theta)(a\cos\varphi\cos\theta)+(a\sin\varphi\cos\theta)(a\cos\varphi\sin\theta)+0$$
$$=0,$$

$$G=\left(\frac{\partial x}{\partial\varphi}\right)^2+\left(\frac{\partial y}{\partial\varphi}\right)^2+\left(\frac{\partial z}{\partial\varphi}\right)^2=(a\cos\varphi\cos\theta)^2+(a\cos\varphi\sin\theta)^2+(-a\sin\varphi)^2=a^2,$$

从而

$$\sqrt{EF-G^2}=a^2\sin\varphi.$$

由公式(12.13)及球面的对称性知

$$S=8\iint_{\substack{0\leqslant\theta\leqslant\frac{\pi}{2}\\0\leqslant\varphi\leqslant\frac{\pi}{2}}}a^2\sin\varphi\mathrm{d}\theta\mathrm{d}\varphi=8a^2\int_0^{\frac{\pi}{2}}\mathrm{d}\theta\int_0^{\frac{\pi}{2}}\sin\varphi\mathrm{d}\varphi=4\pi a^2.$$

例 2　求圆柱面 $x^2+y^2=a^2$ 在第一卦限中被平面 $z=0,z=mx$ 和 $x=b(0<b<a)$ 所截下部分 S 的面积(如图 12.38 所示).

解　圆柱面 $x^2+y^2=a^2$ 在第一卦限被截下部分 S 可表示为

$$y=\sqrt{a^2-x^2},\quad D=\{(x,z)\mid0\leqslant x\leqslant b,0\leqslant z\leqslant mx\},$$

从而

$$y_x'=\frac{-x}{\sqrt{a^2-x^2}},\quad y_z'=0.$$

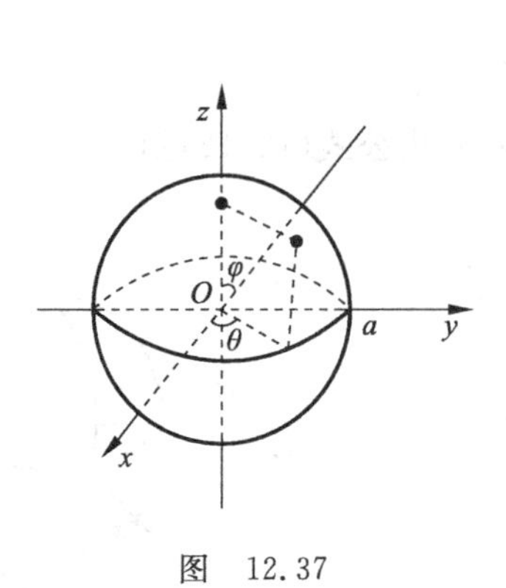

图 12.37

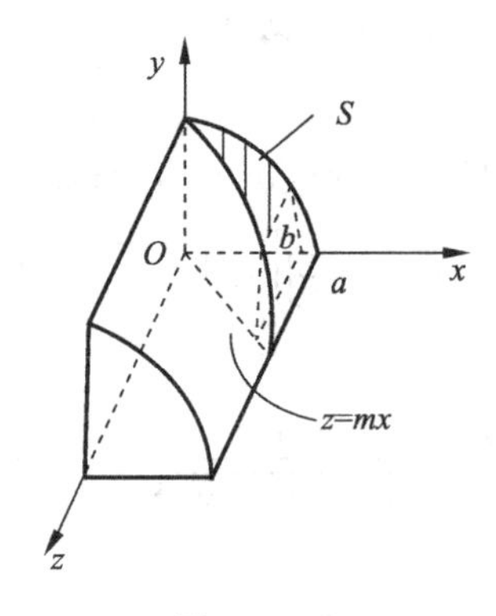

图 12.38

则由公式(12.12)知

$$S=\iint_D \sqrt{1+(y_x')^2+(y_z')^2}\mathrm{d}x\mathrm{d}z=\iint_D \sqrt{1+\frac{x^2}{a^2-x^2}}\mathrm{d}x\mathrm{d}z=a\int_0^b \mathrm{d}x\int_0^{mx}\frac{1}{\sqrt{a^2-x^2}}\mathrm{d}z$$

$$=a\int_0^b \frac{mx}{\sqrt{a^2-x^2}}\mathrm{d}x=-\frac{am}{2}\cdot 2\sqrt{a^2-x^2}\Big|_0^b=am(a-\sqrt{a^2-b^2}).$$

例 3 求球面 $x^2+y^2+z^2=a^2$ 含在柱面 $x^2+y^2=ax(a>0)$ 内部的面积 S(如图 12.39 所示).

解 由对称性,利用公式(12.12)有

$$S=4\iint_D \sqrt{1+(z_x')^2+(z_y')^2}\mathrm{d}x\mathrm{d}y$$

$$=4\iint_D \sqrt{1+\left(-\frac{x}{z}\right)^2+\left(-\frac{y}{z}\right)^2}\mathrm{d}x\mathrm{d}y$$

$$=4\iint_D \frac{a}{|z|}\mathrm{d}x\mathrm{d}y=4\iint_D \frac{a}{\sqrt{a^2-x^2-y^2}}\mathrm{d}x\mathrm{d}y$$

$$=4\int_0^{\frac{\pi}{2}}\mathrm{d}\theta\int_0^{a\cos\theta}\frac{a}{\sqrt{a^2-r^2}}r\mathrm{d}r=4a^2\left(\frac{\pi}{2}-1\right).$$

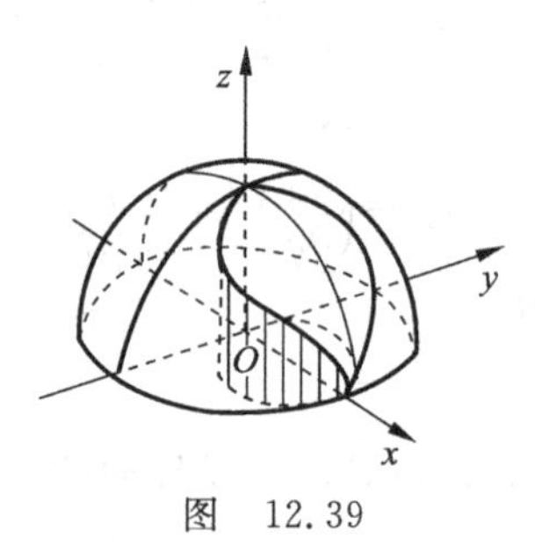

图 12.39

12.5.2 物体的重心

在三维欧氏空间中,有 n 个质量分别为 $m_1,m_2,\cdots,m_n$ 的质点,它们的坐标分别为 $m_i(x_i,y_i,z_i)(i=1,2,\cdots,n)$. 由物理学知识可知,由这 n 个质点组成的质点组的重心 $G(\alpha,\beta,\gamma)$ 的坐标分别是

$$\alpha=\frac{\sum_{i=1}^{n}x_im_i}{\sum_{i=1}^{n}m_i},\quad \beta=\frac{\sum_{i=1}^{n}y_im_i}{\sum_{i=1}^{n}m_i},\quad \gamma=\frac{\sum_{i=1}^{n}z_im_i}{\sum_{i=1}^{n}m_i}.$$

现有空间中的一体积可求的物体 V,其上每一点(x,y,z)的密度是连续函数 $\rho(x,y,z)$,则物体的重心 $G(\bar{x},\bar{y},\bar{z})$该如何求解?

首先,利用分法 T 将 V 任意分割成没有公共内点的小物体,体积为 $\Delta V_i(i=1,2,\cdots,n)$;其次,在每一个 ΔV_i 上任意取一点 $P(x_i,y_i,z_i)$,则小物体的质量可近似地表示为 $\rho(x_i,y_i,z_i)\Delta V_i$;然后,把每一个小物体看作质量集中在$(x_i,y_i,z_i)$的质点,整个物体 V 近似地看作由 n 个质点组成,从而 V 的重心坐标可近似表示为

$$\bar{x}\approx\frac{\sum_{i=1}^{n}x_i\rho(x_i,y_i,z_i)\Delta V_i}{\sum_{i=1}^{n}\rho(x_i,y_i,z_i)\Delta V_i},\quad \bar{y}\approx\frac{\sum_{i=1}^{n}y_i\rho(x_i,y_i,z_i)\Delta V_i}{\sum_{i=1}^{n}\rho(x_i,y_i,z_i)\Delta V_i},\quad \bar{z}\approx\frac{\sum_{i=1}^{n}z_i\rho(x_i,y_i,z_i)\Delta V_i}{\sum_{i=1}^{n}\rho(x_i,y_i,z_i)\Delta V_i}.$$

最后,令 $\lambda(T)=\max\{\mathrm{d}(\Delta V_i)\mid \mathrm{d}(\Delta V_i)$是 ΔV_i 的直径$,i=1,2,\cdots,n\}$,当 $\lambda(T)\to 0$ 时,上述三式的极限为物体 V 的重心,即

$$\bar{x}=\frac{\iiint\limits_V x\rho(x,y,z)\mathrm{d}v}{\iiint\limits_V \rho(x,y,z)\mathrm{d}v},\quad \bar{y}=\frac{\iiint\limits_V y\rho(x,y,z)\mathrm{d}v}{\iiint\limits_V \rho(x,y,z)\mathrm{d}v},\quad \bar{z}=\frac{\iiint\limits_V z\rho(x,y,z)\mathrm{d}v}{\iiint\limits_V \rho(x,y,z)\mathrm{d}v}.$$

如果物体 V 是均匀的,即密度函数 $\rho(x,y,z)$为常数,则上面重心公式变为

$$\bar{x}=\frac{\iiint\limits_V x\,\mathrm{d}v}{V},\quad \bar{y}=\frac{\iiint\limits_V y\,\mathrm{d}v}{V},\quad \bar{z}=\frac{\iiint\limits_V z\,\mathrm{d}v}{V}.$$

例 4 求密度均匀半径为 a 的上半球体 V: $x^2+y^2+z^2\leqslant a^2(z\geqslant 0)$的重心.

解 由于均匀半球体关于 yz 和 zx 平面都对称,所以有$\bar{x}=\bar{y}=0$.

又半径为 a 的半球体体积 $V=\frac{2}{3}\pi a^3$. 对于三重积分 $\iiint\limits_V z\,\mathrm{d}v$,作坐标变换,令

$$x=r\cos\theta,\quad y=r\sin\theta,\quad z=z.$$

则

$$\iiint\limits_V z\,\mathrm{d}v=\int_0^{2\pi}\mathrm{d}\theta\int_0^a r\mathrm{d}r\int_0^{\sqrt{a^2-r^2}}z\mathrm{d}z=\frac{1}{4}\pi a^4,$$

从而

$$\bar{z}=\frac{1}{V}\iiint\limits_V z\,\mathrm{d}v=\frac{3}{8}a,$$

即半径为 a 的均匀上半球体的重心为$\left(0,0,\frac{3}{8}a\right)$.

例 5 求一均匀的球顶锥体 V 的重心.该球的球心及锥体的顶点都在原点，球的半径为 a，锥体的对称轴为 z 轴，而锥面的母线与 z 轴的夹角为 α（如图 12.40 所示）.

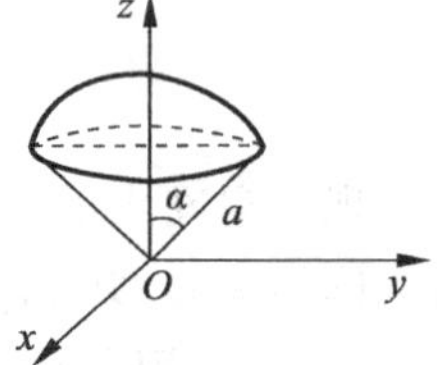

图 12.40

解 由题意可知，该物体的重心应在 z 轴上，因此

$$\bar{x}=\bar{y}=0.$$

对于均匀物体，ρ 为常数，从而

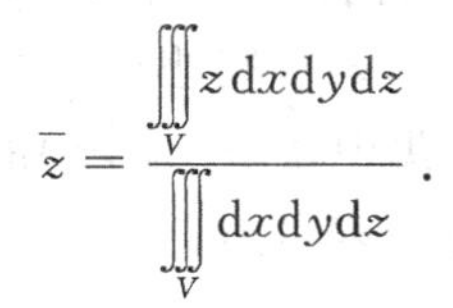

$$\bar{z}=\frac{\iiint\limits_V z\,\mathrm{d}x\mathrm{d}y\mathrm{d}z}{\iiint\limits_V \mathrm{d}x\mathrm{d}y\mathrm{d}z}.$$

由坐标变换知

$$\iiint\limits_V z\,\mathrm{d}x\mathrm{d}y\mathrm{d}z=\int_0^{2\pi}\mathrm{d}\theta\int_0^{\alpha}\mathrm{d}\varphi\int_0^{a} r\cos\varphi\cdot r^2\sin\varphi\mathrm{d}r=2\pi\int_0^{\alpha}\frac{a^4}{4}\sin\varphi\cos\varphi\mathrm{d}\varphi=\frac{\pi a^4\sin^2\alpha}{4},$$

$$\iiint\limits_V \mathrm{d}x\mathrm{d}y\mathrm{d}z=\int_0^{2\pi}\mathrm{d}\theta\int_0^{\alpha}\mathrm{d}\varphi\int_0^{a} r^2\sin\varphi\mathrm{d}r=2\pi\int_0^{\alpha}\frac{a^3}{3}\sin\varphi\mathrm{d}\varphi=\frac{2\pi a^3(1-\cos\alpha)}{3},$$

所以

$$\bar{z}=\frac{\dfrac{\pi a^4\sin^2\alpha}{4}}{\dfrac{2\pi a^3(1-\cos\alpha)}{3}}=\frac{3}{8}a(1+\cos\alpha),$$

即物体的重心为 $\left(0,0,\dfrac{3}{8}a(1+\cos\alpha)\right)$.

习题 12.5

1. 求下列曲面的面积：

(1) 柱面 $x^2+z^2=a^2$ 与 $y^2+z^2=a^2$ 所围立体的表面积；

(2) $z=axy$ 包含在柱面 $x^2+y^2=a^2$ 内的部分($a>0$)；

(3) 锥面 $x^2+y^2=\dfrac{1}{3}z^2$ 与平面 $x+y+z=2a$($a>0$)所截部分的表面积；

(4) 环面 $x=(a+b\cos\varphi)\sin\theta,y=(a+b\cos\varphi)\cos\theta,z=b\sin\varphi,(0\leqslant\varphi\leqslant 2\pi,0\leqslant\theta\leqslant 2\pi,0<b<a)$的表面积.

2. 求下列曲面所围成的均匀物体的重心坐标：

(1) $\dfrac{x^2}{a^2}+\dfrac{y^2}{b^2}+\dfrac{z^2}{c^2}=1,x\geqslant 0,y\geqslant 0,z\geqslant 0(a,b,c>0)$；

(2) $\frac{x^2}{a^2}+\frac{y^2}{b^2}=\frac{z^2}{c^2}, z=c(c>0)$；

(3) $z=x^2+y^2, x+y=a, x=0, y=0, z=0(a>0)$；

(4) $z=x^2+y^2, z=\frac{1}{2}(x^2+y^2), |x|+|y|=1$.

3. 求由曲线 $ay=x^2, x+y=2a(a>0)$所围成的具有均匀密度的薄板的重心.

第 13 章

曲线积分与曲面积分

第 12 章我们讨论了多元函数的积分问题，本章我们分析曲线积分和曲面积分，包括第一型曲线积分、第二型曲线积分、格林公式、第一型曲面积分、第二型曲面积分、奥-高公式以及斯托克斯公式.

13.1 第一型曲线积分

13.1.1 第一型曲线积分的概念

首先讨论曲线质量如何求解的问题. 假设在 xy 平面上有一条可求长的曲线 C，曲线的两个端点分别为 A 和 B，曲线记为 $\overset{\frown}{AB}$（如图 13.1 所示），已知曲线上任意点 $M(x,y)$ 处的密度为 $\rho(x,y)$，并且 $\rho(x,y)$ 在曲线上连续，试求曲线的质量 m.

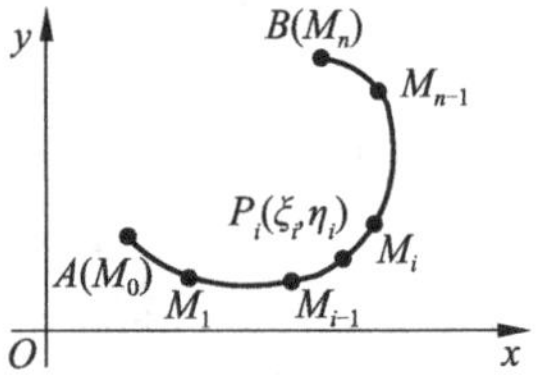

对于曲线的质量，分两种情况：

若密度函数 $\rho(x,y)$ 为常数，曲线的长度为 l，则质量 $m=\rho l$.

若密度函数 $\rho(x,y)$ 不是常数，则用“分割、近似、求和、取极限”的方法来求解质量 m.

图 13.1

分割：对曲线 $\overset{\frown}{AB}$ 采用分法 T 依次取点

$$A=M_0,M_1,\cdots,M_{i-1},M_i,\cdots,M_{n-1},M_n=B,$$

将曲线分成 n 个小弧 $\overset{\frown}{M_{i-1}M_i}=\Delta l_i(i=1,2,\cdots,n)$，其中 Δl_i 为弧 $\overset{\frown}{M_{i-1}M_i}$ 的长度.

近似：在每一段小弧上任取一点 $P_i(\xi_i,\eta_i)\in\overset{\frown}{M_{i-1}M_i}$，以该点的密度 $\rho(\xi_i,\eta_i)$ 近似地表示弧 $\overset{\frown}{M_{i-1}M_i}$ 上各点的密度，则 $\overset{\frown}{M_{i-1}M_i}$ 的质量可近似为 $\Delta m_i\approx\rho(\xi_i,\eta_i)\Delta l_i(i=1,2,\cdots,n)$.

求和：整个曲线 $\overset{\frown}{AB}$ 的质量 m 可近似为 $m=\sum\limits_{i=1}^{n}\Delta m_i\approx\sum\limits_{i=1}^{n}\rho(\xi_i,\eta_i)\Delta l_i$.

取极限：令 $\lambda(T)=\max\{\Delta l_i\,|\,i=1,2,\cdots,n\}$，即 $\lambda(T)$ 为分法 T 下 n 个小弧中长度最大

者. $\lambda(T)$越小，$\sum_{i=1}^{n}\rho(\xi_i,\eta_i)\Delta l_i$ 越接近于曲线 C 的质量. 于是，曲线$\widehat{AB}$的质量为

$$m=\lim_{\lambda(T)\to 0}\sum_{i=1}^{n}\rho(\xi_i,\eta_i)\Delta l_i.$$

定义 13.1　设二元函数 $f(x,y)$在可求长曲线$\widehat{AB}$(端点分别为 A、B)上有定义. 用任意分法 T 将曲线依次分为 n 个小弧$\widehat{M_{i-1}M_i}$，其长度记作 $\Delta l_i(i=1,2,\cdots,n)$，在每一个小弧$\widehat{M_{i-1}M_i}$上任取一点 $P_i(\xi_i,\eta_i)$，作和

$$P_n=\sum_{i=1}^{n}f(\xi_i,\eta_i)\Delta l_i.$$

记 $\lambda(T)=\max\{\Delta l_i\,|\,i=1,2,\cdots,n\}$，若当 $\lambda(T)\to 0$ 时，上述和式极限存在，记为 I，即

$$\lim_{\lambda(T)\to 0}P_n=\lim_{\lambda(T)\to 0}\sum_{i=1}^{n}f(\xi_i,\eta_i)\Delta l_i=I.$$

该极限与分法 T 和 $P_i(\xi_i,\eta_i)$的取法无关，则称 I 是函数 $f(x,y)$在曲线$\widehat{AB}$的第一型曲线积分，记作

$$I=\int_{\widehat{AB}}f(x,y)\mathrm{d}l,$$

其中 $f(x,y)$称为被积函数，$f(x,y)\mathrm{d}l$ 称为被积表达式，$\widehat{AB}$称为积分路线.

类似地，对于空间中的曲线$\widehat{AB}$的质量，可以利用三元函数 $\rho(x,y,z)$在空间曲线上的第一型曲线积分来表示，有

$$m=\int_{\widehat{AB}}\rho(x,y,z)\mathrm{d}l.$$

13.1.2　第一型曲线积分的简单性质

根据第一型曲线积分的定义 13.1，不难证明，第一型曲线积分有下述性质.

性质 13.1　若 $\int_{\widehat{AB}}f(x,y)\mathrm{d}l$ 存在，则$\int_{\widehat{BA}}f(x,y)\mathrm{d}l$ 也存在，并且有

$$\int_{\widehat{AB}}f(x,y)\mathrm{d}l=\int_{\widehat{BA}}f(x,y)\mathrm{d}l.$$

该性质说明第一型曲线积分与曲线的方向(由 A 到 B 或由 B 到 A)无关. 这一性质可以从定义 13.1 直接得到. 事实上，在和式 P_n 中弧$\widehat{M_{i-1}M_i}$的长度 Δl_i 与曲线的方向无关，从而和式的极限 $I=\lim\limits_{\lambda(T)\to 0}P_n$ 也与曲线的方向无关.

性质 13.2　若 $\int_{\widehat{AB}}f(x,y)\mathrm{d}l$ 与$\int_{\widehat{AB}}g(x,y)\mathrm{d}l$ 都存在，α 与 β 为常数，则$\int_{\widehat{AB}}[\alpha f(x,y)+\beta g(x,y)]\mathrm{d}l$ 也存在，并且有

$$\int_{\widehat{AB}}[\alpha f(x,y)+\beta g(x,y)]\mathrm{d}l=\alpha\int_{\widehat{AB}}f(x,y)\mathrm{d}l+\beta\int_{\widehat{AB}}g(x,y)\mathrm{d}l.$$

性质 13.3 设 $\int_{\overset{\frown}{AB}} f(x,y)\mathrm{d}l$ 存在，C 是曲线上的任意一点，则 $\int_{\overset{\frown}{AC}} f(x,y)\mathrm{d}l$ 和 $\int_{\overset{\frown}{CB}} f(x,y)\mathrm{d}l$ 均存在，并且有

$$\int_{\overset{\frown}{AB}} f(x,y)\mathrm{d}l = \int_{\overset{\frown}{AC}} f(x,y)\mathrm{d}l + \int_{\overset{\frown}{CB}} f(x,y)\mathrm{d}l.$$

反之，若 $\int_{\overset{\frown}{AC}} f(x,y)\mathrm{d}l$ 与 $\int_{\overset{\frown}{CB}} f(x,y)\mathrm{d}l$ 都存在，则 $\int_{\overset{\frown}{AB}} f(x,y)\mathrm{d}l$ 也存在，且上面等式仍成立.

对于第一型曲线积分的性质有以下几点说明：

(1) 由于第一型曲线积分与积分路线的方向无关，因此积分路线也可用一个字母表示，例如 Γ，此时第一型曲线积分可以写成 $\int_{\Gamma} f(x,y)\mathrm{d}l$.

(2) 如果积分路线 Γ 是一条可求长的封闭曲线，则在曲线上任取一点作为始点，沿任何一个方向积分，所得结果相同（如图 13.2 所示）. 此时为了强调曲线的封闭性，把积分可以写成 $\oint_{\Gamma} f(x,y)\mathrm{d}l$.

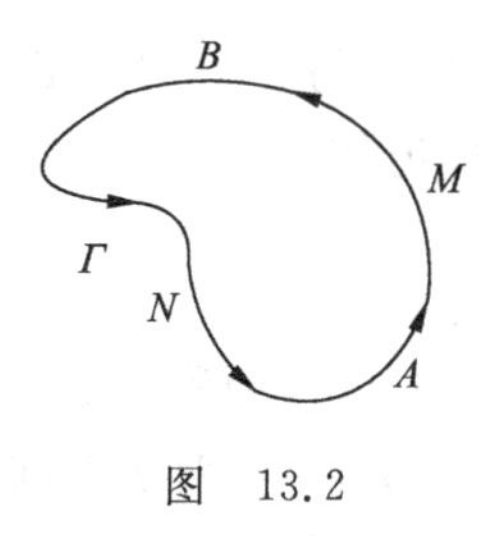

图 13.2

$$\oint_{\Gamma} f(x,y)\mathrm{d}l = \int_{\overset{\frown}{AMB}} f(x,y)\mathrm{d}l + \int_{\overset{\frown}{BNA}} f(x,y)\mathrm{d}l$$
$$= \int_{\overset{\frown}{BNA}} f(x,y)\mathrm{d}l + \int_{\overset{\frown}{AMB}} f(x,y)\mathrm{d}l,$$

即

$$\int_{\overset{\frown}{AMBNA}} f(x,y)\mathrm{d}l = \int_{\overset{\frown}{BNAMB}} f(x,y)\mathrm{d}l.$$

因此，对于封闭曲线上的第一型曲线积分，可以按图 13.2 中箭头所示方向进行，也可以按相反方向进行积分.

接下来，我们讨论如何计算第一型曲线积分.

13.1.3 第一型曲线积分的计算

假设积分曲线 $\overset{\frown}{AB}$ 的参数方程为

$$\begin{cases} x = x(l), \\ y = y(l) \end{cases} \quad (0 \leqslant l \leqslant L),$$

其中 L 为曲线 $\overset{\frown}{AB}$ 的长度，l 为从 A 点到曲线上任意一点 $P(x,y)$ 的弧长（图 13.3 所示）.

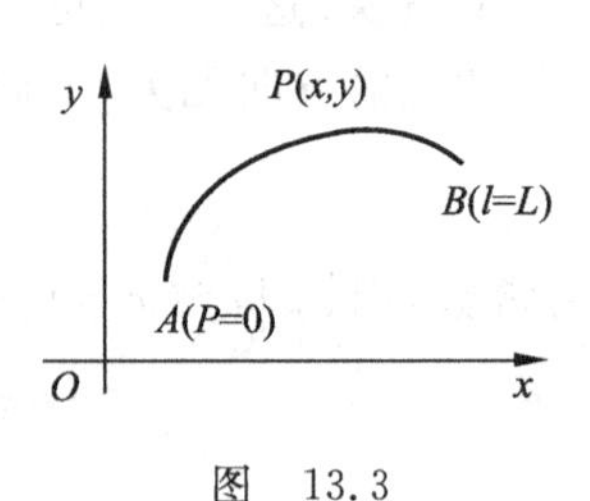

图 13.3

定理 13.1 设$\widehat{AB}$是由上述参数方程给出的可求长曲线,若二元函数 $f(x,y)$在$\widehat{AB}$上连续,则第一型曲线积分 $\int_{\widehat{AB}} f(x,y)\mathrm{d}l$ 存在,并且有

$$\int_{\widehat{AB}} f(x,y)\mathrm{d}l = \int_0^L f[x(l),y(l)]\mathrm{d}l. \tag{13.1}$$

证明 在$\widehat{AB}$内任意加入 $n-1$ 个分点得到分法 T:

$$A=M_0,M_1,\cdots,M_{i-1},M_i,\cdots,M_{n-1},M_n=B$$

在每一段小弧$\widehat{M_{i-1}M_i}$中任取一点 P_i,即 $P_i\in\widehat{M_{i-1}M_i}$,记弧$\widehat{AM_i}$的长度为 l_i,$\widehat{AP_i}$的长度为 $\overline{l_i}$,则每一段小弧$\widehat{M_{i-1}M_i}$的弧长 $\Delta l_i=l_i-l_{i-1}$,并且 $l_{i-1}\leqslant\overline{l_i}\leqslant l_i(i=1,2,\cdots,n,l_0=0)$. 于是

$$\sum_{i=1}^n f(P_i)\Delta l_i = \sum_{i=1}^n f[x(\overline{l_i}),y(\overline{l_i})]\Delta l_i.$$

记 $F(l)=f[x(l),y(l)]$,则复合函数 $F(l)$在$[0,L]$上连续. 当 $\lambda(T)=\max\{\Delta l_i\,|\,i=1,2,\cdots,n\}$趋于 0 时,积分和 $\sum\limits_{i=1}^n f[x(\overline{l_i}),y(\overline{l_i})]\Delta l_i$ 的极限存在且满足

$$\lim_{\lambda(T)\to 0}\sum_{i=1}^n f[x(\overline{l_i}),y(\overline{l_i})]\Delta l_i = \int_0^L f[x(l),y(l)]\mathrm{d}l.$$

从而第一型曲线积分 $\int_{\widehat{AB}} f(x,y)\mathrm{d}l$ 存在,并且有

$$\int_{\widehat{AB}} f(x,y)\mathrm{d}l = \int_0^L f[x(l),y(l)]\mathrm{d}l.$$

公式(13.1)将第一型曲线积分转化为普通定积分. 然而,弧长 l 作为参数时计算积分 $\int_0^L f[x(l),y(l)]\mathrm{d}l$ 并不方便. 接下来,我们基于公式(13.1)推导第一型曲线积分的更一般计算公式.

定理 13.2 若$\widehat{AB}$是由参数方程

$$\begin{cases} x=x(t), \\ y=y(t) \end{cases} \quad (\alpha\leqslant t\leqslant\beta)$$

给出的光滑曲线,曲线弧长为 L,即 $x'(t)$,$y'(t)$在$[\alpha,\beta]$上连续,并且不同时为 0,函数 $f(x,y)$在$\widehat{AB}$上连续,则 $f(x,y)$在$\widehat{AB}$上存在第一型曲线积分,并且有

$$\int_{\widehat{AB}} f(x,y)\mathrm{d}l = \int_\alpha^\beta f[x(t),y(t)]\sqrt{[x'(t)]^2+[y'(t)]^2}\,\mathrm{d}t. \tag{13.2}$$

证明 设 $P(x,y)$为曲线$\widehat{AB}$上的一动点,由上册定理 7.13 知,从 A 点到 $P(x,y)(x=x(t),y=y(t))$的弧长为

$$l=l(t)=\int_\alpha^t \sqrt{[x'(t)]^2+[y'(t)]^2}\,\mathrm{d}t \quad (\alpha\leqslant t\leqslant\beta),$$

并且有

$$l(\alpha)=0,\quad l(\beta)=L,\quad l'(t)=\sqrt{[x'(t)]^2+[y'(t)]^2}>0.$$

从而函数 $l=l(t)$ 存在反函数 $t=\varphi(l)$，并且 $\varphi(l)$ 在 $[0,L]$ 上连续可微，则曲线 $\overset{\frown}{AB}$ 可由参数 l 的参数方程表示为

$$x=x[\varphi(l)],\quad y=y[\varphi(l)],\quad l\in[0,L].$$

根据定理 13.1 可知

$$\int_{\overset{\frown}{AB}}f(x,y)\mathrm{d}l=\int_0^L f[x(\varphi(l)),y(\varphi(l))]\mathrm{d}l=\int_\alpha^\beta f[x(t),y(t)]\sqrt{[x'(t)]^2+[y'(t)]^2}\mathrm{d}t.$$

定理得证.

式(13.2)将第一型曲线积分转化成了一般参数形式的定积分. 当曲线 $\overset{\frown}{AB}$ 以其他形式给出时，由式(13.2)可以得出相应的计算公式.

例如，当 $\overset{\frown}{AB}$ 由方程 $y=y(x)(a\leqslant x\leqslant b)$，且 $y(x)$ 具有连续导数或者由方程 $x=x(y)$ $(c\leqslant y\leqslant d)$ 且 $x(y)$ 具有连续导数给出时，有

$$\int_{\overset{\frown}{AB}}f(x,y)\mathrm{d}l=\int_a^b f[x,y(x)]\sqrt{1+[y'(x)]^2}\mathrm{d}x;\tag{13.3}$$

当 $\overset{\frown}{AB}$ 由极坐标形式 $r=r(\theta)(\alpha\leqslant\theta\leqslant\beta)$，且 $r(\theta)$ 具有连续导数给出时，有

$$\int_{\overset{\frown}{AB}}f(x,y)\mathrm{d}l=\int_\alpha^\beta f(r\cos\theta,r\sin\theta)\sqrt{[r(\theta)]^2+[r'(\theta)]^2}\mathrm{d}\theta.\tag{13.4}$$

例 1 求第一型曲线积分 $I=\oint_\Gamma(x+y)\mathrm{d}l$，其中 Γ 为连接三点 $O(0,0)$，$A(1,0)$，$B(1,1)$ 的直线段(如图 13.4 所示).

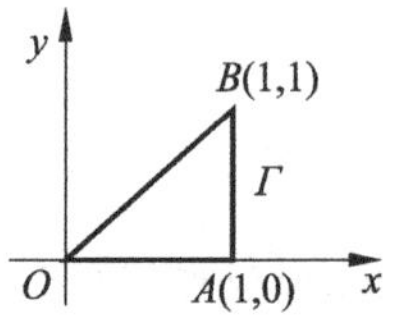

解 $I=\oint_\Gamma(x+y)\mathrm{d}l=\int_{\overline{OA}}(x+y)\mathrm{d}l+\int_{\overline{AB}}(x+y)\mathrm{d}l+\int_{\overline{BO}}(x+y)\mathrm{d}l.$

由于在直线段 $\overline{OA}$ 上，$y=0$，从而 $\mathrm{d}l=\mathrm{d}x$，而在直线段 $\overline{AB}$ 上，$x=1$，从而 $\mathrm{d}l=\mathrm{d}y$，在直线段 $\overline{BO}$ 上，$y=x$，$\mathrm{d}l=\sqrt{1+[y'(x)]^2}\mathrm{d}x=\sqrt{2}\mathrm{d}x$.

图 13.4

因此

$$\begin{aligned}I&=\int_0^1 x\mathrm{d}x+\int_0^1(1+y)\mathrm{d}y+\int_0^1 2x\cdot\sqrt{2}\mathrm{d}x\\&=\frac{1}{2}+\frac{3}{2}+\sqrt{2}=2+\sqrt{2}.\end{aligned}$$

例 2 求第一型曲线积分 $I=\int_\Gamma xy\mathrm{d}l$，其中 Γ：$x=a\cos t$，$y=b\sin t$，$0\leqslant t\leqslant\frac{\pi}{2}$，$a$ 与 b 为不相等的正数.

解 由 $x'(t)=-a\sin t$，$y'(t)=b\cos t$，则 $\sqrt{[x'(t)]^2+[y'(t)]^2}=\sqrt{a^2\sin^2t+b^2\cos^2t}$，根据公式(13.2)知

$$\begin{aligned}I&=\int_0^{\frac{\pi}{2}}a\cos t\cdot b\sin t\sqrt{a^2\sin^2t+b^2\cos^2t}\mathrm{d}t\\&=\frac{ab}{2}\int_0^{\frac{\pi}{2}}\sqrt{b^2+(a^2-b^2)\sin^2t}\mathrm{d}\sin^2t\end{aligned}$$

$$= \frac{ab}{2(a^2-b^2)}\int_0^{\frac{\pi}{2}} \sqrt{b^2+(a^2-b^2)\sin^2 t}\,\mathrm{d}[b^2+(a^2-b^2)\sin^2 t]$$

$$= \frac{ab}{2(a^2-b^2)} \cdot \frac{2}{3}[b^2+(a^2-b^2)\sin^2 t]^{\frac{3}{2}}\Big|_0^{\frac{\pi}{2}}$$

$$= \frac{ab(a^2+ab+b^2)}{3(a+b)}.$$

例 3　求 $I=\oint_\Gamma \sqrt{x^2+y^2}\,\mathrm{d}l$，其中 Γ 是圆周 $x^2+y^2=ax, a>0$(如图 13.5 所示).

解　由图 13.5 知 $\Gamma=\Gamma_1+\Gamma_2$，其中

$$\Gamma_1: y=\sqrt{ax-x^2};\quad \Gamma_2: y=-\sqrt{ax-x^2}.$$

则 $y'=\pm\dfrac{a-2x}{2\sqrt{ax-x^2}}$.

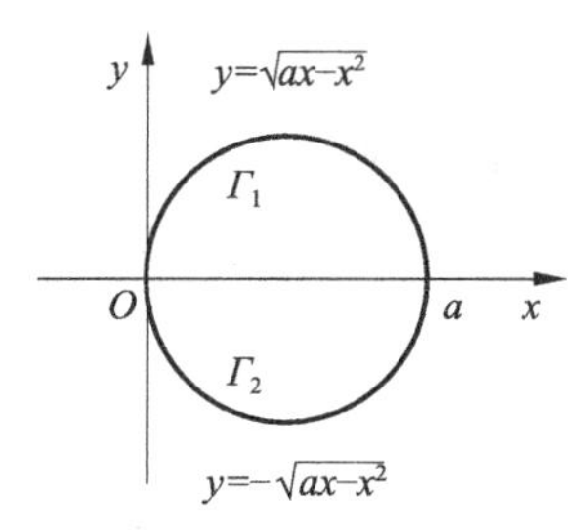

图　13.5

由公式(13.3)知 $\mathrm{d}l=\sqrt{1+[y'(x)]^2}\,\mathrm{d}x=\dfrac{a}{2\sqrt{ax-x^2}}\mathrm{d}x$，

从而有

$$I=\oint_\Gamma \sqrt{x^2+y^2}\,\mathrm{d}l=\int_{\Gamma_1}\sqrt{x^2+y^2}\,\mathrm{d}l+\int_{\Gamma_2}\sqrt{x^2+y^2}\,\mathrm{d}l$$

$$=\int_0^a \sqrt{x^2+(ax-x^2)}\,\frac{a}{2\sqrt{ax-x^2}}\mathrm{d}x$$

$$+\int_0^a \sqrt{x^2+(ax-x^2)}\cdot\frac{a}{2\sqrt{ax-x^2}}\mathrm{d}x$$

$$=2\int_0^a \frac{a\sqrt{ax}}{2\sqrt{ax-x^2}}\mathrm{d}x=a\sqrt{a}\int_0^a\frac{1}{\sqrt{a-x}}\mathrm{d}x$$

$$=a\sqrt{a}\cdot 2\sqrt{a}=2a^2.$$

例 4　求曲线 Γ: $y=\ln x$ 在横坐标为 x_1 与 $x_2(0<x_1<x_2)$之间的一段质量 m，已知曲线的密度 $\rho=x^2$.

解　由题意知

$$m=\int_\Gamma \rho\,\mathrm{d}l=\int_\Gamma x^2\,\mathrm{d}l=\int_{x_1}^{x_2} x^2\sqrt{1+[y'(x)]^2}\,\mathrm{d}x$$

$$=\int_{x_1}^{x_2} x^2\sqrt{1+\frac{1}{x^2}}\,\mathrm{d}x=\int_{x_1}^{x_2}\sqrt{1+x^2}\,x\,\mathrm{d}x$$

$$=\frac{1}{2}\int_{x_1}^{x_2}\sqrt{x^2+1}\,\mathrm{d}(x^2+1)=\frac{1}{3}(x^2+1)^{\frac{3}{2}}\Big|_{x_1}^{x_2}$$

$$=\frac{1}{3}[(x_2^2+1)^{\frac{3}{2}}-(x_1^2+1)^{\frac{3}{2}}].$$

对于空间中的光滑曲线$\overset{\frown}{AB}$而言，如果它由以下参数方程给出

$$\begin{cases} x=x(t), \\ y=y(t), \quad (\alpha\leqslant t\leqslant\beta), \\ z=z(t) \end{cases}$$

且函数 $f(x,y,z)$在$\widehat{AB}$上连续,则第一型曲线积分可以写成

$$\int_{\widehat{AB}} f(x,y,z)\mathrm{d}l = \int_{\alpha}^{\beta} f[x(t),y(t),z(t)]\sqrt{[x'(t)]^2+[y'(t)]^2+[z'(t)]^2}\mathrm{d}t.$$

例 5 求 $I=\int_{\Gamma}(x^2+y^2+z^2)\mathrm{d}l$，其中 Γ 是圆柱螺旋线：$x=a\cos t, y=a\sin t, z=bt, 0\leqslant t\leqslant 2\pi$.

解 因为 $x'=-a\sin t, y'=a\cos t, z'=b$,

$$\sqrt{[x'(t)]^2+[y'(t)]^2+[z'(t)]^2}=\sqrt{a^2\sin^2 t+a^2\cos^2 t+b^2}=\sqrt{a^2+b^2},$$

所以

$$\begin{aligned} I &= \int_{\Gamma}(x^2+y^2+z^2)\mathrm{d}l = \int_0^{2\pi}(a^2+b^2t^2)\sqrt{a^2+b^2}\mathrm{d}t \\ &= \sqrt{a^2+b^2}\left(2a^2\pi+\frac{8}{3}b^2\pi^3\right). \end{aligned}$$

习题 13.1

1. 计算$\oint_{\Gamma}(x+y)\mathrm{d}l$，其中 Γ 是以$(0,0)$，$(1,0)$，$(0,1)$为顶点的三角形.

2. 计算$\int_{\Gamma}(x^2+y^2)\mathrm{d}l$，其中 Γ 是以原点为中心，半径为 R 的左半圆周.

3. 计算$\int_{\Gamma}|y|\mathrm{d}l$，其中 Γ 为半圆：$x^2+y^2=1, x\geqslant 0$.

4. 计算$\oint_{\Gamma}xy\mathrm{d}l$，其中 Γ 为$|x|+|y|=a(a>0)$.

5. 计算$\int_{\Gamma}\sqrt{x^2+y^2}\mathrm{d}l$，其中 Γ：$\begin{cases} x=a(\cos t+t\sin t), \\ y=a(\sin t-t\cos t), \end{cases}$ $0\leqslant t\leqslant 2\pi$.

6. 计算$\int_{\Gamma}y\mathrm{d}l$，其中 Γ 是由曲线 $y^2=4x$ 上从原点到点$(1,2)$的一段.

7. 计算$\int_{\Gamma}\frac{1}{x^2+y^2+z^2}\mathrm{d}l$，其中 Γ：$x=a\cos t, y=a\sin t, z=bt, 0\leqslant t\leqslant 2\pi$.

8. 有一段金属线 Γ，其方程为：$x=\frac{3}{4}\sin 2t, y=\cos^3 t, z=\sin^3 t, 0\leqslant t\leqslant\frac{\pi}{4}$，其上的线密度 $\rho(x,y,z)=x$，求它的质量.

9. 证明：若函数 $f(x,y)$ 与 $g(x,y)$ 在平面光滑曲线 $\overset{\frown}{AB}$ 上连续，并且对于 $\forall\,(x,y)\in\overset{\frown}{AB}$，有 $f(x,y)\leqslant g(x,y)$，则

$$\int_{\overset{\frown}{AB}} f(x,y)\,\mathrm{d}l\leqslant\int_{\overset{\frown}{AB}} g(x,y)\,\mathrm{d}l.$$

13.2　第二型曲线积分

本节我们介绍另外一种重要的曲线积分——第二型曲线积分.

13.2.1　第二型曲线积分的概念

首先讨论质点做功的问题. 在上册定积分 7.6.4 节中，我们讨论了变力做功的问题，在那里质点作的是直线运动，现在我们分析质点作曲线运动时功的计算.

设有一质点在力 $\boldsymbol{F}$ 的作用下，沿 xy 平面上的光滑曲线 Γ 由 A 点运动到 B 点(如图 13.6 所示)，求力 $\boldsymbol{F}$ 所做的功 W.

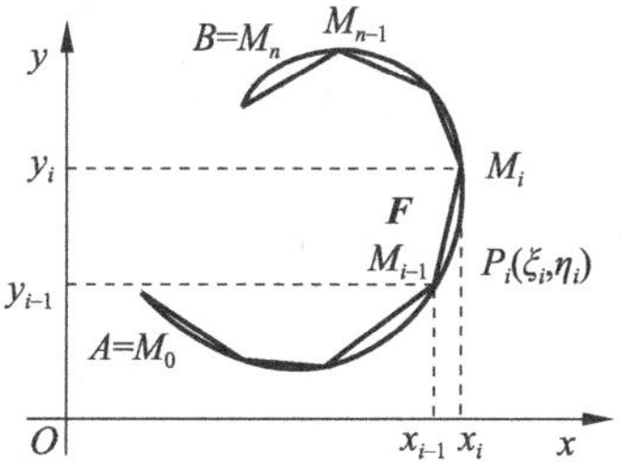

用任意分法 T 将曲线 Γ 分为 n 个有向的小弧，即自 A 点至 B 点依次取分点：

$$A=M_0,M_1,\cdots,M_{i-1},M_i,\cdots,M_{n-1},M_n=B.$$

这时曲线 Γ 分成 n 个小弧 $\overset{\frown}{M_{i-1}M_i}$. 设 M_i 的坐标为 (x_i,y_i)，$(i=1,2,\cdots,n)$. 在每一个有向小弧 $\overset{\frown}{M_{i-1}M_i}$ 上力 $\boldsymbol{F}$ 的变化不大，可近似地视为常力，取弧 $\overset{\frown}{M_{i-1}M_i}$ 上任意一点 $P_i(\xi_i,\eta_i)$ 处的力 $\boldsymbol{F}(\xi_i,\eta_i)$ 近似替代第 i 个小弧 $\overset{\frown}{M_{i-1}M_i}$ 上的力. 当质点从 M_{i-1} 沿弧 $\overset{\frown}{M_{i-1}M_i}$ 移动到 M_i 时，用直线段 $\overline{M_{i-1}M_i}$ 近似代替质点在弧 $\overset{\frown}{M_{i-1}M_i}$ 上的位移. 从而，力 $\boldsymbol{F}$ 在第 i 个小弧 $\overset{\frown}{M_{i-1}M_i}$ 上所做的功 W_i 可近似地表示为

图　13.6

$$W_i\approx\boldsymbol{F}(\xi_i,\eta_i)\cdot\overline{M_{i-1}M_i}.$$

设力 $\boldsymbol{F}(\xi_i,\eta_i)$ 和弦 $\overline{M_{i-1}M_i}$ 在两个坐标轴上的投影分别为 $P(\xi_i,\eta_i)$，$Q(\xi_i,\eta_i)$ 和 $\Delta x_i=x_i-x_{i-1}$，$\Delta y_i=y_i-y_{i-1}$ $(i=1,2,\cdots,n)$. 这样力 $\boldsymbol{F}$ 沿曲线 Γ(即 $\overset{\frown}{AB}$)所做的功 W 可近似表示为

$$W=\sum_{i=1}^{n}W_i\approx\sum_{i=1}^{n}[P(\xi_i,\eta_i)\Delta x_i+Q(\xi_i,\eta_i)\Delta y_i].$$

此时，令 $\lambda(T)=\max\{\Delta l_i\,|\,\Delta l_i$ 为弧 $\overset{\frown}{M_{i-1}M_i}$ 的长度，$i=1,2,\cdots,n\}$，当 $\lambda(T)\to 0$ 时，上式得到精确值

$$W=\lim_{\lambda(T)\to 0}\sum_{i=1}^{n}[P(\xi_i,\eta_i)\Delta x_i+Q(\xi_i,\eta_i)\Delta y_i].$$

定义 13.2 设平面上有光滑有向曲线$\overset{\frown}{AB}$，二元函数 $f(x,y)$在曲线$\overset{\frown}{AB}$上有定义. 用任意分法 T 将曲线依次分为 n 个有向小弧$\overset{\frown}{M_{i-1}M_i}$，每个小弧长度记作 $\Delta l_i(i=1,2,\cdots,n)$. 在每一段小弧上任取一点 $P_i(\xi_i,\eta_i)\in\overset{\frown}{M_{i-1}M_i}(i=1,2,\cdots,n)$，$M_i$ 的坐标为(x_i,y_i)，作和

$$\sum_{i=1}^{n}f(\xi_i,\eta_i)\Delta x_i \quad 和 \quad \sum_{i=1}^{n}f(\xi_i,\eta_i)\Delta y_i \quad (\Delta x_i=x_i-x_{i-1},\Delta y_i=y_i-y_{i-1}),$$

记 $\lambda(T)=\max\{\Delta l_i\,|\,i=1,2,\cdots,n\}$，当 $\lambda(T)\to 0$ 时，二元函数 $f(x,y)$在曲线$\overset{\frown}{AB}$上关于 x（或关于 y）的积分和存在极限，即

$$\lim_{\lambda(T)\to 0}\sum_{i=1}^{n}f(\xi_i,\eta_i)\Delta x_i=I_x \quad \left(或\lim_{\lambda(T)\to 0}\sum_{i=1}^{n}f(\xi_i,\eta_i)\Delta y_i=I_y\right)$$

存在，并且该极限与分法 T 和 $P_i(\xi_i,\eta_i)$的取法无关，则称 I_x（或 I_y）为函数 $f(x,y)$沿曲线$\overset{\frown}{AB}$的关于坐标 x（或坐标 y）的第二型曲线积分，记作

$$I_x=\int_{\overset{\frown}{AB}}f(x,y)\mathrm{d}x \quad \left(或 I_y=\int_{\overset{\frown}{AB}}f(x,y)\mathrm{d}y\right),$$

即 $\displaystyle\int_{\overset{\frown}{AB}}f(x,y)\mathrm{d}x=\lim_{\lambda(T)\to 0}\sum_{i=1}^{n}f(\xi_i,\eta_i)\Delta x_i\left(或\int_{\overset{\frown}{AB}}f(x,y)\mathrm{d}y=\lim_{\lambda(T)\to 0}\sum_{i=1}^{n}f(\xi_i,\eta_i)\Delta y_i\right).$

一般地，如果在光滑有向曲线$\overset{\frown}{AB}$上定义着两个函数 $P(x,y)$和 $Q(x,y)$，并且 $\int_{\overset{\frown}{AB}}P(x,y)\mathrm{d}x$ 和 $\int_{\overset{\frown}{AB}}Q(x,y)\mathrm{d}y$ 都存在，则把它们的和称为一般形状的第二型曲线积分，记作

$$\int_{\overset{\frown}{AB}}P(x,y)\mathrm{d}x+Q(x,y)\mathrm{d}y=\int_{\overset{\frown}{AB}}P(x,y)\mathrm{d}x+\int_{\overset{\frown}{AB}}Q(x,y)\mathrm{d}y.$$

通常把 $\int_{\overset{\frown}{AB}}P(x,y)\mathrm{d}x$，$\int_{\overset{\frown}{AB}}Q(x,y)\mathrm{d}y$ 以及它们之和 $\int_{\overset{\frown}{AB}}P(x,y)\mathrm{d}x+Q(x,y)\mathrm{d}y$ 统称为第二型曲线积分. 可见，对于质点在力 $\boldsymbol{F}$ 下沿光滑曲线 Γ 由 A 运动到 B 时 $\boldsymbol{F}$ 的做功问题，可以表示为

$$W=\int_{\overset{\frown}{AB}}P(x,y)\mathrm{d}x+Q(x,y)\mathrm{d}y.$$

类似地，对于三元函数在空间中的光滑有向曲线 Γ 上的第二型曲线积分可以记为

$$I=\int_{\Gamma}P(x,y,z)\mathrm{d}x+Q(x,y,z)\mathrm{d}y+R(x,y,z)\mathrm{d}z.$$

13.2.2 第二型曲线积分的简单性质

本部分仅就关于坐标 x 的第二型曲线积分的性质进行讨论，对于关于坐标 y 以及一般形状的第二型曲线积分都有相似的性质，在此不另赘述.

性质 13.4 若 $\int_{\overset{\frown}{AB}}f(x,y)\mathrm{d}x$ 存在，则 $\int_{\overset{\frown}{BA}}f(x,y)\mathrm{d}x$ 也存在（反之亦然），并且有

$$\int_{\widehat{AB}}f(x,y)\mathrm{d}x=-\int_{\widehat{BA}}f(x,y)\mathrm{d}x.$$

性质 13.4 说明第二型曲线积分与曲线的方向有关. 即从点 A 到点 B 沿曲线$\widehat{AB}$的积分值与沿原曲线的相反方向从 B 到 A(曲线$\widehat{BA}$)的积分值符号相反,但它们的绝对值相等. 这是第二类曲线积分的一个重要性质,也是区别于第一型曲线积分的一个显著特征. 出现该种情形的原因在于:第一型曲线积分(见定义 13.1)中 $I=\lim\limits_{\lambda(T)\to 0}\sum\limits_{i=1}^{n}f(\xi_i,\eta_i)\Delta l_i$, Δl_i 为曲线弧$\overparen{M_{i-1}M_i}$的长度,从而 $\Delta l_i>0$;第二型曲线积分(见定义 13.2)中 $I_x=\lim\limits_{\lambda(T)\to 0}\sum\limits_{i=1}^{n}f(\xi_i,\eta_i)\Delta x_i$, Δx_i 为曲线弧$\overparen{M_{i-1}M_i}$在对应的弦$\overline{M_{i-1}M_i}$在 x 轴上的投影, $\Delta x_i=x_i-x_{i-1}$, 从而 Δx_i 可以为正、负或 0,它与$\widehat{AB}$的方向有关.

性质 13.5 若$\int_{\widehat{AB}}f(x,y)\mathrm{d}x$与$\int_{\widehat{AB}}g(x,y)\mathrm{d}x$都存在, α 与 β 为常数,则$\int_{\widehat{AB}}[\alpha f(x,y)+\beta g(x,y)]\mathrm{d}x$ 也存在,并且有

$$\int_{\widehat{AB}}[\alpha f(x,y)+\beta g(x,y)]\mathrm{d}x=\alpha\int_{\widehat{AB}}f(x,y)\mathrm{d}x+\beta\int_{\widehat{AB}}g(x,y)\mathrm{d}x.$$

性质 13.6 若 $\int_{\widehat{AB}}f(x,y)\mathrm{d}x$ 存在, C 为 $\widehat{AB}$ 上的任意一点,则 $\int_{\widehat{AC}}f(x,y)\mathrm{d}x$ 和 $\int_{\widehat{CB}}f(x,y)\mathrm{d}x$ 都存在,并且有

$$\int_{\widehat{AB}}f(x,y)\mathrm{d}x=\int_{\widehat{AC}}f(x,y)\mathrm{d}x+\int_{\widehat{CB}}f(x,y)\mathrm{d}x.$$

反之,若$\int_{\widehat{AC}}f(x,y)\mathrm{d}x$与$\int_{\widehat{CB}}f(x,y)\mathrm{d}x$都存在,则$\int_{\widehat{AB}}f(x,y)\mathrm{d}x$也存在,并且上式仍然成立.

接下来,我们讨论如何计算第二型曲线积分.

13.2.3 第二型曲线积分的计算

定理 13.3 若$\widehat{AB}$是由参数方程

$$\begin{cases}x=x(t),\\y=y(t)\end{cases}\quad(\alpha\leqslant t\leqslant\beta)$$

给出的可求长的光滑有向曲线,即 $x'(t)$, $y'(t)$ 在$[\alpha,\beta]$上连续,起点 $A(x(\alpha),y(\alpha))$,终点 $B(x(\beta),y(\beta))$. 二元函数 $f(x,y)$ 在$\widehat{AB}$上连续,则第二型曲线积分 $\int_{\widehat{AB}}f(x,y)\mathrm{d}x$ 与 $\int_{\widehat{AB}}f(x,y)\mathrm{d}y$ 存在,并且有

$$\int_{\widehat{AB}} f(x,y)\mathrm{d}x = \int_{\alpha}^{\beta} f[x(t),y(t)]x'(t)\mathrm{d}t, \tag{13.5}$$

$$\int_{\widehat{AB}} f(x,y)\mathrm{d}y = \int_{\alpha}^{\beta} f[x(t),y(t)]y'(t)\mathrm{d}t. \tag{13.6}$$

证明 只给出式(13.5)的证明，式(13.6)可同理证出.

在曲线$\widehat{AB}$上自 A 至 B 任意插入分点：

$$A=M_0,M_1,\cdots,M_i,\cdots,M_n=B.$$

相应地，对于参数 t，对应的区间$[\alpha,\beta]$被分为 $\alpha=t_0<t_1<t_2<\cdots<t_n=\beta$，设点 M_i 对应的参数为 t_i，从而 $M_i(x_i,y_i)=M_i(x(t_i),y(t_i))(i=0,1,2,\cdots,n)$. 任取弧$\widehat{M_{i-1}M_i}$上的一点 P_i，$P_i\in\widehat{M_{i-1}M_i}$，与 P_i 对应的参数 $\tau_i\in[t_{i-1},t_i](i=1,2,\cdots,n)$. 由于 $x'(t)$在$[\alpha,\beta]$上连续，由微分中值定理有

$$\Delta x_i=x(t_i)-x(t_{i-1})=x'(\xi_i)\Delta t_i,\quad \xi_i\in[t_{i-1},t_i],$$

从而和式

$$\begin{aligned}\sum_{i=1}^{n} f(P_i)\Delta x_i &= \sum_{i=1}^{n} f[x(\tau_i),y(\tau_i)][x(t_i)-x(t_{i-1})]\\ &= \sum_{i=1}^{n} f[x(\tau_i),y(\tau_i)]x'(\xi_i)\Delta t_i\\ &= \sum_{i=1}^{n} f[x(\tau_i),y(\tau_i)]x'(\tau_i)\Delta t_i\\ &\quad + \sum_{i=1}^{n} f[x(\tau_i),y(\tau_i)][x'(\xi_i)-x'(\tau_i)]\Delta t_i.\end{aligned}$$

记 $\lambda(T)=\max\{\Delta l_i \mid \Delta l_i$ 为$\widehat{M_{i-1}M_i}$的长度$,i=1,2,\cdots,n\}$，$\lambda(T')=\max\{\Delta t_i \mid i=1,2,\cdots,n\}$，显然 $\lambda(T)\to 0\Leftrightarrow\lambda(T')\to 0$. 又 $f[x(t),y(t)]x'(t)$在$[\alpha,\beta]$上连续，从而

$$\begin{aligned}\lim_{\lambda(T)\to 0}\sum_{i=1}^{n} f[x(\tau_i),y(\tau_i)]x'(\tau_i)\Delta t_i &= \lim_{\lambda(T')\to 0}\sum_{i=1}^{n} f[x(\tau_i),y(\tau_i)]x'(\tau_i)\Delta t_i\\ &= \int_{\alpha}^{\beta} f[x(t),y(t)]x'(t)\mathrm{d}t.\end{aligned}$$

并且可以证明

$$\begin{aligned}&\lim_{\lambda(T)\to 0}\sum_{i=1}^{n} f[x(\tau_i),y(\tau_i)]\,[x'(\xi_i)-x'(\tau_i)]\Delta t_i\\ =&\lim_{\lambda(T')\to 0}\sum_{i=1}^{n} f[x(\tau_i),y(\tau_i)][x'(\xi_i)-x'(\tau_i)]\Delta t_i=0.\end{aligned}$$

定理得证.

特别地，如果曲线$\widehat{AB}$表示为 $y=y(x)$，$x\in[a,b]$，$y(x)$在$[a,b]$上连续，并且有 $A(a,y(a))$，$B(b,y(b))$，则由式(13.5)得

$$\int_{\widehat{AB}} f(x,y)\mathrm{d}x = \int_{a}^{b} f[x,y(x)]\mathrm{d}x. \tag{13.7}$$

如果曲线$\widehat{AB}$表示为$x=x(y)$，$y\in[c,d]$，$x(y)$在$[c,d]$上连续，并且有$A(x(c),c)$ $B(x(d),d)$，则由(13.6)式得

$$\int_{\widehat{AB}}f(x,y)\mathrm{d}y=\int_c^d f[x(y),y]\mathrm{d}y. \tag{13.8}$$

以上讨论的是平面曲线的第二型曲线积分，对于空间中的曲线$\widehat{AB}$，其第二型曲线积分计算公式为

$$\begin{aligned}&\int_{\widehat{AB}}P(x,y,z)\mathrm{d}x+Q(x,y,z)\mathrm{d}y+R(x,y,z)\mathrm{d}z\\&=\int_\alpha^\beta[P(x(t),y(t),z(t))x'(t)+Q(x(t),y(t),z(t))y'(t)+R(x(t),y(t),z(t))z'(t)]\mathrm{d}t.\end{aligned}$$

上式的证明与定理13.3相似，请读者自己补充.

例1 求第二型曲线积分$\int_\Gamma y^2\mathrm{d}x+x^2\mathrm{d}y$，其中曲线$\Gamma$是上半椭圆$x=a\cos t$，$y=b\sin t$，取顺时针方向(如图13.7所示).

解 $x'(t)=-a\sin t$，$y'(t)=b\cos t$. 由公式(13.5)、公式(13.6)知

$$\begin{aligned}\int_\Gamma y^2\mathrm{d}x+x^2\mathrm{d}y&=\int_\pi^0[b^2\sin^2t(-a\sin t)+a^2\cos^2t\cdot b\cos t]\mathrm{d}t\\&=-ab^2\int_\pi^0\sin^3t\mathrm{d}t+a^2b\int_\pi^0\cos^3t\mathrm{d}t\\&=\frac{4}{3}ab^2.\end{aligned}$$

例2 求第二型曲线积分$I=\int_{\widehat{OA}}3x^2y\mathrm{d}x+(x^3+1)\mathrm{d}y$，其中积分路线的始点为$O(0,0)$，终点为$A(1,1)$，积分路线分别为：

(1)连接O与A的直线；(2)抛物线$y=x^2$；(3)折线：从原点O沿x轴至$B(1,0)$，再从$B(1,0)$沿x轴的垂直方向到$A(1,1)$；(4)折线：从原点O沿y轴至$C(0,1)$，再从$C(0,1)$沿y轴的垂直方向到$A(1,1)$(如图13.8所示).

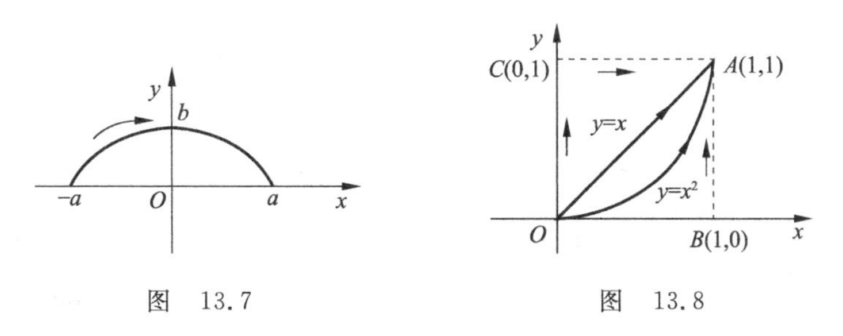

图 13.7　　　图 13.8

解 (1) 直线段$\overline{OA}$可表示为

$$y=x\quad(0\leqslant x\leqslant 1),$$

则

$$I=\int_{\overline{OA}}3x^2y\mathrm{d}x+(x^3+1)\mathrm{d}y=\int_0^1[3x^2\cdot x+(x^3+1)y']\mathrm{d}x$$

$$=\int_0^1(4x^3+1)\mathrm{d}x=(x^4+x)\Big|_0^1=2.$$

(2) 积分路径$\widehat{OA}$为 $y=x^2(0\leqslant x\leqslant 1)$. 从而

$$I=\int_0^1[3x^2\cdot x^2+(x^3+1)y']\mathrm{d}x=\int_0^1[3x^4+2x(x^3+1)]\mathrm{d}x$$

$$=\int_0^1(5x^4+2x)\mathrm{d}x=(x^5+x^2)\Big|_0^1=2.$$

(3) 积分路径$\widehat{OA}$为折线 OBA,其中直线段$\overline{OB}$和$\overline{BA}$分别表示为

$$y=0(0\leqslant x\leqslant 1),\quad x=1\quad(0\leqslant y\leqslant 1),$$

从而

$$I=\int_{\overline{OB}}3x^2y\mathrm{d}x+(x^3+1)\mathrm{d}y+\int_{\overline{BA}}3x^2y\mathrm{d}x+(x^3+1)\mathrm{d}y$$

$$=0+\int_0^1(1^3+1)\mathrm{d}y=2.$$

(4) 积分路径$\widehat{OA}$为折线 OCA,其中直线段$\overline{OC}$和$\overline{CA}$分别表示为

$$x=0(0\leqslant y\leqslant 1),\quad y=1(0\leqslant x\leqslant 1),$$

从而

$$I=\int_{\overline{OC}}3x^2y\mathrm{d}x+(x^3+1)\mathrm{d}y+\int_{\overline{CA}}3x^2y\mathrm{d}x+(x^3+1)\mathrm{d}y$$

$$=0+\int_0^1(0+1)\mathrm{d}y+\int_0^1 3x^2\cdot 1\mathrm{d}x+0=1+1=2.$$

可见,在例 2 中积分值与路径无关,仅与始点和终点的位置有关.但这并不是普遍现象,请看下面的例子.

例 3 求第二型曲线积分 $I=\int_{\widehat{OA}}xy\mathrm{d}x+(y-x)\mathrm{d}y$,其中积分路线的始点为 $O(0,0)$,终点为 $A(1,1)$,积分路线分别为:

(1) 连接 O 与 A 的直线;(2) 抛物线 $y=x^2$;(3) 抛物线 $y=x^3$(如图 13.9 所示).

解 (1) 沿直线 $y=x,0\leqslant x\leqslant 1$ 时,有

$$I=\int_{\widehat{OA}}xy\mathrm{d}x+(y-x)\mathrm{d}y=\int_0^1x^2\mathrm{d}x=\frac{1}{3};$$

(2) 沿抛物线 $y=x^2,0\leqslant x\leqslant 1$,有

$$I=\int_{\widehat{OA}}xy\mathrm{d}x+(y-x)\mathrm{d}y=\int_0^1(3x^3-2x^2)\mathrm{d}x=\frac{1}{12};$$

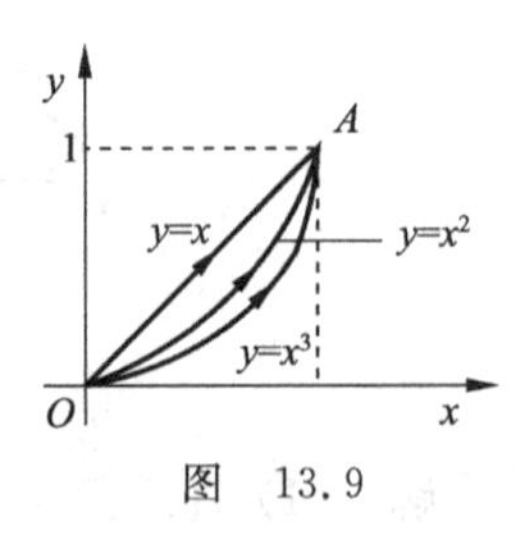

图 13.9

(3) 沿抛物线 $y=x^3,0\leqslant x\leqslant 1$,有

$$I=\int_{\widehat{OA}}xy\mathrm{d}x+(y-x)\mathrm{d}y=\int_0^1(3x^5+x^4-3x^3)\mathrm{d}x=-\frac{1}{20}.$$

例 2 和例 3 说明尽管积分路径的始点和终点相同，但是沿着不同积分路线，有的积分值相同（如例 2），有的积分值不同（如例 3）. 那么，究竟满足什么条件积分值才能仅与始点和终点有关与具体积分路线无关呢？对于这个问题，我们将在 13.3 节进行讨论.

例 4　求第二型曲线积分 $I=\int_{\Gamma}(x+y+z)\mathrm{d}x$，其中曲线 Γ：$x=\cos t, y=\sin t, z=t, 0\leqslant t\leqslant\pi$，积分路线从 $t=0$ 到 $t=\pi$.

解

$$
\begin{aligned}
I&=\int_{\Gamma}(x+y+z)\mathrm{d}x=\int_{0}^{\pi}(\cos t+\sin t+t)(\cos t)'\mathrm{d}t\\
&=\int_{0}^{\pi}(\cos t+\sin t+t)\cdot(-\sin t)\mathrm{d}t\\
&=-\int_{0}^{\pi}\cos t\sin t\mathrm{d}t-\int_{0}^{\pi}\sin^2 t\mathrm{d}t-\int_{0}^{\pi}t\sin t\mathrm{d}t\\
&=-\frac{3}{2}\pi.
\end{aligned}
$$

例 5　计算第二型曲线积分 $I=\int_{\Gamma}(y-z)\mathrm{d}x+(z-x)\mathrm{d}y+(x-y)\mathrm{d}z$，其中曲线 Γ 是柱面 $x^2+y^2=1$ 与平面 $x+y+z=0$ 的交线，其方向为从 z 轴正向看去的逆时针方向.

解　将曲线 Γ 表示为参数形式. 由于 Γ 在 xy 平面上的投影为圆：$x=\cos\theta, y=\sin\theta$ $(0\leqslant\theta\leqslant 2\pi)$，从而 Γ 的参数方程为

$$x=\cos\theta,\quad y=\sin\theta,\quad z=-(\sin\theta+\cos\theta),\quad 0\leqslant\theta\leqslant 2\pi.$$

积分路线从 $\theta=0$ 到 $\theta=2\pi$，则有

$$
\begin{aligned}
I&=\int_{0}^{2\pi}\{(2\sin\theta+\cos\theta)(\cos\theta)'-(2\cos\theta+\sin\theta)(\sin\theta)'\\
&\quad+(\cos\theta-\sin\theta)[-(\sin\theta+\cos\theta)]'\}\mathrm{d}\theta\\
&=\int_{0}^{2\pi}[(2\sin\theta+\cos\theta)(-\sin\theta)-(2\cos\theta+\sin\theta)\cos\theta-(\cos\theta-\sin\theta)^2]\mathrm{d}\theta\\
&=-3\int_{0}^{2\pi}(\sin^2\theta+\cos^2\theta)\mathrm{d}\theta=-6\pi.
\end{aligned}
$$

例 6　假设有一质量为 m 的质点受重力 $\boldsymbol{F}$ 的作用沿铅垂面上某一光滑曲线弧 $\overset{\frown}{AB}$ 移动（图 13.10），求重力 $\boldsymbol{F}$ 所做的功.

解　设平面曲线弧 $\overset{\frown}{AB}$ 的参数方程为

$$x=x(t),\quad y=y(t),\quad \alpha\leqslant t\leqslant\beta,$$

起点 $A(x(\alpha),y(\alpha))$，终点 $B(x(\beta),y(\beta))$. 重力 $\boldsymbol{F}=m\boldsymbol{g}$. 从而重力所做的功为

$$W=\int_{\overset{\frown}{AB}}mg\mathrm{d}y=\int_{\alpha}^{\beta}mg\cdot y'(t)\mathrm{d}t=mg[y(\beta)-y(\alpha)].$$

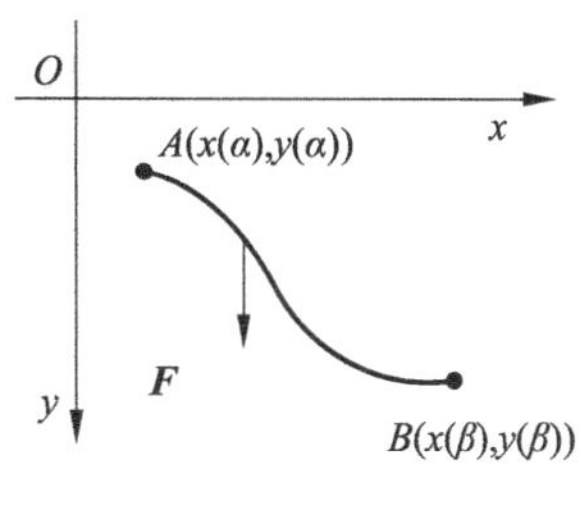

图　13.10

如果质点沿空间中的曲线弧 $\overset{\frown}{AB}$ 由 A 点移动到 B 点，那么

重力所做的功将如何计算呢？对此，我们可建立 z 轴垂直向下的空间直角坐标系. 易知重力在三个坐标轴上的投影分别为

$$P(x,y,z)=0,\quad Q(x,y,z)=0,\quad R(x,y,z)=mg.$$

曲线弧$\overset{\frown}{AB}$的参数方程为

$$x=x(t),\quad y=y(t),\quad z=z(t),\quad \alpha\leqslant t\leqslant\beta,$$

路线起点 $A(x(\alpha),y(\alpha),z(\alpha))$，终点 $B(x(\beta),y(\beta),z(\beta))$，积分路线从 $t=\alpha$ 到 $t=\beta$，则质点从 A 移到 B 时重力所做的功为

$$W=\int_{\overset{\frown}{AB}}P\,\mathrm{d}x+Q\,\mathrm{d}y+R\,\mathrm{d}z=\int_{\overset{\frown}{AB}}R\,\mathrm{d}z=\int_{\alpha}^{\beta}mgz'(t)\,\mathrm{d}t=mg[z(\beta)-z(\alpha)].$$

可见，无论沿平面曲线还是空间曲线，质点从 A 到 B 重力 $\boldsymbol{F}$ 所做的功只与 A 与 B 的位置（或高度）有关，与 A 到 B 的具体路径无关. 这是重力场的一个重要物理特征.

13.2.4 第一型曲线积分与第二型曲线积分的关系

虽然第一型曲线积分与第二型曲线积分定义不相同，但它们都是沿曲线的积分，两者之间有着密切的联系，在一定条件下两种类型的曲线积分可以相互转化.

假设 xy 平面上一条光滑曲线$\overset{\frown}{AB}$由参数（弧长 l）方程表示如下：

$$x=x(l),\quad y=y(l),\quad 0\leqslant l\leqslant L,$$

其中 L 为曲线$\overset{\frown}{AB}$的长. 始点 $A(x(0),y(0))$，终点 $B(x(L),y(L))$，在曲线$\overset{\frown}{AB}$上任取一点 $M(x,y)$，如图 13.11 所示. 已知在点 M 处的切线 MT 的切向量为 $\left(\frac{\mathrm{d}x}{\mathrm{d}l},\frac{\mathrm{d}y}{\mathrm{d}l}\right)$，弧长微分 $\mathrm{d}l$ 满足

$$\mathrm{d}l^2=\mathrm{d}x^2+\mathrm{d}y^2,$$

即

$$\left(\frac{\mathrm{d}x}{\mathrm{d}l}\right)^2+\left(\frac{\mathrm{d}y}{\mathrm{d}l}\right)^2=1,$$

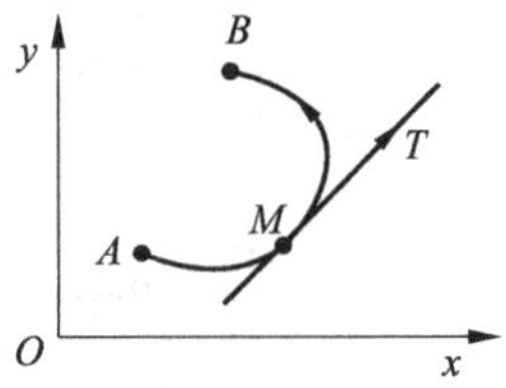

图 13.11

从而$\frac{\mathrm{d}x}{\mathrm{d}l}$和$\frac{\mathrm{d}y}{\mathrm{d}l}$为曲线$\overset{\frown}{AB}$在点 M 的切线 MT 的方向余弦. 设 α,β 分别表示切线正向（弧长增长的方向）与 x 轴，y 轴正方向的夹角，则有

$$\frac{\mathrm{d}x}{\mathrm{d}l}=\cos\alpha,\quad \frac{\mathrm{d}y}{\mathrm{d}l}=\cos\beta\quad 或\quad \mathrm{d}x=\cos\alpha\mathrm{d}l,\quad \mathrm{d}y=\cos\beta\mathrm{d}l.$$

假设 $P(x,y)$ 和 $Q(x,y)$ 为定义在曲线$\overset{\frown}{AB}$上的连续函数，由定理 13.3 知第二型曲线积分满足

$$\begin{aligned}\int_{\overset{\frown}{AB}}P(x,y)\mathrm{d}x+Q(x,y)\mathrm{d}y&=\int_0^L\left[P(x(l),y(l))\frac{\mathrm{d}x}{\mathrm{d}l}+Q(x(l),y(l))\frac{\mathrm{d}y}{\mathrm{d}l}\right]\mathrm{d}l\\&=\int_0^L[P(x(l),y(l))\cos\alpha+Q(x(l),y(l))\cos\beta]\mathrm{d}l.\end{aligned}$$

另一方面，由定理13.1可知

$$\int_{\widehat{AB}}[P(x,y)\cos\alpha+Q(x,y)\cos\beta]\mathrm{d}l=\int_0^L[P(x(l),y(l))\cos\alpha+Q(x(l),y(l))\cos\beta]\mathrm{d}l,$$

从而可知

$$\int_{\widehat{AB}}P(x,y)\mathrm{d}x+Q(x,y)\mathrm{d}y=\int_{\widehat{AB}}[P(x,y)\cos\alpha+Q(x,y)\cos\beta]\mathrm{d}l. \tag{13.9}$$

式(13.9)便是第一型曲线积分与第二型曲线积分之间的转换公式.

对于上述转换公式有两点需要说明：

(1) α 和 β 分别为切线正向与 x 轴和 y 轴正方向的夹角，当曲线 $\widehat{AB}$ 改变方向(始点为 B 终点为 A，即 $\widehat{BA}$)时，切线正向与原来方向相反，这时夹角 α 和 β 将分别与原来的夹角相差 π 弧度，即切线变方向时 $\cos\alpha$ 和 $\cos\beta$ 都变号，因此(13.9)式两边将同时变号，所以(13.9)式仍然成立.

(2) 第一型与第二型曲线积分之间的转换对空间中的曲线 $\widehat{AB}$ 也成立，此时的转换公式为

$$\begin{aligned}&\int_{\widehat{AB}}P(x,y,z)\mathrm{d}x+Q(x,y,z)\mathrm{d}y+R(x,y,z)\mathrm{d}z\\=&\int_{\widehat{AB}}[P(x,y,z)\cos\alpha+Q(x,y,z)\cos\beta+R(x,y,z)\cos\gamma]\mathrm{d}l,\end{aligned}$$

其中 α,β,γ 分别为曲线 $\widehat{AB}$ 上切线正向与 x 轴，y 轴，z 轴正方向的夹角.

习题 13.2

1. 计算下列第二型曲线积分：

(1) $\int_\Gamma 4xy^2\mathrm{d}x-3x^4\mathrm{d}y$，其中 Γ 为抛物线 $y=\frac{1}{2}x^2$，从点 $\left(1,\frac{1}{2}\right)$ 到点 $(2,2)$；

(2) $\int_\Gamma (x^2+y^2)\mathrm{d}x+(x^2-y^2)\mathrm{d}y$，其中 Γ 为 $y=1-|1-x|,0\leqslant x\leqslant 2$，从点 $(0,0)$ 到点 $(2,0)$；

(3) $\int_\Gamma (y^2-z^2)\mathrm{d}x+2yz\mathrm{d}y-x^2\mathrm{d}z$，其中 Γ 是依参数增加的方向进行的曲线：$x=t$，$y=t^2,z=t^3,0\leqslant t\leqslant 1$；

(4) $\oint_\Gamma (x^2+y^2)\mathrm{d}x+(x^2-y^2)\mathrm{d}y$，其中 Γ 是以 $A(1,0),B(2,0),C(2,1),D(1,1)$ 为顶点的正方形，沿逆时针方向；

(5) $\oint_\Gamma (2a-y)\mathrm{d}x+\mathrm{d}y$，其中 Γ 为旋轮线 $x=a(t-\sin t),y=a(1-\cos t)$，从点 $(0,0)$ 到点 $(2a\pi,0)$；

(6) $\int_\Gamma y^2\mathrm{d}x+xy\mathrm{d}y+zx\mathrm{d}z$，其中 Γ 从点 $(0,0,0)$ 到 $(1,1,1)$，沿着以下两条路线：

①直线段，②从点(0,0,0)出发，经过点(1,0,0)和点(1,1,0)最后到(1,1,1)的折线.

2. 求下列闭曲线 Γ 上的第二型曲线积分 $\oint_{\Gamma}\frac{y\mathrm{d}x-x\mathrm{d}y}{x^2+y^2}$：

(1) Γ 为圆 $x^2+y^2=a^2$，沿逆时针方向；

(2) Γ 为椭圆 $\frac{x^2}{a^2}+\frac{y^2}{b^2}=1$，沿顺时针方向；

(3) Γ 是以点(0,0)为中心，边长为 a 的正方形，沿顺时针方向；

(4) Γ 是以点(−1,−1),(1,−1),(0,1)为顶点的三角形，沿顺时针方向.

13.3 格林公式及曲线积分与路径的无关性

本节讨论两个问题.一个是平面区域上的二重积分与沿这个区域封闭边界的第二型曲线积分之间的联系，即格林公式；另一个是在什么条件下曲线的值与所沿的路径无关，即曲线积分与路径的无关性.

13.3.1 格林公式

由于第二型曲线积分与所沿的曲线方向有关，所以沿平面闭曲线的曲线积分要规定闭曲线的正方向.规定曲线的正方向如下：当观察者沿着曲线移动时，闭曲线所围的区域位于观察者的左侧，如图 13.12，记为 Γ^{+}，反之为曲线的负方向，如图 13.13 所示，记为 Γ^{-}.

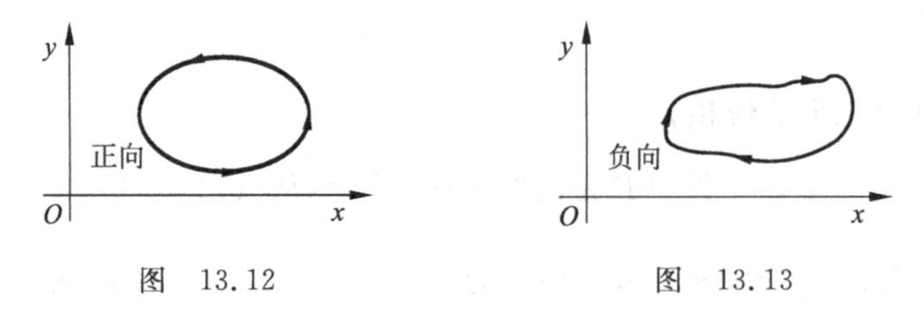

图 13.12　　图 13.13

对于平面闭区域有两种：一种是单连通的，一种是多连通的.如果区域 D 中的任意一条封闭曲线内部的所有点都属于 D，则 D 是单连通的，否则是多连通的.如图 13.14 为单连通区域，图 13.15 则为多连通区域.通俗地说，多连通区域就是有“洞”的区域.

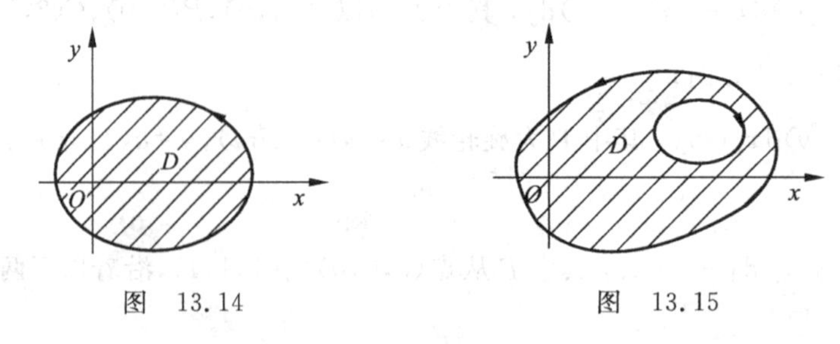

图 13.14　　图 13.15

由曲线的正向和负向的描述可知，当区域 D 是单连通区域时，其边界曲线的正方向为逆时针方向(如图 13.14 所示). 当 D 是多连通区域时，则其外面的曲线正方向是逆时针的，内部曲线的正方向为顺时针的(如图 13.15 所示).

定理 13.4 若二元函数 $P(x,y)$ 与 $Q(x,y)$ 在有界闭区域 $D\subset R^2$ 中具有一阶连续偏导数，其中区域 D 的边界由光滑或分段光滑闭曲线 Γ 所围成，则有

$$\iint_D\left(\frac{\partial Q}{\partial x}-\frac{\partial P}{\partial y}\right)\mathrm{d}x\mathrm{d}y=\oint_\Gamma P\,\mathrm{d}x+Q\mathrm{d}y, \tag{13.10}$$

其中 Γ 取正向，公式(13.10)称为格林(Green)公式.

证明 由于区域 D 的形状不同，证明分为三步进行.

情形 1 当区域 D 是有界单连通的闭区域，并且平行于坐标轴的直线与 D 的边界交点不超过两个时，即区域 D 既是 x-型又是 y-型. 不妨设 $D=\{(x,y)\mid a\leqslant x\leqslant b,\varphi_1(x)\leqslant y\leqslant\varphi_2(x)\}$ 或 $D=\{(x,y)\mid\psi_1(y)\leqslant x\leqslant\psi_2(y),c\leqslant y\leqslant d\}$，如图 13.16 所示.

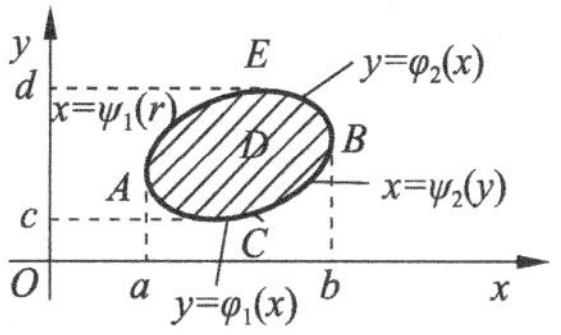

图 13.16

由二重积分的计算公式，有

$$\begin{aligned}\iint_D\frac{\partial Q}{\partial x}\mathrm{d}x\mathrm{d}y&=\int_c^d\mathrm{d}y\int_{\psi_1(y)}^{\psi_2(y)}\frac{\partial Q}{\partial x}\mathrm{d}x\\&=\int_c^d[Q(\psi_2(y),y)-Q(\psi_1(y),y)]\mathrm{d}y\\&=\int_{\widehat{CBE}}Q(x,y)\mathrm{d}y-\int_{\widehat{CAE}}Q(x,y)\mathrm{d}y\\&=\int_{\widehat{CBE}}Q(x,y)\mathrm{d}y+\int_{\widehat{EAC}}Q(x,y)\mathrm{d}y\\&=\oint_\Gamma Q(x,y)\mathrm{d}y.\end{aligned}$$

同理，有

$$\begin{aligned}\iint_D\frac{\partial P}{\partial y}\mathrm{d}x\mathrm{d}y&=\int_a^b\mathrm{d}x\int_{\varphi_1(x)}^{\varphi_2(x)}\frac{\partial P}{\partial y}\mathrm{d}y=\int_a^b[P(x,\varphi_2(x))-P(x,\varphi_1(x))]\mathrm{d}x\\&=-\int_b^a P[x,\varphi_2(x)]\mathrm{d}x-\int_a^b P[x,\varphi_1(x)]\mathrm{d}x\\&=-\left[\int_{\widehat{BEA}}P(x,y)\mathrm{d}x+\int_{\widehat{ACB}}P(x,y)\mathrm{d}x\right]=-\oint_\Gamma P(x,y)\mathrm{d}x.\end{aligned}$$

于是

$$\iint_D\left(\frac{\partial Q}{\partial x}-\frac{\partial P}{\partial y}\right)\mathrm{d}x\mathrm{d}y=\oint_\Gamma P\,\mathrm{d}x+Q\mathrm{d}y.$$

情形 2 当区域 D 是有界单连通的闭区，并且平行于坐标轴的直线与 D 的边界交点多于两个时，可以通过引入曲线将区域 D 划分为有限个区域，使得每个小区域都符合情形 1 的要求，如图 13.17 所示.

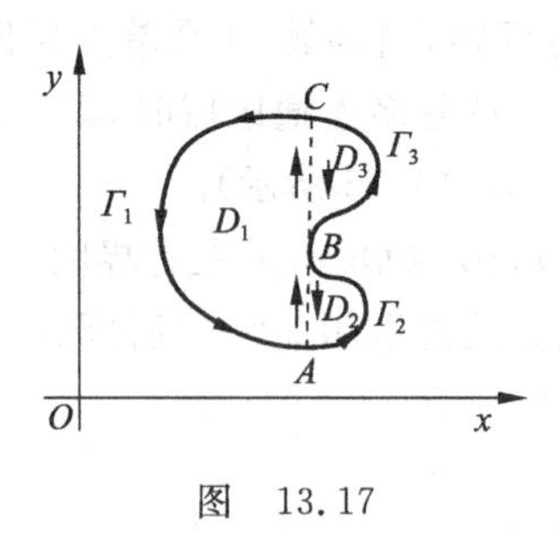

图 13.17

将区域 D 分割为三个小区域 D_1,D_2,D_3，于是

$$\iint_D\left(\frac{\partial Q}{\partial x}-\frac{\partial P}{\partial y}\right)\mathrm{d}x\mathrm{d}y=\iint_{D_1}\left(\frac{\partial Q}{\partial x}-\frac{\partial P}{\partial y}\right)\mathrm{d}x\mathrm{d}y+\iint_{D_2}\left(\frac{\partial Q}{\partial x}-\frac{\partial P}{\partial y}\right)\mathrm{d}x\mathrm{d}y+\iint_{D_3}\left(\frac{\partial Q}{\partial x}-\frac{\partial P}{\partial y}\right)\mathrm{d}x\mathrm{d}y$$

$$=\oint_{(\Gamma_1+AC)}(P\mathrm{d}x+Q\mathrm{d}y)+\oint_{(\Gamma_2+BA)}(P\mathrm{d}x+Q\mathrm{d}y)+\oint_{(\Gamma_3+CB)}(P\mathrm{d}x+Q\mathrm{d}y)$$

$$=\oint_{(\Gamma_1+\Gamma_2+\Gamma_3+AC+BA+CB)}P\mathrm{d}x+Q\mathrm{d}y,$$

其中 $\Gamma_1+\Gamma_2+\Gamma_3=\Gamma$ 为区域 D 的边界，AC 与 $CB+BA$ 为方向相反的同一线段，从而有

$$\int_{AC+BA+CB}P\mathrm{d}x+Q\mathrm{d}y=0,$$

于是

$$\iint_D\left(\frac{\partial Q}{\partial x}-\frac{\partial P}{\partial y}\right)\mathrm{d}x\mathrm{d}y=\oint_\Gamma P\mathrm{d}x+Q\mathrm{d}y.$$

情形 3　当区域 D 是由若干条互不相交的闭曲线围成的闭区域时，如图 13.18 所示，可通过适当添加直线段 AB、CE，则 D 的边界曲线由 $\widehat{AB}$，Γ_2，$\widehat{BA}$，$\widehat{AFC}$，$\widehat{CE}$，Γ_3，$\widehat{EC}$ 及 $\widehat{CGA}$ 构成. 这样便转化为情形 2 来处理. 由情形 2 知

$$\iint_D\left(\frac{\partial Q}{\partial x}-\frac{\partial P}{\partial y}\right)\mathrm{d}x\mathrm{d}y=\left(\int_{\widehat{AB}}+\int_{\Gamma_2}+\int_{\widehat{BA}}+\int_{\widehat{AFC}}+\int_{\widehat{CE}}+\int_{\Gamma_3}+\int_{\widehat{EC}}+\int_{\widehat{CGA}}\right)(P\mathrm{d}x+Q\mathrm{d}y)$$

$$=\left(\oint_{\Gamma_2}+\oint_{\Gamma_3}+\oint_{\Gamma_1}\right)(P\mathrm{d}x+Q\mathrm{d}y)=\oint_\Gamma P\mathrm{d}x+Q\mathrm{d}y.$$

综上可知，定理得证.

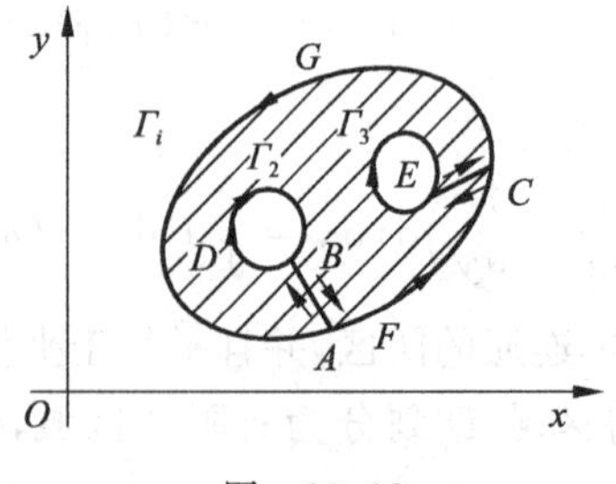

图 13.18

为了便于记忆，格林公式也可写成下面形式：

$$\iint_D \begin{vmatrix} \dfrac{\partial}{\partial x} & \dfrac{\partial}{\partial y} \\ P & Q \end{vmatrix} \mathrm{d}x\mathrm{d}y = \oint_\Gamma P\mathrm{d}x + Q\mathrm{d}y,$$

其中 $\begin{vmatrix} \dfrac{\partial}{\partial x} & \dfrac{\partial}{\partial y} \\ P & Q \end{vmatrix}$ 为二阶行列式，并且规定 $\dfrac{\partial}{\partial x}\cdot Q=\dfrac{\partial Q}{\partial x}$，$\dfrac{\partial}{\partial y}\cdot P=\dfrac{\partial P}{\partial y}$.

微积分基本公式 $\int_a^b F'(x)\mathrm{d}x = F(b)-F(a)$ 指出，函数 $F'(x)$ 在区间 $[a,b]$ 的定积分等于被积函数 $F'(x)$ 的原函数 $F(x)$ 在区间端点（或边界上）的函数值之差. 格林公式 $\iint_D\left(\dfrac{\partial Q}{\partial x}-\dfrac{\partial P}{\partial y}\right)\mathrm{d}x\mathrm{d}y=\oint_\Gamma P\mathrm{d}x+Q\mathrm{d}y$ 指出，函数 $\dfrac{\partial Q}{\partial x}-\dfrac{\partial P}{\partial y}$ 在区域 D 上的二重积分等于 $P\mathrm{d}x+Q\mathrm{d}y$ 在区域边界闭曲线 Γ 上的曲线积分. 因此，格林公式可以看成是微积分基本公式在二维空间上的推广.

格林公式无论在理论上还是计算上都非常重要，它把二重积分与曲线积分联系起来，而且，通过格林公式还可以应用曲线积分来计算某些平面图形的面积. 例如，令 $P(x,y)=-y$，$Q(x,y)=x$，则 $\dfrac{\partial P}{\partial y}=-1$，$\dfrac{\partial Q}{\partial x}=1$，代入格林公式，有

$$\iint_D 2\mathrm{d}x\mathrm{d}y=\oint_\Gamma x\mathrm{d}y-y\mathrm{d}x,$$

则区域 D 的面积 S 为

$$S=\iint_D \mathrm{d}x\mathrm{d}y=\frac{1}{2}\oint_\Gamma x\mathrm{d}y-y\mathrm{d}x.$$

例 1 计算星形线 $x=a\cos^3 t, y=a\sin^3 t, t\in[0,2\pi]$ 所围成图形的面积.

解 所围成的图形面积记为 S，则有

$$\begin{aligned} S &= \frac{1}{2}\oint_\Gamma x\mathrm{d}y-y\mathrm{d}x=\frac{1}{2}\int_0^{2\pi}[a\cos^3 t\cdot 3a\sin^2 t\cos t-a\sin^3 t(-3a\cos^2 t\sin t)]\mathrm{d}t \\ &= \frac{3}{2}a^2\int_0^{2\pi}\sin^2 t\cos^2 t\mathrm{d}t=\frac{3}{8}\pi a^2. \end{aligned}$$

例 2 计算二重积分 $\iint_D \mathrm{e}^{-y^2}\mathrm{d}x\mathrm{d}y$，其中 D 是以 $O(0,0)$，$A(1,1)$，$B(0,1)$ 为顶点的闭三角形区域（如图 13.19 所示）.

解 取 $P(x,y)=0$，$Q(x,y)=x\mathrm{e}^{-y^2}$，则 $\dfrac{\partial P}{\partial y}=0$，$\dfrac{\partial Q}{\partial x}=\mathrm{e}^{-y^2}$. 由于 $P(x,y)$，$Q(x,y)$ 以及 $\dfrac{\partial P}{\partial y}$，$\dfrac{\partial Q}{\partial x}$ 在区域 D 上均连续，根据格林公式知

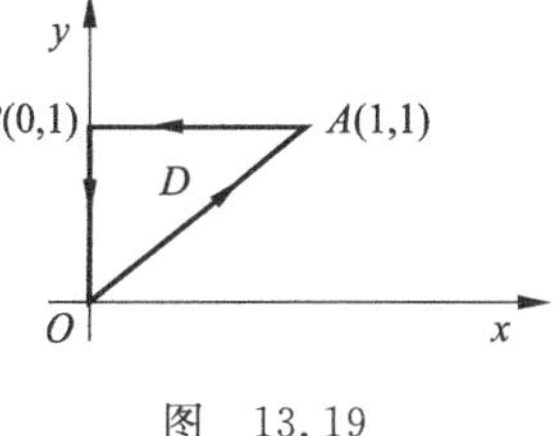

图 13.19

$$\iint_D\left(\frac{\partial Q}{\partial x}-\frac{\partial P}{\partial y}\right)\mathrm{d}x\mathrm{d}y=\iint_D \mathrm{e}^{-y^2}\mathrm{d}x\mathrm{d}y=\oint_\Gamma x\mathrm{e}^{-y^2}\mathrm{d}y$$

$$=\int_{\overline{OA}}x\mathrm{e}^{-y^2}\mathrm{d}y+\int_{\overline{AB}}x\mathrm{e}^{-y^2}\mathrm{d}y+\int_{\overline{BO}}x\mathrm{e}^{-y^2}\mathrm{d}y$$

$$=\int_0^1 y\mathrm{e}^{-y^2}\mathrm{d}y+0+\int_1^0 0\mathrm{d}y=\frac{1}{2}-\frac{1}{2\mathrm{e}}.$$

例 3 计算曲线积分

$$I=\oint_\Gamma\frac{x\mathrm{d}y-y\mathrm{d}x}{x^2+y^2},$$

其中 Γ 是任意一条不包含原点光滑闭曲线，方向为逆时针方向(如图 13.20 所示).

解 令 $P(x,y)=\dfrac{-y}{x^2+y^2}$, $Q(x,y)=\dfrac{x}{x^2+y^2}$，则

$$\frac{\partial P}{\partial y}=\frac{y^2-x^2}{x^2+y^2}=\frac{\partial Q}{\partial x}.$$

设 Γ 所围区域为 D，则 $P,Q,\dfrac{\partial P}{\partial y},\dfrac{\partial Q}{\partial x}$ 在 D 内及曲线 Γ 上均连续，并且有

$$\frac{\partial Q}{\partial x}-\frac{\partial P}{\partial y}=0,$$

从而由格林公式知

$$I=\oint_\Gamma\frac{x\mathrm{d}y-y\mathrm{d}x}{x^2+y^2}=\iint_D 0\mathrm{d}x\mathrm{d}y=0.$$

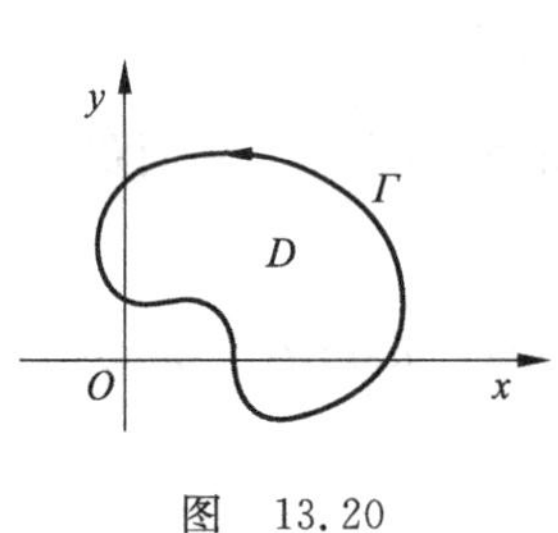

图 13.20

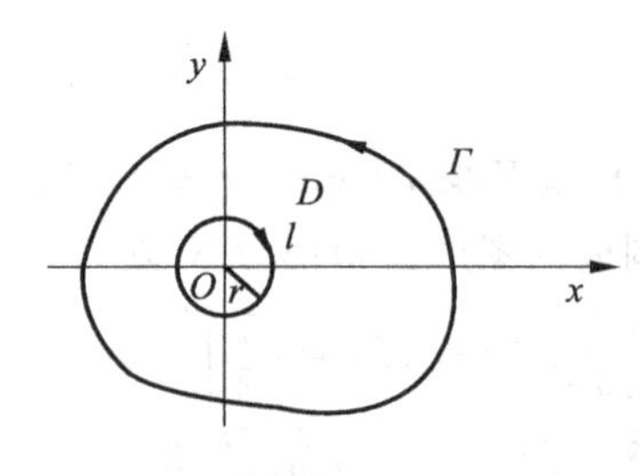

图 13.21

注意，在例 3 中若 $(0,0)\in D$，则函数 $P(x,y)$, $Q(x,y)$ 在 $(0,0)$ 点不可微，从而不能直接应用格林公式，取包含 $(0,0)$ 点的一个充分小的邻域 D_ε（其边界为 l，顺时针方向），使得 $D_\varepsilon\subset D$，如图 13.21 所示，则 $P(x,y)$, $Q(x,y)$ 在区域 $D-D_\varepsilon$ 中是可微的，从而

$$\oint_{\Gamma+l}\frac{y\mathrm{d}x-x\mathrm{d}y}{x^2+y^2}=\iint_{D-D_\varepsilon}\left(\frac{\partial Q}{\partial x}-\frac{\partial P}{\partial y}\right)\mathrm{d}x\mathrm{d}y=0,$$

$$\oint_{\Gamma+l}\frac{y\mathrm{d}x-x\mathrm{d}y}{x^2+y^2}=\oint_\Gamma\frac{y\mathrm{d}x-x\mathrm{d}y}{x^2+y^2}+\int_l\frac{y\mathrm{d}x-x\mathrm{d}y}{x^2+y^2},$$

所以

$$\oint_{\Gamma}\frac{y\mathrm{d}x-x\mathrm{d}y}{x^2+y^2}=-\int_{l}\frac{y\mathrm{d}x-x\mathrm{d}y}{x^2+y^2}=\int_0^{2\pi}\frac{r\sin t\mathrm{d}(r\cos t)-r\cos t\mathrm{d}(r\sin t)}{r^2}=-2\pi.$$

例 4 计算曲线积分 $I=\oint_{\Gamma}xy^2\mathrm{d}y-x^2y\mathrm{d}x$，其中 Γ 是圆周 $x^2+y^2=a^2$.

解 由格式公式，$P(x,y)=-x^2y,Q(x,y)=xy^2$，则$\frac{\partial P}{\partial y}=-x^2,\frac{\partial Q}{\partial x}=y^2$，于是有

$$\oint_{\Gamma}xy^2\mathrm{d}y-x^2y\mathrm{d}x=\iint_D(x^2+y^2)\mathrm{d}x\mathrm{d}y,$$

其中区域 D 为圆域 $x^2+y^2\leqslant a^2$. 设 $x=r\cos\theta,y=r\sin\theta$，则有

$$\oint_{\Gamma}xy^2\mathrm{d}y-x^2y\mathrm{d}x=\iint_D(x^2+y^2)\mathrm{d}x\mathrm{d}y=\int_0^{2\pi}\mathrm{d}\theta\int_0^a r^3\mathrm{d}r=\frac{\pi}{2}a^4.$$

例 5 计算曲线积分 $I=\int_{\widehat{AB}}x\mathrm{d}y$，其中$\widehat{AB}$是由点 $A(r,0)$到点 $B(0,r)$的 1/4 的圆周.

解 对$\widehat{AB}$添加两条辅助线$\overline{BO}$和$\overline{OA}$，形成一个封闭曲线 Γ：$\widehat{OABO}$，如图 13.22 所示，该封闭曲线所围区域记为 D. 由格林公式知

$$\oint_{\Gamma}x\mathrm{d}y=\iint_D 1\mathrm{d}x\mathrm{d}y=\frac{1}{4}\pi r^2.$$

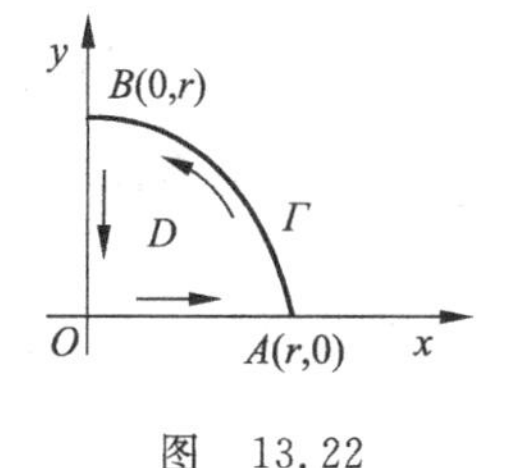

图 13.22

又因为

$$\oint_{\Gamma}x\mathrm{d}y=\int_{\overline{OA}}x\mathrm{d}y+\int_{\widehat{AB}}x\mathrm{d}y+\int_{\overline{BO}}x\mathrm{d}y=0+I+0=I,$$

所以

$$I=\oint_{\Gamma}x\mathrm{d}y=\frac{1}{4}\pi r^2.$$

13.3.2 曲线积分与路径的无关性

在 13.2 节中，由例 2 可知始点与终点相同，尽管积分路径不同，积分值仍然有可能相等；而由例 3 可知始点和终点相同，若沿着不同路径积分，则积分值可以不相等. 本部分，我们讨论在什么条件下曲线积分值与所沿路径无关. 首先给出曲线积分与路径无关的定义.

定义 13.3 设 D 为平面区域，$P(x,y),Q(x,y)$为 D 上的连续函数. 如果对于区域 D 内分别以 A、B 两点为始点和终点的光滑曲线 l，积分值

$$\int_l P\mathrm{d}x+Q\mathrm{d}y$$

只与 A,B 两点有关，而与从 A 到 B 的路径 l 无关，则称曲线积分$\int_l P\mathrm{d}x+Q\mathrm{d}y$ 与路径无关. 否则称与路径有关.

由格林公式可以得到下面的定理.

定理 13.5 若二元函数 $P(x,y)$,$Q(x,y)$以及$\frac{\partial Q}{\partial x}$,$\frac{\partial P}{\partial y}$在单连通区域 D 上连续,则以下四个条件等价:

(1) 沿区域 D 中任意逐段光滑的封闭曲线 Γ,有

$$\oint_{\Gamma} P\mathrm{d}x + Q\mathrm{d}y = O;$$

(2) 沿区域 D 中任意逐段光滑的曲线$\widehat{AB}$,积分值

$$\int_{\widehat{AB}} P\mathrm{d}x + Q\mathrm{d}y$$

与路径 l 无关,仅与始点 A 和终点 B 有关;

(3) $P(x,y)\mathrm{d}x+Q(x,y)\mathrm{d}y$ 在区域 D 内是某个函数的全微分,即存在函数 $u(x,y)$,使得

$$\mathrm{d}u=P\mathrm{d}x+Q\mathrm{d}y,\quad (x,y)\in D;$$

(4) 在区域 D 内恒有$\frac{\partial P}{\partial y}=\frac{\partial Q}{\partial x}$成立.

证明 只需证明(1)⇒(2),(2)⇒(3),(3)⇒(4),(4)⇒(1)四个命题成立.

(1)⇒(2) 在区域 D 中任取两点 A,B,以 A 为始点,B 为终点,任取两条逐段光滑曲线 l_1 和 l_2(如图 13.23 所示). 则 $l_{1(\widehat{AB})}+l_{2(\widehat{BA})}$ 形成 D 内一条封闭曲线,由(1)知

$$\oint_{\Gamma} P\mathrm{d}x + Q\mathrm{d}y = \int_{l_1(\widehat{AB})} P\mathrm{d}x + Q\mathrm{d}y + \int_{l_2(\widehat{BA})} P\mathrm{d}x + Q\mathrm{d}y = 0,$$

从而

$$\int_{l_1(\widehat{AB})} P\mathrm{d}x + Q\mathrm{d}y = -\int_{l_2(\widehat{BA})} P\mathrm{d}x + Q\mathrm{d}y = \int_{l_2(\widehat{AB})} P\mathrm{d}x + Q\mathrm{d}y,$$

即曲线积分与路径无关,仅与始点 A 和终点 B 有关.

(2)⇒(3) 只需找出一个函数 $u(x,y)$满足$\frac{\partial u}{\partial x}=P(x,y)$,$\frac{\partial u}{\partial y}=Q(x,y)$. 由(2)可知曲线积分$\int_{\widehat{AB}} P\mathrm{d}x + Q\mathrm{d}y$与路径 l 无关,则对于任意定点 $A(x_0,y_0)\in D$ 以及任意动点 $B(x,y)\in D$,当 $B(x,y)$在 D 内变动时,以 A、B 分别为始点和终点的曲线积分是终点 $B(x,y)$的函数,即

$$u(x,y) = \int_{(x_0,y_0)}^{(x,y)} P\mathrm{d}x + Q\mathrm{d}y.$$

以下证明二元函数 $u(x,y)$满足(2)的要求. 我们来求解$\frac{\partial u}{\partial x}$和$\frac{\partial u}{\partial y}$. 取充分小的 Δx,使得 $C(x+\Delta x,y)\in D$,则有

$$u(x+\Delta x,y) = \int_{(x_0,y_0)}^{(x+\Delta x,y)} P\mathrm{d}x + Q\mathrm{d}y.$$

由于曲线积分与路径无关,取点 A 到点 B 为任意光滑曲线,点 B 到点 C 为平行于 x 轴的直

线段(如图 13.24). 从而有

$$u(x+\Delta x,y)-u(x,y)=\int_{(x_0,y_0)}^{(x+\Delta x,y)}P\mathrm{d}x+Q\mathrm{d}y-\int_{(x_0,y_0)}^{(x,y)}P\mathrm{d}x+Q\mathrm{d}y=\int_{(x,y)}^{(x+\Delta x,y)}P\mathrm{d}x+Q\mathrm{d}y.$$

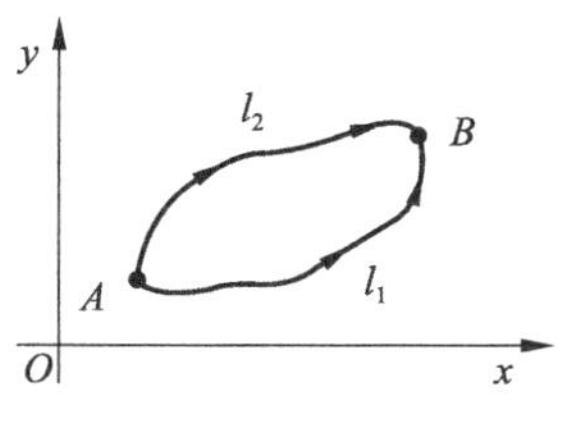

图 13.23

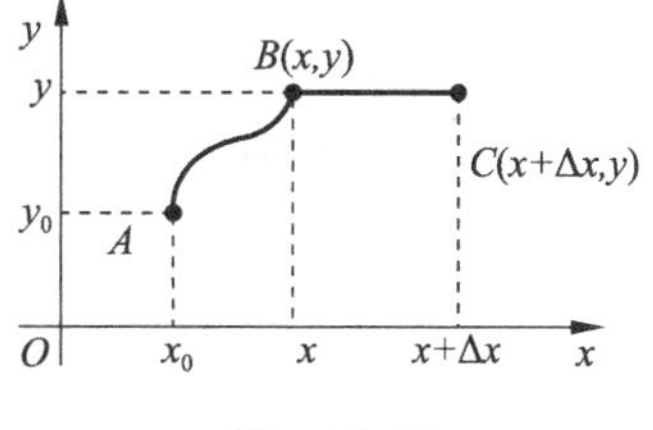

图 13.24

在水平线段 BC 上, y 为常数, $\mathrm{d}y=0$. 根据微分中值定理, 有

$$u(x+\Delta x,y)-u(x,y)=\int_{(x,y)}^{(x+\Delta x,y)}P(x,y)\mathrm{d}x=P(x+\theta\Delta x,y)\Delta x,\quad 0\leqslant\theta\leqslant 1,$$

即

$$\frac{u(x+\Delta x,y)-u(x,y)}{\Delta x}=P(x+\theta\Delta x,y).$$

因为函数 $P(x,y)$ 在 D 内连续, 从而有

$$\lim_{\Delta x\to 0}\frac{u(x+\Delta x,y)-u(x,y)}{\Delta x}=\lim_{\Delta x\to 0}P(x+\theta\Delta x,y)=P(x,y),$$

即

$$\frac{\partial u}{\partial x}=P(x,y),$$

同理可证

$$\frac{\partial u}{\partial y}=Q(x,y),$$

于是

$$\mathrm{d}u=\frac{\partial u}{\partial x}\mathrm{d}x+\frac{\partial u}{\partial y}\mathrm{d}y=P(x,y)\mathrm{d}x+Q(x,y)\mathrm{d}y.$$

(3)⇒(4) 设存在函数 $u(x,y)$, 使得 $\mathrm{d}u=P(x,y)\mathrm{d}x+Q(x,y)\mathrm{d}y$, 则对于区域 D 内的任意一点 $(x,y)\in D$ 都有

$$\frac{\partial u}{\partial x}=P(x,y),\quad \frac{\partial u}{\partial y}=Q(x,y).$$

由于 $\frac{\partial P}{\partial y},\frac{\partial Q}{\partial x}$ 在 D 上连续, 所以

$$\frac{\partial P}{\partial y}=\frac{\partial^2 u}{\partial x\partial y},\quad \frac{\partial Q}{\partial x}=\frac{\partial^2 u}{\partial y\partial x},$$

从而

$$\frac{\partial^2 u}{\partial x \partial y}=\frac{\partial^2 u}{\partial y \partial y},$$

即

$$\frac{\partial P}{\partial y}=\frac{\partial Q}{\partial x}.$$

(4)⇒(1) 对于区域 D 内任意逐段光滑的封闭曲线 Γ，设由闭曲线 Γ 所围的区域为 D，由格林公式知

$$\oint_{\Gamma} P\mathrm{d}x+Q\mathrm{d}y=\iint_{D}\left(\frac{\partial Q}{\partial x}-\frac{\partial P}{\partial y}\right)\mathrm{d}x\mathrm{d}y=0.$$

综上可知，(1)～(4)相互等价.

在定理 13.5 中由(2)⇒(3)知，如果曲线积分 $\int_{\overset{\frown}{AB}} P\mathrm{d}x+Q\mathrm{d}y$ 与路径无关，则函数

$$u(x,y)=\int_{(x_0,y_0)}^{(x,y)} P\mathrm{d}x+Q\mathrm{d}y$$

的全微分是 $\mathrm{d}u=P\mathrm{d}x+Q\mathrm{d}y$，称 $u(x,y)$ 是 $P\mathrm{d}x+Q\mathrm{d}y$ 的原函数. 求曲线积分与求解定积分相类似由定理 13.6 给出.

定理 13.6 设单连通区域 D 内的函数 $u(x,y)$ 为 $P\mathrm{d}x+Q\mathrm{d}y$ 的原函数，对于区域 D 内的任意两点 $A(x_1,y_1)$，$B(x_2,y_2)$，有

$$\int_{\overset{\frown}{AB}} P\mathrm{d}x+Q\mathrm{d}y=u(x_2,y_2)-u(x_1,y_1)=u(x,y)\Big|_{(x_1,y_1)}^{(x_2,y_2)}.$$

证明 在区域 D 内任取连接 A、B 两点的光滑曲线 l：

$$x=\varphi(t),\quad y=\psi(t),\quad \alpha\leqslant t\leqslant\beta,$$

且

$$(x_1,y_1)=[\varphi(\alpha),\psi(\alpha)],\quad (x_2,y_2)=[\varphi(\beta),\psi(\beta)],$$

则曲线积分

$$\int_{l} P\mathrm{d}x+Q\mathrm{d}y=\int_{\alpha}^{\beta}\{P[\varphi(t),\psi(t)]\varphi'(t)+Q[\varphi(t),\psi(t)]\psi'(t)\}\mathrm{d}t.$$

由于 $u(x,y)$ 为 $P\mathrm{d}x+Q\mathrm{d}y$ 的原函数，从而有 $P(x,y)=\frac{\partial u}{\partial x}$，$Q(x,y)=\frac{\partial u}{\partial y}$. 于是

$$\begin{aligned}\int_{l} P\mathrm{d}x+Q\mathrm{d}y&=\int_{\alpha}^{\beta}\left[\frac{\partial u}{\partial x}\varphi'(t)+\frac{\partial u}{\partial y}\psi'(t)\right]\mathrm{d}t\\&=\int_{\alpha}^{\beta}\frac{\mathrm{d}}{\mathrm{d}t}u[\varphi(t),\psi(t)]\mathrm{d}t=u[\varphi(t),\psi(t)]\Big|_{\alpha}^{\beta}\\&=u[\varphi(\beta),\psi(\beta)]-u[\varphi(\alpha),\psi(\alpha)]\\&=u(x_2,y_2)-u(x_1,y_1)\\&=u(x,y)\Big|_{(x_1,y_1)}^{(x_2,y_2)}.\end{aligned}$$

定理得证.

定理 13.5 和定理 13.6 提供了已知 $P\mathrm{d}x+Q\mathrm{d}y$ 存在原函数，如何求解原函数 $u(x,y)$ 的方法. 假设在某闭矩形区域 D 内，$u(x,y)$ 是 $P\mathrm{d}x+Q\mathrm{d}y$ 的原函数，由定理 13.5，曲线积分与路径无关. 在区域 D 内取一定点 $A(x_0,y_0)$ 和任意动点 $B(x,y)$，由定理 13.6 知

$$u(x,y)-u(x_0,y_0)=\int_{(x_0,y_0)}^{(x,y)}P\mathrm{d}x+Q\mathrm{d}y.$$

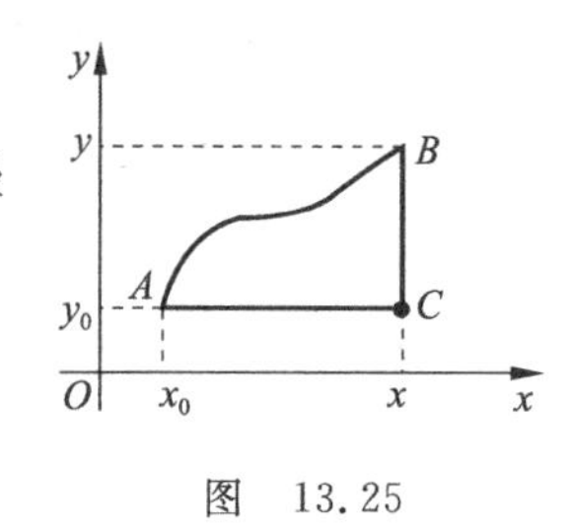

图 13.25

由于曲线积分与路径无关. 在 D 中取如图 13.25 所示的路径 ACB. 则

$$u(x,y)-u(x_0,y_0)=\int_{(x_0,y_0)}^{(x,y_0)}P\mathrm{d}x+Q\mathrm{d}y+\int_{(x,y_0)}^{(x,y)}P\mathrm{d}x+Q\mathrm{d}y.$$

在线段 AC 上，$y=y_0$，$\mathrm{d}y=0$，在线段 CB 上，$\mathrm{d}x=0$. 于是原函数

$$u(x,y)=\int_{x_0}^{x}P(x,y_0)\mathrm{d}x+\int_{y_0}^{y}Q(x,y)\mathrm{d}y+u(x_0,y_0),$$

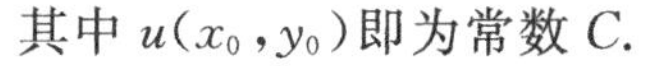

其中 $u(x_0,y_0)$ 即为常数 C.

这里需要指出的是，我们之所以将 D 假设为闭矩形区域，主要是为保证折线 ACB 包含于区域 D 内. 对于一般的区域这里不讨论了.

例 6 应用曲线积分求函数 $u(x,y)$ 使得 $\mathrm{d}u=(2x+\sin y)\mathrm{d}x+(x\cos y)\mathrm{d}y$.

解 这里 $P(x,y)=2x+\sin y$，$Q(x,y)=x\cos y$，因此

$$\frac{\partial P}{\partial y}=\cos y,\quad \frac{\partial Q}{\partial x}=\cos y.$$

于是在整个平面上有

$$\frac{\partial P}{\partial y}=\frac{\partial Q}{\partial x},$$

即曲线积分与路径无关. 取 $(x_0,y_0)=(0,0)$，由定理 13.16 知

$$u(x,y)=\int_0^x 2x\mathrm{d}x+\int_0^y x\cos y\mathrm{d}y+C=x^2+x\sin y+C.$$

例 7 求曲线积分 $\int_\Gamma(1+x\mathrm{e}^{2y})\mathrm{d}x+(x^2\mathrm{e}^{2y}-y)\mathrm{d}y$，其中 Γ 是 $(x-2)^2+y^2=4$ 的上半圆周沿顺时针方向(如图 13.26 所示).

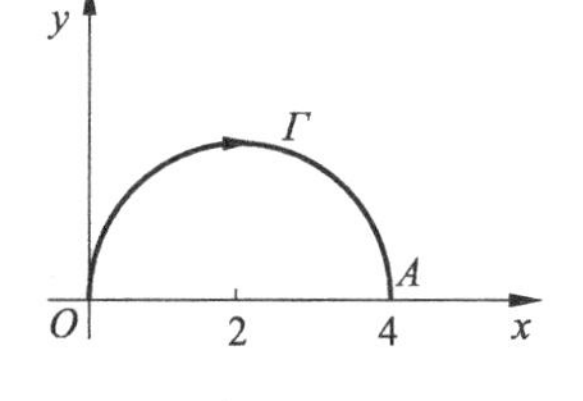

图 13.26

解 $P(x,y)=1+x\mathrm{e}^{2y}$，$Q(x,y)=x^2\mathrm{e}^{2y}-y$，从而

$$\frac{\partial P}{\partial y}=2x\mathrm{e}^{2y},\quad \frac{\partial Q}{\partial x}=2x\mathrm{e}^{2y},\quad 即\quad \frac{\partial P}{\partial y}=\frac{\partial Q}{\partial y},$$

从而曲线积分与路径无关，可沿 x 轴的线段 OA 积分，此时 $y=0$，$0\leqslant x\leqslant 4$，因此

$$\int_\Gamma(1+x\mathrm{e}^{2y})\mathrm{d}x+(x^2\mathrm{e}^{2y}-y)\mathrm{d}y=\int_{\overline{OA}}(1+x\mathrm{e}^{2y})\mathrm{d}x+(x^2\mathrm{e}^{2y}-y)\mathrm{d}y$$

$$=\int_0^4(1+x)\mathrm{d}x=12.$$

习题 13.3

1. 应用格林公式求解下列曲线积分：

(1) $\oint_{\Gamma}(x-2y)\mathrm{d}x+x\mathrm{d}y$，其中 Γ：$x^2+y^2=a^2$；

(2) $\oint_{\Gamma}(x+y)\mathrm{d}x-(x-y)\mathrm{d}y$，其中 Γ：$\dfrac{x^2}{a^2}+\dfrac{y^2}{b^2}=1$；

(3) $\int_{l}(\mathrm{e}^x\sin y-my)\mathrm{d}x+(\mathrm{e}^x\cos y-m)\mathrm{d}y$，其中 m 为常数，l 为由点 $A(a,0)$ 到点 $O(0,0)$ 经过上半圆周 $x^2+y^2=ax$ 的弧.（提示：连接 OA 形成闭曲线）

2. 利用格林公式计算下列曲线所围面积：

(1) 抛物线 $(x+y)^2=ax\ (a>0)$ 和 x 轴；

(2) $x=a\cos t, y=b\sin t, 0\leqslant t\leqslant 2\pi$.

3. 证明曲线积分 $\int_{(1,2)}^{(3,4)}(6xy^2+y^3)\mathrm{d}x+(6x^2y+3xy^2)\mathrm{d}y$ 在整个 xOy 平面内与路径无关，并计算积分值.

4. 计算下列曲线积分：

(1) $\int_{(0,0)}^{(1,1)}(x-y)\mathrm{d}x+(y-x)\mathrm{d}y$；　　(2) $\int_{(1,2,3)}^{(6,1,1)}yz\mathrm{d}x+xz\mathrm{d}y+xy\mathrm{d}z$.

5. 求下列各题的原函数 $u(x,y)$：

(1) $\mathrm{d}u=(2x+3y)\mathrm{d}x+(3x-4y)\mathrm{d}y$；

(2) $\mathrm{d}u=(x^2+2xy-y^2)\mathrm{d}x+(x^2-2xy-y^2)\mathrm{d}y$；

(3) $\mathrm{d}u=(2x\cos y-y^2\sin x)\mathrm{d}x+(2y\cos x-x^2\sin y)\mathrm{d}y$.

6. 证明：对任意一条包含原点的逐段光滑闭曲线 Γ，都有

(1) $\oint_{\Gamma}\dfrac{x\mathrm{d}y-y\mathrm{d}x}{x^2+y^2}=2\pi$；　　(2) $\oint_{\Gamma}\dfrac{x\mathrm{d}y+y\mathrm{d}x}{x^2+y^2}=0$.

13.4 第一型曲面积分

正如为求解曲线质量引入第一型曲线积分那样，第一型曲面积分也是从实际问题中抽象出来的，由计算曲面的质量可引入第一型曲面积分.

13.4.1 第一型曲面积分的概念

对于空间中光滑（或逐片光滑）曲面 S 质量的求解与曲线质量的求解相似，仍采用“分

割、近似、求和、取极限”的步骤.

首先，用曲面 S 上的曲线网，将曲面 S 任意分割成 n 个无公共内点可求面积的小曲面：$S_1, S_2, \cdots, S_n$，将分法记为 T，并且每个小曲面 S_i 的面积记为 $\Delta\sigma_i(i=1,2,\cdots,n)$.

其次，在每个小曲面 S_i 上任取一点 $P_i(\zeta_i, \eta_i, \xi_i)$，若密度函数 $f(x,y,y)$ 为连续函数，则第 i 个小曲面的质量 Δm_i 可近似地表示为

$$\Delta m_i \approx f(\zeta_i, \eta_i, \xi_i)\Delta\sigma_i \quad (i=1,2,\cdots,n).$$

再次，将每个小曲面质量的近似值求和，得到曲面 S 的质量 m 的近似值，即

$$m = \sum_{i=1}^{n} \Delta m_i \approx \sum_{i=1}^{n} f(\zeta_i, \eta_i, \xi_i)\Delta\sigma_i.$$

最后，通过取极限的方法得到曲面 S 的质量 m，也就是令 $\lambda(T)=\max\{\mathrm{d}(S_1), \mathrm{d}(S_2), \cdots, \mathrm{d}(S_n)\}$，其中 $\mathrm{d}(S_i)$ 表示第 i 个小曲面的直径，当 $\lambda(T)\to 0$ 时，如果上式右端的极限值存在，则该极限值为曲面 S 的质量 m，即

$$m = \lim_{\lambda(T)\to 0} \sum_{i=1}^{n} f(\zeta_i, \eta_i, \xi_i)\Delta\sigma_i.$$

定义 13.4　设函数 $f(x,y,z)$ 在光滑或逐片光滑的曲面 S 上有定义. 用分法 T 将 S 分成 n 个无公共内点的可求面积的小曲面 $S_1, S_2, \cdots, S_n$，每个小曲面的面积记为 $\Delta\sigma_i$，在每个小曲面 S_i 上任取一点 $P_i(\zeta_i, \eta_i, \xi_i)$ 作和

$$\sum_{i=1}^{n} f(\zeta_i, \eta_i, \xi_i)\Delta\sigma_i.$$

若当 $\lambda(T)=\max\{\mathrm{d}(S_i), i=1,2,\cdots,n \mid \mathrm{d}(S_i)$ 为 S_i 的直径$\}\to 0$ 时，极限

$$\lim_{\lambda(T)\to 0} \sum_{i=1}^{n} f(\zeta_i, \eta_i, \xi_i)\Delta\sigma_i$$

存在，并且极限与分法 T 和 P_i 的取法无关，则称此极限值为函数 $f(x,y,z)$ 在曲面 S 上的第一型曲面积分，记作 $\iint\limits_S f(x,y,z)\mathrm{d}\sigma$，即

$$\iint\limits_S f(x,y,z)\mathrm{d}\sigma = \lim_{\lambda(T)\to 0} \sum_{i=1}^{n} f(\zeta_i, \eta_i, \xi_i)\Delta\sigma_i.$$

不难看出，当被积函数 $f(x,y,z)\equiv 1$ 时，第一型曲面积分值等于曲面的面积，即

$$\sigma = \iint\limits_S \mathrm{d}\sigma.$$

13.4.2　第一型曲面积分的简单性质

第一型曲面积分的性质与第一型曲线积分性质相类似，在此我们只给出两个在计算中常用到的性质，其余性质读者可参照第一型曲线积分的性质自己补充.

性质 13.7 若$\iint\limits_S f(x,y,z)\mathrm{d}\sigma$和$\iint\limits_S g(x,y,z)\mathrm{d}\sigma$都存在,$\alpha,\beta$为任意常数,则$\iint\limits_S[\alpha f(x,y,z)+\beta g(x,y,z)]\mathrm{d}\sigma$也存在,并且

$$\iint\limits_S[\alpha f(x,y,z)+\beta g(x,y,z)]\mathrm{d}\sigma=\alpha\iint\limits_S f(x,y,z)\mathrm{d}\sigma+\beta\iint\limits_S g(x,y,z)\mathrm{d}\sigma.$$

性质 13.8 若将曲面S分成两个无公共内点的可求面积的曲面S_1和S_2,并且$\iint\limits_{S_1} f(x,y,z)\mathrm{d}\sigma$和$\iint\limits_{S_2} f(x,y,z)\mathrm{d}\sigma$都存在,则$\iint\limits_S f(x,y,z)\mathrm{d}\sigma$也存在,有

$$\iint\limits_S f(x,y,z)\mathrm{d}\sigma=\iint\limits_{S_1} f(x,y,z)\mathrm{d}\sigma+\iint\limits_{S_2} f(x,y,z)\mathrm{d}\sigma.$$

反之,若$\iint\limits_S f(x,y,z)\mathrm{d}\sigma$存在,则$\iint\limits_{S_1} f(x,y,z)\mathrm{d}\sigma$和$\iint\limits_{S_2} f(x,y,z)\mathrm{d}\sigma$也存在,并且上式成立.

13.4.3 第一型曲面积分的计算

第一型曲面积分的存在性及其计算方法由下面的定理给出.

定理 13.7 设曲面S是由显函数

$$z=z(x,y),\quad (x,y)\in D$$

给出的光滑(或逐片光滑)曲面,D为有界闭区域,$f(x,y,z)$为定义在曲面S上的连续函数,则第一型曲面积分$\iint\limits_S f(x,y,z)\mathrm{d}\sigma$存在,并且有

$$\iint\limits_S f(x,y,z)\mathrm{d}\sigma=\iint\limits_D f[x,y,z(x,y)]\sqrt{1+p^2+q^2}\,\mathrm{d}x\mathrm{d}y. \tag{13.11}$$

其中$p=\dfrac{\partial z}{\partial x},q=\dfrac{\partial z}{\partial y}$.

证明 对于曲面S的任一分法T: $S_1,S_2,\cdots,S_n$,相应地在区域D中有分法T_D: $D_1,D_2,\cdots,D_n$. 这里$D_1,D_2,\cdots,D_n$分别为$S_1,S_2,\cdots,S_n$在xy平面上的投影. 于是,由曲面面积的计算公式(12.12)知

$$S_i=\iint\limits_{D_i}\sqrt{1+p^2+q^2}\,\mathrm{d}x\mathrm{d}y,$$

其中$p=\dfrac{\partial z}{\partial x},q=\dfrac{\partial z}{\partial y}$. 由于曲面$S$光滑,从而$p=\dfrac{\partial z}{\partial x},q=\dfrac{\partial z}{\partial y}$在区域$D$上连续,故函数$\sqrt{1+p^2+q^2}$也连续. 由二重积分中值定理(性质12.10)可得

$$S_i=\iint\limits_{D_i}\sqrt{1+p^2+q^2}\,\mathrm{d}x\mathrm{d}y=\sqrt{1+[z'_x(\xi_i^*,\eta_i^*)]^2+[z'_y(\xi_i^*,\eta_i^*)]^2}\,\Delta D_i,$$

其中$(\xi_i^*,\eta_i^*)\in D_i$,$\Delta D_i$表示小区域$D_i$的面积$(i=1,2,\cdots,n)$. 从而曲面积分和可以表示为

$$\sum_{i=1}^{n} f(\zeta_i,\eta_i,\xi_i)\Delta\sigma_i = \sum_{i=1}^{n} f(\zeta_i,\eta_i,\xi_i)\ \sqrt{1+[z'_x(\xi_i^*,\eta_i^*)]^2+[z'_y(\xi_i^*,\eta_i^*)]^2}\Delta D_i$$
$$= \Sigma'+\Sigma'',$$

这里

$$\Sigma' = \sum_{i=1}^{n} f[\xi_i,\eta_i,z(\xi_i,\eta_i)]\cdot\sqrt{1+[z'_x(\xi_i^*,\eta_i^*)]^2+[z'_y(\xi_i^*,\eta_i^*)]^2}\Delta D_i,$$

$$\Sigma'' = \sum_{i=1}^{n} f[\xi_i,\eta_i,z(\xi_i,\eta_i)]\cdot\{\sqrt{1+[z'_x(\xi_i^*,\eta_i^*)]^2+[z'_y(\xi_i^*,\eta_i^*)]^2}$$
$$-\sqrt{1+[z'_x(\xi_i,\eta_i)]^2+[z'_y(\xi_i,\eta_i)]^2}\}\Delta D_i.$$

下面证明 $\lim\limits_{\lambda(T)\to 0}\Sigma' = \iint\limits_{D} f[x,y,z(x,y)]\ \sqrt{1+p^2+q^2}\mathrm{d}x\mathrm{d}y$，$\lim\limits_{\lambda(T)\to 0}\Sigma''=0$，其中

$$\lambda(T)=\max\{\mathrm{d}(S_1),\mathrm{d}(S_2),\cdots,\mathrm{d}(S_n)\}.$$

先证 $\lim\limits_{\lambda(T)\to 0}\Sigma' = \iint\limits_{D} f[x,y,z(x,y)]\ \sqrt{1+p^2+q^2}\mathrm{d}x\mathrm{d}y.$

因为 $\lambda(T)=\max\{\mathrm{d}(S_1),\mathrm{d}(S_2),\cdots,\mathrm{d}(S_n)\}\to 0$ 等价于 $\lambda(T_D)=\max\{\mathrm{d}(D_1),\mathrm{d}(D_2),\cdots,\mathrm{d}(D_n)\}\to 0$，并且 Σ' 为函数 $f[x,y,z(x,y)]\sqrt{1+p^2+q^2}$ 在区域 D 上的积分和，又函数 $f[x,y,z(x,y)]\sqrt{1+p^2+q^2}$ 在区域 D 上连续，从而当 $\lambda(T)\to 0$ 时，Σ' 这一积分和的极限等于函数 $f(x,y,z)\sqrt{1+p^2+q^2}$ 在 D 上的二重积分，即

$$\lim_{\lambda(T)\to 0}\Sigma' = \lim_{\lambda(T_0)\to 0}\Sigma' = \iint\limits_{D} f[x,y,z(x,y)]\ \sqrt{1+p^2+q^2}\mathrm{d}x\mathrm{d}y.$$

再证 $\lim\limits_{\lambda(T)\to 0}\Sigma''=0.$

由于函数 $f[x,y,z(x,y)]$ 在有界闭区域 D 上连续，从而有界，即存在常数 $M>0$，使得

$$|f[x,y,z(x,y)]|\leqslant M,\quad (x,y)\in D.$$

又函数 $\sqrt{1+p^2+q^2}$ 在有界闭区域 D 上连续，从而一致连续，故对于任意 $\varepsilon>0$，总存在 $\delta>0$，当 $\lambda(T_D)<\delta$ 时，有

$$|\sqrt{1+[z'_x(\xi_i^*,\eta_i^*)]^2+[z'_y(\xi_i^*,\eta_i^*)]^2}$$
$$-\sqrt{1+[z'_x(\xi_i,\eta_i)]^2+[z'_y(\xi_i,\eta_i)]^2}|<\varepsilon\quad(i=1,2,\cdots,n).$$

因此，当 $\lambda(T)<\delta$ 时(此时 $\lambda(T_D)<\delta$)，有

$$0\leqslant|\Sigma''|\leqslant\sum_{i=1}^{n}M\varepsilon\Delta D_i = M\varepsilon\sum_{i=1}^{n}\Delta D_i = M\varepsilon D,$$

所以

$$\lim_{\lambda(T)\to 0}\Sigma''=0.$$

综上可知

$$\lim_{\lambda(T)\to 0}\sum_{i=1}^{n} f(\zeta_i,\eta_i,\xi_i)\Delta\sigma_i = \lim_{\lambda(T)\to 0}(\Sigma'+\Sigma'') = \lim_{\lambda(T)\to 0}\Sigma' + \lim_{\lambda(T)\to 0}\Sigma''$$

$$= \iint_D f[x,y,z(x,y)]\sqrt{1+p^2+q^2}\,\mathrm{d}x\mathrm{d}y.$$

从而定理得证.

当曲面 S 表示为其他形式时，相应的第一型曲面积分的计算公式(13.11)变化为如下情形：

情形 1　当曲面 S 表示为显函数 $x=x(y,z)$ 或 $y=y(z,x)$ 时，也可得到类似于公式(13.11)的计算公式，为方便比较我们将三种计算公式一并写出：

$$\iint_S f(x,y,z)\mathrm{d}\sigma = \iint_{D_{xy}} f[x,y,z(x,y)]\sqrt{1+\left(\frac{\partial z}{\partial x}\right)^2+\left(\frac{\partial z}{\partial y}\right)^2}\,\mathrm{d}x\mathrm{d}y,$$

$$\iint_S f(x,y,z)\mathrm{d}\sigma = \iint_{D_{yz}} f[x(y,z),y,z]\sqrt{1+\left(\frac{\partial x}{\partial y}\right)^2+\left(\frac{\partial x}{\partial z}\right)^2}\,\mathrm{d}y\mathrm{d}z,$$

$$\iint_S f(x,y,z)\mathrm{d}\sigma = \iint_{D_{zx}} f[x,y(z,x),z]\sqrt{1+\left(\frac{\partial y}{\partial z}\right)^2+\left(\frac{\partial y}{\partial x}\right)^2}\,\mathrm{d}z\mathrm{d}x,$$

其中 D_{xy}，D_{yz}，D_{zx} 分别表示曲面 S 在 xOy 平面、yOz 平面以及 zOx 平面上的投影区域.

情形 2　当曲面 S 是由参数方程

$$x=x(u,v),\quad y=y(u,v),\quad z=z(u,v),\quad (u,v)\in D_{uv}$$

给出的光滑曲面时，有

$$\iint_S f(x,y,z)\mathrm{d}\sigma = \iint_{D_{uv}} f[x(u,v),y(u,v),z(u,v)]\sqrt{EG-F^2}\,\mathrm{d}u\mathrm{d}v, \tag{13.12}$$

其中

$$E=\left(\frac{\partial x}{\partial u}\right)^2+\left(\frac{\partial y}{\partial u}\right)^2+\left(\frac{\partial z}{\partial u}\right)^2,$$

$$G=\left(\frac{\partial x}{\partial v}\right)^2+\left(\frac{\partial y}{\partial v}\right)^2+\left(\frac{\partial z}{\partial v}\right)^2,$$

$$F=\frac{\partial x}{\partial u}\frac{\partial x}{\partial v}+\frac{\partial y}{\partial u}\frac{\partial y}{\partial v}+\frac{\partial z}{\partial u}\frac{\partial z}{\partial v}.$$

公式(13.12)的证明与第一型曲线积分中定理13.2的证明相似，在此从略.

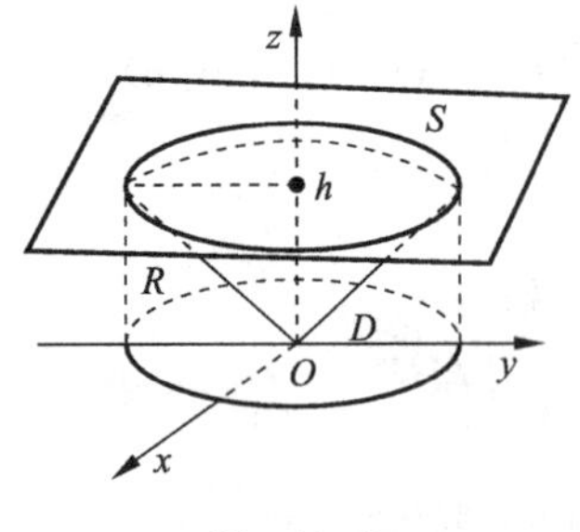

图　13.17

例 1　计算第一型曲面积分 $I=\iint_S \frac{1}{z}\mathrm{d}\sigma$，其中 S 是球面 $x^2+y^2+z^2=a^2$ 被平面 $z=h(h>0)$ 所截出的顶部(如图 13.27 所示).

解　本题我们分别用公式(13.11)和公式(13.12)进行

求解.

方法一　曲面 S 可以表示成 S：$z=\sqrt{R^2-x^2-y^2}$，$(x,y)\in D_{xy}$，D_{xy} 为曲面 S 在 xy 平面上的投影区域，即 D_{xy}：$x^2+y^2\leqslant R^2-h^2$. 因为

$$p=\frac{\partial z}{\partial x}=-\frac{x}{\sqrt{R^2-x^2-y^2}},$$

$$q=\frac{\partial z}{\partial y}=-\frac{y}{\sqrt{R^2-x^2-y^2}},$$

$$\sqrt{1+p^2+q^2}=\frac{R}{\sqrt{R^2-x^2-y^2}},$$

从而由公式(13.11)知

$$\begin{aligned}I&=\iint\limits_{D_{xy}}\frac{1}{\sqrt{R^2-x^2-y^2}}\cdot\frac{R}{\sqrt{R^2-x^2-y^2}}\mathrm{d}x\mathrm{d}y\\&=R\iint\limits_{D_{xy}}\frac{1}{R^2-x^2-y^2}\mathrm{d}x\mathrm{d}y=R\int_0^{2\pi}\mathrm{d}\theta\int_0^{\sqrt{R^2-h^2}}\frac{r}{R^2-r^2}\mathrm{d}r\\&=2\pi R\int_0^{\sqrt{R^2-h^2}}\frac{r}{R^2-r^2}\mathrm{d}r=2\pi R\left[-\frac{1}{2}\ln(R^2-r^2)\right]\Bigg|_0^{\sqrt{R^2-h^2}}\\&=2\pi R\ln\frac{R}{h}.\end{aligned}$$

方法二　曲面 S 可由参数方程表示为

$$\begin{cases}x=R\sin\varphi\cos\theta,\\y=R\sin\varphi\sin\theta,\quad 0\leqslant\theta\leqslant2\pi,\quad 0\leqslant\varphi\leqslant\arccos\dfrac{h}{R}.\\z=R\cos\varphi,\end{cases}$$

由公式(13.12)知

$$I=\iint\limits_{D_{\varphi\theta}}\frac{1}{R\cos\varphi}\sqrt{EG-F^2}\,\mathrm{d}\varphi\mathrm{d}\theta,$$

其中

$$E=\left(\frac{\partial x}{\partial\varphi}\right)^2+\left(\frac{\partial y}{\partial\varphi}\right)^2+\left(\frac{\partial z}{\partial\varphi}\right)^2=(R\cos\varphi\cos\theta)^2+(R\cos\varphi\sin\theta)^2+(-R\sin\varphi)^2=R^2,$$

$$G=\left(\frac{\partial x}{\partial\theta}\right)^2+\left(\frac{\partial y}{\partial\theta}\right)^2+\left(\frac{\partial z}{\partial\theta}\right)^2=(-R\sin\varphi\sin\theta)^2+(R\sin\varphi\cos\theta)^2+0=R^2\sin^2\varphi,$$

$$\begin{aligned}F&=\frac{\partial x}{\partial\varphi}\frac{\partial x}{\partial\theta}+\frac{\partial y}{\partial\varphi}\frac{\partial y}{\partial\theta}+\frac{\partial z}{\partial\varphi}\frac{\partial z}{\partial\theta}\\&=(R\cos\varphi\cos\theta)(-R\sin\varphi\sin\theta)+(R\cos\varphi\sin\theta)(R\sin\varphi\cos\theta)+(-R\sin\varphi)\cdot0=0,\end{aligned}$$

从而

$$\sqrt{EG-F^2}=\sqrt{R^2\cdot R^2\sin^2\varphi-0}=R^2\sin\varphi,$$

因此

$$I=\int_0^{2\pi}\mathrm{d}\theta\int_0^{\arccos\frac{h}{R}}\frac{R^2\sin\varphi}{R\cos\varphi}\mathrm{d}\varphi=2\pi R\int_0^{\arccos\frac{h}{R}}\frac{\sin\varphi}{\cos\varphi}\mathrm{d}\varphi$$

$$=-2\pi R\ln\cos\varphi\Big|_0^{\arccos\frac{h}{R}}=-2\pi R\ln\cos\left(\arccos\frac{h}{R}\right)$$

$$=-2\pi R\ln\frac{h}{R}=2\pi R\ln\frac{R}{h}.$$

例 2 计算曲面积分 $I=\iint\limits_S\frac{1}{(1+x+y)^2}\mathrm{d}\sigma$，其中曲面 S 是由平面 $x+y+z=1$ 以及三个坐标平面所围成的四面体的表面（如图 13.28 所示）.

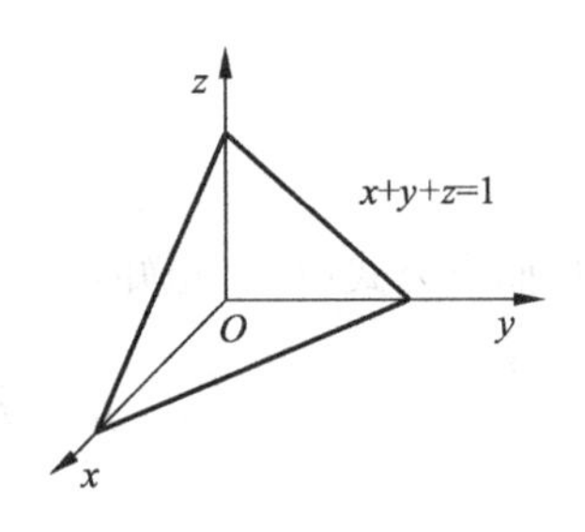

图 13.28

解 由题意知曲面 S 由四个平面 S_1,S_2,S_3,S_4 组成，分别有

$S_1: x+y+z=1$； $S_2: x=0$； $S_3: y=0$； $S_4: z=0$，

从而

$$I=\left(\iint\limits_{S_1}+\iint\limits_{S_2}+\iint\limits_{S_3}+\iint\limits_{S_4}\right)\frac{1}{(1+x+y)^2}\mathrm{d}\sigma,$$

其中

$$\iint\limits_{S_1}\frac{1}{(1+x+y)^2}\mathrm{d}\sigma=\int_0^1\mathrm{d}x\int_0^{1-x}\frac{\sqrt{3}}{(1+x+y)^2}\mathrm{d}y=\sqrt{3}\left(\ln2-\frac{1}{2}\right),$$

$$\iint\limits_{S_2}\frac{1}{(1+x+y)^2}\mathrm{d}\sigma=\int_0^1\mathrm{d}z\int_0^{1-z}\frac{1}{(1+y)^2}\mathrm{d}y=1-\ln2,$$

$$\iint\limits_{S_3}\frac{1}{(1+x+y)^2}\mathrm{d}\sigma=\int_0^1\mathrm{d}z\int_0^{1-z}\frac{1}{(1+x)^2}\mathrm{d}x=1-\ln2,$$

$$\iint\limits_{S_4}\frac{1}{(1+x+y)^2}\mathrm{d}\sigma=\int_0^1\mathrm{d}x\int_0^{1-x}\frac{1}{(1+x+y)^2}\mathrm{d}y=\ln2-\frac{1}{2}.$$

所以

$$I=\sqrt{3}\left(\ln2-\frac{1}{2}\right)+2(1-\ln2)+\left(\ln2-\frac{1}{2}\right)=\frac{3-\sqrt{3}}{2}+(\sqrt{3}-1)\ln2.$$

例 3 已知球的半径为 R，球面上各点的面密度等于这点到铅垂直径的距离，求球面的质量 m.

解 在第一型曲面积分的引入中，我们知道当被积函数 $f(x,y,z)$ 为曲面 S 的密度函数时，第一型曲面积分的值为曲面 S 的质量.

取铅垂直径为 z 轴，球心在原点，则球面方程表示为

$$S: x^2+y^2+z^2=R^2.$$

在球面上任取一点 (x,y,z) 到 z 轴的距离为 $\sqrt{x^2+y^2}$，由题意知密度函数 $\rho=\sqrt{x^2+y^2}$，从

而球面的质量

$$m=\iint\limits_{S}\sqrt{x^2+y^2}\,\mathrm{d}\sigma.$$

将球面 S 用参数方程表示为

$$\begin{cases}x=R\sin\varphi\cos\theta,\\ y=R\sin\varphi\sin\theta, & 0\leqslant\theta\leqslant2\pi,0\leqslant\varphi\leqslant\pi,\\ z=R\cos\varphi,\end{cases}$$

由公式(13.12)知

$$\begin{aligned}m&=\int_0^{2\pi}\mathrm{d}\theta\int_0^{\pi}R\sin\varphi\cdot R^2\sin\varphi\mathrm{d}\varphi=2\pi R^3\int_0^{\pi}\sin^2\varphi\mathrm{d}\varphi\\&=2\pi R^3\int_0^{\pi}\frac{1-\cos2\varphi}{2}\mathrm{d}\varphi=\pi R^3\left(\varphi-\frac{\sin2\varphi}{2}\right)\Big|_0^{\pi}\\&=\pi^2R^3.\end{aligned}$$

习题 13.4

1. 求下列第一型曲面积分：

(1) $\iint\limits_{S}(x+y+z)\mathrm{d}\sigma$，其中 S 是上半球面：$x^2+y^2+z^2=a^2,z\geqslant0$；

(2) $\iint\limits_{S}z\,\mathrm{d}\sigma$，其中曲面 S 是螺旋面：$x=r\cos\varphi,y=r\sin\varphi,z=\varphi$ $(0\leqslant r\leqslant a;0\leqslant\varphi\leqslant2\pi)$的一部分；

(3) $\iint\limits_{S}\mathrm{d}\sigma$，其中曲面 S 为：球面 $x^2+y^2+z^2=2cz$ $(c>0)$夹在锥面 $x^2+y^2=z^2$ 内的部分；

(4) $\iint\limits_{S}(x^2+y^2)\mathrm{d}\sigma$，其中曲面 S 为：体 $\sqrt{x^2+y^2}\leqslant z\leqslant1$ 的边界.

2. 求抛物面壳 $z=\dfrac{1}{2}(x^2+y^2),0\leqslant z\leqslant1$ 的质量.此抛物面壳的密度函数为 $\rho=z$.

3. 证明：若 D 为 xy 平面上的有界闭区域.$z=z(x,y)$是 D 上的光滑曲面 S，函数 $f(x,y,z)$在曲面 S 上连续，则存在$(\zeta,\eta,\xi)\in S$，使得

$$\iint\limits_{S}f(x,y,z)\mathrm{d}\sigma=f(\zeta,\eta,\xi)\cdot A,$$

其中 A 是曲面 S 的面积.

13.5 第二型曲面积分

第二型曲面积分的概念和计算与第二型曲线积分的概念和计算相类似.我们已经知道第二型曲线积分与曲线的方向有关,同样,第二型曲面积分与曲面的方向也有关.为此,我们首先讨论曲面的侧.

13.5.1 曲面的侧

通常一张曲面总有两面(或称两侧),例如当曲面表示为 $z=z(x,y)$ 时,可以指出它的上面(侧)与下面(侧);当曲面表示为 $x=x(y,z)$ 时,可以指出它的前面(侧)与后面(侧);当曲面由 $y=y(z,x)$ 表示时,则可指出它的左面(侧)与右面(侧).那么,是否每张曲面都有两个侧面呢?为了回答这一问题,我们介绍下面的定义.

定义 13.5 在光滑曲面 S 上任取一点 P_0,过点 P_0 的法线有两个方向,选定一个方向作为正方向,当设一动点 P 从点 P_0 出发沿着曲面 S 上任意一条闭曲线又回到点 P_0,当点 P 在曲面 S 上连续变动(不越过曲面的边界)时,法线也连续变动,从而当动点 P 又回到点 P_0 时,如果法线的正向与出发点 P_0 的法线正向相同,则称曲面 S 为双侧曲面,如果法线的正向与出发点 P_0 的法线正向相反,则曲面 S 称为单侧曲面.

可见,并非所有曲面都有两个侧面.当然,通常情况下我们所遇到的曲面大多是双侧曲面.单侧曲面也是存在的,一个典型的例子是 Möbius 带,它的构造如下:取一长方形纸条 $ABCD$,将纸条的一端 CD 扭转 $180°$,再与另一端 AB 粘合起来,形成的曲面(图 13.29)就是单侧曲面.

事实上,如果在此曲面上任取一条与边界平行的闭曲线,在该闭曲线上任取一点 P_0 作为起点,当动点 P 从点 P_0 出发沿此曲线连续变动一周回到 P_0 点时,由图 13.29 可以看出,P 的法线方向与出发时的方向恰好相反.

以下我们介绍双侧曲面侧的确定以及曲面边界的定向问题.

假设曲面 S 为一张光滑双侧曲面,如果在 S 上选定了一个点的法线方向为正方向,则其他点的法线方向也随之而定,在曲面上所有点的集合连同指定的法线方向,称为曲面的一个定侧,并把指定的一侧(对应于法线正向的一侧)称为正侧,而另一侧则称为负侧.曲面的正侧原则上可以任意指定,但习惯性按如下规则约定:对于封闭曲面,约定外侧为正侧(即法线方向指向外面).例如,对于分别用 $x=x(y,z)$,$y=y(z,x)$,$z=z(x,y)$ 表示的曲面,曲面的正侧分别约定为曲面的前侧(即法线方向指向 x 轴正向),曲面的右侧(即法线方向指向 y 轴正向)以及曲面的上侧(即法线方向指向 z 轴正向).

曲面边界正向的确定则遵循右手法则.具体而言,对于光滑双侧曲面 S,选定一侧为

正侧，该侧的法向量记为 $\boldsymbol{n}$，S 的边界由有限条分段光滑的闭曲线 $l_i(i=1,2,\cdots,m)$ 组成. 一个人按 $\boldsymbol{n}$ 的方向站在 S 的边界 $l_i(i=1,2,\cdots,m)$ 上行进，如果曲面 S 总在人的左手边，则规定此方向为 $l_i(i=1,2,\cdots,m)$ 的正方向，另一个方向则为 $l_i(i=1,2,\cdots,m)$ 的负方向(图 13.30). 显然，曲面边界正向的确定方式与 13.3.1 节格林公式中沿着平面闭曲线的第二型曲线积分规定的闭曲线正方向的确定方式相同.

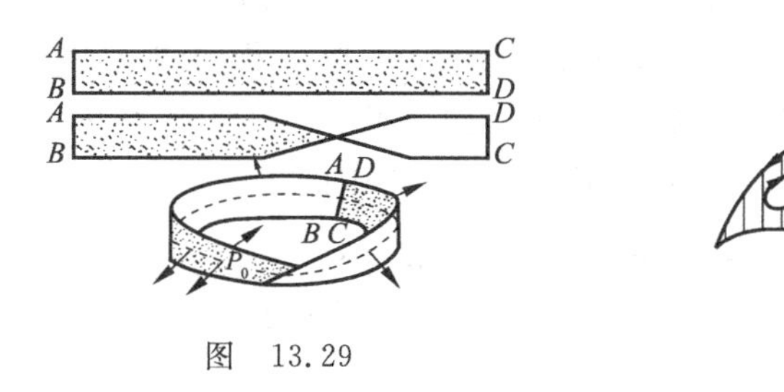

图　13.29

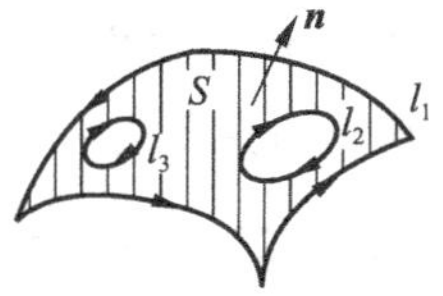

图　13.30

由上述分析不难看出，对于双侧曲面，只要选定了曲面的正侧则曲面边界的正方向也就随之确定；反之，选定了曲面边界的正方向也就确定了曲面的正侧. 以下讨论的曲面若无特别说明均指光滑双侧曲面.

13.5.2　第二型曲面积分的概念

定义 13.6　设三元函数 $f(x,y,z)$ 在光滑双侧曲面 S 上有定义，选定曲面 S 一侧为正. 用分法 T 将 S 分成 n 个无公共内点的小曲面 $S_1,S_2,\cdots,S_n$，每个小曲面 S_i 的面积记为 $\Delta\sigma_i$ $(i=1,2,\cdots,n)$，每个小曲面在 xy 平面上的投影区域分别为 $D_1,D_2,\cdots,D_n$，相应的则以 $\Delta D_i(i=1,2,\cdots,n)$ 来表示. 小区域面积 ΔD_i 是带有正负号的，正负号的选取由小曲面 S_i 的正侧(它与 S 的正侧一致)来确定，即如果 S_i 正侧的法线正向与 z 轴正向夹角为锐角时，ΔD_i 取正号，否则 ΔD_i 取负号. 在每个小曲面 S_i 上任取一点 $P_i(\zeta_i,\eta_i,\xi_i)$，作和

$$\sum_{i=1}^{n} f(\zeta_i,\eta_i,\xi_i)\Delta D_i,$$

若当 $\lambda(T)=\max\{\mathrm{d}(S_i),i=1,2,\cdots,n \mid \mathrm{d}(S_i)\text{为 }S_i\text{ 的直径}\}\to 0$ 时，极限

$$\lim_{\lambda(T)\to 0}\sum_{i=1}^{n} f(\zeta_i,\eta_i,\xi_i)\Delta D_i = I_{xy}$$

存在，并且该极限与分法 T 和 P_i 的取法无关，则称极限 I_{xy} 为函数 $f(x,y,z)$ 沿曲面 S 沿正侧关于 xy 的第二型曲面积分，记作 $\iint\limits_{S^+} f(x,y,z)\mathrm{d}x\mathrm{d}y$，即

$$I_{xy}=\iint\limits_{S^+} f(x,y,z)\mathrm{d}x\mathrm{d}y=\lim_{\lambda(T)\to 0}\sum_{i=1}^{n} f(\zeta_i,\eta_i,\xi_i)\Delta D_i.$$

类似地，可以定义关于 yz 和 zx 的第二型曲面积分

$$I_{yz}=\iint_{S^+}f(x,y,z)\mathrm{d}y\mathrm{d}z=\lim_{\lambda(T)\to 0}\sum_{i=1}^{n}f(\zeta_i,\eta_i,\xi_i)\Delta D'_i,$$

$$I_{zx}=\iint_{S^+}f(x,y,z)\mathrm{d}z\mathrm{d}x=\lim_{\lambda(T)\to 0}\sum_{i=1}^{n}f(\zeta_i,\eta_i,\xi_i)\Delta D''_i,$$

其中 $\Delta D'_i$ 为曲面 S 在分法 T' 下的小曲面 S'_i 在 yz 平面上的投影 D'_i 的面积，其符号规定为 S'_i 正侧的法线正向与 x 轴正向夹角为锐角时，$\Delta D'_i$ 取正号，否则取负号；同理，$\Delta D''_i$ 表示曲面 S 在分法 T'' 下的小曲面 S''_i 在 zx 平面上的投影 D''_i 的面积，其符号规定为 S''_i 正侧的法线正向与 y 轴正向夹角为锐角时，$\Delta D''_i$ 取正号，否则取负号.

为方便起见，S^+ 都简写为 S，如无特殊说明，积分号“$\iint_S$”表示积分沿曲面 S 的正侧. 当曲面 S 为闭曲面时，常用下述记号

$$\oiint_S P(x,y,z)\mathrm{d}y\mathrm{d}x+Q(x,y,z)\mathrm{d}z\mathrm{d}x+R(x,y,z)\mathrm{d}x\mathrm{d}y$$

表示相应的曲面积分，其中 $P(x,y,z)$，$Q(x,y,z)$，$R(x,y,z)$ 都是定义在双侧曲面 S 上的函数.

13.5.3 第二型曲面积分的简单性质

下面不加证明地给出第二型曲面积分的一些简单性质，这些性质在计算中经常用到.

性质 13.9 若 $\iint_S f(x,y,z)\mathrm{d}x\mathrm{d}y$ 与 $\iint_S g(x,y,z)\mathrm{d}x\mathrm{d}y$ 都存在，α,β 为任意常数，则积分 $\iint_S[\alpha f(x,y,z)+\beta g(x,y,z)]\mathrm{d}x\mathrm{d}y$ 也存在，并且有

$$\iint_S[\alpha f(x,y,z)+\beta g(x,y,z)]\mathrm{d}x\mathrm{d}y=\alpha\iint_S f(x,y,z)\mathrm{d}x\mathrm{d}y+\beta\iint_S g(x,y,z)\mathrm{d}x\mathrm{d}y.$$

性质 13.10 若曲面 S 分成两个无公共内点的曲面 S_1 和 S_2，并且积分 $\iint_{S_1}f(x,y,z)\mathrm{d}x\mathrm{d}y$，$\iint_{S_2}f(x,y,z)\mathrm{d}x\mathrm{d}y$ 都存在，则 $\iint_S f(x,y,z)\mathrm{d}x\mathrm{d}y$ 也存在，有

$$\iint_S f(x,y,z)\mathrm{d}x\mathrm{d}y=\iint_{S_1}f(x,y,z)\mathrm{d}x\mathrm{d}y+\iint_{S_2}f(x,y,z)\mathrm{d}x\mathrm{d}y.$$

反之，若 $\iint_S f(x,y,z)\mathrm{d}x\mathrm{d}y$ 存在，则 $\iint_{S_1}f(x,y,z)\mathrm{d}x\mathrm{d}y$，$\iint_{S_2}f(x,y,z)\mathrm{d}x\mathrm{d}y$ 也存在，并且上式成立.

性质 13.11 对于双侧曲面 S，记 S^- 为曲面的负侧，则有

$$\iint_{S^-} f(x,y,z)\mathrm{d}x\mathrm{d}y = -\iint_S f(x,y,z)\mathrm{d}x\mathrm{d}y.$$

13.5.4 第二型曲面积分的计算

当双侧曲面 S 由显函数形式给出时，第二型曲面积分的计算公式由下面的定理给出.

定理 13.8 设有光滑曲面 S: $z=z(x,y)$，$(x,y)\in D_{xy}$，其中 D_{xy} 为曲面 S 在平面 xy 上的投影，D_{xy} 为有界闭区域，三元函数 $R(x,y,z)$ 在 S 上连续，则积分 $\iint_S R(x,y,z)\mathrm{d}x\mathrm{d}y$ 存在，并且满足

$$\iint_S R(x,y,z)\mathrm{d}x\mathrm{d}y = \iint_{D_{xy}} R[x,y,z(x,y)]\mathrm{d}x\mathrm{d}y.$$

证明 因为双侧光滑曲面 S 表示为 $z=z(x,y)$，$(x,y)\in D_{xy}$，从而曲面 S 上任意一点的坐标都可以写成 $(x,y,z(x,y))$. 根据定义 13.6，由分法 T 将曲面分成 n 个小曲面，第 i 个小曲面 S_i 在 xy 平面上的投影为 D_i，由约定曲面 S 的上侧为正侧(因此，法线方向与 z 轴正方向夹角为锐角)，从而 D_i 的面积 ΔD_i 取正号，任取 $(\zeta_i,\eta_i,\xi_i)\in S_i$，有等式

$$\sum_{i=1}^{n} R(\zeta_i,\eta_i,\xi_i)\Delta D_i = \sum_{i=1}^{n} R[\zeta_i,\eta_i,z(\zeta_i,\eta_i)]\Delta D_i \tag{13.13}$$

成立. 上式右端恰好为二元函数 $R[x,y,z(x,y)]$ 在平面区域 D_{xy} 上的积分和. 由于函数 $R(x,y,z)$ 和 $z(x,y)$ 均连续，从而复合函数 $R[x,y,z(x,y)]$ 也连续，因此二重积分 $\iint_{D_{xy}} R[x,y,z(x,y)]\mathrm{d}x\mathrm{d}y$ 存在.

记 $\lambda(T)=\max\{\mathrm{d}(S_i),i=1,2,\cdots,n \mid \mathrm{d}(S_i)$ 为曲面 S_i 的直径$\}$，$\lambda(T_D)=\max\{\mathrm{d}(D_i),i=1,2,\cdots,n \mid \mathrm{d}(D_i)$ 为平面区域 D_i 的直径$\}$.

显然 $\lambda(T)\to 0$ 等价于 $\lambda(T_D)\to 0$. 由式(13.13)知

$$\lim_{\lambda(T)\to 0}\sum_{i=1}^{n} R(\zeta_i,\eta_i,\xi_i)\Delta D_i = \lim_{\lambda(T_0)\to 0}\sum_{i=1}^{n} R[\zeta_i,\eta_i,z(\zeta_i,\eta_i)]\Delta D_i,$$

即

$$\iint_S R(x,y,z)\mathrm{d}x\mathrm{d}y = \iint_{D_{xy}} R[x,y,z(x,y)]\mathrm{d}x\mathrm{d}y.$$

从而定理得证.

对于定理 13.8 有以下几点需要说明.

(1) 若光滑曲面 S 由其他显式给出，也可得到与定理 13.8 类似结论.

若 S 表示为 $x=x(y,z)$，$(y,z)\in D_{yz}$，D_{yz} 为 S 在 yz 平面上的投影，三元函数 $P(x,y,z)$ 在 S 上连续，则

$$\iint\limits_{S} P(x,y,z)\mathrm{d}y\mathrm{d}z = \iint\limits_{D_{yz}} P[x(y,z),y,z]\mathrm{d}y\mathrm{d}z;$$

若 S 表示为 $y=y(z,x)$，$(z,x)\in D_{zx}$，D_{zx} 为 S 在 zx 平面上的投影，三元函数 $Q(x,y,z)$ 在 S 上连续，则

$$\iint\limits_{S} Q(x,y,z)\mathrm{d}z\mathrm{d}x = \iint\limits_{D_{zx}} Q[x,y(z,x),z]\mathrm{d}z\mathrm{d}x.$$

(2) 若光滑曲面 S 由下述参数方程给出：

$$\begin{cases} x=x(u,v), \\ y=y(u,v), \quad (u,v)\in D_{uv}, \\ z=z(u,v), \end{cases}$$

函数 $P(x,y,z)$，$Q(x,y,z)$，$R(x,y,z)$ 在曲面 S 上连续，则有

$$\begin{aligned} &\iint\limits_{S} P\mathrm{d}y\mathrm{d}z + Q\mathrm{d}z\mathrm{d}x + R\mathrm{d}x\mathrm{d}y \\ =\pm &\iint\limits_{D_{uv}} [P(x(u,v),y(u,v),z(u,v))\cdot A + Q(x(u,v),y(u,v),z(u,v))\cdot B \\ &+ R(x(u,v),y(u,v),z(u,v))\cdot C]\mathrm{d}u\mathrm{d}v, \end{aligned}$$

其中

$$A=\frac{D(y,z)}{D(u,v)},\quad B=\frac{D(z,x)}{D(u,v)},\quad C=\frac{D(x,y)}{D(u,v)},$$

右端积分号前的“±”号由曲面的法线方向余弦

$$\cos\alpha=\frac{A}{\pm\sqrt{A^2+B^2+C^2}},\quad \cos\beta=\frac{B}{\pm\sqrt{A^2+B^2+C^2}},\quad \cos\gamma=\frac{C}{\pm\sqrt{A^2+B^2+C^2}}$$

中的“±”号决定，两者一致.

(3) 在定理 13.8 中，曲面 S 假设它与 z 轴平行的直线至多只交于一个点（对于说明(1)中的其他两种情形也类似），如果交点不止一个，可先将 S 分成若干片，使得每片与 z 轴平行的直线至多有一个交点再进行计算，见下例.

例 1 计算第二型曲面积分 $I=\oiint\limits_{S_{外}} z^2\mathrm{d}x\mathrm{d}y$，其中 S 为球面 $x^2+y^2+(z-C)^2=R^2$，$S_{外}$ 表示积分沿曲面外侧进行，即外侧为正侧.

解 方法一 由于球面与平行于任一坐标轴的直线都可能交于两点，故而先将 S 分成上半球面 S_1 和下半球面 S_2，分别计算积分然后再加和.

$$上半球面\ S_1：z=C+\sqrt{R^2-x^2-y^2}\quad (x^2+y^2\leqslant R^2),$$

$$下半球面\ S_2：z=C-\sqrt{R^2-x^2-y^2}\quad (x^2+y^2\leqslant R^2).$$

由于上半球面的外侧为上侧，而下半球面的外侧为下侧，从而有

$$\iint\limits_{S_{1上}} z^2\,\mathrm{d}x\mathrm{d}y = \iint\limits_{x^2+y^2\leqslant R^2} (C+\sqrt{R^2-x^2-y^2})\,\mathrm{d}x\mathrm{d}y,$$

$$\iint\limits_{S_{2下}} z^2\,\mathrm{d}x\mathrm{d}y = -\iint\limits_{x^2+y^2\leqslant R^2} (C-\sqrt{R^2-x^2-y^2})\,\mathrm{d}x\mathrm{d}y,$$

于是

$$\begin{aligned}\oint\!\!\!\!\iint\limits_{S_{外}} z^2\,\mathrm{d}x\mathrm{d}y &= \iint\limits_{S_{1上}} z^2\,\mathrm{d}x\mathrm{d}y + \iint\limits_{S_{2下}} z^2\,\mathrm{d}x\mathrm{d}y \\ &= \iint\limits_{x^2+y^2\leqslant R^2} (C+\sqrt{R^2-x^2-y^2})\,\mathrm{d}x\mathrm{d}y - \iint\limits_{x^2+y^2\leqslant R^2} (C-\sqrt{R^2-x^2-y^2})\,\mathrm{d}x\mathrm{d}y \\ &= 4C\iint\limits_{x^2+y^2\leqslant R^2} \sqrt{R^2-x^2-y^2}\,\mathrm{d}x\mathrm{d}y = 4C\int_0^{2\pi}\mathrm{d}\theta\int_0^R \sqrt{R^2-r^2}\,r\mathrm{d}r \\ &= \frac{8}{3}\pi CR^3.\end{aligned}$$

方法二　将球面 S 由下述参数方程给出：

$$\begin{cases} x=R\sin\varphi\cos\theta, \\ y=R\sin\varphi\sin\theta, \quad 0\leqslant\varphi\leqslant\pi, 0\leqslant\theta\leqslant 2\pi, \\ z=C+R\cos\varphi, \end{cases}$$

于是

$$C=\frac{D(x,y)}{D(\varphi,\theta)}=\begin{vmatrix} R\cos\varphi\cos\theta & -R\sin\varphi\sin\theta \\ R\cos\varphi\sin\theta & R\sin\varphi\cos\theta \end{vmatrix}=R^2\sin\varphi\cos\varphi.$$

显然，对于上半球面 S_1，其法线与 z 轴正向夹角 γ 为锐角，$\cos\gamma>0$，$C=R^2\sin\varphi\cos\varphi>0$ $\left(0\leqslant\varphi\leqslant\frac{\pi}{2}\right)$；而对于下半球面 S_2，其法线与 z 轴正向夹角 γ 为钝角，$\cos\gamma<0$，$C=R^2\sin\varphi\cos\varphi<0$ $\left(\frac{\pi}{2}\leqslant\varphi\leqslant\pi\right)$. 从而在公式 $\cos\gamma=\frac{C}{\pm\sqrt{A^2+B^2+C^2}}$ 中，C 与 $\cos\gamma$ 的符号一致，根式取正号，所以

$$\begin{aligned}\oint\!\!\!\!\iint\limits_{S_{外}} z^2\,\mathrm{d}x\mathrm{d}y &= \iint\limits_{\substack{0\leqslant\varphi\leqslant\pi\\0\leqslant\theta\leqslant 2\pi}} (C+R\cos\varphi)^2 R^2\sin\varphi\cos\varphi\,\mathrm{d}\varphi\mathrm{d}\theta \\ &= \int_0^{2\pi}\mathrm{d}\theta\int_0^{\pi}(C+R\cos\varphi)^2R^2\sin\varphi\cos\varphi\,\mathrm{d}\varphi \\ &= \frac{8}{3}\pi CR^3.\end{aligned}$$

例 2　计算曲面积分 $I=\iint\limits_{S_{外}} x^3\,\mathrm{d}y\mathrm{d}z$，其中 S 为椭球面 $\frac{x^2}{a^2}+\frac{y^2}{b^2}+\frac{z^2}{c^2}=1$ 的 $x\geqslant 0$ 的部分，积分沿着椭球面外侧进行，外侧为正侧.

解 当 $x\geqslant 0$ 时，椭球面的方程是

$$x=a\sqrt{1-\frac{y^2}{b^2}-\frac{z^2}{c^2}},\quad (y,z)\in D_{yz},$$

其中 D_{yz}：$\frac{y^2}{b^2}+\frac{z^2}{c^2}\leqslant 1$. 于是

$$I=\iint\limits_{S_{外}} x^3\mathrm{d}y\mathrm{d}z=a^3\iint\limits_{D_{yz}}\left(1-\frac{y^2}{b^2}-\frac{z^2}{c^2}\right)^{\frac{3}{2}}\mathrm{d}y\mathrm{d}z.$$

设 $y=br\cos\varphi, z=cr\sin\varphi, 0\leqslant r\leqslant 1, 0\leqslant\varphi\leqslant 2\pi$，从而

$$I=\iint\limits_{S_{外}} x^2\mathrm{d}y\mathrm{d}z=a^3bc\int_0^{2\pi}\mathrm{d}\varphi\int_0^1(1-r^2)^{\frac{3}{2}}r\mathrm{d}r=\frac{2}{5}\pi a^3bc.$$

例 3 计算曲面积分 $I=\oiint\limits_{S_{外}}(y^2+xz)\mathrm{d}x\mathrm{d}y$，其中 S 是棱长为 a 的正立方体的表面，立方体位于第一卦限，并且有三个面与坐标平面重合(图 13.31).

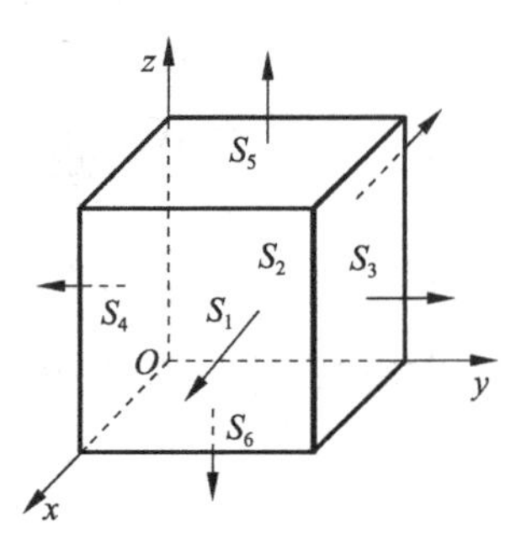

图 13.31

解 S 由六个平面组成：

S_1：$x=a$，　S_2：$x=0$，　S_3：$y=a$，　S_4：$y=0$，

S_5：$z=a$，　S_6：$z=0$，

其中 $S_i(i=1,2,3,4)$ 均垂直于 xy 平面，此时 $D_i=0$，从而

$$\iint\limits_{S_i}(y^2+xz)\mathrm{d}x\mathrm{d}y=0\quad(i=1,2,3,4).$$

S_5：$z=a$ $(0\leqslant x\leqslant a, 0\leqslant y\leqslant a)$，$S$ 的外侧恰为 S_5 的上侧，则

$$\begin{aligned}\iint\limits_{S_{5上}}(y^2+xz)\mathrm{d}x\mathrm{d}y&=\iint\limits_{\substack{0\leqslant x\leqslant a\\0\leqslant y\leqslant a}}(y^2+ax)\mathrm{d}x\mathrm{d}y\\&=\int_0^a\mathrm{d}x\int_0^a y^2\mathrm{d}y+\int_0^a\mathrm{d}y\int_0^a ax\,\mathrm{d}x\\&=\frac{a^4}{3}+\frac{a^4}{2}=\frac{5}{6}a^4.\end{aligned}$$

S_6：$z=0$ $(0\leqslant x\leqslant a, 0\leqslant y\leqslant a)$，$S$ 的外侧为 S_6 的下侧，因此

$$\iint\limits_{S_{6下}}(y^2+xz)\mathrm{d}x\mathrm{d}y=-\iint\limits_{\substack{0\leqslant x\leqslant a\\0\leqslant y\leqslant a}}(y^2+0x)\mathrm{d}x\mathrm{d}y=-\int_0^a\mathrm{d}x\int_0^a y^2\mathrm{d}y=-\frac{a^4}{3},$$

从而

$$I=\iint\limits_{S_{1前}}+\iint\limits_{S_{2后}}+\iint\limits_{S_{3右}}+\iint\limits_{S_{4左}}+\iint\limits_{S_{5上}}+\iint\limits_{S_{6下}}=0+\frac{5}{6}a^4-\frac{a^4}{3}=\frac{a^4}{2}.$$

13.5.5 第一型曲面积分与第二型曲面积分的关系

与曲线积分类似,两类曲面积分之间关联紧密.

设 S 为光滑双侧曲面,三元函数 $P(x,y,z)$,$Q(x,y,z)$,$R(x,y,z)$ 在 S 上连续,则有

$$\iint_S P(x,y,z)\mathrm{d}y\mathrm{d}z+Q(x,y,z)\mathrm{d}z\mathrm{d}x+R(x,y,z)\mathrm{d}x\mathrm{d}y$$
$$=\iint_S [P(x,y,z)\cos\alpha+Q(x,y,z)\cos\beta+R(x,y,z)\cos\gamma]\mathrm{d}\sigma, \tag{13.14}$$

其中 α,β,γ 分别为曲面 S 的法线正向与 x 轴、y 轴、z 轴正方向的夹角.式(13.14)即为第一型曲面积分与第二型曲面积分之间的转换公式.证明从略.

需要指出的是,当积分沿曲面 S 的负侧进行时,式(13.14)变为

$$\iint_{S^-} P(x,y,z)\mathrm{d}y\mathrm{d}z+Q(x,y,z)\mathrm{d}z\mathrm{d}x+R(x,y,z)\mathrm{d}x\mathrm{d}y$$
$$=\iint_S [P(x,y,z)\cos\alpha'+Q(x,y,z)\cos\beta'+R(x,y,z)\cos\gamma']\mathrm{d}\sigma,$$

其中 $\alpha'=\alpha+\pi,\beta'=\beta+\pi,\gamma'=\gamma+\pi$.

习题 13.5

1. 计算曲面积分 $\iint_S xyz\mathrm{d}x\mathrm{d}y$,其中曲面 S 是球面 $x^2+y^2+z^2=1$ $(x\geqslant0,y\geqslant0)$的 1/4,取球面的外侧为正侧.

2. 计算曲面积分 $\oiint_S yz\mathrm{d}y\mathrm{d}z+zx\mathrm{d}z\mathrm{d}x+xy\mathrm{d}x\mathrm{d}y$,其中 S 是四面体 $x+y+z=a$ $(a>0)$,$x=0$,$y=0$,$z=0$ 的表面,外法线为正向.

3. 计算曲面积分 $\iint_S x\mathrm{d}y\mathrm{d}z+y\mathrm{d}z\mathrm{d}x+z\mathrm{d}x\mathrm{d}y$,其中 S 是半球面 $x^2+y^2+z^2=1$,$z\geqslant0$,取球面上侧为正.

4. 计算曲面积分 $\iint_S x\mathrm{d}y\mathrm{d}z+y\mathrm{d}z\mathrm{d}x+z\mathrm{d}x\mathrm{d}y$,其中 S 是柱面 $x^2+y^2=1$ 被平面 $z=0$ 及 $z=3$ 所截部分的外侧.

5. 计算曲面积分 $\iint_S x^3\mathrm{d}y\mathrm{d}z+y^3\mathrm{d}z\mathrm{d}x+z^3\mathrm{d}x\mathrm{d}y$,其中 S 是球面 $x^2+y^2+z^2=a^2$ 的外侧.

13.6 奥-高公式与斯托克斯公式

在13.3节中，我们介绍了格林公式.格林公式建立了平面区域上的二重积分与沿这个区域边界闭曲线上的第二型曲线积分之间的联系.与之相似，沿空间闭曲面的第二型曲面积分与三重积分之间也有类似的关系.下面要介绍的奥-高公式便体现了这种关系.奥-高公式是奥斯特洛格拉特斯基-高斯公式的简称，它是格林公式在三维欧氏空间上的推广.格林公式还可以从另一方面推广，将曲面 S 的曲面积分与沿该曲面边界闭曲线 Γ 上的曲线积分之间建立联系，这便有了斯托克斯公式.

本节将介绍上述公式：奥-高公式和斯托克斯公式，并讨论空间中曲线积分与路径的无关性问题.

13.6.1 奥-高公式

定理 13.9 设 V 是三维欧氏空间中的有界闭体，它由光滑或逐片光滑的闭曲面 S 围成.如果三元函数 $P(x,y,z)$，$Q(x,y,z)$，$R(x,y,z)$ 及其偏导数在有界闭体 V 上连续，则有

$$\oint\!\!\!\!\oint_S P\,\mathrm{d}y\mathrm{d}z+Q\mathrm{d}z\mathrm{d}x+R\mathrm{d}x\mathrm{d}y=\iiint_V\left(\frac{\partial P}{\partial x}+\frac{\partial Q}{\partial y}+\frac{\partial R}{\partial z}\right)\mathrm{d}x\mathrm{d}y\mathrm{d}z,\tag{13.15}$$

其中曲面 S 的外侧为正侧.公式(13.15)称为奥-高公式.

证明 首先证明下式成立

$$\oint\!\!\!\!\oint_S R(x,y,z)\mathrm{d}x\mathrm{d}y=\iiint_V\frac{\partial R}{\partial z}\mathrm{d}x\mathrm{d}y\mathrm{d}z.$$

假设有界闭体 V 是由光滑曲面

$$S_1: z=z_1(x,y),\quad S_2: z=z_2(x,y),\quad (x,y)\in D_{xy}$$

以及母线平行于 z 轴的柱面 S_3 所围成(如图13.32所示).曲面 S_3 的准线是有界闭体 V 在 xy 平面上的投影区域 D_{xy} 的边界.在 D_{xy} 的内部各点有 $z_1(x,y)<z_2(x,y)$.

由三重积分的计算公式知

$$\iiint_V\frac{\partial R}{\partial z}\mathrm{d}x\mathrm{d}y\mathrm{d}z=\iint_{D_{xy}}\mathrm{d}x\mathrm{d}y\int_{z_1(x,y)}^{z_2(x,y)}\frac{\partial R}{\partial z}\mathrm{d}z$$
$$=\iint_{D_{xy}}[R(x,y,z_2(x,y))-R(x,y,z_1(x,y))]\mathrm{d}x\mathrm{d}y.$$

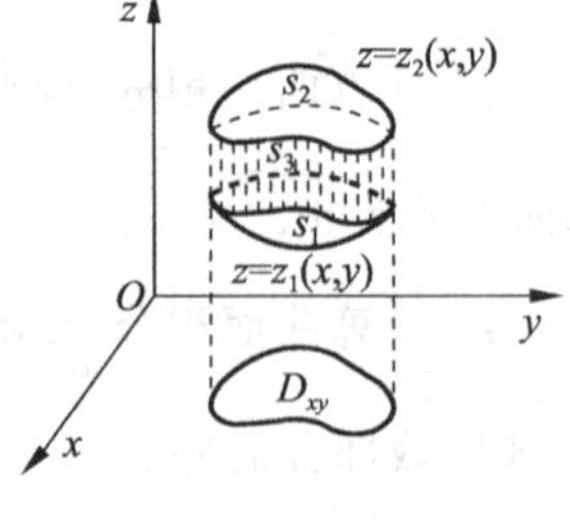

图 13.32

另一方面，由于曲面 S 的外侧为正侧，分别对应 S_1 的下

侧，S_2 的上侧以及 S_3 的外侧，所以

$$\oiint_{S} R\mathrm{d}x\mathrm{d}y = \iint_{S_{1下}} R\mathrm{d}x\mathrm{d}y + \iint_{S_{2上}} R\mathrm{d}x\mathrm{d}y + \iint_{S_{3外}} R\mathrm{d}x\mathrm{d}y.$$

又

$$\iint_{S_{1下}} R(x,y,z)\mathrm{d}x\mathrm{d}y = -\iint_{D_{xy}} R(x,y,z_1(x,y))\mathrm{d}x\mathrm{d}y,$$

$$\iint_{S_{2上}} R(x,y,z)\mathrm{d}x\mathrm{d}y = \iint_{D_{xy}} R(x,y,z_2(x,y))\mathrm{d}x\mathrm{d}y,$$

$$\iint_{S_{3外}} R(x,y,z)\mathrm{d}x\mathrm{d}y = 0,$$

从而

$$\oiint_{S} R\mathrm{d}x\mathrm{d}y = \iint_{D_{xy}} [R(x,y,z_2(x,y)) - R(x,y,z_1(x,y))]\mathrm{d}x\mathrm{d}y,$$

因此

$$\oiint_{S} R(x,y,z)\mathrm{d}x\mathrm{d}y = \iiint_{V} \frac{\partial R}{\partial z}\mathrm{d}x\mathrm{d}y\mathrm{d}z.$$

同理可证

$$\oiint_{S} P(x,y,z)\mathrm{d}y\mathrm{d}z = \iiint_{V} \frac{\partial P}{\partial x}\mathrm{d}x\mathrm{d}y\mathrm{d}z,$$

$$\oiint_{S} Q(x,y,z)\mathrm{d}z\mathrm{d}x = \iiint_{V} \frac{\partial Q}{\partial y}\mathrm{d}x\mathrm{d}y\mathrm{d}z.$$

综上可知

$$\oiint_{S} P\mathrm{d}y\mathrm{d}z + Q\mathrm{d}z\mathrm{d}x + R\mathrm{d}x\mathrm{d}y = \iiint_{V} \left(\frac{\partial P}{\partial x} + \frac{\partial Q}{\partial y} + \frac{\partial R}{\partial z}\right)\mathrm{d}x\mathrm{d}y\mathrm{d}z.$$

奥-高公式得证.

根据第一型曲面积分和第二型曲面积分之间的关系(公式(13.14)),奥-高公式还可以写成如下形式：

$$\iiint_{V} \left(\frac{\partial P}{\partial x} + \frac{\partial Q}{\partial y} + \frac{\partial R}{\partial z}\right)\mathrm{d}x\mathrm{d}y\mathrm{d}z = \oiint_{S} (P\cos\alpha + Q\cos\beta + R\cos\gamma)\mathrm{d}\sigma,$$

其中 $\cos\alpha,\cos\beta,\cos\gamma$ 为闭曲面 S 的法线正向与 x 轴、y 轴、z 轴正向夹角的余弦.

特别地，当三元函数 $P(x,y,z)=x,Q(x,y,z)=y,R(x,y,z)=z$ 时，奥-高公式为

$$\oiint_{S} x\mathrm{d}y\mathrm{d}z + y\mathrm{d}z\mathrm{d}x + z\mathrm{d}x\mathrm{d}y = 3\iiint_{V} \mathrm{d}x\mathrm{d}y\mathrm{d}z,$$

从而由闭曲面 S 围成的闭体 V 的体积 $\overline{V}$ 为

$$\overline{V}=\iiint_V \mathrm{d}x\mathrm{d}y\mathrm{d}z=\frac{1}{3}\oiint_S x\,\mathrm{d}y\mathrm{d}z+y\mathrm{d}z\mathrm{d}x+z\mathrm{d}x\mathrm{d}y.$$

可见，空间闭体的体积可由闭曲面 S 上的第二型曲面积分得到.

例 1 计算曲面积分

$$I=\oiint_S (x-y)\mathrm{d}x\mathrm{d}y+(y-z)x\mathrm{d}y\mathrm{d}z,$$

其中 S 为柱面 $x^2+y^2=1$ 及平面 $z=0,z=3$ 所围空间闭体 V 的边界曲面的外侧.

解 由奥-高公式知

$$P(x,y,z)=(y-z)x,\quad Q=0,\quad R=x-y.$$

$$\frac{\partial P}{\partial x}=y-z,\quad \frac{\partial Q}{\partial y}=0,\quad \frac{\partial R}{\partial z}=0,$$

从而

$$I=\oiint_S (x-y)\mathrm{d}x\mathrm{d}y+(y-z)x\mathrm{d}y\mathrm{d}z=\iiint_V (y-z)\mathrm{d}x\mathrm{d}y\mathrm{d}z.$$

由柱面坐标变换

$$x=r\cos\varphi,\quad y=r\sin\varphi,\quad z=z\quad (0\leqslant\varphi\leqslant 2\pi,0\leqslant r\leqslant 1,0\leqslant z\leqslant 3)$$

可得

$$I=\int_0^{2\pi}\mathrm{d}\varphi\int_0^1\mathrm{d}r\int_0^3(r\sin\varphi-z)r\mathrm{d}z=-\frac{9}{2}\pi.$$

例 2 计算曲面积分

$$I=\oiint_S y(x-z)\mathrm{d}y\mathrm{d}z+x^2\mathrm{d}z\mathrm{d}x+(y^2+xz)\mathrm{d}x\mathrm{d}y,$$

其中 S 为含于第一卦限内的边长为 a 的正方体表面，外侧为正侧，其中三个平面分别与三个坐标平面重合(见图 13.31).

解 $P(x,y,z)=y(x-z),Q(x,y,z)=x^2,R(x,y,z)=y^2+xz$，由奥-高公式知

$$\frac{\partial P}{\partial x}=y,\quad \frac{\partial Q}{\partial y}=0,\quad \frac{\partial R}{\partial z}=x,$$

$$\begin{aligned}I&=\iiint_V\left(\frac{\partial P}{\partial x}+\frac{\partial Q}{\partial y}+\frac{\partial R}{\partial z}\right)\mathrm{d}x\mathrm{d}y\mathrm{d}z=\iiint_V(y+0+x)\mathrm{d}x\mathrm{d}y\mathrm{d}z\\&=\int_0^a\mathrm{d}z\int_0^a\mathrm{d}y\int_0^a(x+y)\mathrm{d}z=a^4.\end{aligned}$$

例 3 计算曲面积分

$$I=\iint_S(x^2\cos\alpha+y^2\cos\beta+z^2\cos\gamma)\mathrm{d}\sigma,$$

其中 S 是锥面 $x^2+y^2=z^2(0\leqslant z\leqslant h)$，$\cos\alpha,\cos\beta$ 和 $\cos\gamma$ 是锥面外法线(正向)的方向余弦(图 13.33).

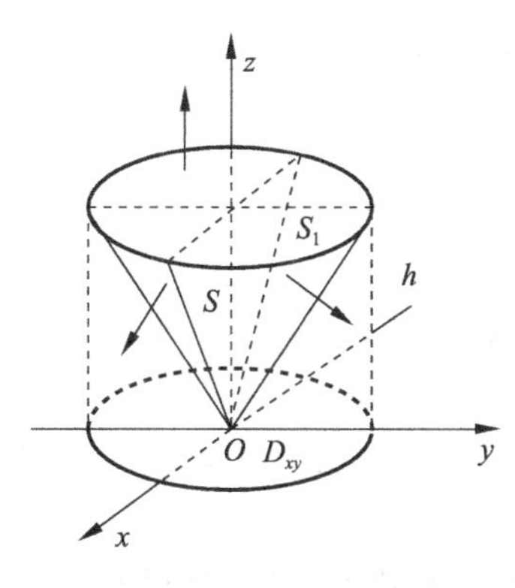

图　13.33

解　作辅助平面 $z=h$. 这样平面 $z=h$ 与锥面 $x^2+y^2=z^2$ 围成锥体 V（有界闭体）. 锥体上平面记为 S_1：$z=h$.

$$P(x,y,z)=x^2,\quad Q(x,y,z)=y^2,\quad R(x,y,z)=z^2.$$

由奥-高公式知

$$\begin{aligned}&\oiint\limits_{S+S_1}(x^2\cos\alpha+y^2\cos\beta+z^2\cos\gamma)\mathrm{d}\sigma\\&=\iiint\limits_V\left(\frac{\partial P}{\partial x}+\frac{\partial Q}{\partial y}+\frac{\partial R}{\partial z}\right)\mathrm{d}x\mathrm{d}y\mathrm{d}z\\&=2\iiint\limits_V(x+y+z)\mathrm{d}x\mathrm{d}y\mathrm{d}z.\end{aligned}$$

作柱面坐标变换：$x=r\cos\varphi,y=r\sin\varphi,z=z\ (0\leqslant\varphi\leqslant2\pi,0\leqslant r\leqslant h,r\leqslant z\leqslant h)$，则

$$\begin{aligned}&\oiint\limits_{S+S_1}(x^2\cos x+y^2\cos\beta+z^2\cos\gamma)\mathrm{d}\sigma\\&=2\int_0^{2\pi}\mathrm{d}\varphi\int_0^h r\mathrm{d}r\int_r^h[r(\sin\varphi+\cos\varphi)+z]\mathrm{d}z=\frac{\pi}{2}h^4.\end{aligned}$$

又平面 S_1 的法线正向与 z 轴平行，从而方向余弦为 $\cos\frac{\pi}{2},\cos\frac{\pi}{2},\cos0$. S_1 在 xy 平面上的投影区域 D_{xy}：$x^2+y^2\leqslant h^2$，则有

$$\begin{aligned}\iint\limits_{S_1}(x^2\cos\alpha+y^2\cos\beta+z^2\cos\gamma)\mathrm{d}\sigma&=\iint\limits_{S_1}\left(x^2\cos\frac{\pi}{2}+y^2\cos\frac{\pi}{2}+h^2\cos0\right)\mathrm{d}\sigma\\&=\iint\limits_{D_{xy}}h^2\mathrm{d}x\mathrm{d}y=\pi h^4,\end{aligned}$$

从而

$$\iint\limits_S(x^2\cos\alpha+y^2\cos\beta+z^2\cos\gamma)\mathrm{d}\sigma$$

$$= \oiint\limits_{S+S_1} (x^2\cos\alpha + y^2\cos\beta + z^2\cos\gamma)\mathrm{d}\sigma - \iint\limits_{S_1}(x^2\cos\alpha + y^2\cos\beta + z^2\cos\gamma)\mathrm{d}\sigma$$

$$= \frac{\pi}{2}h^4 - \pi h^4 = -\frac{\pi}{2}h^4.$$

13.6.2 斯托克斯公式

作为格林公式的推广，斯托克斯公式建立了曲面 S 的曲面积分与沿曲面边界闭曲线 Γ 的曲线积分之间的关系.

对于闭曲线 Γ 的正向可由右手法则来确定. 这里的右手法则与 13.5.1 节中确定曲面边界正向的右手法则相同. 只不过可以另叙述为：取定曲面 S 的一侧为正侧，右手拇指指向曲面法向的正向，其余四指自然弯曲所指的方向就是闭曲线 Γ 的正向. 这样，根据该法则，由曲面 S 的正侧（或法线的正向）可决定闭曲线 Γ 的正向；反之亦然.

定理 13.10 设 S 为光滑曲面，其边界 Γ 为光滑或逐段光滑的闭曲线. 三元函数 $P(x,y,z)$，$Q(x,y,z)$，$R(x,y,z)$ 在包含 S 的一个空间区域内连续并且有连续的一阶偏导数，那么

$$\oint_\Gamma P\mathrm{d}x + Q\mathrm{d}y + R\mathrm{d}y$$

$$= \iint\limits_S \left(\frac{\partial R}{\partial y} - \frac{\partial Q}{\partial z}\right)\mathrm{d}y\mathrm{d}z + \left(\frac{\partial P}{\partial z} - \frac{\partial R}{\partial x}\right)\mathrm{d}z\mathrm{d}x + \left(\frac{\partial Q}{\partial x} - \frac{\partial P}{\partial y}\right)\mathrm{d}x\mathrm{d}y, \tag{13.16}$$

其中曲面 S 的正侧和曲线 Γ 的正向由右手法则确定. 式(13.16)称为斯托克斯公式.

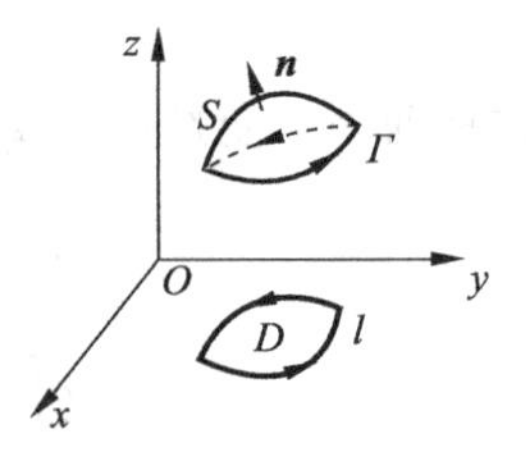

图 13.34

证明 首先证明 $\oint_\Gamma P\mathrm{d}x = \iint\limits_S \frac{\partial P}{\partial z}\mathrm{d}z\mathrm{d}x - \frac{\partial P}{\partial y}\mathrm{d}x\mathrm{d}y$.

不妨设曲面 S 表示为 $z=f(x,y)$，$(x,y)\in D$. 曲面 S 及其边界 Γ 在 xy 平面上的投影分别为区域 D 和曲线 l. 取曲面 S 的上侧为正侧，则由右手法则闭曲线 Γ 和 l 的正向如图 13.34 所示.

由曲线积分的计算公式可知

$$\oint_\Gamma P(x,y,z)\mathrm{d}x = \oint_l P[x,y,f(x,y)]\mathrm{d}x,$$

又

$$\frac{\partial}{\partial y}P[x,y,f(x,y)] = \frac{\partial P(x,y,z)}{\partial y} + \frac{\partial P(x,y,z)}{\partial z}\cdot\frac{\partial f}{\partial y},$$

由格林公式有

$$\oint_l P[x,y,f(x,y)]\mathrm{d}x = -\iint\limits_D \frac{\partial}{\partial y}P[x,y,f(x,y)]\mathrm{d}x\mathrm{d}y$$

$$=-\iint_D\left(\frac{\partial P}{\partial y}+\frac{\partial P}{\partial z}\cdot\frac{\partial f}{\partial y}\right)\mathrm{d}x\mathrm{d}y,$$

从而

$$\oint_\Gamma P(x,y,z)\mathrm{d}x=-\iint_D\left(\frac{\partial P}{\partial y}+\frac{\partial P}{\partial z}\cdot\frac{\partial f}{\partial y}\right)\mathrm{d}x\mathrm{d}y.$$

因为曲面 S：$z=f(x,y)$的方向余弦为

$$\cos\alpha=\frac{-p}{\sqrt{1+p^2+q^2}},\quad \cos\beta=\frac{-q}{\sqrt{1+p^2+q^2}},\quad \cos\gamma=\frac{1}{\sqrt{1+p^2+q^2}},$$

其中

$$p=\frac{\partial f}{\partial x},\quad q=\frac{\partial f}{\partial y},$$

所以

$$\frac{\partial f}{\partial y}=-\frac{\cos\beta}{\cos\gamma}.$$

进而

$$\begin{aligned}\iint_D\left(\frac{\partial P}{\partial y}+\frac{\partial P}{\partial z}\cdot\frac{\partial f}{\partial y}\right)\mathrm{d}x\mathrm{d}y&=\iint_S\left(\frac{\partial P}{\partial y}-\frac{\partial P}{\partial z}\cdot\frac{\cos\beta}{\cos\gamma}\right)\mathrm{d}x\mathrm{d}y\\&=\iint_S\left(\frac{\partial P}{\partial y}\cos\gamma-\frac{\partial P}{\partial z}\cos\beta\right)\frac{\mathrm{d}x\mathrm{d}y}{\cos\gamma}\\&=\iint_S\left(\frac{\partial P}{\partial y}\cos\gamma-\frac{\partial P}{\partial z}\cos\beta\right)\mathrm{d}\sigma\\&=\iint_S\frac{\partial P}{\partial y}\mathrm{d}x\mathrm{d}y-\frac{\partial P}{\partial z}\mathrm{d}z\mathrm{d}x,\end{aligned}$$

因此

$$\oint_\Gamma P(x,y,z)\mathrm{d}x=\iint_S\frac{\partial P}{\partial z}\mathrm{d}z\mathrm{d}x-\frac{\partial P}{\partial y}\mathrm{d}x\mathrm{d}y.$$

同理可证

$$\oint_\Gamma Q(x,y,z)\mathrm{d}y=\iint_S\frac{\partial Q}{\partial x}\mathrm{d}x\mathrm{d}y-\frac{\partial Q}{\partial z}\mathrm{d}y\mathrm{d}z,$$

$$\oint_\Gamma R(x,y,z)\mathrm{d}z=\iint_S\frac{\partial R}{\partial y}\mathrm{d}y\mathrm{d}z-\frac{\partial R}{\partial x}\mathrm{d}z\mathrm{d}x.$$

综上可知

$$\oint_\Gamma P\mathrm{d}x+Q\mathrm{d}y+R\mathrm{d}z=\iint_S\left(\frac{\partial R}{\partial y}-\frac{\partial Q}{\partial z}\right)\mathrm{d}y\mathrm{d}z+\left(\frac{\partial P}{\partial z}-\frac{\partial R}{\partial x}\right)\mathrm{d}z\mathrm{d}x+\left(\frac{\partial Q}{\partial x}-\frac{\partial P}{\partial y}\right)\mathrm{d}x\mathrm{d}y.$$

斯托克斯公式得证.

有关斯托克斯公式，有以下几点需要说明.

(1) 如果曲面 S 取下侧为正侧，那么闭曲线 Γ 和 l 的正向也相应地作出改变，由于公式(13.16)两边同时变号，因此式(13.16)仍然成立.

(2) 为了便于记忆，可将斯托克斯公式表示为行列式的形式：

$$\oint_{\Gamma} P\mathrm{d}x + Q\mathrm{d}y + R\mathrm{d}z = \iint_{S} \begin{vmatrix} \mathrm{d}y\mathrm{d}z & \mathrm{d}z\mathrm{d}x & \mathrm{d}x\mathrm{d}y \\ \dfrac{\partial}{\partial x} & \dfrac{\partial}{\partial y} & \dfrac{\partial}{\partial z} \\ P & Q & R \end{vmatrix}$$

$$= \iint_{S} \begin{vmatrix} \cos\alpha & \cos\beta & \cos\gamma \\ \dfrac{\partial}{\partial x} & \dfrac{\partial}{\partial y} & \dfrac{\partial}{\partial z} \\ P & Q & R \end{vmatrix} \mathrm{d}\sigma,$$

其中 $\cos\alpha, \cos\beta, \cos\gamma$ 为曲面 S 正侧法线的方向余弦，并且规定 $\dfrac{\partial}{\partial x}\cdot Q=\dfrac{\partial Q}{\partial x}$，其他情形类似.

(3) 当 S 为 xy 平面上的平面区域 D 时，$z=0$，则式(13.16)变为

$$\oint_{\Gamma} P\mathrm{d}x + Q\mathrm{d}y = \iint_{D} \left(\frac{\partial Q}{\partial x} - \frac{\partial P}{\partial y}\right)\mathrm{d}x\mathrm{d}y.$$

上式即为格林公式. 由此可见，斯托克斯公式是格林公式的推广，格林公式为斯托克斯公式的一种特殊情形.

例 4 计算曲线积分 $I=\oint_{\Gamma}(2y+z)\mathrm{d}x+(x-z)\mathrm{d}y+(y-x)\mathrm{d}z$，其中 Γ 为平面 $x+y+z=1$ 与坐标平面的交线，其方向由右手法则确定. 平面 $x+y+z=1$ 的法向量为 $\boldsymbol{n}=(1,1,1)$ (图 13.35).

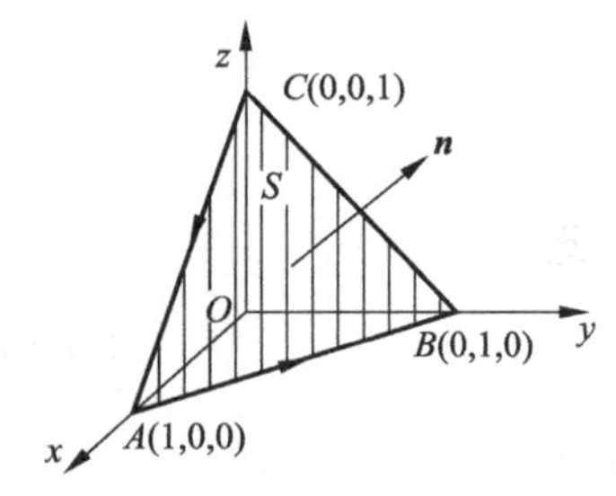

图 13.35

解 根据右手法则及 $x+y+z=1$ 的法向量可知曲线 Γ 的正向如图 13.35 所示.

$P=2y+z,\quad Q=x-z,\quad z=y-x,\quad S: x+y+z=1.$

由斯托克斯公式可知

$$\begin{aligned} I &= \iint_{S} \left(\frac{\partial R}{\partial y} - \frac{\partial Q}{\partial z}\right)\mathrm{d}y\mathrm{d}z + \left(\frac{\partial P}{\partial z} - \frac{\partial R}{\partial x}\right)\mathrm{d}z\mathrm{d}x + \left(\frac{\partial Q}{\partial x} - \frac{\partial P}{\partial y}\right)\mathrm{d}x\mathrm{d}y \\ &= \iint_{S} 2\mathrm{d}y\mathrm{d}z + 2\mathrm{d}z\mathrm{d}x - \mathrm{d}x\mathrm{d}y \\ &= 2D_{yz} + 2D_{zx} - D_{xy}, \end{aligned}$$

其中 D_{xy}, D_{yz}, D_{zx} 分别为 S 在平面 xy, yz 及 zx 上的投影面积. 由图 13.35 可知

$$D_{xy}=\frac{1}{2}\cdot OA\cdot OB=\frac{1}{2},\quad D_{yz}=\frac{1}{2}\cdot OB\cdot OC=\frac{1}{2},\quad D_{zx}=\frac{1}{2}\cdot OA\cdot OC=\frac{1}{2},$$

所以曲线积分 $I=\frac{1}{2}\times(2+2-1)=\frac{3}{2}$.

例 5 利用斯托克斯公式计算曲线积分 $I=\oint_{\Gamma} y\mathrm{d}x+z\mathrm{d}y+x\mathrm{d}z$，其中 Γ 为 $x^2+y^2+z^2=a^2$ 与 $x+y+z=0$ 相交的圆周，从 x 轴正向看，逆时针方向为曲线 Γ 的正向.

解 设 S 为平面 $x+y+1=0$ 所截球 $x^2+y^2+z^2\leqslant a^2$ 形成的圆面，S 正侧的单位法向量为

$$\boldsymbol{n}=(\cos\alpha,\cos\beta,\cos\gamma)=\left(\frac{\sqrt{3}}{3},\frac{\sqrt{3}}{3},\frac{\sqrt{3}}{3}\right),$$

于是

$$I=\oint_{\Gamma} y\mathrm{d}x+z\mathrm{d}y+x\mathrm{d}z=\iint_S\begin{vmatrix}\frac{\sqrt{3}}{3} & \frac{\sqrt{3}}{3} & \frac{\sqrt{3}}{3}\\ \frac{\partial}{\partial x} & \frac{\partial}{\partial y} & \frac{\partial}{\partial z}\\ y & z & x\end{vmatrix}\mathrm{d}\sigma=-\sqrt{3}\iint_S\mathrm{d}\sigma.$$

因为 $\iint_S\mathrm{d}\sigma$ 半径为 a 的圆的面积，所以

$$I=\oint_{\Gamma} y\mathrm{d}x+z\mathrm{d}y+x\mathrm{d}z=-\sqrt{3}\pi a^2.$$

例 6 求曲线积分 $I=\oint_{\Gamma}(y^2-z^2)\mathrm{d}x+(z^2-x^2)\mathrm{d}y+(x^2-y^2)\mathrm{d}z$，其中 Γ 是立方体 $0\leqslant x\leqslant a,0\leqslant y\leqslant a,0\leqslant z\leqslant a$ 的表面与平面 $x+y+z=\frac{3}{2}a$ 的交线，其方向与平面法线方向 $\boldsymbol{n}$ 符合右手法则(图 13.36).

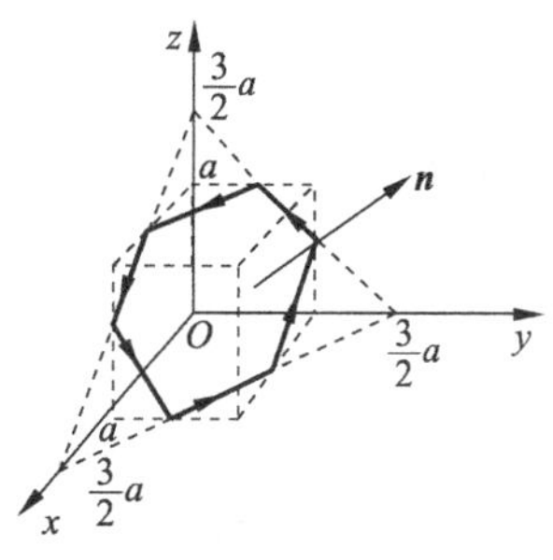

图 13.36

解 已知 $P=y^2-z^2,Q=z^2-x^2,R=x^2-y^2$，所以

$$\frac{\partial P}{\partial y}=2y,\quad \frac{\partial Q}{\partial z}=2z,\quad \frac{\partial R}{\partial x}=2x,$$

$$\frac{\partial P}{\partial z}=-2z,\quad \frac{\partial Q}{\partial x}=-2x,\quad \frac{\partial R}{\partial y}=-2y.$$

由斯托克斯公式知

$$\begin{aligned}I&=\oint_{\Gamma}(y^2-z^2)\mathrm{d}x+(z^2-x^2)\mathrm{d}y+(x^2-y^2)\mathrm{d}z\\&=-2\iint_S(y+z)\mathrm{d}y\mathrm{d}z+(z+x)\mathrm{d}z\mathrm{d}x+(x+y)\mathrm{d}x\mathrm{d}y,\end{aligned}$$

其中 S 为平面 $x+y+z=\frac{3}{2}a$ 上被闭曲线 Γ 所围的平面区域(六边形). S 正侧的单位法向

量为

$$n=(\cos\alpha,\cos\beta,\cos\gamma)=\left(\frac{\sqrt{3}}{3},\frac{\sqrt{3}}{3},\frac{\sqrt{3}}{3}\right),$$

从而

$$\begin{aligned}I&=-2\iint_S(y+z)\mathrm{d}y\mathrm{d}z+(z+x)\mathrm{d}z\mathrm{d}x+(x+y)\mathrm{d}x\mathrm{d}y\\&=-2\cdot\frac{\sqrt{3}}{3}\cdot2\iint_S(x+y+z)\mathrm{d}\sigma=-\frac{4\sqrt{3}}{3}\cdot\frac{3}{2}a\iint_S\mathrm{d}\sigma.\end{aligned}$$

又 $\iint_S\mathrm{d}\sigma$ 表示平面六边形 S 的面积，即 $\iint_S\mathrm{d}\sigma=\sqrt{3}\cdot\frac{3}{4}a^2=\frac{3\sqrt{3}}{4}a^2$，所以曲线积分

$$I=-\frac{4\sqrt{3}}{3}\cdot\frac{3}{2}a\cdot\frac{3\sqrt{3}}{4}a^2=-\frac{9}{2}a^3.$$

13.6.3 空间曲线积分与路径的无关性

将 13.3.2 节中平面曲线积分与路径的无关性推广到三维欧氏空间中，可以得到空间中曲线积分与路径无关性的相关定理.

定理 13.11 设 V 是空间中的一个单连通区域(即对 V 中的任意闭曲线 Γ，以 Γ 为边界的曲面 S 都包含在 V 中). 三元函数 $P(x,y,z)$，$Q(x,y,z)$，$R(x,y,z)$ 及其偏导数都在 V 内连续，则以下四个条件等价.

(1) 沿区域 V 内任意逐段光滑的闭曲线 Γ，有

$$\oint_\Gamma P\mathrm{d}x+Q\mathrm{d}y+R\mathrm{d}z=0.$$

(2) 对于 V 中任意逐段光滑的曲线 $\overset{\frown}{AB}$，积分值

$$\oint_{\overset{\frown}{AB}}P\mathrm{d}x+Q\mathrm{d}y+R\mathrm{d}z$$

与路径无关，仅与 $\overset{\frown}{AB}$ 的始点 A 和终点 B 有关.

(3) $P\mathrm{d}x+Q\mathrm{d}y+R\mathrm{d}z$ 在区域 V 中是某一个函数 $F(x,y,z)$ 的全微分，即存在函数 $F(x,y,z)$，使得

$$\mathrm{d}F=P\mathrm{d}x+Q\mathrm{d}y+R\mathrm{d}z.$$

(4) 在区域 V 中恒有

$$\frac{\partial P}{\partial y}=\frac{\partial Q}{\partial x},\quad\frac{\partial R}{\partial y}=\frac{\partial Q}{\partial z},\quad\frac{\partial P}{\partial z}=\frac{\partial R}{\partial x}.$$

该定理的证明与定理 13.5 相类似，请读者自己完成.

例 7 验证曲线积分

$$\int_{\Gamma}(y+z)\mathrm{d}x+(z+x)\mathrm{d}y+(x+y)\mathrm{d}z$$

与路径无关,并求被积表达式的原函数 $F(x,y,z)$.

解 由于

$$P(x,y,z)=y+z,\quad Q(x,y,z)=z+x,\quad R(x,y,z)=x+y,$$

并且

$$\frac{\partial P}{\partial y}=\frac{\partial Q}{\partial x}=1,\quad \frac{\partial R}{\partial y}=\frac{\partial Q}{\partial z}=1,\quad \frac{\partial P}{\partial z}=\frac{\partial R}{\partial x}=1.$$

所以由定理 13.11 可知该曲线积分与路径无关.

下面求函数 $F(x,y,z)$,使得

$$F(x,y,z)=\int_{\widehat{AB}}(y+z)\mathrm{d}x+(z+x)\mathrm{d}y+(x+y)\mathrm{d}z.$$

特别地,选取$\widehat{AB}$的积分路径如图 13.37 所示,于是

$$\begin{aligned}F(x,y,z)&=\int_{x_0}^{x}(y_0+z_0)\mathrm{d}x+\int_{y_0}^{y}(z_0+x)\mathrm{d}y+\int_{z_0}^{z}(x+y)\mathrm{d}z\\&=(y_0+z_0)(x-x_0)+(z_0+x)(y-y_0)+(x+y)(z-z_0)\\&=xy+yz+zx-(x_0y_0+y_0z_0+z_0x_0).\end{aligned}$$

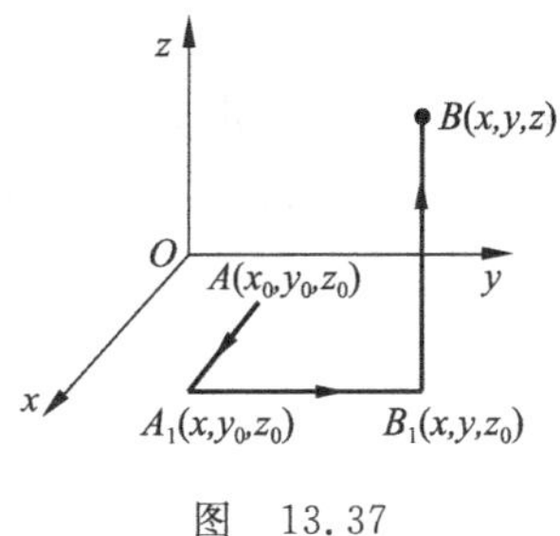

图 13.37

习题 13.6

1. 应用奥-高公式计算下列曲面积分:

(1) $\iint\limits_S x^3\mathrm{d}y\mathrm{d}z+y^3\mathrm{d}z\mathrm{d}x+z^3\mathrm{d}x\mathrm{d}y$,其中 S 为球面 $x^2+y^2+z^2=R^2$ 的外表面;

(2) $\iint\limits_S x^2\mathrm{d}y\mathrm{d}z+y^2\mathrm{d}z\mathrm{d}x+z^2\mathrm{d}x\mathrm{d}y$,其中 S 为立方体:$0\leqslant x\leqslant a,0\leqslant y\leqslant a,0\leqslant z\leqslant a$ 的外表面;

(3) $\iint\limits_{S} z\mathrm{d}x\mathrm{d}y$，其中 S 是 $\dfrac{x^2}{a^2}+\dfrac{y^2}{b^2}+\dfrac{z^2}{c^2}=1$，外法线为正向.

2. 利用奥-高公式计算椭球面 $\dfrac{x^2}{a^2}+\dfrac{y^2}{b^2}+\dfrac{z^2}{c^2}=1$ 所围区域的体积.

3. 应用斯托克斯公式计算下列曲线积分：

(1) $\oint_{\Gamma} z\mathrm{d}x+x\mathrm{d}y+y\mathrm{d}z$，其中 Γ 是平面 $x+y+z=1$ 被坐标面所截成的三角形的整个边界，它的正向与三角形平面上侧的法向量之间符合右手法则；

(2) $\oint_{\Gamma} x^2y^3\mathrm{d}x+\mathrm{d}y+\mathrm{d}z$，其中 Γ 是抛物线 $x^2+y^2+z=a$ 与平面 $z=0$ 相交的圆周，其正方向与 z 轴正向符合右手法则；

(3) $\oint_{\Gamma}(z-y)\mathrm{d}x+(x-z)\mathrm{d}y+(y-x)\mathrm{d}z$，其中 Γ 是从 $(a,0,0)$ 经 $(0,a,0)$ 和 $(0,0,a)$ 回到 $(a,0,0)$ 的三角形.

4. 证明沿曲线 $\overset{\frown}{AB}$ 的曲线积分 $\int_{\overset{\frown}{AB}}(3x^2-y+z^2)\mathrm{d}x+(4y^3-x)\mathrm{d}y+2xz\mathrm{d}z$ 与积分路径无关.

5. 证明由曲面 S 所围成的立体 V 的体积等于

$$\overline{V}=\frac{1}{3}\oiint\limits_{S}(x\cos\alpha+y\cos\beta+z\cos\gamma)\mathrm{d}\sigma,$$

其中 $\cos\alpha,\cos\beta,\cos\gamma$ 为曲面 S 的外法线方向余弦.

6. 假设 $\mathrm{d}F=(x^2-2yz)\mathrm{d}x+(y^2-2xz)\mathrm{d}y+(z^2-2xy)\mathrm{d}z$，求原函数 $F(x,y,z)$.

习题参考答案

习题 8.1

1. (1) 发散；　(2) 收敛，1；　(3) 收敛，$\frac{1}{4}$；
(4) 收敛，3；　(5) 发散；　(6) 收敛，1.

6. (1) 收敛；　(2) 收敛；　(3) 发散；　(4) 发散.

习题 8.2

1. (1) 发散；　(2) 收敛；　(3) 收敛；　(4) 收敛；
(5) $0<a\leqslant 1$ 发散；$a>1$ 收敛；　(6) $0<a+b\leqslant 3$ 发散；$a+b>3$ 收敛；
(7) 收敛；　(8) 收敛；　(9) 收敛；
(10) $|x|<\frac{1}{\sqrt{2}}$收敛；$|x|\geqslant\frac{1}{\sqrt{2}}$发散；　(11) 收敛；
(12) 收敛.

2. (1) 收敛，由性质 8.5 易证；
(2) 不一定收敛，如级数 $\sum\limits_{n=1}^{\infty}u_n=\sum\limits_{n=1}^{\infty}\frac{1}{n^2}$；
(3) 收敛，因为 $\sqrt{u_nu_{n+1}}\leqslant\frac{u_n+u_{n+1}}{2}$.

3. 因为$\frac{|u_n|}{\sqrt{n^2+c}}$等价于$\frac{|u_n|}{n}$，而$\frac{|u_n|}{n}\leqslant\frac{1}{2}\left(u_n^2+\frac{1}{n^2}\right)$，由已知，$\sum\limits_{n=1}^{\infty}u_n^2$ 收敛，$\sum\limits_{n=1}^{\infty}\frac{1}{n^2}$ 收敛，从而由比较判别法知$\sum\limits_{n=1}^{\infty}\frac{|u_n|}{n}$ 收敛，故$\sum\limits_{n=1}^{\infty}\frac{|u_n|}{\sqrt{n^2+c}}$ 收敛.

习题 8.3

1. (1) 绝对收敛；　(2) 条件收敛；　(3) 条件收敛；　(4) 绝对收敛；
(5) $-\frac{1}{3}<x<\frac{1}{3}$时，绝对收敛；$x\geqslant\frac{1}{3}$或 $x<-\frac{1}{3}$时发散；$x=\frac{1}{3}$时，条件收敛；
(6) 条件收敛；　(7) 条件收敛.

6. (1) 否. $\sum\limits_{n=1}^{\infty}u_n=\sum\limits_{n=1}^{\infty}\frac{(-1)^n}{n}$.　(2) 否. 反例同(1).　(3) 是.

习题 8.4

1. (1) 一致收敛；(2) 一致收敛；(3) 非一致收敛；(4) 一致收敛；
   (5) 一致收敛；(6) 一致收敛；(7) 一致收敛；(8) 一致收敛.

8. $\frac{3}{4}$.

9. $g'(x)=-2x\sum_{n=1}^{\infty}\frac{1}{n^2(1+nx^2)^2}$.

10. $\int_0^{\pi}h(x)\mathrm{d}x=0$.

习题 8.5

1. (1) $R=0$,仅在 $x=0$ 点收敛；(2) 收敛半径 $R=\frac{1}{2}$,收敛域为$\left[-\frac{1}{2},\frac{1}{2}\right)$；
   (3) $R=\frac{1}{2}$,收敛域$[-1,0]$；(4) $R=\frac{1}{\sqrt[3]{2}}$,收敛域$\left[-\frac{1}{\sqrt[3]{2}},\frac{1}{\sqrt[3]{2}}\right]$；
   (5) $R=1$,收敛域$[-1,1]$；(6) $R=\frac{1}{3}$,收敛域$\left[-\frac{1}{3},\frac{1}{3}\right)$；
   (7) $R=\frac{e^3-e^{-3}}{2}$,收敛域(e^{-3},e^3)；(8) $R=1$,收敛域$(-1,1)$.

4. (1) $S(x)=-\ln(1-5x),x\in\left[-\frac{1}{5},\frac{1}{5}\right)$；
   (2) $S(x)=\frac{2x}{(2-x)^2},x\in(-2,2)$；
   (3) $S(x)=-\frac{x}{2}\ln(1-9x^2),x\in\left(-\frac{1}{3},\frac{1}{3}\right)$；
   (4) $S(x)=\begin{cases}(1-x)\ln(1-x)+x, & -1\leqslant x<1,\\ 1, & x=1;\end{cases}$
   (5) $S(x)=\frac{2x}{(1-x)^3},x\in(-1,1)$；
   (6) $S(x)=\frac{x+1}{(1-x)^3},x\in(-1,1)$.

5. 收敛域为$(-\infty,+\infty)$,和函数 $S(x)=\begin{cases}\frac{2}{x}[e^{\frac{x}{2}}-1], & x\neq0,\\ 1, & x=0,\end{cases}$ 和为$\frac{1}{2}(e^2-1)$.

6. (1) $\sum_{n=1}^{\infty}\frac{(x-1)^n}{3^n},x\in(-2,4)$；(2) $\sum_{n=0}^{\infty}\frac{e^2}{n!}(x-2)^n,x\in(-\infty,+\infty)$；

(3) $\sum_{n=0}^{\infty}\left(\frac{1}{2^{n+1}}-\frac{1}{4^{n+1}}\right)(x-1)^n, x\in(-1,3)$；

(4) $\sum_{n=0}^{\infty}\frac{a^3(\ln a)^n}{n!}(x-3)^n, x\in(-\infty,+\infty)$；

(5) $\sum_{n=1}^{\infty}\frac{(-1)^{n-1}2^n-1}{n}x^n, x\in\left(-\frac{1}{2},\frac{1}{2}\right]$；

(6) $\frac{\sqrt{2}}{2}\left[\sum_{n=0}^{\infty}(-1)^n\frac{\left(x-\frac{\pi}{4}\right)^{2n+1}}{(2n+1)!}+\sum_{n=0}^{\infty}(-1)^n\cdot\frac{\left(x-\frac{\pi}{4}\right)^{2n}}{(2n)!}\right], x\in(-\infty,+\infty)$.

7. 幂级数为 $\sum_{n=0}^{\infty}\frac{(-1)^n x^{2n+1}}{(2n+1)(2n+1)!}$，收敛域为$(-\infty,+\infty)$，和为 $\sin 1$.

8. (1) 幂级数为 $-\sum_{n=1}^{\infty}\frac{x^{2n+1}}{n}$，收敛域为$(-1,1)$；　(2) $-\frac{101!}{50}$；　(3) $-\frac{1}{2}$.

习题 9.1

2. (1) 无界，开区域；　(2) 有界，开区域；　(3) 有界，闭区域；
   (4) 有界，开区域；　(5) 无界，闭区域；　(6) 无界，闭区域.

5. (1) $\{(x,y)\mid 0\leqslant x^2+y^2\leqslant 1\}$；　(2) $\{0,0\}$；　(3) $\varnothing$.

6. (1) $\{(x,y)\mid x^2+y^2=1\}$；　(2) $\left\{\left(\frac{1}{n},\frac{1}{n}\right)\middle| n \text{ 为正整数}\right\}$；
   (3) $E=E_1\cup E_2$，　$E_1=\{(x,y)\mid x^2+(y-1)^2<1\}, E_2=\{(x,y)\mid x^2+(y+1)^2<1\}$.

习题 9.2

1. (1) $\frac{9}{16}$；　(2) $\frac{2xy}{x^2+y^2}$；　(3) -2；　(4) $\frac{y^2-x^2}{2xy}$.

2. (1) $D=\{(x,y)\mid x\geqslant 0 \text{ 且 } y\leqslant 1\}$；　(2) $D=\{(x,y)\mid y>\sqrt{x} \text{ 且 } x\geqslant 0\}$；
   (3) $D=\{(x,y)\mid xy<4\}$；　(4) $D=\{(x,y)\mid y>x^2 \text{ 且 } x^2+y^2\leqslant 1\}$；
   (5) $D=\left\{(x,y)\mid 2k\pi-\frac{\pi}{2}\leqslant x^2+y^2\leqslant 2k\pi+\frac{\pi}{2}, k \text{ 为自然数}\right\}$；
   (6) $D=\{(x,y)\mid x^2+y^2\neq 16\}$.

3. $f(x,y)=\frac{x^2(1-y)}{1+y}$.

4. $f(x,y)=\frac{x^2-y^2}{xy(x+2y)}$.

习题 9.3

2. (1) 0；　(2) $+\infty$；　(3) 1；　(4) 0；　(5) 2；　(6) 3.

5. (1) $\lim\limits_{x\to 0}\lim\limits_{y\to 0}\frac{x^2+y^2}{x^2-y^2}=1, \lim\limits_{y\to 0}\lim\limits_{x\to 0}\frac{x^2+y^2}{x^2-y^2}=-1$；

(2) $\lim\limits_{x\to 0}\lim\limits_{y\to 0}y\sin\frac{1}{x}=0, \lim\limits_{y\to 0}\lim\limits_{x\to 0}y\sin\frac{1}{x}$不存在；

(3) 同(2).

习题 10.1

1. $-\frac{1}{2}$.

2. $\frac{\partial u}{\partial l}=\cos\alpha+\cos\beta+\cos\gamma$.

3. (1) $\frac{\partial z}{\partial x}=2x+y^3\cos(xy), \frac{\partial z}{\partial y}=2y\sin(xy)+xy^2\cos(xy)$；

(2) $\frac{\partial z}{\partial x}=\frac{1}{x+\ln y}, \frac{\partial z}{\partial y}=\frac{1}{y(x+\ln y)}$；

(3) $\frac{\partial z}{\partial x}=\frac{y}{2\sqrt{xy}}, \frac{\partial z}{\partial y}=\frac{x}{2\sqrt{xy}}$；

(4) $\frac{\partial z}{\partial x}=-\frac{y}{x^2}e^{\sin\frac{y}{x}}\cos\frac{y}{x}, \frac{\partial z}{\partial y}=\frac{1}{x}e^{\sin\frac{y}{x}}\cos\frac{y}{x}$；

(5) $\frac{\partial u}{\partial x}=\frac{z}{x}\left(\frac{x}{y}\right)^z, \frac{\partial u}{\partial y}=-\frac{z}{y}\left(\frac{x}{y}\right)^z, \frac{\partial u}{\partial z}=\left(\frac{x}{y}\right)^z\ln\frac{x}{y}$；

(6) $\frac{\partial z}{\partial x}=\frac{xy^2\sqrt{2(x^2-y^2)}}{|y|(x^4-y^4)}, \frac{\partial z}{\partial y}=-\frac{x^2y\sqrt{2(x^2-y^2)}}{|y|(x^4-y^4)}$.

4. (1) $dz=\frac{x}{1+x^2+y^2}dx+\frac{y}{1+x^2+y^2}dy$；

(2) $dz=\sqrt{y}\cos x dx+\frac{\sin x}{2\sqrt{y}}dy$；

(3) $du=(y+z)dx+(x+z)dy+(x+y)dz$；

(4) $dz=\left(\frac{y}{x^2}\sin\frac{y}{x}\sin\frac{x}{y}+\frac{1}{y}\cos\frac{y}{x}\cos\frac{x}{y}\right)dx+\left(-\frac{1}{x}\sin\frac{y}{x}\sin\frac{x}{y}-\frac{x}{y^2}\cos\frac{y}{x}\cos\frac{x}{y}\right)dy$；

(5) $du=\frac{(x^2+y^2)dz-2z(xdx+ydy)}{(x^2+y^2)^2}$；

(6) $dz=\frac{1}{1+y}dx+\frac{1-x}{(1+y)^2}dy$.

6. (1) 1.08； (2) 1.05.

习题 10.2

1. (1) $\frac{dz}{dx}=\frac{(1+x)e^x}{1+x^2e^{2x}}$；

(2) $\frac{\partial z}{\partial x}=\frac{2y^2}{x^3}\left[\frac{x^2}{x^2+y^2}-\ln(x^2+y^2)\right],\frac{\partial z}{\partial y}=\frac{2y}{x^2}\left[\frac{y^2}{x^2+y^2}+\ln(x^2+y^2)\right]$；

(3) $\frac{\partial u}{\partial x}=f_1'\left(\frac{x}{y},\frac{y}{z}\right)\cdot\frac{1}{y},\frac{\partial u}{\partial y}=f_1'\left(\frac{x}{y},\frac{y}{z}\right)\cdot\left(-\frac{x}{y^2}\right)+f_2'\left(\frac{x}{y},\frac{y}{z}\right)\cdot\frac{1}{z}$，

$\frac{\partial u}{\partial z}=f_2'\left(\frac{x}{y},\frac{y}{z}\right)\cdot\left(-\frac{y}{z^2}\right)$；

(4) $\frac{\mathrm{d}z}{\mathrm{d}t}=\mathrm{e}^{\tan t+\cot t}(\sec^2 t-\csc^2 t)$.

3. (1) $\mathrm{d}z=2\cos(2x+y)\mathrm{d}x+\cos(2x+y)\mathrm{d}y;\frac{\partial z}{\partial x}=2\cos(2x+y),\frac{\partial z}{\partial y}=\cos(2x+y)$；

(2) $\mathrm{d}u=\frac{x}{x^2+y^2+z^2}\mathrm{d}x+\frac{y}{x^2+y^2+z^2}\mathrm{d}y+\frac{z}{x^2+y^2+z^2}\mathrm{d}z$；

$\frac{\partial u}{\partial x}=\frac{x}{x^2+y^2+z^2},\frac{\partial u}{\partial y}=\frac{y}{x^2+y^2+z^2},\frac{\partial u}{\partial z}=\frac{z}{x^2+y^2+z^2}$；

(3) $\mathrm{d}z=[y\sin(x+y)+\cos(x+y)]\mathrm{e}^{xy}\mathrm{d}x+[x\sin(x+y)+\cos(x+y)]\mathrm{e}^{xy}\mathrm{d}y$，

$\frac{\partial z}{\partial x}=[y\sin(x+y)+\cos(x+y)]\mathrm{e}^{xy},\frac{\partial z}{\partial y}=[x\sin(x+y)+\cos(x+y)]\mathrm{e}^{xy}$.

4. $\sqrt{x^2+y^2}$.

习题 10.3

1. (1) $\frac{\partial^2 z}{\partial x^2}=6x-6y^2,\frac{\partial^2 z}{\partial y^2}=6y-6x^2,\frac{\partial^2 z}{\partial x\partial y}=\frac{\partial^2 z}{\partial y\partial x}=-12xy$；

(2) $\frac{\partial^2 z}{\partial x^2}=\frac{y^2-x^2}{(x^2+y^2)^2},\frac{\partial^2 z}{\partial y^2}=\frac{x^2-y^2}{(x^2+y^2)^2},\frac{\partial^2 z}{\partial x\partial y}=\frac{\partial^2 z}{\partial y\partial x}=-\frac{2xy}{(x^2+y^2)^2}$；

(3) $\frac{\partial^2 z}{\partial x^2}=\frac{1}{x},\frac{\partial^2 z}{\partial y^2}=-\frac{x}{y^2},\frac{\partial^2 z}{\partial x\partial y}=\frac{\partial^2 z}{\partial y\partial y}=\frac{1}{y}$；

(4) $\frac{\partial^2 z}{\partial x^2}=2\cos(x+y)-x\sin(x+y),\frac{\partial^2 z}{\partial y^2}=-x\sin(x+y)$，

$\frac{\partial^2 z}{\partial x\partial y}=\frac{\partial^2 z}{\partial y\partial x}=\cos(x+y)-x\sin(x+y)$；

(5) $\frac{\partial^2 u}{\partial x^2}=y^2z^2\mathrm{e}^{xyz},\frac{\partial^2 u}{\partial y^2}=x^2z^2\mathrm{e}^{xyz},\frac{\partial^2 u}{\partial z^2}=x^2y^2\mathrm{e}^{xyz},\frac{\partial^2 u}{\partial x\partial y}=\frac{\partial^2 u}{\partial y\partial x}=\mathrm{e}^{xyz}(z+xyz^2)$

$\frac{\partial^2 u}{\partial y\partial z}=\frac{\partial^2 u}{\partial z\partial y}=\mathrm{e}^{xyz}(x+x^2yz),\frac{\partial^2 u}{\partial x\partial z}=\frac{\partial^2 u}{\partial z\partial x}=\mathrm{e}^{xyz}(y+y^2xz)$.

2. $f''_{xx}(0,0)=f''_{xy}(0,0)=0$.

3. (1) $\frac{\partial^2 z}{\partial s^2}=f''_{xx}(x,y)+2tf''_{xy}(x,y)+t^2f''_{yy}$；

$\frac{\partial^2 z}{\partial s\partial t}=\frac{\partial^2 z}{\partial t\partial s}=f''_{xx}(x,y)+(s+t)f''_{xy}(x,y)+stf''_{yy}(x,y)+f'_y(x,y)$；

$$\frac{\partial^2 z}{\partial t^2}=f''_{xx}(x,y)+2sf''_{xy}(x,y)+s^2 f''_{yy}(x,y).$$

(2) $\frac{\partial^2 z}{\partial s^2}=t^2 f''_{xx}(x,y)+2f''_{xy}(x,y)+\frac{1}{t^2}f''_{yy}(x,y)$；

$$\frac{\partial^2 z}{\partial s\partial t}=\frac{\partial^2 z}{\partial t\partial s}=stf''_{xx}(x,y)-\frac{s}{t^3}f''_{yy}(x,y)+f'_x(x,y)-\frac{1}{t^2}f'_y(x,y);$$

$$\frac{\partial^2 z}{\partial t^2}=s^2 f''_{xx}(x,y)-2\frac{s^2}{t^2}f''_{xy}(x,y)+\frac{s^2}{t^4}f''_{yy}(x,y)+\frac{2s}{t^3}f'_y(x,y).$$

6. (1) $\mathrm{d}^2 u=\frac{\partial^2 u}{\partial x^2}\mathrm{d}x^2+\frac{\partial^2 u}{\partial y^2}\mathrm{d}y^2+\frac{\partial^2 u}{\partial z^2}\mathrm{d}z^2+2\frac{\partial^2 u}{\partial x\partial y}\mathrm{d}x\mathrm{d}y+2\frac{\partial^2 u}{\partial y\partial z}\mathrm{d}y\mathrm{d}z+2\frac{\partial^2 u}{\partial x\partial z}\mathrm{d}x\mathrm{d}z$

$=2y^2z^2\mathrm{d}x^2+2x^2z^2\mathrm{d}y^2+2x^2y^2\mathrm{d}z^2+8xyz^2\mathrm{d}x\mathrm{d}y$

$+8x^2yz\mathrm{d}y\mathrm{d}z+8xzy^2\mathrm{d}x\mathrm{d}z$；

(2) $\mathrm{d}^2 z=\frac{\partial^2 z}{\partial x^2}\mathrm{d}x^2+2\frac{\partial^2 z}{\partial x\partial y}\mathrm{d}x\mathrm{d}y+\frac{\partial^2 z}{\partial y^2}\mathrm{d}y^2$

$=[2\cos(x^2+y^2)-4x^2\sin(x^2+y^2)]\mathrm{d}x^2-8xy\sin(x^2+y^2)\mathrm{d}x\mathrm{d}y$

$+[2\cos(x^2+y^2)-4y^2\sin(x^2+y^2)]\mathrm{d}y^2$；

(3) $\mathrm{d}^2 u=f''_{xx}\mathrm{d}t^2+f''_{yy}\cdot 4t^2\mathrm{d}t^2+f''_{zz}9t^4\mathrm{d}t^2+4tf''_{xy}\mathrm{d}t^2+6t^2f''_{xz}\mathrm{d}t^2$

$+12t^3f''_{yz}\mathrm{d}t^2+f'_x\mathrm{d}^2t+2f'_y\mathrm{d}^2t+6tf'_z\mathrm{d}^2t.$

7. (1) $f(x,y)=1+x-y-\frac{(x-1)(y-1)}{[1+\theta(y-1)]^2}+\frac{1+\theta(x-1)}{[1+\theta(y-1)]^3}(y-1)^2(0<\theta<1)$；

(2) $f(x,y)=x+y-\frac{1}{2(1+\theta x+\theta y)^2}(x^2+2xy+y^2)(0<\theta<1)$.

8. (1) $f(x,y)=1-\frac{1}{2}(x^2+y^2)+o(x^2+y^2)$；

(2) $f(x,y)=x^2+y^2+o(x^2+y^2)$.

习题 10.4

1. (1) $(0,1)$为极小值点，极小值为 0；

(2) $(0,0)$为极小值点，极小值为 0；

(3) $(2,1)$为极小值点，极小值为-28，$(-2,-1)$为极大值点，极大值为 28；

(4) $\left(\frac{1}{9},\frac{1}{18}\right)$为极小值点，极小值为$\frac{487}{486}$；

(5) $(-2,0)$为极小值点，极小值为$-\frac{2}{\mathrm{e}}$；

(6) 对于任意 $x\in\mathbb{R}$，满足 $x=y-1$ 的点(x,y)都是极小值点，极小值为 0.

2. (1) 在点$\left(-\frac{\sqrt{2}}{2},-\frac{\sqrt{2}}{2}\right)$取得最大值 $1+\sqrt{2}$，在点$\left(\frac{1}{2},\frac{1}{2}\right)$处取得最小值$-\frac{1}{2}$；

(2) 在点$(0,2)$处取得最大值 4，在点$(0,6)$处取得最小值-12；

(3) 在点(0,0)处取得最小值 0,在点(1,0),(−1,0),(0,1),(0,−1)处均取得最大值 1.

3. 三个数分别为$\frac{a}{3}$,$\frac{a}{3}$,$\frac{a}{3}$,乘积最大值为$\frac{a^3}{9}$.

4. 长方体的边长为$\frac{2\sqrt{3}}{3}a$,$\frac{2\sqrt{3}}{3}a$,$\frac{2\sqrt{3}}{3}a$.

5. (1) 在广告费不限的情况下,最优广告策略为:电台广告费投入为 0.75 万元,报刊广告费投入为 1.25 万元;

(2) 在广告费不超过 1.5 万元的情况下,最优广告策略为将 1.5 万元全部投入报刊广告.

6. (1) 当资本投入为 8,劳动力投入为 16 时,最大利润为 16 个单位;

(2) 当资本投入为 6,劳动力投入为 12 时,可获得最大利润为 15.53 个单位.

习题 11.1

1. (1) $\frac{\mathrm{d}y}{\mathrm{d}x}=\frac{x+y}{x-y}$;

(2) $\frac{\partial z}{\partial x}=\frac{z}{x+z}$,$\frac{\partial z}{\partial y}=\frac{z^2}{y(x+z)}$,$\frac{\partial^2 z}{\partial x\partial y}=\frac{xz^2}{y(x+z)^3}$;

(3) $\frac{\partial z}{\partial x}=\frac{yz}{z^2-xy}$,$\frac{\partial z}{\partial y}=\frac{xz}{z^2-xy}$;

(4) $\left.\frac{\partial^2 z}{\partial x\partial y}\right|_{(0,1)}=-\mathrm{e}^4$.

2. 在(0,1,1)点的某个邻域内确定 x 是 y,z 的函数,y 是 x,z 的函数.

3. 除去点(0,0),(1,0),(−1,0)之外,每点都存在邻域,在该邻域内 $F(x,y)=0$ 唯一确定单值连续且有连续导数的函数.

4. (1) $\frac{\partial z}{\partial x}=-\frac{f'_1+f'_3}{f'_2+f'_3}$,$\frac{\partial z}{\partial y}=-\frac{f'_1+f'_2}{f'_2+f'_3}$;

(2) $\mathrm{d}z=\frac{xf'_1\mathrm{d}x-f'_2\mathrm{d}y}{1-(xf'_1+f'_2)}$;

(3) $\frac{\partial z}{\partial x}=\frac{F'_1-F'_3}{F'_2-F'_3}$,$\frac{\partial z}{\partial y}=\frac{F'_2-F'_1}{F'_2-F'_3}$.

7. (1) $\frac{\mathrm{d}y}{\mathrm{d}x}=\frac{yz-xy}{xz+xy}$,$\frac{\mathrm{d}z}{\mathrm{d}x}=\frac{z(y-x)}{2yz-xz-xy}$;

(2) $\frac{\partial u}{\partial x}=\frac{f'_1u(1-2g'_2yu)-f'_2g'_1}{(1-f'_1)(1-2g'_2yu)+f'_2g'_1}$,$\frac{\partial v}{\partial x}=\frac{g'_1-f'_1g'_1-g'_1f'_2}{2vg'_2y-2vgf'_1g'_2+f'_1+g'_1f'_3}$.

8. (1) $\frac{\mathrm{d}x}{\mathrm{d}z}=\frac{y-z}{x-y}$,$\frac{\mathrm{d}y}{\mathrm{d}z}=\frac{z-x}{x-y}$;

(2) $du=\frac{(\sin v+x\cos v)}{x\cos v+y\cos u}dx-\frac{\sin u-x\cos v}{x\cos v+y\cos u}dy$,

$dv=\frac{y\cos u-\sin v}{x\cos v+y\cos u}dx+\frac{\sin u+y\cos u}{x\cos v+y\cos u}dy$.

习题 11.2

1. (1) $(1,1)$是极大值点,极大值为 1;

(2) $(2,2)$是极小值点,极小值为 4;

(3) $\left(-\frac{1}{3},\frac{2}{3},-\frac{2}{3}\right)$是极小值点,极小值为 -3,$\left(\frac{1}{3},-\frac{2}{3},\frac{2}{3}\right)$是极大值点,极大值为 3;

(4) $(2,2)$是极小值点,极小值为 3.

2. $d_{最小}=\frac{|ax_0+by_0+c|}{\sqrt{a^2+b^2}}$.

3. 点的坐标为$\left(\frac{21}{13},2,\frac{63}{26}\right)$.

4. 内接长方体的长宽高分别为$\frac{2\sqrt{3}}{3}a$,$\frac{2\sqrt{3}}{3}b$和$\frac{2\sqrt{3}}{3}c$时,体积达到最大.

5. 当投资费用分别为$\frac{\alpha\cdot a}{\alpha+\beta+\gamma}$,$\frac{\beta\cdot a}{\alpha+\beta+\gamma}$,$\frac{\gamma\cdot a}{\alpha+\beta+\gamma}$时,效益最大,最大效益为

$U=\frac{a^{\alpha+\beta+\gamma}\alpha^\alpha\beta^\beta\gamma^\gamma}{(\alpha+\beta+\gamma)^{\alpha+\beta+\gamma}}$.

$\frac{dU}{da}=\frac{a^{\alpha+\beta+\gamma-1}\alpha^\alpha\beta^\beta\gamma^\gamma}{(\alpha+\beta+\gamma)^{\alpha+\beta+\gamma-1}}$即为资金 a 在该项投资中的边际收益,也即影子价格.

习题 12.1

1. $F''(y)=3f(y)+2yf'(y)$.

2. (1) $F'(y)=\frac{5}{2}ye^{-y^5}-\frac{3}{2}e^{-y^3}-\frac{1}{2y}F(y)$;

(2) $F'(y)=\left(\frac{1}{y}+\frac{1}{b+y}\right)\sin y(b+y)-\left(\frac{1}{y}+\frac{1}{a+y}\right)\sin y(a+y)$.

3. (1) $I(a)=\pi\ln(a+\sqrt{a^2-1})-\pi\ln 2$;

(2) $I(a)=0$;

(3) $I(m)=\pi\ln(m+1)-\pi\ln 2$;

(4) $I=\arctan(1+b)-\arctan(1+a)$.

5. 通过计算可知:$\int_0^1\left[\int_0^1\frac{x^2-y^2}{(x^2+y^2)^2}dy\right]dx=\frac{\pi}{4}$,而$\int_0^1\left[\int_0^1\frac{x^2-y^2}{(x^2+y^2)^2}dx\right]dy=-\frac{\pi}{4}$,从

而结论得证.

8. (1) $\ln b-\ln a$； (2) $\frac{1}{2}\ln a$； (3) $\arctan b-\arctan a$；

(4) $\arctan\frac{b}{p}-\arctan\frac{a}{p}$； (5) π.

习题 12.2

1. (1) $\frac{16}{5}$； (2) $\frac{\sqrt{2}\pi}{4}$； (3) $\frac{1}{n}\Gamma\left(\frac{1}{n}\right)\Gamma\left(1-\frac{1}{n}\right)$；

(4) $\frac{1}{2}\Gamma\left(n-\frac{1}{2}\right)=\frac{1}{2}\cdot\frac{2n-1}{2}\cdot\frac{2n-3}{2}\cdot\cdots\cdot\frac{\sqrt{\pi}}{2}$； (5) $\frac{1}{3}\Gamma\left(\frac{2}{3}\right)\Gamma\left(\frac{1}{3}\right)$；

(6) $\Gamma(p+1)$.

2. $\frac{2n-1}{2}\cdot\frac{2n-3}{2}\cdot\cdots\cdot\frac{1}{2}\sqrt{\pi}$；$\frac{4}{15}$.

习题 12.3

1. (1) $\iint\limits_D f(x,y)\mathrm{d}x\mathrm{d}y=\int_1^2\mathrm{d}x\int_{\frac{1}{x}}^{x}f(x,y)\mathrm{d}y=\int_1^2\mathrm{d}y\int_y^2 f(x,y)\mathrm{d}x+\int_{\frac{1}{2}}^{1}\mathrm{d}y\int_{\frac{1}{y}}^{2}f(x,y)\mathrm{d}y$；

(2) $\iint\limits_D f(x,y)\mathrm{d}x\mathrm{d}y=\int_0^1\mathrm{d}x\int_0^{x^3}f(x,y)\mathrm{d}y+\int_1^2\mathrm{d}x\int_0^{2-x}f(x,y)\mathrm{d}y=\int_0^1\mathrm{d}y\int_{\sqrt[3]{y}}^{2-y}f(x,y)\mathrm{d}x$；

(3) $\iint\limits_D f(x,y)\mathrm{d}x\mathrm{d}y=\int_{-2}^{-1}\mathrm{d}x\int_{-\sqrt{4-x^2}}^{0}f(x,y)\mathrm{d}y+\int_{-1}^{0}\mathrm{d}x\int_{\sqrt{3}x}^{0}f(x,y)\mathrm{d}y$

$+\int_0^1\mathrm{d}x\int_0^{\sqrt{3}x}f(x,y)\mathrm{d}y+\int_1^2\mathrm{d}x\int_0^{\sqrt{4-x^2}}f(x,y)\mathrm{d}y$

$=\int_{-\sqrt{3}}^{0}\mathrm{d}y\int_{-\sqrt{4-y^2}}^{\frac{\sqrt{3}}{3}y}f(x,y)\mathrm{d}x+\int_0^{\sqrt{3}}\mathrm{d}y\int_{\frac{\sqrt{3}}{3}y}^{\sqrt{4-y^2}}f(x,y)\mathrm{d}x$；

(4) $\iint\limits_D f(x,y)\mathrm{d}x\mathrm{d}y=\int_0^3\mathrm{d}x\int_0^{2x}f(x,y)\mathrm{d}y=\int_0^6\mathrm{d}y\int_{\frac{1}{2}y}^{3}f(x,y)\mathrm{d}x$.

3. (1) $\int_0^1\mathrm{d}x\int_x^1 f(x,y)\mathrm{d}y$； (2) $\int_0^2\mathrm{d}y\int_{\frac{1}{2}y}^{y}f(x,y)\mathrm{d}x+\int_2^4\mathrm{d}y\int_{\frac{1}{2}y}^{2}f(x,y)\mathrm{d}x$；

(3) $\int_0^2\mathrm{d}x\int_{\frac{1}{2}x}^{3-x}f(x,y)\mathrm{d}y$； (4) $\int_0^1\mathrm{d}y\int_{\sqrt{y}}^{1+\sqrt{1-y^2}}f(x,y)\mathrm{d}x$.

5. (1) 1； (2) $\mathrm{e}^3(3\mathrm{e}^2-2\mathrm{e}-1)$； (3) $13\frac{3}{4}$； (4) $2\sqrt{\mathrm{e}}-3$；

(5) 4； (6) $\frac{1}{6}+\frac{1}{12}\sin 2$； (7) $\frac{2}{5}+\frac{1}{4}(\mathrm{e}-1)$； (8) $14a^4$；

(9) $\frac{\mathrm{e}}{2}-1$； (10) $\frac{32}{15}\sqrt{2}$.

6. (1) $-6\pi^2$； (2) $\frac{1}{2}\pi$； (3) $\frac{1}{2}-\frac{\pi}{8}$； (4) $\frac{3\pi^2}{16}$.

7. (1) 32π； (2) $\frac{1}{2}(\mathrm{e}-1)$； (3) 1.

8. (1) $\frac{\pi}{2}$； (2) $\pi ab\mathrm{e}^{-1}$； (3) $\frac{1}{2}$.

10. 3.

11. $\frac{569}{140}$.

习题 12.4

1. (1) $\frac{1}{48}$； (2) $\frac{1}{364}$； (3) $\frac{\pi}{6}$.

2. (1)
$$\begin{aligned}&\int_0^1\mathrm{d}x\int_0^1\mathrm{d}y\int_0^{x^2+y^2}f(x,y,z)\mathrm{d}z\\&=\int_0^1\mathrm{d}x\int_0^{x^2}\mathrm{d}z\int_0^1f(x,y,z)\mathrm{d}y+\int_0^1\mathrm{d}x\int_{x^2}^{x^2+1}\mathrm{d}z\int_{\sqrt{z^2-x^2}}^1f(x,y,z)\mathrm{d}y\\&=\int_0^1\mathrm{d}y\int_0^1\mathrm{d}x\int_0^{x^2+y^2}f(x,y,z)\mathrm{d}z\\&=\int_0^1\mathrm{d}y\int_0^{y^2}\mathrm{d}z\int_0^1f(x,y,z)\mathrm{d}x+\int_0^1\mathrm{d}y\int_{y^2}^{y^2+1}\mathrm{d}z\int_{\sqrt{z^2-y^2}}^1f(x,y,z)\mathrm{d}x;\end{aligned}$$

(2)
$$\begin{aligned}\int_{-1}^1\mathrm{d}x\int_{-\sqrt{1-x^2}}^{\sqrt{1-x^2}}\mathrm{d}y\int_{\sqrt{x^2+y^2}}^1f(x,y,z)\mathrm{d}z&=\int_{-1}^1\mathrm{d}x\int_{|x|}^1\mathrm{d}z\int_{-\sqrt{z^2-x^2}}^{\sqrt{z^2-x^2}}f(x,y,z)\mathrm{d}y\\&=\int_0^1\mathrm{d}z\int_{-z}^z\mathrm{d}y\int_{-\sqrt{z^2-y^2}}^{\sqrt{z^2-y^2}}f(x,y,z)\mathrm{d}x;\end{aligned}$$

(3)
$$\begin{aligned}&\int_0^1\mathrm{d}x\int_0^{1-x}\mathrm{d}y\int_0^{x+y}f(x,y,z)\mathrm{d}z\\&=\int_0^1\mathrm{d}x\int_0^x\mathrm{d}z\int_0^{1-x}f(x,y,z)\mathrm{d}y+\int_0^1\mathrm{d}x\int_x^1\mathrm{d}z\int_{z-x}^{1-x}f(x,y,z)\mathrm{d}y\\&=\int_0^1\mathrm{d}z\int_0^z\mathrm{d}y\int_{z-y}^{1-y}f(x,y,z)\mathrm{d}x+\int_0^1\mathrm{d}z\int_z^1\mathrm{d}y\int_0^{1-y}f(x,y,z)\mathrm{d}x.\end{aligned}$$

3. (1) $\frac{4}{5}\pi$； (2) $\frac{16}{3}\pi$； (3) $\frac{59}{480}\pi R^5$； (4) $\frac{8}{9}a^2$.

4. (1) $\frac{1}{4}\pi^2abc$； (2) $\frac{1}{2}$； (3) $\frac{1}{12}$； (4) $\frac{\pi}{3}(2-\sqrt{2})(b^3-a^3)$；

(5) $\frac{9}{4}a$； (6) $\frac{4}{35}\pi abc$.

5. $4\pi t^2f(t^2)$.

习题 12.5

1. (1) $16a^2$;　(2) $\frac{2\pi}{3a^2}[(1+a^4)^{\frac{3}{2}}-1]$;　(3) $4\sqrt{3}(2+\sqrt{3})\pi a^2$;　(4) $4ab\pi^2$.

2. (1) $\left(\frac{3}{8}a,\frac{3}{8}b,\frac{3}{8}c\right)$;　(2) $\left(0,0,\frac{3}{4}c\right)$;

(3) $\left(\frac{12}{5}a,\frac{12}{5}a,\frac{7}{30}a^2\right)$;　(4) $\left(0,0,\frac{7}{20}\right)$.

3. $\left(-\frac{9}{2}a,\frac{8}{5}a\right)$.

习题 13.1

1. $1+\sqrt{2}$.　2. πR^3.　3. 2.　4. 0.　5. $\frac{a^2}{3}[(1+4\pi^2)^{\frac{3}{2}}-1]$.

6. $\frac{4}{3}(2\sqrt{2}-1)$.　7. $\frac{\sqrt{a^2+b^2}}{ab}\arctan\frac{2\pi b}{a}$.　8. $\frac{9}{16}$.

习题 13.2

1. (1) -21;　(2) $\frac{4}{3}$;　(3) $\frac{1}{35}$;　(4) 2;　(5) πa^2;　(6) ①1,②1.

2. (1) 2π;　(2) 2π;　(3) 2π;　(4) 2π.

习题 13.3

1. (1) $3\pi a^2$;　(2) $-2\pi ab$;　(3) $\frac{1}{8}\pi ma^2$.

2. (1) $\frac{1}{6}a^2$;　(2) πab.

3. $\frac{\partial P}{\partial y}=\frac{\partial Q}{\partial x}=12xy+3y^2$. 积分值为 604.

4. (1) 0;　(2) 0.

5. (1) $x^2+3xy-2y^2+C$;　(2) $\frac{1}{3}x^3+x^2y-xy^2-\frac{1}{3}y^3+C$;

(3) $x^2\cos y+y^2\cos x+C$.

习题 13.4

1. (1) πa^3;　(2) $\pi^2[a\sqrt{1+a^2}+\ln(a+\sqrt{1+a^2})]$;

(3) $2\pi c^2$;　(4) $\frac{\sqrt{2}}{2}\pi+\frac{\pi}{2}$.

2. $\left(\frac{4\sqrt{3}}{5}+\frac{2}{15}\right)\pi$.

习题 13.5

1. $\frac{2}{15}$.　　2. 0.　　3. 2π.　　4. 6π.　　5. $\frac{12}{5}\pi a^5$.

习题 13.6

1. (1) $\frac{12}{5}\pi a^5$；　　(2) $3a^4$；　　(3) $\frac{4}{3}\pi abc$.

2. $\frac{4}{3}\pi abc$.

3. (1) $\frac{3}{2}$；　　(2) $\frac{\pi}{8}a^6$；　　(3) $3a^2$.

6. $\frac{1}{3}(x^3+y^3+z^3)-2xyz+C$.